·高等学校计算机基础教育教材精选·

Visual FoxPro程序设计

李跃华 彭志娟 主编
姚 滢 何海棠 陈晓勇 副主编

清华大学出版社
北京

内容简介

本书以 Visual FoxPro 6.0 中文版为平台，结合普通高校非计算机专业数据库程序设计课程的具体要求，通过丰富的案例来介绍 Visual FoxPro 数据库程序设计的有关基本知识。每章后附有习题，以帮助读者巩固所学知识。此外，为了帮助学生更进一步掌握所学内容，我们还编写了配套的《Visual FoxPro 实验指导与试题解析》(ISBN：9787302215097)。

全书共 12 章。第 1 章主要介绍数据库系统的一些基本概念和 Visual FoxPro 简介。第 2 章主要介绍 Visual FoxPro 基本语言知识和常用的函数。第 3 章是有关表的基本操作和命令的使用。第 4 章介绍 Visual FoxPro 中数据库的概念和相关操作。第 5 章介绍查询和视图。第 6 章介绍结构化程序设计。第 7 章是有关面向对象程序设计和表单的介绍。第 8 章介绍表单控件。第 9 章介绍报表设计器的使用。第 10 章是菜单和工具栏的使用方法介绍。第 11 章介绍如何在 Visual FoxPro 中开发和发布应用程序。附录中给出了相关表结构及其说明。

本书适合普通高校进行 Visual FoxPro 程序设计课程教学，也可以作为普通高校计算机等级考试的辅导教材。

图书在版编目（CIP）数据

Visual FoxPro 程序设计 / 李跃华，彭志娟主编. —北京：清华大学出版社，2012.1
(高等学校计算机基础教育教材精选)
ISBN 978-7-302-27683-8

Ⅰ. ①V… Ⅱ. ①李… ②彭… Ⅲ. ①关系数据库系统：数据库管理系统，Visual FoxPro－程序设计－高等学校－教材 Ⅳ. ①TP311.138

中国版本图书馆 CIP 数据核字(2011)第 275071 号

责任编辑：袁勤勇
责任校对：时翠兰
责任印制：杨 艳

出版发行：清华大学出版社
http://www.tup.com.cn
地 址：北京清华大学学研大厦 A 座
邮 编：100084
社 总 机：010-62770175
邮 购：010-62786544
投稿与读者服务：010-62776969，c-service@tup.tsinghua.edu.cn
质 量 反 馈：010-62772015，zhiliang@tup.tsinghua.edu.cn
印 装 者：北京市密东印刷有限公司
经 销：全国新华书店
开 本：185×260 **印 张：**21.5 **字 数：**493 千字
版 次：2012 年 1 月第 1 版 **印 次：**2012 年 1 月第 1 次印刷
印 数：1～3000
定 价：29.50 元

产品编号：035295-01

出版说明

在教育部关于高等学校计算机基础教育三层次方案的指导下，我国高等学校的计算机基础教育事业蓬勃发展。经过多年的教学改革与实践，全国很多学校在计算机基础教育这一领域中积累了大量宝贵的经验，取得了许多可喜的成果。

随着科教兴国战略的实施以及社会信息化进程的加快，目前我国的高等教育事业正面临着新的发展机遇，但同时也必须面对新的挑战。这些都对高等学校的计算机基础教育提出了更高的要求。为了适应教学改革的需要，进一步推动我国高等学校计算机基础教育事业的发展，我们在全国各高等学校精心挖掘和遴选了一批经过教学实践检验的优秀的教学成果，编辑出版了这套教材。教材的选题范围涵盖了计算机基础教育的3个层次，包括面向各高校开设的计算机必修课、选修课以及与各类专业相结合的计算机课程。

为了保证出版质量，同时更好地适应教学需求，本套教材将采取开放的体系和滚动出版的方式（即成熟一本、出版一本，并保持不断更新），坚持宁缺毋滥的原则，力求反映我国高等学校计算机基础教育的最新成果，使本套丛书无论在技术质量上还是出版质量上均成为真正的“精选”。

清华大学出版社一直致力于计算机教育用书的出版工作，在计算机基础教育领域出版了许多优秀的教材。本套教材的出版将进一步丰富和扩大我社在这一领域的选题范围、层次和深度，以适应高校计算机基础教育课程层次化、多样化的趋势，从而更好地满足各学校由于条件、师资和生源水平、专业领域等的差异而产生的不同需求。我们热切期望全国广大教师能够积极参与到本套丛书的编写工作中来，把自己的教学成果与全国的同行们分享；同时也欢迎广大读者对本套教材提出宝贵意见，以便我们改进工作，为读者提供更好的服务。

我们的电子邮件地址：jiaoh@tup.tsinghua.edu.cn；联系人：焦虹。

清华大学出版社

前言

Microsoft Visual FoxPro 关系数据库系统是新一代小型数据库管理系统的杰出代表，具有强大的功能、完整而又丰富的工具、较高的数据处理速度、友好的设计界面及完备的兼容性等特点，受到了广大用户的欢迎。

本教材以 Visual FoxPro 6.0 中文版为平台，结合普通高校非计算机专业数据库程序设计课程的具体要求，通过丰富的案例来介绍 Visual FoxPro 数据库程序设计的有关基本知识，从而方便教师的教学以及学生对于学习内容的掌握。

一本好的教材要求兼顾教与学。本教材对于学习者而言浅显易懂，有利于掌握全面而实用的知识；对教师而言结构合理、条理清晰、内在逻辑性强，既有一定的深度，又不失一般性。

本教材的特色是将理论与实践很好地结合起来，通过案例将全书的内容组织起来，形成一个有机的整体，将 Visual FoxPro 的数据库理论及相关操作与 Visual FoxPro 的编程语言很好地整合在一起。本书在编写过程中力求既简单明了、通俗易懂，又不失整个 Visual FoxPro 系统的完整性和系统性。

全书共 12 章。第 1 章主要介绍数据库系统的一些基本概念和 Visual FoxPro 基本情况；第 2 章主要介绍了 Visual FoxPro 中的一些基本语言知识和常用的函数；第 3 章是有关表的基本操作和命令的使用；第 4 章介绍 Visual FoxPro 中数据库的概念和相关操作；第 5 章是查询和视图；第 6 章介绍 Visual FoxPro 的结构化程序设计基础；第 7 章是有关 Visual FoxPro 面向对象程序设计和表单的介绍；第 8 章介绍表单控件；第 9 章是介绍报表设计器的使用；第 10 章是菜单和工具栏的使用方法介绍；第 11 章介绍如何在 Visual FoxPro 中开发和发布应用程序。其中第 1、第 2 章由陈晓勇编写，第 3、第 4 章由彭志娟编写，第 5、第 6 章由姚滢编写，第 7、第 8 章由李跃华编写，第 9、第 10、第 11 章由何海棠编写。王杰华、史胜辉为本书编写做了大量前期工作并对本书的编写给予了许多指导，在百忙之中审阅了全书，在此表示诚挚的谢意。在教材的编写过程中，顾卫标、郑国平、施佺、杨伟、周建美、华进等几位老师给予了大力支持，在此表示感谢。在本书编写过程中，参考了许多同类书籍及相关文献资料，在此一并表示衷心的感谢。

由于本书编撰时间仓促，编者水平有限，书中难免有错误和不妥之处，恳请广大读者批评指正。

编者

2011 年 7 月

目录

上篇　数　据　库

上篇　数　据　库

第1章 数据库系统概述

随着社会信息量的飞速增长，人们需要处理大量的各类数据，如大型商场的商品数据与销售数据、证券交易所的交易数据、Internet的检索数据等。20世纪60年代末，人们开始采用数据库技术来有效地管理各类数据。目前，数据库管理已成为计算机信息管理的主要方式。本章介绍数据库的一些基本概念，着重讲解数据库系统的发展、组成以及目前主流的关系型数据库的相关概念。

1.1 数据库系统

1.1.1 数据管理技术的发展

数据是存储于某一媒体上对客观事物进行描述的物理符号。数据处理是对数据的采集、整理、存储、分类、排序、检索、维护、加工、统计和传输一系列操作的总和。其目的是从大量原始数据中获得有价值的信息，作为人们行为和决策的依据。

随着计算机硬件技术、软件技术的发展和计算机应用范围的不断扩大，计算机数据管理经历了3个阶段：人工管理阶段、文件系统阶段和数据库系统阶段。

1. 人工管理阶段

20世纪50年代中期以前，计算机主要用于科学计算。硬件方面，外存储器只有纸带、卡片、磁带，没有像硬盘一样可以进行随机访问、直接存取的外部存储设备；软件方面，没有操作系统软件和数据管理软件。

此阶段的数据处理有以下特点：

(1) 数据无法持久保存。用户将数据和应用程序一起输入计算机内存，通过应用程序对数据进行处理，输出运算结果。任务完成以后，数据随应用程序一起从内存中释放。

(2) 数据和应用程序不具有独立性。数据由应用程序自行管理，当数据改变时，应用程序一般也必须相应做出调整。

(3) 数据无法共享。一个应用程序中的数据无法被其他应用程序使用。程序和程序之间不能共享数据，因而产生大量重复的数据，这称为数据冗余。

2. 文件系统阶段

20 世纪 50 年代后期至 60 年代中后期，随着计算机在数据管理中的广泛应用，大量的数据存储、检索和维护成为迫切的要求。硬件方面，可直接存取的磁盘成为主要外存；软件方面，出现了高级语言和操作系统。

文件系统（如图 1-1 所示）阶段的数据处理有以下特点：

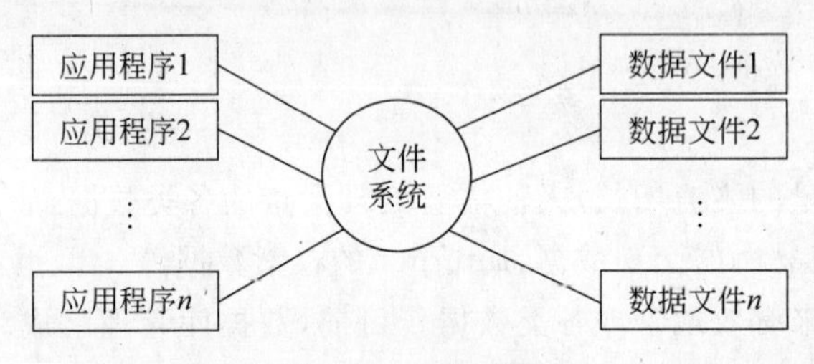

图 1-1 文件系统

(1) 数据可以持久保存。数据以文件形式长期保存在磁盘上，供应用程序反复调用。

(2) 应用程序与数据之间有了一定的独立性。程序与数据分别存储在不同文件中，应用程序按文件名访问相应的数据文件。

(3) 数据的独立性低。由于应用程序对数据的访问基于特定的结构和存取方式，当数据的逻辑结构发生改变时，必须修改相应的应用程序。

(4) 数据的共享性差，存在大量的数据冗余和数据的不一致。大多数情况下，一个应用程序对应一个数据文件，当各数据文件之间包含相同的数据项时，将产生大量的冗余数据。而且当其中一个数据文件的数据项被更新后，如果其他数据文件中相同的数据项没有被更新，将造成数据的不一致。

3. 数据库系统阶段

20 世纪 60 年代后期，大容量和快速存储的磁盘相继投入使用，为新型数据管理技术奠定了物质基础。此外，计算机管理的数据量急速增长，多用户、多程序间实现数据共享的要求日益增强。在这种情况下，文件系统的数据管理已经不能满足需求，数据库技术应运而生。

数据库系统（如图 1-2 所示）阶段的数据处理有以下特点：

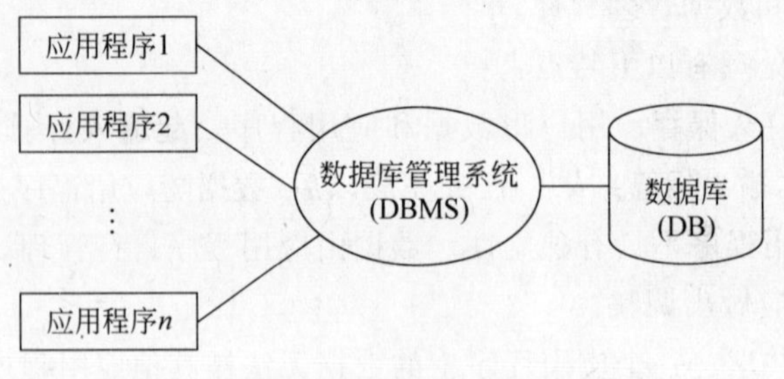

图 1-2 数据库系统

(1) 数据的结构化。数据库中的数据是按一定的逻辑结构存放的，这种结构由数据库管理系统所支持的数据模型决定。

(2) 数据的共享性高，冗余度小。同一个数据库中的数据可被多个用户、多个应用程序共享使用，大大减少数据的冗余。

(3) 数据独立性高。数据与应用程序之间彼此独立。当数据的存储格式、组织方法和逻辑结构发生改变时，不需要修改应用程序。

(4) 统一的数据控制功能。数据库由数据库管理系统统一管理，并提供对数据的并发性访问、完整性、安全性、可恢复性等功能。

1.1.2 数据库系统的组成

数据库系统(Database System，DBS)是指引入数据库技术的计算机系统。它实现了有组织地、动态地存储大量相关数据，提供了数据处理和信息资源共享的便利手段。数据库系统通常由5部分组成：硬件系统、数据库、数据库管理系统、相关软件和各类人员，其层次示意图如图1-3所示。

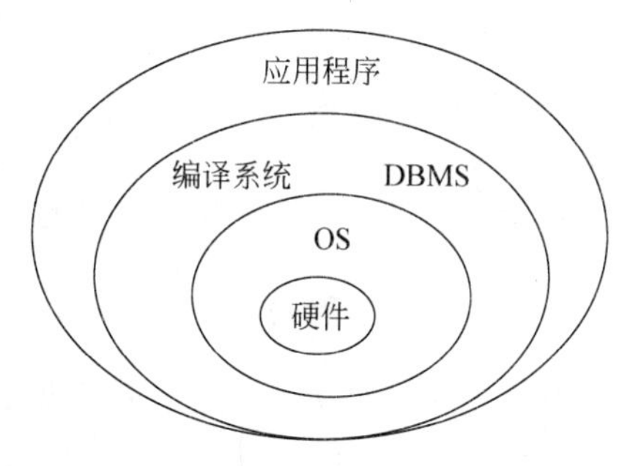

图1-3 数据库系统层次示意图

1. 硬件系统

硬件系统主要指计算机硬件设备，包括CPU、内存、外存、总线和IO接口、输入输出设备等。运行数据库系统必须有各种硬件设备作为支撑，例如，要求计算机要有足够的内存用以运行操作系统及数据库管理系统；需要较大的外存用以存放数据库的数据；此外，如果运行的是网络数据库系统，则还需要相关网络通信设备的支持。

2. 数据库

数据库(Database，DB)即数据的仓库，是指存储在计算机中结构化的相关数据的集合。它不仅包含了描述事物本身的数据，还包含了相关数据间的联系。

数据库以文件形式存储在计算机的外存中，用户通过数据库管理系统来统一管理和控制数据。

3. 数据库管理系统

数据库管理系统(Database Management System，DBMS)是管理数据库的软件，是数据库系统的核心。数据库管理系统运行于操作系统上，帮助用户建立、使用和维护数据库。

数据库管理系统具有如下功能：

(1) 数据定义功能。DBMS提供数据定义语言(Data Definition Language，DDL)定

义数据库结构，它们刻画数据库框架，并被保存在数据字典中。

(2) 数据存取功能。DBMS 提供数据操纵语言(Data Manipulation Language, DML)实现对数据库数据的基本存取操作，如数据的检索、插入、修改和删除等。

(3) 数据库运行管理功能。DBMS 提供数据控制语言(Data Control Language, DCL)实现对数据库的控制和管理，例如对数据的安全性、完整性和并发性的控制等，以确保数据正确有效。

(4) 数据库的建立和维护功能。包括数据库初始数据的装入，数据库的转储、恢复、重组织，系统性能监视、分析等功能。

(5) 数据库的传输。DBMS 提供处理数据的传输，实现用户程序与 DBMS 之间的通信，通常与操作系统协调完成。

1.1.3 主流数据库管理系统概述

目前有许多数据库产品，如 Oracle、Sybase、Informix、DB2、Microsoft SQL Server、Microsoft Access、Visual FoxPro 等。这些产品各有自己特有的功能，在数据库市场上都占有一席之地。下面简要介绍几种常用的数据库管理系统。

1. Oracle 数据库

Oracle 数据库是一个最早商品化的关系型数据库管理系统，也是应用广泛、功能强大的数据库管理系统。Oracle 作为一个通用的数据库管理系统，不仅具有完整的数据管理功能，还是一个分布式数据库系统，支持各种分布式功能，特别是支持 Internet 应用。作为一个应用开发环境，Oracle 提供了一套界面友好、功能齐全的数据库开发工具。Oracle 使用 PL/SQL 语言执行各种操作，具有可开放性、可移植性、可伸缩性等功能。特别是从 Oracle 8i 开始，Oracle 支持面向对象的功能，如支持类、方法、属性等，成为一种对象/关系型数据库管理系统。

2. Sybase 数据库

Sybase 数据库是美国 Sybase 公司研制的一种关系型数据库系统，是一种典型的 UNIX 或 Windows NT 平台上客户机/服务器环境下的大型数据库系统。Sybase 提供了一套应用程序编程接口和库，可以与非 Sybase 数据源及服务器集成，允许在多个数据库之间复制数据，适于创建多层应用。系统具有完备的触发器、存储过程、规则以及完整性定义，支持优化查询，具有较好的数据安全性。Sybase 通常与 SybaseSQLAnywhere 用于客户机/服务器环境，前者作为服务器数据库，后者作为客户机数据库，采用该公司研制的 PowerBuilder 作为开发工具，在我国大中型系统中具有广泛的应用。

3. Informix 数据库

Informix 数据库是美国 Informix Software 公司研制的关系型数据库管理系统。Informix 有 Informix-SE 和 Informix-Online 两种版本。Informix-SE 适用于 UNIX 和

Windows NT 平台，是为中小规模应用而设计的；Informix-Online 在 UNIX 操作系统下运行，可以提供多线程服务器，支持对称多处理器，适用于大型应用。

Informix 可以提供面向屏幕的数据输入询问及面向设计的询问语言报告生成器。其数据定义包括定义关系、撤销关系、定义索引和重新定义索引等。Informix 不仅可以建立数据库，还可以方便地重构数据库，系统的保护措施十分健全，不仅能使数据得到保护而不被权限外的用户存取，且能重新建立丢失了的文件及恢复被破坏了的数据。其文件的大小不受磁盘空间的限制，域的大小和记录的长度均可达 2K。采用加下标顺序访问法，Informix 与 COBOL 软件兼容，并支持 C 语言程序。Informix 可移植性强、兼容性好，在很多微型计算机和小型机上得到应用，尤其适用于中小型企业的人事、仓储及财务管理。

4. DB2 数据库

DB2 数据库是 IBM 公司研制的一种关系型数据库系统。DB2 主要应用于大型应用系统，具有较好的可伸缩性，可支持从大型机到单用户环境，应用于 OS/2、Windows 等平台下。DB2 提供了高层次的数据利用性、完整性、安全性、可恢复性，以及小规模到大规模应用程序的执行能力，具有与平台无关的基本功能和 SQL 命令。DB2 采用了数据分级技术，能够使大型机数据很方便地下载到 LAN 数据库服务器，使得客户机/服务器用户和基于 LAN 的应用程序可以访问大型机数据，并使数据库本地化及远程连接透明化。

DB2 以拥有一个非常完备的查询优化器而著称，其外部连接改善了查询性能，并支持多任务并行查询。DB2 具有很好的网络支持能力，每个子系统可以连接十几万个分布式用户，可同时激活上千个活动线程，对大型分布式应用系统尤为适用。

5. SQL Server 数据库

SQL Server 数据库是美国 Microsoft 公司推出的一种关系型数据库系统。SQL Server 是一个可扩展的、高性能的、为分布式客户机/服务器计算所设计的数据库管理系统，实现了与 Windows NT 的有机结合，提供了基于事务的企业级信息管理系统方案。

SQL Server 的主要特点如下：

(1) 高性能设计，可充分利用 Windows NT 的优势。

(2) 系统管理先进，支持 Windows 图形化管理工具，支持本地和远程的系统管理和配置。

(3) 强壮的事务处理功能，采用各种方法保证数据的完整性。

(4) 支持对称多处理器结构、存储过程、ODBC，并具有自主的 SQL 语言。SQL Server 以其内置的数据复制功能、强大的管理工具、与 Internet 的紧密集成和开放的系统结构为广大的用户、开发人员和系统集成商提供了一个出色的数据库平台。

6. Access 数据库

Access 数据库是美国 Microsoft 公司于 1994 年推出的微机数据库管理系统。它具有界面友好、易学易用、开发简单、接口灵活等特点，是典型的新一代桌面数据库管理系统。其主要特点如下：

(1) 完善地管理各种数据库对象，具有强大的数据组织、用户管理、安全检查等功能。

(2) 强大的数据处理功能，在一个工作组级别的网络环境中，使用 Access 开发的多用户数据库管理系统具有传统的 xBase(DBase、FoxBase 的统称)数据库系统所无法实现的客户/服务器(Client/Server)结构和相应的数据库安全机制，Access 具备了许多先进的大型数据库管理系统所具备的特征，如事务处理、出错回滚能力等。

(3) 可以方便地生成各种数据对象，利用存储的数据建立窗体和报表，可视性好。

(4) 作为 Office 套件的一部分，可以与 Office 集成，实现无缝连接。

(5) 能够利用 Web 检索和发布数据，实现与 Internet 的连接。Access 主要适用于中小型应用系统，或作为客户/服务器系统中的客户端数据库。

7. Visual FoxPro 数据库

Visual FoxPro 简称 VFP，是 Microsoft 公司推出的数据库开发软件，用它来开发数据库，既简单又方便。Visual FoxPro 源于美国 Fox Software 公司推出的数据库产品 FoxBase，在 DOS 上运行，与 xBase 系列相容。FoxPro 原来是 FoxBase 的加强版，最高版本为 2.6。之后，Fox Software 被微软收购，加以发展，使其可以在 Windows 上运行，并且更名为 Visual FoxPro。目前最新版为 Visual FoxPro 9.0，而在学校教学和计算机等级考试中依然沿用经典版 Visual FoxPro 6.0。在桌面型数据库应用中，处理速度极快，是日常工作中的得力助手。

1.2 数据库体系结构

数据库系统的结构可以从不同的角度考察。从数据库管理系统角度看，数据库系统通常采用三级模式结构，这是数据库系统的内部系统结构；从数据库最终用户角度看，数据库系统分为单用户数据库系统、主从式数据库系统、分布式数据库系统和客户/服务器数据库系统。

1. 数据库系统的模式结构

模式(schema)是对现实世界的抽象，是对数据库中全体数据的逻辑结构和特征的描述。模式的一个具体值称为模式的一个实例，同一模式可以有很多实例；模式是相对稳定的，而实例是相对变动的，因为数据库中的数据在不断更新。模式反映的是数据的结构及其联系，而实例反映的是数据库某一时刻的状态。

数据库系统在其内部具有三级模式和二级映像。三级模式分别为外模式、模式与内模式，二级映像则是外模式/模式映像和模式/内模式映像。这三级模式与二级映像构成数据库系统内部的抽象结构体系，如图 1-4 所示。

(1) 数据库系统的三级模式

数据模式是数据库系统中数据结构的一种表示形式，它具有不同的层次与结构方式。

外模式称为子模式或用户模式，也称为用户级模式。它是数据库用户能够看见和使

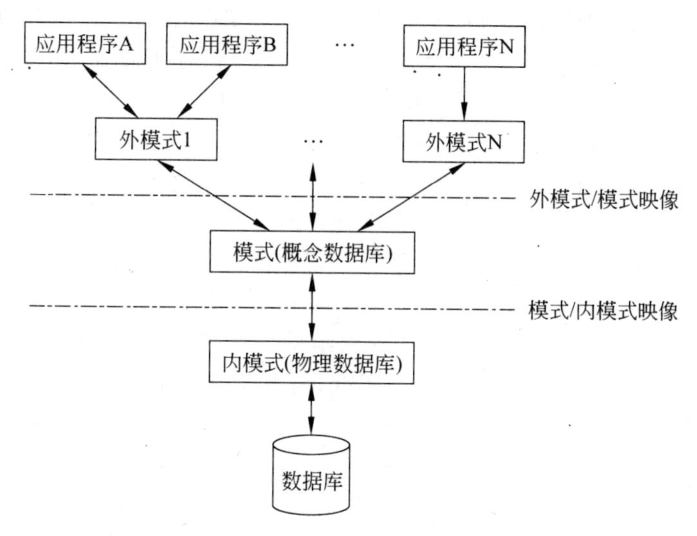

图 1-4　数据库系统内部结构体系

用的局部数据的逻辑结构和特征的描述，是数据库用户的数据视图。

模式称为逻辑模式，也称概念模式。它是数据库中全体数据的逻辑结构和特征的描述，它包括数据的逻辑结构、数据之间的联系和与数据有关的安全性、完整性要求。

内模式称为存储模式，也称物理模式。它是数据物理结构和存储方式的描述。

将这三级模式对比理解，如表 1-1 所示。

表 1-1　三级模式的对比

	外　模　式	模　　式	内　模　式
1	各个具体用户看到的数据视图是用户与 DB 的接口	所有用户的公共数据视图	数据在数据库内部的表示方法
2	可以有多个外模式	只有一个模式	只有一个内模式
3	每个用户只关心与它有关的模式，屏蔽大量无关的信息，有利于数据保护	以某一种数据模型为基础，统一综合考虑所有用户的需求，并将这些需求有机地结合成一个逻辑整体	
4	面向应用程序或最终用户	由 DBA 定义	以前由 DBA 定义，现在基本由 DBMS 定义

这三级模式均由 DBMS 中对应的模式所提供的描述语言(DDL)进行描述。

数据模式给出了数据库的数据框架结构，以模式为框架所组成的数据库叫概念数据库(conceptual database)，以外模式为框架所组成的数据库叫用户数据库(user's database)，以内模式为框架所组成的数据库叫物理数据库(physical database)。这三种数据库只有物理数据库是真实存放在计算机外存中，其他两种数据库并不真正存在，而是通过两种映像由物理数据库产生。

(2) 数据库系统的二级映像

数据库系统的三级模式是对数据的三种不同的抽象级别，它把数据的具体组织留给

DBMS管理,使用户能逻辑地、抽象地处理数据,而不必关心数据在计算机中的具体表示与存储。为了能够在内部实现这三个抽象层次的联系和转换,DBMS在这三个级别之间提供了两层映像：外模式/模式映像和模式/内模式映像。

外模式/模式映像定义了外模式与模式之间的对应关系,该映像定义通常包含在各自外模式的描述中。当模式改变时,DBA对相关的外模式/模式映像作相应的改变,以使外模式保持不变。应用程序是依据数据的外模式编写的,外模式不变,应用程序就无须修改。所以外模式/模式映像功能保证了数据与程序的逻辑独立性。

模式/内模式映像定义了数据库全局逻辑结构与存储结构之间的对应关系,该映像定义通常包含在模式描述中。当数据库的存储结构发生改变时,DBA对模式/内模式映像作相应的改变,以使模式保持不变。模式不变,与模式没有直接联系的应用程序也无须改变,所以模式/内模式映像功能保证了数据与程序的物理独立性。

2. 数据库系统的体系结构

(1) 单用户数据库系统

单用户数据库系统是早期的最简单的数据库系统,系统的体系结构如图1-5所示。在单用户系统中,整个数据库系统安装在一台计算机上,由一个用户完成,数据不能共享,数据冗余度高。

图1-5 单用户数据库系统

(2) 主从式数据库系统

如图1-6所示,主从式数据库系统指的是由一个主机连接多个终端用户的结构。在这种结构中,数据库系统的应用程序、DBMS、数据都集中存放在主机上,所有的处理任务由主机完成,多个用户可同时并发地存取数据,能够共享数据。这种体系结构简单,易于维护,但是当终端用户增加到一定数量后,数据的存取将会成为瓶颈问题,使系统的性能大大地降低。

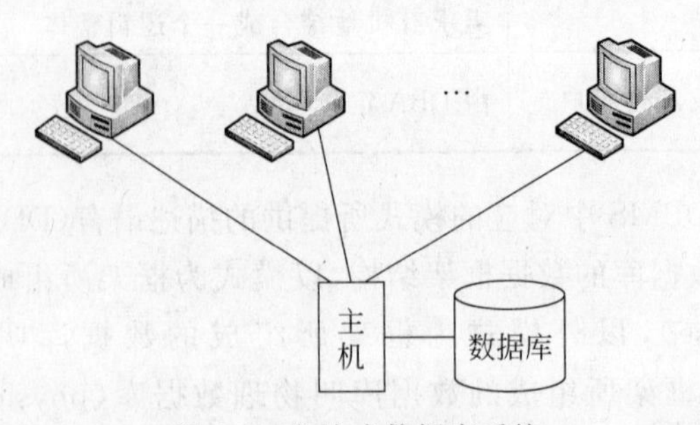

图1-6 主从式数据库系统

(3) 分布式数据库系统

分布式数据库系统是指数据库中的数据在逻辑上是一个整体,但物理分布在计算机网络的不同结点上，每个结点上的主机又连接多个用户，如图 1-7 所示。网络中的每一个结点都可以独立地处理数据，执行全局应用。

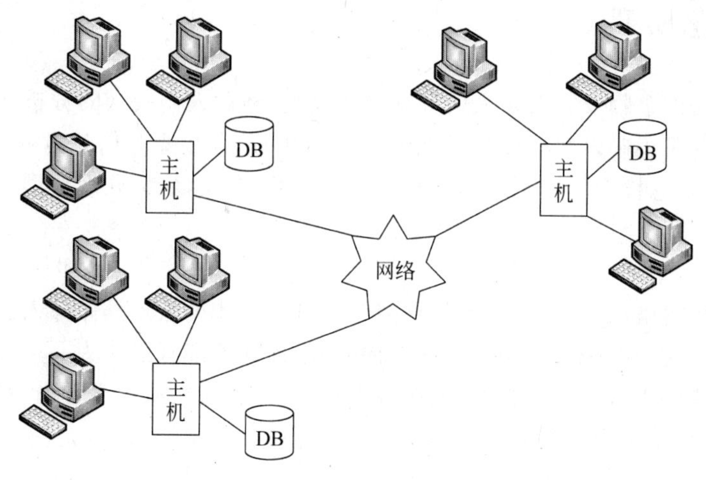

图 1-7　分布式数据库系统

分布式数据库系统是计算机网络发展的产物，满足了地理上分布的企业、团体等组织对数据库的需求，但给数据的处理和维护带来困难。

(4) 客户/服务器数据库系统

随着网络中工作站点的增加和广泛使用，人们开始把 DBMS 的功能和应用分开，形成客户/服务器数据库系统。在网络中某个(些)结点的计算机专门用于执行 DBMS 核心功能，称为数据库服务器；其他结点上的计算机安装 DBMS 外围应用开发工具和应用程序，支持用户的应用，称为客户机。这种把 DBMS 和应用程序分开的结构就是客户/服务器数据库系统，该系统的一般结构如图 1-8 所示。

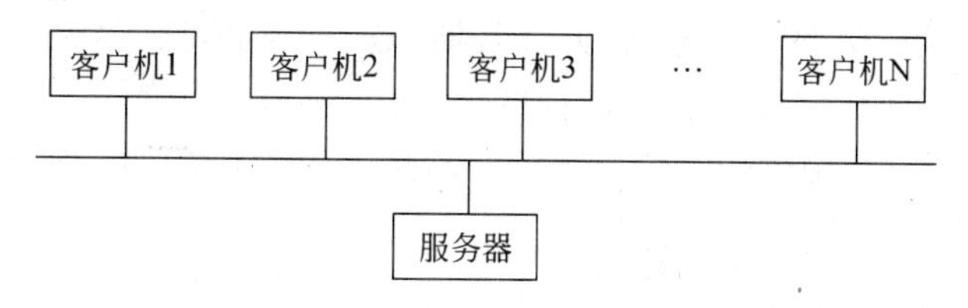

图 1-8　客户/服务器数据库系统的一般结构

客户/服务器数据库系统分为集中式服务器结构和分布式服务器结构。在客户/服务器数据库系统中，用户将数据传送到服务器，服务器进行处理后，将结果返回给用户，从而减少了网络上的数据传输量，提高了系统的性能和负载能力。

1.3　概念模型与数据模型

数据库中存储和管理的数据都来源于现实世界中的客观事物。由于计算机不能直接处理这些具体事物，因此人们必须首先将现实世界转换为信息世界，即建立概念模型；然后再将信息世界转换为数据世界，即建立数据模型。

1.3.1 概念模型

现实世界中的事物及联系在人们头脑中的反映，经过人们头脑的分析、归纳、抽象，形成信息世界。为了正确直观地反映客观事物及其联系，有必要对信息世界建立一个抽象的模型，称之为概念模型。典型的概念模型为 E-R 模型，即实体-联系模型。

1. 实体

现实世界中可被认识、区分的事物称之为实体。实体可以是具体的人、事、物，也可以是抽象的概念。例如一个人、一本书、一门课、一项计划等都可以作为一个实体。

在具体的应用中，相关的实体可能多种多样，设计者需要从中筛选出与应用需求有关联的那些实体，而不是全部实体。

2. 属性

实体所具有的特性称为属性，一个实体可以用若干属性来刻画。例如，读者实体可以由借书证号、读者姓名、类型编号、性别、部门代号、电话、办证日期等属性组成，这些属性值组合起来描述了一个读者的实体。

对于一个实体来说，它具有哪些属性完全取决于处理实际问题的需求。

3. 实体和属性的型与值

实体和属性有型与值之分，实体型是指实体具有哪些属性。具有相同属性的实体具有相同的实体型。实体型用实体名及其属性的集合来描述。例如，读者(借书证号，读者姓名，类型编号，性别，部门代号，电话，办证日期)是一个实体型。

同一个实体型的不同实体个体有不同的属性内容(即属性值)，一个实体对应的一组属性值称为一个实体值。例如，(01000001，陶晶晶，01，男，01，15950816001，2008-08-30)就是一个实体值，代表了一个具体的读者。

类似地，属性也有型与值之分，例如，“借书证号”是属性的型，01000001 是属性值。

4. 属性的域

属性的取值范围称为属性的域。例如，读者的借书证号是 8 位数字，性别只能是男或者女。

5. 实体集

同一实体型的全部实体称之为一个实体集。实体集用实体型来表示，例如，读者(借书证号，读者姓名，类型编号，性别，部门代号，电话，办证日期)既表示读者的实体型，也表示读者的实体集。

6. 码或关键字

用于唯一标识实体集中某一实体的某个属性或某几个属性的集合，称为码或关键字(key)。例如，在表 1-2 中所示的读者实体集中，能作为关键字的是借书证号属性，因为借书证号可以唯一标识一个读者；而读者姓名可能有重名，所以读者姓名不可以作为关键字。

表 1-2 实体和属性的型与值

借书证号	读者姓名	类型编号	性别	部门代号	电　话	办证日期
01000001	陶晶晶	01	男	01	15950816001	2008-08-30
01000002	宋　亮	01	男	01	15950816002	2008-08-31
01000003	毛泽明	01	男	01	15950816003	2008-09-01
01000004	周　燕	01	女	01	15950816004	2008-08-30
…	…	…	…	…	…	

7. 实体间的联系

实体间的对应关系称为联系，它反映现实世界事物之间的相互关系。例如，一位读者可以借阅若干本图书，同一本图书可以相继被几个读者借阅。

实体间联系的种类是指一个实体型中可能出现的每一个实体与另一个实体型中的几个实体之间的联系，可以归纳为 3 种类型：

(1) 一对一联系(one-to-one relationship)(1∶1)

(2) 一对多联系(one-to-many relationship)(1∶n)

(3) 多对多联系(many-to-many relationship)(m∶n)

8. 概念模型的图形化描述

最常用的表示实体及其联系的方法就是 E-R 图(Entity-Relation diagram)。E-R 图以图形化的方法描述现实世界抽象的结果，形成了信息世界的数据模型。

E-R 图的基本规则如下：

- 用矩形表示实体型，在框内写上实体名。
- 用椭圆形表示实体的属性，属性与其对应的实体之间用无向边连接。
- 用菱形表示实体间的联系，在框内填上联系名，用无向边把联系和与其相关的实体相连接，在无向边旁标明联系的类型，即标明联系是 1∶1 还是 1∶n 或是 m∶n。

根据以上规则，图 1-9 为读者实体的 E-R 图表示，图 1-10 为不同类型的实体间联系的 E-R 图表示。

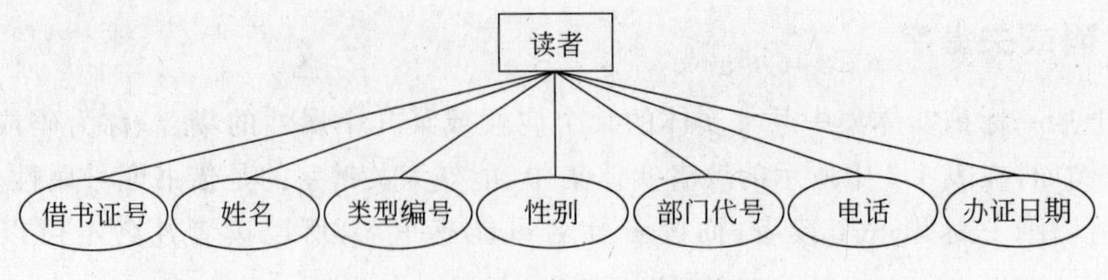

图 1-9　读者实体的 E-R 图表示

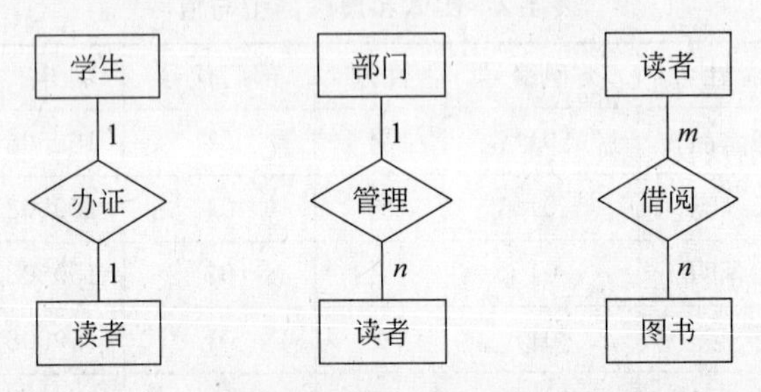

图 1-10　不同类型的实体间联系的 E-R 图表示

1.3.2　数据模型

为了反映实体和实体间的联系，数据库中的数据必须按一定的结构存放，这种结构用数据模型来表示。任何一个数据库管理系统都是基于某种数据模型的。

20 世纪 70 年代至 80 年代初期，广泛使用的是基于层次模型、网状模型的数据库管理系统。层次模型(hierarchical model)以树状结构表示实体和实体之间的联系，网状模型(network model)以网状结构表示实体和实体之间的联系。

现在，关系模型(relational model)是使用最普遍的数据模型。关系模型以二维表的形式表示实体与实体间的联系。

1. 层次模型

层次模型是最早发展起来的数据库模型。它的基本结构是树形结构，如图 1-11 所示，这种结构方式在现实世界中很普遍，如家族结构、行政组织结构等。

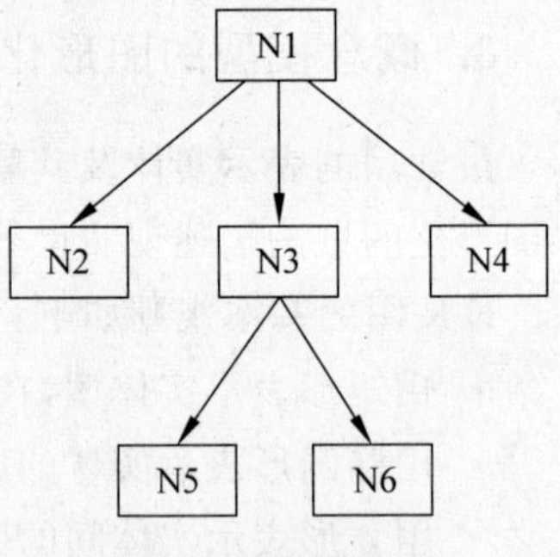

图 1-11　层次模型

层次模型有以下特性：

(1) 每棵树有且仅有一个无双亲结点，称为根结点；

(2) 除根结点以外其他的结点有且仅有一个双亲，无子女的结点称为叶结点。

在层次模型中，每一个结点表示一个记录类型，结点之间的连线表示记录类型间的联系，这种联系只能是父子联系。任何一个给定的记录值只有按其路径查看时，才能显示出它的全部内容，没有一个子女记录值能够脱离双亲记录值而独立存在。

层次模型支持的操作主要有查询、插入、删除和更新。在对层次模型进行操作时，要满足层次模型的完整性约束条件。进行插入操作时，如果没有双亲结点值就不能插入子女结点值；进行删除操作时，如果删除双亲结点值，则相应的子女结点值也被删掉；进行更新操作时，应更新相应记录，以保证数据的一致性。

层次模型的优点是：数据结构比较简单，操作也比较简单；适用于实体间联系是固定的、且预先定义好的应用系统；提供了良好的完整性支持。层次模型的缺点是受文件系统影响大，模型受限制多，物理成分复杂，不适用于表示非层次性的联系；对插入和删除操作的限制比较多；查询子女结点必须通过双亲结点。

2. 网状模型

网状模型是一种更具有普遍性的结构，从图论的角度讲，它是一个不加任何条件限制的无向图。网状模型是以记录为结点的网状结构，如图 1-12 所示，满足以下条件。

(1) 可以有任意个结点无双亲；

(2) 允许结点有一个以上的双亲；

(3) 允许两个结点之间有一种或两种以上的联系。

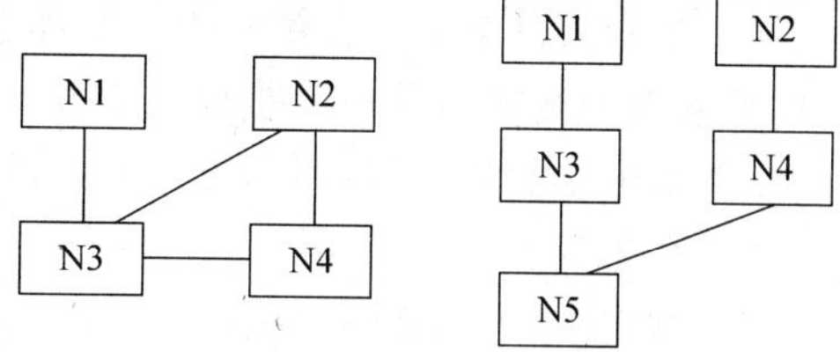

图 1-12 网状模型

在网状模型的 DBTG (database task group)标准中，基本结构是简单二级树，称作系，系的基本数据单位是记录，它相当于 E-R 模型中的实体集；记录又由若干数据项组成，数据项相当于 E-R 模型中的属性。

网状模型明显优于层次模型，存取的效率较高，具有良好的性能。但是，它的数据结构比较复杂，不利于用户的掌握，其数据模式与系统的实现均不理想。

3. 关系模型

关系模型用二维表来表示数据之间的联系。每个表有多个列，每列有唯一的列名。在关系模型中，无论是从客观事物中抽象出的实体，还是实体之间的联系，都用单一的结构类型——关系来表示。在对关系进行各种处理之后，得到的还是关系。表以文件形式存储，一个数据表对应一个文件，文件结构由系统自己设计。关系数据模型是建立在严格的数学概念的基础上的，其数据结构简单、清晰，用户易懂易用。存取路径对用户透明，从而具有更高的数据独立性和安全保密性，简化了程序员的工作。但是，查询效率不如非关系模型高。

(1) 关系模型的数据结构

关系模型采用二维表来表示，简称表。表 1-3 是一张学生表，它由行(元组)和列(属性)组成。一个表中可以存放 m 个元组，m 称为表的基数。

二维表一般具有下面几个性质：

- 元组个数有限性——表中的元组个数是有限的。
- 元组的唯一性——二维表中的元组各不相同。
- 元组次序的无关性——二维表中元组的次序可以任意交换。
- 元组分量的原子性——二维表中元组分量是不可分割的数据项。

表 1-3　学生表

学号	姓名	性别	籍贯	系代号	年级
080104	王栋	男	江苏南通	01	08
080206	黄娟	女	上海	02	08
090507	张斌	男	北京	05	09
…	…	…	…	…	…

- 属性名的唯一性——二维表中的属性名各不相同。
- 属性的次序无关性——二维表中的属性与次序无关,可任意交换。
- 分量值域的同一性——二维表中的属性分量属于同一值域。

以二维表为基本结构所建立的模型称为关系模型。关系模型要求关系必须是规范化的,即要求关系必须满足一定的规范条件。其中最基本的一条是:关系的每一个分量必须是一个不可分的数据项,即不允许表中还有表。

(2) 关键字

在二维表中,用来唯一标识一个元组的某个属性或属性组合称为该表的键或码,也称关键字,其值必须唯一。一个关系中,关键字的值不能为空。

- 超关键字(super key):在二维表中,能够唯一地确定记录的一个字段或几个字段的组合称为"超关键字"。例如,二维表的所有字段的集合一定是一个超关键字,但超关键字往往不是最精简的。如果是由单一的字段构成的关键字,则称为"单一关键字"(single key);如果是由两个或两个以上的字段构成的关键字,则称为"复合关键字"(composite key)。
- 候选关键字(candidate key):如果一个超关键字去掉其中任何一个字段后不再能唯一地确定记录,则称它为"候选关键字"。候选关键字既能唯一地确定记录,它包含的字段又是最精练的。也就是说候选关键字是最简单的超关键字。一张表至少包含一个候选关键字。
- 主关键字(primary key):从候选关键字中选出一个,这个候选关键字就称为"主关键字"。
- 外部关键字(foreign key):当一个二维表(A 表)的主关键字被包含到另一个二维表(B 表)中时,该主关键字称为 B 表的"外部关键字"。

(3) 关系模型的操作

关系模型的数据操作一般有查询、插入、删除及修改四种操作。

- 数据查询。数据查询是数据库的核心操作,包括单表查询和多表查询。

  单表查询是指基于一个数据库表进行的查询,操作时需对对象进行横向或纵向的定位以确定元组的分量,再根据需求取出数据。

  多表查询是指同时涉及两个或两个以上的表的查询,操作时将相关的表按规则合并成一张表,再对合并后的表作横向或纵向的定位,最后根据需求取出数据。
- 数据插入。数据插入仅对一个关系而言,在指定的关系中插入一个或多个元组。

- 数据删除。数据删除的基本单位是表中的元组，它将满足条件的元组从表中删除。该操作可以分解为元组的选择与元组的删除两个基本操作。
- 数据修改。数据修改又称更新操作。它可以分解为删除和插入两个基本操作。

以上四种操作的对象都是关系(表)，而操作的结果也是关系(表)。

(4) 关系模型的约束条件

关系模型定义四种数据约束条件，它们包括域完整性约束条件、实体完整性约束条件、参照完整性约束条件、用户自定义的完整性约束条件。其中前三种约束条件由关系数据库系统自动支持。对后者，则由关系数据库系统提供完整性约束语言，用户利用该语言定义出约束条件，运行时由系统自动检查。

- 域完整性(domain integrity)约束条件。指属性的取值类型和范围，例如，性别取值应为字符型"男"或"女"，作为成绩的值必须为 0 到 100 之间的数值类型等。
- 实体完整性(entity integrity)约束条件。实体完整性约束要求关系中主关键字的任何属性都不能为空。这是数据库完整性的最基本的要求，因为主关键字唯一标识元组，如为空，则不能作为主关键字。
- 参照完整性(referential integrity)约束条件。参照完整性约束是对关系间引用数据的一种限制。即在关系中的外部关键字或者是所关联关系中实际存在的元组，或者为空值。例如关系：

  职工关系(职工编号，姓名，性别，年龄，身份证号码，部门编号)

  部门关系(部门编号，部门名称，部门经理)

  职工编号是职工关系的主关键字，而外部关键字为部门编号，职工关系与部门关系通过部门编号关联，参照完整性要求职工关系中的部门编号的值在部门关系中必须有相应元组。
- 用户定义的完整性(user-defined integrity)约束条件。用户定义的完整性约束条件是用户自己定义的某一具体数据必须满足的语义要求。关系模型的 DBMS 应提供给用户定义它的手段和自动检验它的机制，以确保整个数据库始终符合用户所定义的完整性约束条件。

(5) 范式与规范化

范式(Normal Form，NF)是符合某一级别要求的关系模式的集合。目前已提出了6 种范式：1NF、2NF、3NF、BCNF、4NF 和 5NF，分别代表了不同级别的要求或条件。如果关系 R 达到某种范式的要求条件，则称 R 符合第几范式。实际应用中一般要求关系模式达到第三范式就可以了，即 3NF。

对于一个较低的范式等级的关系模式，需要进行模式分解，转换为若干个高等级的关系模式，这一过程称为规范化。

(6) 关系运算

① 传统的集合运算。

并运算(union)。关系 R 与关系 S 的并，产生一个包含 R 和 S 所有不同元组的新关系，记作 $R \cup S$。参加并运算的关系 R 与 S 必须有相同的属性。该运算满足交换率。

交运算(intersection)。关系 R 与关系 S 的交，是既属于 R 也属于 S 的元组所组成的新关系，记作 $R \cap S$。参加交运算的关系 R 与 S 必须有相同的属性。该运算满足交换率。

差运算(difference)。关系 R 与关系 S 的差，是所有属于 R 但不属于 S 的元组所组成的新关系，记作 $R-S$。参加差运算的关系 R 与 S 必须有相同的属性。该运算不满足交换率。

笛卡儿积(Cartesian product)。关系 R 与关系 S 的笛卡儿积，是 R 中每个元组与 S 中每个元组连接组成的新关系，记作 $R \times S$。该运算不满足交换率。

图 1-13 为并、交、差关系运算的示意图，图 1-14 为笛卡儿积关系运算示意图。

关系 R

A	B	C
a	b	c
d	a	f
c	b	d

关系 S

A	B	C
b	g	a
d	a	f

$R \cap S$

A	B	C
d	a	f

$R \cup S$

A	B	C
a	b	c
d	a	f
c	b	d
b	g	a

$R-S$

A	B	C
a	b	c
c	b	d

图 1-13　并、交、差关系运算示意图

关系 R

A	B	C
a	b	c
d	a	f
c	b	d

关系 S

D	E	F
b	g	a
d	a	f

$R \times S$

A	B	C	D	E	F
a	b	c	b	g	a
a	b	c	d	a	f
d	a	f	b	g	a
d	a	f	d	a	f
c	b	d	b	g	a
c	b	d	d	a	f

图 1-14　笛卡儿积关系运算示意图

② 专门的关系运算。

选择(selection)：选择运算是单目运算，它从关系 R 中选择出满足给定条件的所有元组，结果和 R 具有相同的属性。选择是从行的角度进行的运算，产生的新关系是 R 的一个子集。

投影(projection)：投影运算也是单目运算，它从关系 R 中选取若干个属性构成新关系，该新关系的元组数必然小于等于原 R 中的元组数，因为要从中去掉在新关系模式下重复的元组。投影是从列的角度进行的运算。

连接(join)：连接属于双目运算，它把两个关系 R 和 S 按相应属性值的比较条件连接起来，它是 R 和 S 的笛卡儿积的一个子集。

图 1-15 为选择、投影、连接关系运算的示意图。

关系 R

A	B	C
1	2	3
4	5	6
7	8	9

关系 S

B	C	D
2	3	2
5	6	3
9	8	3

关系 R 的选择操作(B 小于 8)

A	B	C
1	2	3
4	5	6

关系 R 的投影操作

A	B
1	2
4	5
7	8

关系 R 和关系 S 的连接(R 中的 A 小于 S 中的 D)

A	B	C	B	C	D
1	2	3	2	3	2
1	2	3	5	6	3
1	2	3	9	8	5
4	5	6	9	8	5

图 1-15 选择、投影、连接关系运算示意图

1.4 数据库设计步骤

数据库设计的基本方法是规范设计法，其基本思路是过程迭代和逐步求精，即运用软件工程的思想，将数据库设计分成若干阶段和步骤，采用工程化的方法设计数据库。

按照规范设计法要求，数据库设计分为：需求分析、概念结构设计、逻辑结构设计、物理结构设计、数据库实施、数据库运行与维护六个阶段，如图 1-16 所示。

1. 需求分析

该阶段的任务是设计者对应用环境进行调查研究，详细了解用户的组织机构、用户的事物处理过程、待解决问题所需的功能和性能要求以及问题中涉及的数据与操作。同时要找出哪些数据是已知的输入数据、哪些数据是所需的输出数据，以及输出数据应采用的格式和形式。调研的过程是设计者与用户相互沟通、设计者获得第一手资料的过程。

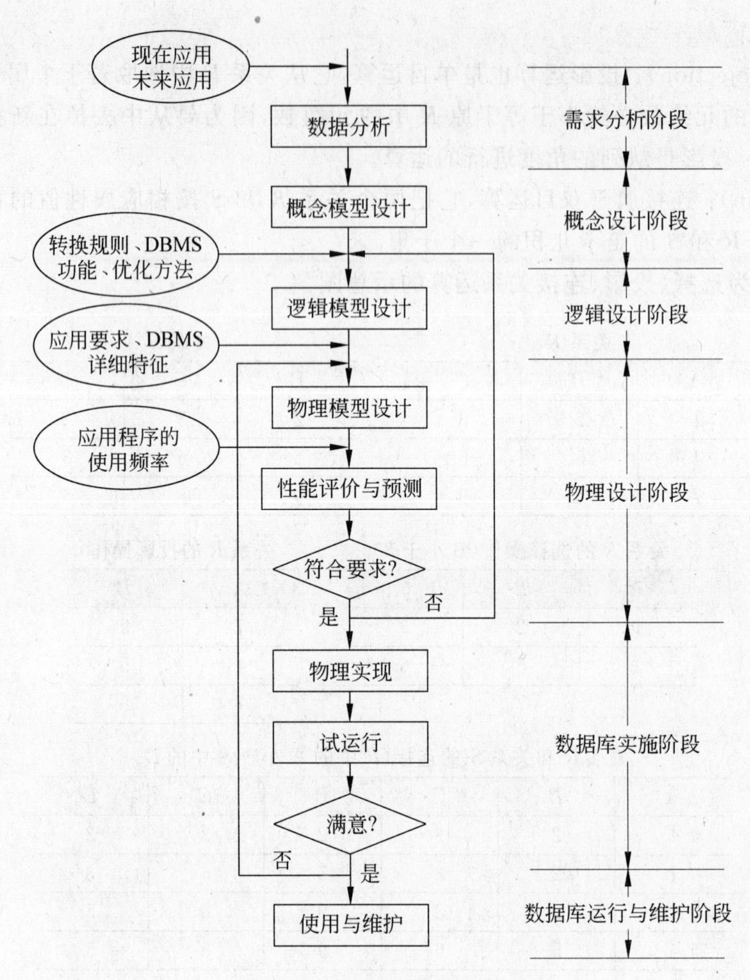

图 1-16　数据库设计的步骤

2. 概念结构设计阶段

概念设计是把用户的信息要求统一到一个整体逻辑结构中，此结构能够表达用户的要求，是一个独立于任何 DBMS 软件和硬件的概念模型。

3. 逻辑结构设计阶段

逻辑设计是将上一步得到的概念模型转换为某个 DBMS 支持的数据模型，并对其进行优化。

4. 物理结构设计阶段

物理设计是为逻辑数据模型建立一个完整的能实现的数据库结构，包括存储结构和存取方法。

上述分析和设计阶段是很重要的，如果做出不恰当的分析或设计，则会导致一个不恰当或反应迟钝的应用系统。

5. 数据库实施阶段

根据物理设计的结果把原始数据装入数据库，建立一个具体的数据库并编写和调试相应的应用程序。应用程序的开发目标是开发一个可依赖的有效的数据库存取程序，来满足用户的处理要求。

6. 数据库运行与维护阶段

这一阶段主要是收集和记录实际系统运行的数据，数据库运行的记录用来提取用户要求的有效信息，用来评价数据库系统的性能，进一步调整和修改数据库。在运行中，必须保持数据库的完整性，并能有效地处理数据库故障和进行数据库恢复。在运行和维护阶段，可能要对数据库结构进行修改或扩充。

可以看出，以上 6 个阶段是从数据库应用系统设计和开发的全过程来考察数据库设计的问题。因此，它既是数据库也是应用系统的设计过程。在设计过程中，努力使数据库设计和系统其他部分的设计紧密结合，把数据和处理的需求收集、分析、抽象、设计和实现在各个阶段同时进行、相互参照、相互补充，以完善两方面的设计。

1.5 Visual FoxPro 概述

1.5.1 Visual FoxPro 的特点

与其他数据库不同，Visual FoxPro 提供各种向导来完成诸多功能。用户在操作时，只须按照向导所提供的步骤执行，使用起来非常方便。

1. 易于使用

对于熟悉 xBASE 命令语言的用户，可以在 Visual FoxPro 系统命令窗口使用命令和函数，也可以使用系统菜单选项直接操作和管理数据。这比开发应用程序来处理具有更大的灵活性和更高的数据处理效率。而对于具备数据库应用程序开发能力的用户，可以用 Visual FoxPro 开发单独的应用系统。

Visual FoxPro 作为一个关系型数据库系统，可以简化数据管理，使得应用程序的开发流程更为合理。对于刚刚进入数据库领域的新用户来说，使用 Visual FoxPro 建立数据库应用程序要比使用其他软件容易得多。

2. 可视化开发

Visual FoxPro 具有可视化的开发环境，开发人员在设计用户界面和设置控制属性上所花的时间将大大减少，不仅对于用户界面的开发是这样，对于数据库的设计、查询的设计、报表的布局和开发过程中的其他方面也是这样。

3. 事件驱动

Windows 是事件驱动的,这就是说运行于该环境下的程序并不是顺序执行的。程序被写成许多独立的片段,只有当与之相关联的事件被触发时才会被执行。例如,有一段代码与一个按钮的 Click 事件关联,只有当用户用鼠标左键单击该按钮时,才会触发 Click 事件执行该段代码。

4. 面向对象编程

Visual FoxPro 除了支持标准的面向过程的程序设计的方式外,同时还支持面向对象的程序设计方式。借助 Visual FoxPro 的对象模型,可以充分使用面向对象程序设计的所有功能,包括继承性、封装性、多态性等。

用户可以使用类快速开发应用程序,例如,使用 Visual FoxPro 提供的表单基类、工具栏类,可以方便、快速地创建用户界面。

5. 应用向导和生成器

Visual FoxPro 包括一个完全面向对象的应用框架,这些框架能够给应用提供一整套的基本功能。在这些框架的基础上,新的应用向导可以建立项目,新的应用生成器能用于增加表单和报表。

6. 组件库

组件库是 Visual FoxPro 6.0 中文版新增的工具。利用组件库,用户可将各种对象组合集成到对象、工程或项目中。对这些可视化对象的组合可以进行动态修改、复制、重新排列组合等操作。

7. Visual FoxPro 基础类

Visual FoxPro 提供了 100 多种已经预建并可重用的类,开发者能够用这些组件给应用程序提供通用的功能。使用这些类或其子类,可以扩充它们的功能。

8. 活动文档

活动文档是基于 Windows 的非 HTML 格式的应用程序。活动文档可以嵌入浏览器,通过浏览器接口可以访问应用程序。和 Visual FoxPro 应用程序一样,在 Visual FoxPro 和活动文档中可以运行表单、报表、标签、类的实例、程序代码或手工操作数据等。但是,活动文档必须嵌入像 Internet Explorer、Netscape 之类的网络浏览器中才能发挥其功能。

9. 对动态图形文件的支持

Visual FoxPro 6.0 中文版的最大特点是加强了对 Internet 和 Intranet 的支持。图形是 Internet 和 Intranet 中的重要资源,尤其是 GIF 和 JPEG。GIF 是动态的图形文件,

JPEG 是压缩的图形文件，两者是 Internet 和 Intranet 中最主要的图形文件，因此对 GIF 和 JPEG 格式图形文件的支持非常重要。

10. 程序语言的增强

Visual FoxPro 6.0 中文版中增加了许多功能强大的函数，增加了一个 API 函数库，通过 API 函数调用，许多以前低版本 Visual FoxPro 下解决不了的问题都可以在 Visual FoxPro 6.0 下比较容易地解决。

1.5.2 Visual FoxPro 的操作环境

1. Visual FoxPro 6.0 的主窗口

Visual FoxPro 6.0 启动后，打开主窗口，如图 1-17 所示。主窗口由标题栏、菜单栏、常用工具栏、状态栏、命令窗口和主窗口工作区几个组成部分。

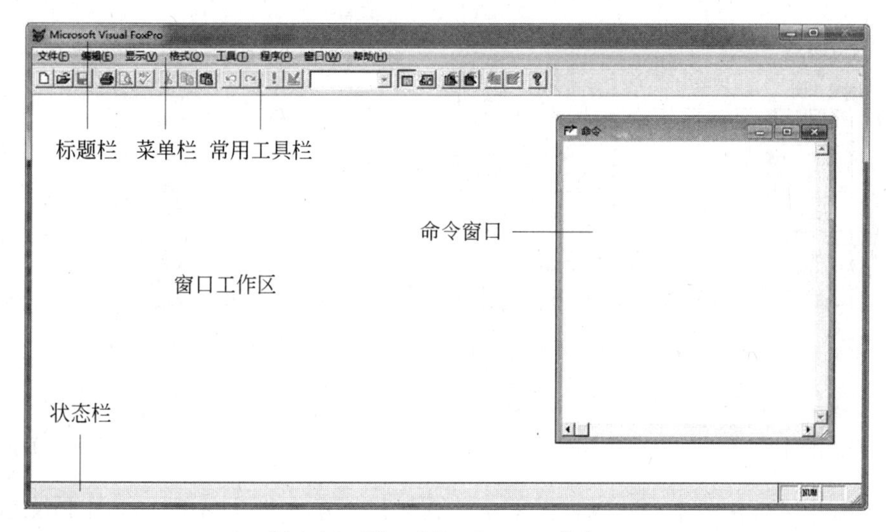

图 1-17 Visual FoxPro 6.0 主窗口

（1）标题栏。标题栏位于主窗口顶部，包含控制菜单图标、应用程序名称、“最小化”按钮、“最大化”按钮和“关闭”按钮。

（2）系统主菜单。主菜单默认情况下包括“文件”、“编辑”、“显示”、“格式”、“工具”、“程序”、“窗口”和“帮助”8 个菜单项。单击菜单项，系统将打开相应的下拉菜单，用户可以通过下拉菜单中的命令完成相应的操作。

Visual FoxPro 6.0 的菜单项会随着使用环境的改变而动态地变化。例如，当用户操作项目管理器时，主菜单上将多出一个“项目”的菜单项。

（3）工具栏。Visual FoxPro 6.0 共提供 11 种工具栏。其中初始情况下显示的是“常用”工具栏。当用户操作某些类型的文件时，系统将自动打开相应的工具栏。例如，用户在打开表单设计器时，系统将自动打开“表单控件”工具栏。

Visual FoxPro 6.0 的工具栏不是固定不可动的，用户可用鼠标拖动工具栏至主窗口内任意位置悬浮，也可将悬浮的工具栏拖动至主菜单下方固定住，如图 1-18 所示。

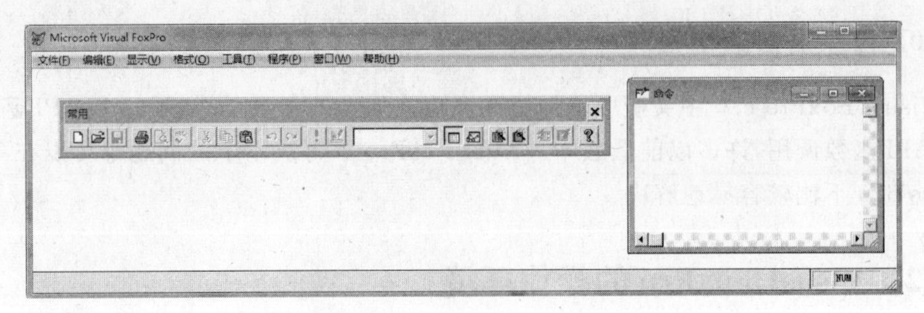

图 1-18　悬浮的工具栏

如果想打开或关闭指定的工具栏，可以选择"显示"菜单项下的"工具栏"命令，打开"工具栏"对话框，如图 1-19 所示。也可以在顶部工具栏上右击，打开快捷菜单来打开或关闭指定的工具栏，如图 1-20 所示。

图 1-19　"工具栏"对话框

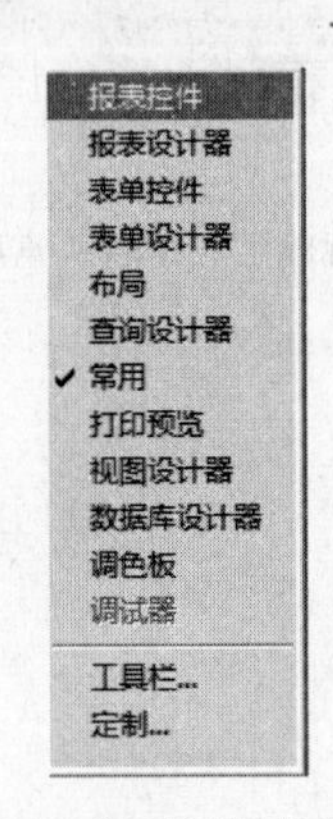

图 1-20　"工具栏"快捷菜单

(4) 窗口工作区。常用工具栏以下至状态栏以上的空白区域是 Visual FoxPro 的窗口工作区，主要用来显示命令或程序的执行结果。

(5) 命令窗口。命令窗口用来完成人机交互操作，用户在这里输入命令，按回车键，系统就会执行此命令。

命令只要输入过一次就会在命令窗口保留下来，如果用户想重复执行该命令，只须将鼠标移动到该命令行的任意位置，按回车键即可。如果想修改该命令，也只须在该行上直接修改后按回车执行，无须重新输入。

此外，若用户通过菜单或工具栏执行了某些操作，其对应的命令也会自动显示在命令窗口中。如果用户关闭了命令窗口，只须选择"常用"工具栏上的"命令窗口"按钮▣或者选择"窗口"菜单项下的"命令窗口"命令，即可重新打开命令窗口。

(6) 状态栏。状态栏位于主窗口的底部，用来显示当前的工作状态。例如，打开数据表后显示表的别名、记录数等信息。特别是当用户按下 Insert 键进入改写编辑状态时会显示 OVR 字样。

2. Visual FoxPro 6.0 的环境设置

为了满足各人不同的工作需求,用户可以定制自己的系统环境。

选择"工具"菜单项下的"选项"命令,打开"选项"对话框,如图 1-21 所示。"选项"对话框共有 12 个选项卡,每个选项卡内包含一种类别的环境设置。

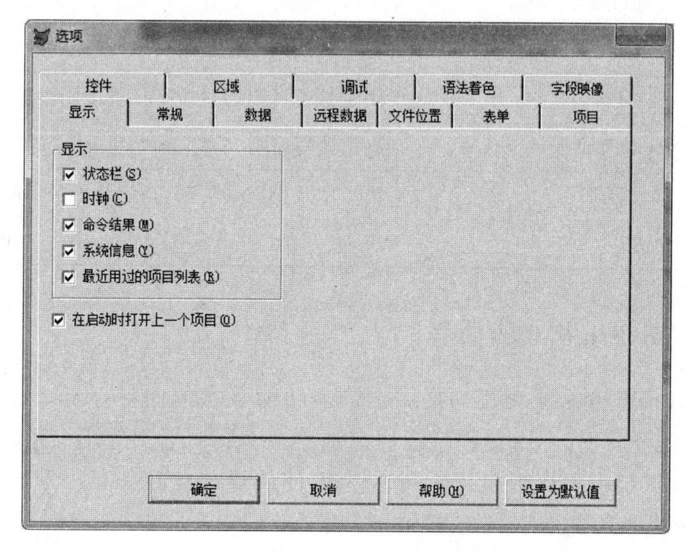

图 1-21　VFP 的"选项"对话框

对当前设置进行更改后,单击下方的"确定"按钮,可将更改保存下来,但所改变的设置仅在本次 Visual FoxPro 运行期间有效,即更改是临时性的,当退出 Visual FoxPro 系统后,所做的更改会失效。如果希望所做的更改是永久有效的,可以单击"设置为默认值"按钮。

此外,设置系统环境也可以通过 SET 命令完成。例如:

```
SET DEFAULT TO c:\jxgl
```

该命令将系统的默认目录设置为 C 盘下的 jxgl 目录,以后在系统中创建文件或打开文件时,如果没有特别说明,系统会默认在此目录中进行操作。

在单击"确定"按钮保存环境设置时,同时按住 Shift 键,则每步设置的 SET 命令会显示在命令窗口中。

表 1-4 列举了 Visual FoxPro 常用的一些 SET 命令。

表 1-4　Visual FoxPro 常用的 SET 命令

命　令	说　明
SET BELL ON | OFF	打开或关闭计算机铃声
SET CENTURY ON | OFF	决定年份的显示到底是两位还是四位
SET CLOCK ON | OFF | STATUS	决定 Visual FoxPro 是否显示系统时钟

续表

命　令	说　明
SET DATE [TO] AMERICAN | ANSI | BRITISH | FRENCH | GERMAN | ITALIAN | JAPAN | USA | MDY | DMY | YMD | SHORT | LONG	指定日期表达式或日期时间表达式的显示格式
SET DEFAULT TO [cPath]	指定默认的工作目录
SET ESCAPE ON | OFF	决定是否可以通过按 Esc 键中断程序和命令的运行
SET SAFETY ON | OFF	决定改写已有文件之前是否显示对话框
SET SECONDS ON | OFF	当显示日期时间值时，指定是否显示时间部分的秒
SET TALK ON | OFF	决定 Visual FoxPro 是否显示命令结果

3. Visual FoxPro 6.0 的向导

Visual FoxPro 6.0 系统为用户提供了许多功能强大的向导(wizards)。用户可以在向导程序的引导、帮助下，不用编程就能快速地建立良好的应用程序，完成许多数据库操作、管理功能，为非专业用户提供了一种较为简便的操作使用方式。Visual FoxPro 6.0 系统提供的向导见表 1-5。

表 1-5　VFP 提供的向导

表向导	报表向导	一对多报表向导	标签向导
分组/总计报表向导	表单向导	一对多表单向导	查询向导
交叉表向导	本地视图向导	远程视图向导	导入向导
文档向导	图表向导	应用程序向导	SQL 升迁向导
数据透视表向导	安装向导		

4. Visual FoxPro 6.0 的生成器

Visual FoxPro 6.0 系统提供了若干个生成器(builders)，用以简化创建、修改用户界面程序的设计过程，提高软件开发的质量和效率。每个生成器包含若干个选项卡，允许用户访问并设置所选择对象的相关属性。用户可将生成器生成的用户界面直接转换成程序编码，使用户从逐条编写程序代码、反复调试程序的手工作业中解放出来。Visual FoxPro 6.0 提供的生成器见表 1-6。

表 1-6　VFP 提供的生成器

自动格式化生成器	组合框生成器	命令按钮组生成器	编辑框生成器
表达式生成器	表单生成器	表格生成器	列表框生成器
选项按钮组生成器	文本框生成器	参照完整性生成器	

5. Visual FoxPro 6.0 的设计器

Visual FoxPro 6.0 提供的一系列设计器(designers),为用户提供了一个友好的图形界面操作环境,用以创建、定制、编辑数据库结构、表结构、报表格式、应用程序组件等。Visual FoxPro 6.0 提供的设计器见表 1-7。

表 1-7 VFP 提供的设计器

表设计器	查询设计器	视图设计器
表单设计器	报表设计器	标签设计器
类设计器	数据库设计器	连接设计器
菜单设计器	数据环境设计器	

1.5.3 Visual FoxPro 6.0 的文件类型

Visual FoxPro 6.0 系统中的常见文件类型包括项目、数据库、表、视图、查询、表单、报表、标签、程序、菜单、类等,各自以不同类型的文件存储、管理,以不同的系统默认扩展名(类型名)相互区分、识别。

表 1-8 为 Visual FoxPro 6.0 中常用的文件扩展名及其所代表的文件类型。

表 1-8 Visual FoxPro 主要文件类型

扩展名	文件类型	扩展名	文件类型
.mem	内存变量保存	.scx .sct	表单 表单备注
.pjx .pjt	项目 项目备注	.frx .frt	报表 报表备注
.dbc .dct .dcx	数据库 数据库备注 数据库索引	.lbx .lbt	标签 标签备注
.dbf .fpt .cdx	表 表备注 复合索引	.vcx .vct	可视类库 可视类库备注
.qpr .qpx	生成的查询程序 编译后的查询程序	.mnx .mnt .mpr .mpx	菜单 菜单备注 生成的菜单程序 编译后的菜单程序
.prg .fxp	程序源代码 编译后的程序		
.err	编译错误	.exe	可执行程序

一般来说,在 Visual FoxPro 中,用户创建了某一类型的文件后,保存在磁盘上的文件有可能不止一个,通常会同时生成一些相关的备注文件等。例如,创建了一个项目并保存后,将在磁盘指定位置生成扩展名为.PJX 和.PJT 的两个文件。

1.5.4 Visual FoxPro 6.0 的操作方式

Visual FoxPro 6.0 系统为用户提供了几种各具特点的操作方式，用户可根据情况以及应用的需要，选择合适的操作方式，实现数据库的操作、应用。

Visual FoxPro 6.0 系统的操作方式主要有命令操作方式、菜单操作方式、程序操作方式。

1. 命令操作方式

命令操作是在命令窗口中逐条输入命令，直接操作指定对象的操作方式。命令操作为用户提供了一个直接操作的手段，其优点是能够直接使用系统的各种命令和函数，有效操纵数据库，但要求熟练掌握各种命令和函数的格式、功能、用法等细节。

以下为 VFP 中常用的一些操作命令及其用法。

(1) ? 和?? 命令

均用于在 VFP 的主窗口中显示表达式的值。不同之处在于，? 每次在显示数据之前首先执行一次换行操作，而?? 没有换行操作，即所有数据显示在同一行。命令格式如下：

```
?|??Expression1[,Expression2]...
```

例如：

```
?10
?"Hello"
??"Visual FoxPro"
```

(2) CLEAR 命令

用于清除当前主窗口中的所有显示信息，下次显示信息时将从窗口的左上角开始。

(3) QUIT 命令

用于关闭所有的文件，并结束 VFP 系统的运行。

(4) DIR 命令

用于显示目录或文件夹中文件的信息。命令格式如下：

```
DIR [[Path] [FileSkeleton]]
```

其中 *Path* 指定文件的路径，*FileSkeleton* 是支持通配符的文件说明，用于指定显示哪些文件，缺省时仅显示表文件(.DBF)。例如：

```
DIR                    && 显示当前目录下的所有表文件
DIR c:\*.txt           && 显示 c 盘下所有的文本文件
DIR c:\jxgl\p*.pjx     && 显示 c 盘 jxgl 目录下所有 p 字符开头的项目文件
```

(5) MD、RD、CD 命令

MD 命令用于创建一个指定名称的文件夹，RD 命令用于删除一个指定名称的文件夹，CD 命令用于改变当前默认的工作目录。它们的语法格式如下：

```
MD | RD | CD cPath
```

cPath 制定命令操作的目录的路径,例如:

```
MD c:\jxgl                   && 在 c 盘根目录下创建一个名为 jxgl 的文件夹
RD c:\jxgl                   && 删除 c 盘根目录上的名为 jxgl 的文件夹
CD c:\jxgl                   && 将 c 盘根目录上的 jxgl 文件夹作为默认文件夹
```

(6) COPY FILE、RENAME、DELETE FILE 命令

COPY FILE 命令用于复制文件,RENAME 命令用于对文件进行重命名,DELETE FILE 用于删除指定文件。它们的语法格式如下:

```
COPY FILE FileName1 TO FileName2
```

COPY FILE 创建文件 *FileName1* 的一个备份。可使用 COPY FILE 复制任何类型的文件。要复制的文件不能打开。源文件名 *FileName1* 和目标文件名 *FileName2* 都要包含扩展名,且可以使用 * 和? 通配符。

```
RENAME FileName1 TO FileName2
```

如果 *FileName1* 和 *FileName2* 不在同一个文件夹内,那么 RENAME 在重命名的同时将进行文件的移动操作。

```
DELETE FILE [FileName | ?][ RECYCLE]
```

用于删除指定的文件。*FileName* 可以包含如 * 和? 这样的通配符。RECYCLE 关键字用于指定将删除的文件放入回收站中,若无此关键字,则文件被直接删除。

```
COPY FILE c:\jxgl\test.dbf TO d:\jxgl
RENAME c:\jxgl\test.dbf TO d:\jxgl\aaa.dbf
DELETE FILE d:\jxgl\aaa.dbf
```

2. 菜单操作方式

Visual FoxPro 6.0 系统将许多命令做成菜单命令选项,用户通过选择菜单项来进行各项操作。在菜单方式中,很多操作是通过调用相关的向导、生成器、设计器工具,以直观、简便、可视化方式完成对系统的操作,用户不必熟悉命令的细节和相应的语法规则,通过对话来完成操作。该方式下,一般用户无须编程就可完成数据库的操作与管理。

3. 程序操作方式

程序操作指用户预先将实现某种操作处理的命令序列编成程序,通过运行程序来实现操作、管理数据库的操作方式。根据实际应用需要编写的应用程序,能够为用户提供界面更简洁直观、操作步骤更符合业务处理流程和规范要求的操作应用环境。但程序的编制,需要经过专门训练,只有具备一定设计能力的专业人员方能胜任,普通用户很难编写大型的、综合性较强的应用程序。

1.5.5 Visual FoxPro 的项目管理及设计工具

在 Visual FoxPro 中，开发一个应用程序需要建立多种不同类型的文件，通过项目文件可以方便地将所有文件集中到一起进行管理。

项目文件通过“项目管理器”来创建与编辑，项目管理器是一个维护各类文件的可视化的设计工具，它采用树型目录的结果来存放各类文件，可以实现对文件的创建、添加、修改、删除、运行等操作。此外，还可将应用程序的所有文件打包编译为扩展名为 app 的应用程序文件或扩展名为 exe 的可执行文件。

1. 创建项目

(1) 选择“文件”菜单项下的“新建”命令，或单击“常用”工具栏上的“新建”按钮，系统将打开“新建”对话框，如图 1-22 所示。

(2) 在“新建”对话框中选择“项目”选项并单击“新建文件”按钮，打开“创建”对话框，如图 1-23 所示。

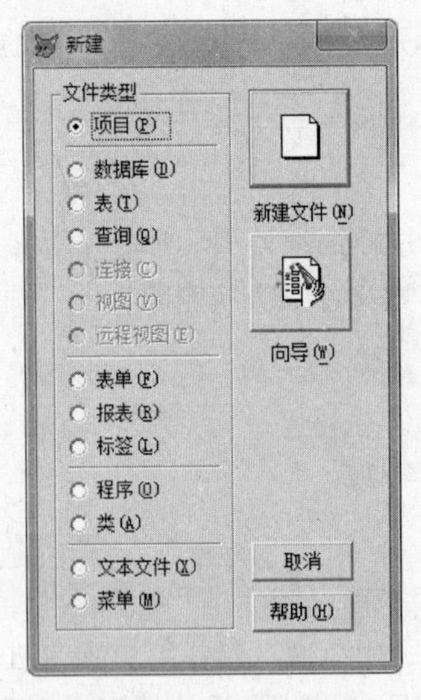

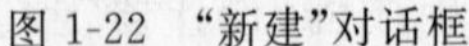

图 1-22 “新建”对话框

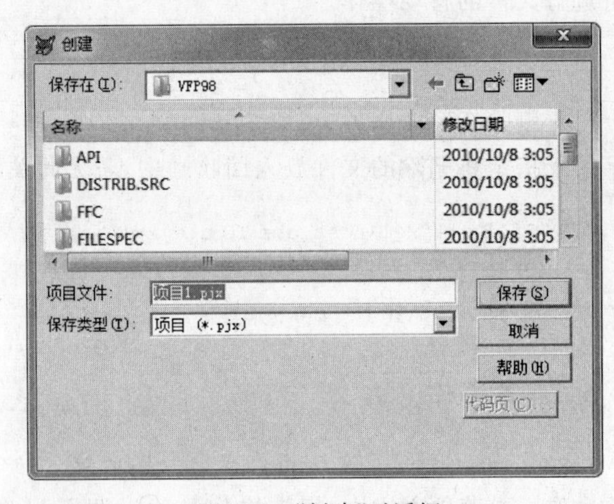

图 1-23 “创建”对话框

(3) 在“创建”对话框的“项目文件”框中输入项目名称，并选择相应的保存位置后单击“保存”按钮。

此外，使用 CREATE PROJECT ＜项目名称＞，可以在默认目录下创建项目。如果要在指定目录下创建项目，必须在文件名前加上路径。例如：

```
CREATE PROJECT c:\jxgl\test
```

该命令在 C 盘下 jxgl 目录中新建了一个名为 test 的项目。

创建了项目后，在指定目录下将生成一个. pjx 的项目文件和一个. pjt 的项目备注文件。

2. 项目管理器的使用

创建或打开一个项目后，系统将打开“项目管理器”对话框，同时主菜单上显示“项目”菜单项。如图 1-24 所示，“项目管理器”包括 6 个选项卡：全部、数据、文档、类、代码和其他。

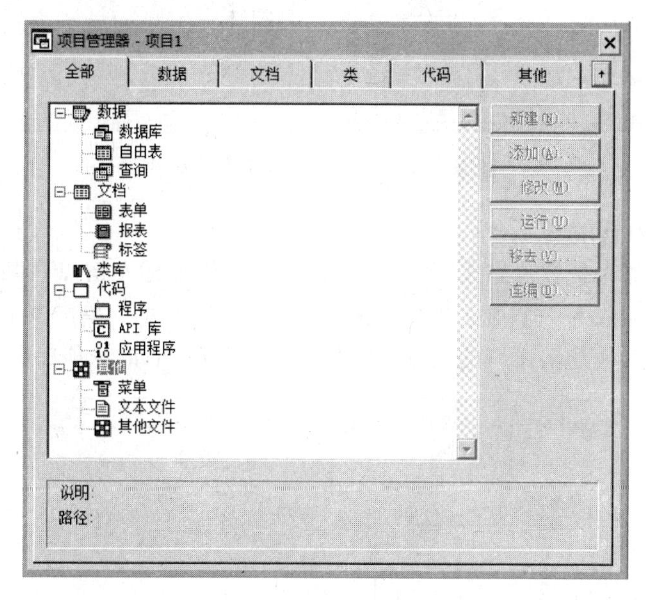

图 1-24 “项目管理器”对话框

(1) 移动项目管理器

用户可用鼠标拖动项目管理器到主窗口内的任意位置，当把项目管理器拖至工具栏处时，项目管理器将停靠在工具栏上并折叠显示，此时用户单击某个选项卡才能将其展开。而如果要对某个对象进行操作，必须在该对象上右击打开快捷菜单来进行相应的操作，如图 1-25 所示。

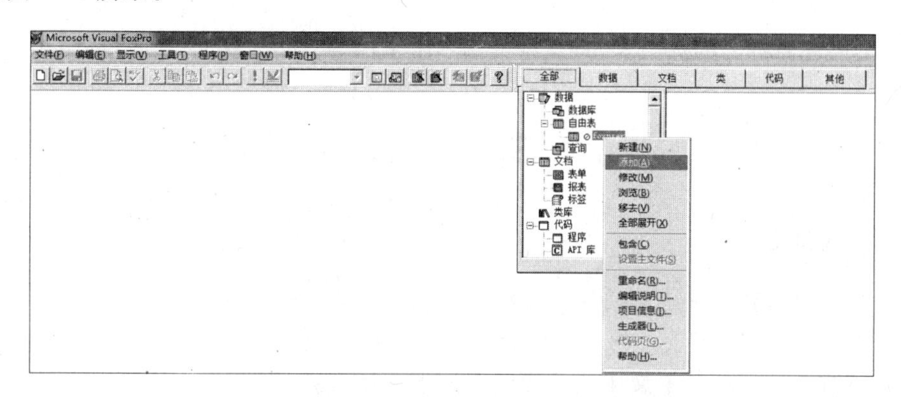

图 1-25 项目管理器的工具栏停靠

(2) 折叠项目管理器

单击项目管理器右上角的“折叠”按钮可以折叠或展开项目管理器，如图 1-26 所示。

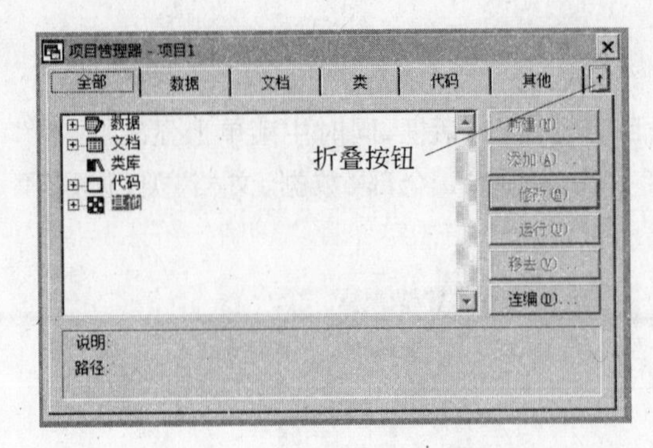

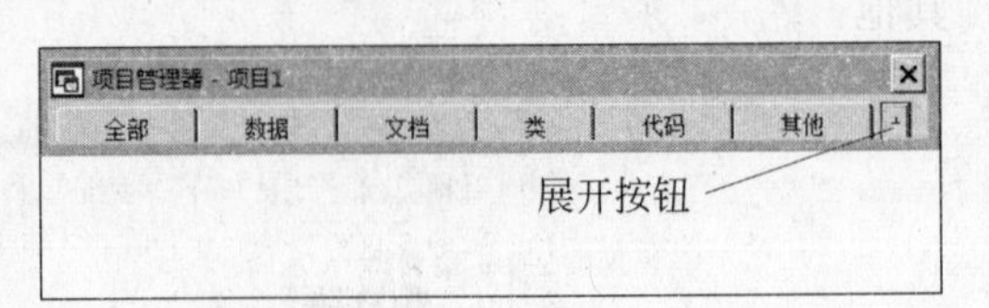

图 1-26　项目管理器的折叠与展开

(3) 拆分项目管理器

当项目管理器为折叠状态或停靠在工具栏上时,用鼠标左键点住某一个选项卡可将其拖离项目管理器成为一个独立的浮动窗口,如图 1-27 所示。单击其上的图钉按钮可让该窗口始终位于其他浮动窗口的上方,再次单击图钉按钮取消该顶层设置。

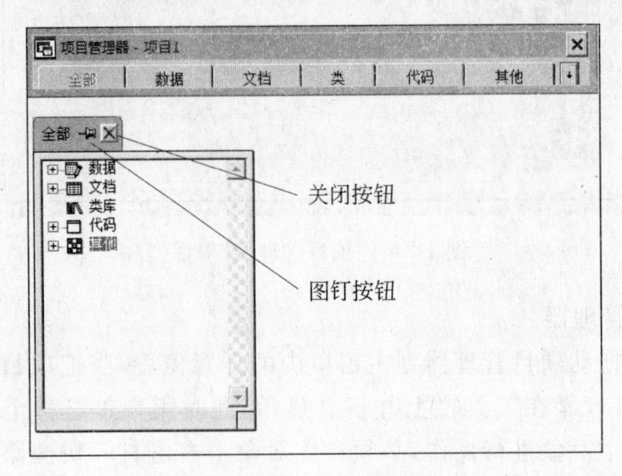

图 1-27　项目管理器的拆分

如果要还原拆分的选项卡,只须单击选项卡上的"关闭"按钮。

习　　题

一、选择题

1. 用二维表数据来表示实体及实体之间联系的数据模型称为(　　)。
   A. 实体-联系模型　B. 层次模型　C. 网状模型　D. 关系模型
2. 下列(　　)运算不属于关系代数的基本运算。
   A. 连接　B. 笛卡儿积　C. 相减　D. 投影
3. 数据库 DB、数据库系统 DBS、数据库管理系统 DBMS 三者之间的关系是(　　)。
   A. DBS 包括 DB 和 DBMS　B. DBMS 包括 DB 和 DBS

C. DBS就是DB,也就是DBMS　　　　D. DB包括DBMS和DBS

4. 数据库系统和文件系统的最主要的区别是(　　)。

A. 数据库系统复杂,而文件系统简单

B. 文件系统不能解决数据冗余和数据独立性问题,而数据库系统可以解决

C. 文件系统只能管理程序文件,而数据库系统能够管理各种类型的文件

D. 文件系统管理的数据量小,而数据库系统可以管理庞大的数据量

5. 数据库系统的核心是(　　)。

A. 数据模型　　B. 数据库管理系统　C. 数据库　　D. 数据库管理元

6. 从关系模式中指定若干个属性组成新的关系的运算称为(　　)。

A. 连接　　B. 投影　　C. 选择　　D. 排序

7. E-R图是E-R模型的图形表示法,它是表示概念模型的有力工具。在E-R图中,实体之间的联系用(　　)表示。

A. 矩形框　　B. 菱形框　　C. 圆形框　　D. 椭圆形框

8. 项目(project)是VFP中各种文件组织的核心。在下列有关VFP项目的叙述中,错误的是(　　)。

A. 项目的创建既可以利用菜单或工具栏,也可以利用VFP命令

B. 一个VFP窗口中,只能打开一个项目

C. 在VFP窗口中,项目管理器可以折叠成工具栏形式

D. "连编"操作是针对项目而言的,该操作位于"项目"菜单栏

9. 菜单(menu)和工具栏(toolbar)是Windows环境下各种应用程序中最常用的操作对象。在下列有关VFP菜单与工具栏的叙述中,错误的是(　　)。

A. VFP菜单是一个动态的菜单系统,当用户针对不同类型的文件操作时系统自动地调整菜单栏

B. 用户打开/关闭不同的设计器(如数据库设计器、表单设计器、报表设计器等),在默认情况下系统会自动地打开/关闭相应的工具栏

C. 在VFP窗口中,可以关闭所有的菜单栏和工具栏

D. 利用菜单命令、工具栏按钮或项目管理器操作创建一个文件,所实现的功能完全相同

二、填空题

1. E-R图是E-R模型的图形表示法,它是表示概念数据模型的有力工具。在E-R模型中有3个基本的概念,即实体、联系和________,在E-R图中分别用矩形框、菱形框和椭圆形框来表示。

2. 在VFP中,用户可以利用命令来修改系统的操作环境(如默认工作目录),也可以通过菜单命令打开________对话框进行设置。

3. 关系模型以关系代数理论为基础,并形成了一整套的关系数据库理论——规范化理论。关系规范的条件可以分为多级,每一级称为一个范式,记作nNF(n表示范式的级别)。在实际应用过程中(设计关系模式时),一般要求满足________。

4. 在 VFP 中，关闭所有的文件并结束当前 VFP 系统运行的命令是________。

5. 在 VFP 中，系统规定：名称只能以字母、汉字或下划线等字符开头，不能以数字字符开头。系统定义了许多的系统变量，它们的名称均以________开头。

6. 在 VFP 中，使用________、PRIVATE、PUBLIC 命令可以指定内存变量的作用域。

7. 将内存变量文件 mVar 中所保存的内存变量恢复到内存中，且当前已存在的内存变量仍保留，可以使用命令________。

8. 数据库中的数据按一定的数据模型组织、描述和存储，具有较小的________、较高的数据独立性和易扩展性，并可以供多个用户共享。

9. 利用一条________命令(语句)可以给多个内存变量赋同一个值。

10. 利用 SET 命令可以改变 VFP 系统运行时的临时工作环境("临时"是指当前有效，下次启动 VFP 系统时将不起作用)。例如，利用 SET ________ ON|OFF 命令可以设置覆盖已有文件之前是否显示提示框。

11. VFP 中的数据完整性规则包括：域完整性规则、________、参照完整性规则和用户自定义完整性规则。

12. 关系的基本运算有两类：一类是传统的集合运算，包括并、差、交等；另一类是专门的关系运算，主要包括________、投影和连接等。

第2章 Visual FoxPro 语言基础

Visual FoxPro 包含程序设计语言，和其他高级语言一样有常量、变量、表达式和函数4种形式的数据。常量、变量是数据处理的基本单位，函数用于完成数据的运算及转换，表达式是由常量、变量、函数通过各种运算符连接起来的式子。本章介绍各种数据类型的常量、变量的使用规则，Visual FoxPro 的各种运算符、表达式及一些常用的系统函数。

2.1 Visual FoxPro 命令及其规则

Visual FoxPro 不仅提供了一个可视化的操作环境，还为用户提供了命令操作方式和程序操作方式。通过交互式地在命令窗口输入并执行命令，或通过编写程序使计算机自动执行一系列的指令，均可完成用户指定的操作。Visual FoxPro 提供数百种不同功能的命令，在阅读或书写命令时必须注意以下规则。

1. 命令语句的书写说明

Visual FoxPro 中命令的书写不区分关键字的大小写，例如，clear 和 CLEAR 被系统识别为同一个命令。

除了个别特例外，绝大部分命令的关键字可以只书写前4个字母，如 clear 命令可以书写成 clea，系统一样可以识别。

对于较长的一条命令，在命令窗口中可以换行输入。在需要进行换行时，必须按 Ctrl+Enter 组合键，且在行末加上英文分号“;”(最后一行不要加分号)。

例如一条较长的命令语句 aaaaa bbbbb ccccc ddddd eeeee fffff ggggg 可以分成3行书写：

```
aaaaa  bbbbb; 按下 Ctrl+Enter 换行
ccccc  ddddd; 按下 Ctrl+Enter 换行
eeeee  fffff; 按下 Ctrl+Enter 换行
ggggg
```

2. 命令的语法格式说明

- 斜体字：表示该部分为需要用户输入的参数信息。

• 方括号：代表可选项，即这部分内容可根据实际情况可选地输入。

• 竖线：分隔两个相互独立的选项，一般表示这些独立选项在使用时只能取其中一个。

• 省略号：表示某项可在列表中重复任意多次，并用逗号分隔这些列表项。

例如保存内存变量至文件的命令，其格式描述为：SAVE TO *FileName* [ALL LIKE *Skeleton* | ALL EXCEPT *Skeleton*]，其中 *FileName* 和 *Skeleton* 表示用户需要自己根据实际情况输入参数；[ALL LIKE *Skeleton* | ALL EXCEPT *Skeleton*]表示该部分为可选项，即可根据实际情况来决定该部分使用与否；可选项其中的竖线|表示如果使用了可选项部分，那么 ALL LIKE *Skeleton* 和 ALL EXCEPT *Skeleton* 部分只可使用其中之一。

2.2 数据类型

数据类型是指数据对象的取值集合，以及对之可施行的运算集合。在 Visual FoxPro 中，创建表时需要用户指定表中每个字段的数据类型，变量和数组的数据类型由保存在其中的具体值来决定。表 2-1 列出了 Visual FoxPro 支持的基本数据类型(其中打 * 的数据类型只适用于表的字段)。

表 2-1 Visual FoxPro 的基本数据类型

类 型	说 明	大 小	范 围
数值型(N)	整数或小数	在内存中占 8 字节，在表中占 1～20 字节	从－0.999 999 999 9E＋19 到 0.999 999 999 9E＋20
字符型(C)	任意文本	每个西文字符为 1 字节，每个汉字占 2 个西文字符宽，最多可以有 254 个字符	任意字符
货币型(Y)	货币量	8 字节	从－922 337 203 685 477.5808 到 922 337 203 685 477.5807
日期型(D)	包含有年、月和日的数据	8 字节	使用严格日期格式时，{^0001-01-01}，公元前 1 年 1 月 1 日到{^9999-12-31}，公元 9999 年 12 月 31 日
日期时间型(T)	包含有年、月、日和时间的数据	8 字节	使用严格日期格式时，{^0001-01-01}，公元前 1 年 1 月 1 日到{^9999-12-31}，公元 9999 年 12 月 31 日，加上上午 00:00:00 am 到下午 11:59:59 pm
逻辑型(L)	“真”或“假”的布尔值	1 字节	真(.T.)或假(.F.)
* 整型(I)	整型值	4 字节	从 2 147 483 647 到 2 147 483 646
* 浮点型(F)	同数值型	同数值型	同数值型

续表

类　型	说　明	大　小	范　围
* 双精度型(B)	双精度浮点数	8 字节	+/−4.940 656 458 412 47E-324 到 +/−8.988 465 674 311 5E307
* 备注型(M)	数据块引用	在表中占 4 个字节	只受可用内存空间限制
* 通用型(G)	OLE 对象引用	在表中占 4 个字节	只受可用内存空间限制
* 字符型（二进制）	任意不经过代码页修改而维护的字符数据	每个字符用一个字节，最多可有 254 个字符	任意字符
* 备注型（二进制）	任意不经过代码页修改而维护的备注字段数据	在表中占 4 个字节	只受可用内存空间限制

2.3 常　　量

常量就是值固定不变的数据。它在整个程序运行过程中是不会发生改变的。Visual FoxPro 支持多种类型的常量，例如字符型常量、数值型常量、日期型常量、日期时间型常量、逻辑型常量、货币型常量等。

2.3.1 字符型常量

字符型常量也称为字符串，包括所有可打印的 ASCII 字符以及汉字。字符型常量使用时要用定界符（英文单引号、双引号、方括号）把内容括起来，例如'test'、"123456"、[中国]。定界符必须前后一致成对出现，如果字符串内容本身包含了一种定界符，那么两端必须采用另一种定界符，例如"AB'CD"。如果字符串内什么内容也没有，该字符串称为空字符串或空串，表示为""。

2.3.2 数值型常量

数值型常量用来表示数量。它由数字 0～9，也可加上一个正负号或小数点组成，如果是纯小数，也可以省略整数部分只书写小数点和小数部分，例如 5、5.5、−6、.8 等；当数值较大时，也可采用科学计数法表示，例如，5.6E2 表示 5.6×10^{2}，−1.5E−2 表示 -1.5×10^{-2}；Visual FoxPro 也支持 16 进制的数值型数据，例如，10 进制的值 255 可表示为 0xFF。特别要注意的是，计算数值型数据的宽度时，整数部分、小数部分和小数点都应该算在长度之内，例如，如果指定的数值型数据的总长度为 6，小数长度为 4，则可以表示的最大值为 9.9999。

2.3.3 日期型常量

日期型常量用来表示一个确切的日期，用大括号作为定界符，Visual FoxPro 6.0 默认的是严格的日期和日期时间格式，其书写形式为{^yyyy-mm-dd}，例如{^2010-05-10}。年份必须为4位数字，月和日部分为1至2位数字，次序不可颠倒。如果输入一个错误的日期数据，系统将返回一个空白的日期{//}。特别要注意的是，当系统输出一个日期时，如果一切设定都是默认值，那么会以 mm/dd/yy 的格式输出显示，和输入格式并不相同。

2.3.4 日期时间型常量

日期时间型常量在日期常量的基础上加上时间部分。例如，{^2010-05-10 10:20:30}表示2010年5月10日上午10点20分30秒，如果想以12小时制表示上、下午，则要在秒数后空一格加上 AM(或 A)、PM(或 P)，如果不写，默认为 AM；如果小时数大于12，则自动采用24小时制。例如，{^2010-05-10 22:20:30}等同于{^2010-05-10 10:20:30 PM}。

2.3.5 逻辑型常量

逻辑型常量只有两个取值，即逻辑“真”和逻辑“假”。在 Visual FoxPro 中，用.T.、.t.、.Y.、.y.表示逻辑“真”，用.F.、.f.、.N.、.n.表示逻辑“假”。前后两个英文的点号作为逻辑型值的定界符不可缺少。

2.3.6 货币型常量

货币型常量用来表示货币值，其书写格式和数值型类似，但要在数值前加前置符号$，例如$100、$5.5。货币型常量最多只能存储4位小数，如果输入的数据多于4位小数，系统将按照四舍五入原则自动去除多余的小数位数。

2.4 变　量

变量是值可以改变的量。变量在程序的整个运行过程中可以存储任何类型的数据并可以在任何时候改变它们的值。

在 Visual FoxPro 中，变量分为字段变量和内存变量。字段变量存在于数据表文件中，每个数据表中都包括若干个字段变量，其值随着数据表中的记录的变化而改变，字段变量的定义是在定义数据表结构时完成的。

2.4.1 内存变量

内存变量是内存中的一个存储区域，变量的值就是存放于这个区域里的数据。内存变量又可分为一般内存变量、系统内存变量和数组变量。内存变量的类型取决于变量值的类型。和常量一样，可分为字符型变量、数值型变量、日期型变量、日期时间型变量、逻辑型变量、货币型变量等。

如果当前环境中有内存变量和字段变量名称相同的情况，系统优先访问字段变量；如果想访问该名称的内存变量，必须在变量前加上前缀“M.”或“M－＞”。例如，名称均为 xh 的内存变量和字段变量，如果输入 xh，则默认访问字段变量 xh 的值，如果想访问内存变量 xh 的值，必须书写为 M. xh 或 M－＞xh。

1. 变量的命名规则

在给变量取名时必须遵循一定的命名规则，否则将被视为无效名称。变量的命名规则如下：

- 只能使用字母、数字、汉字和下划线；
- 只能以字母、汉字或下划线开头；
- 名称长度可以是 1 到 128 个字符，字段名、自由表名和索引标识最多只能 10 个字符长；
- 避免使用 Visual FoxPro 保留字。

例如，以下名称是合法的：a3、B567、x_5、_ABC，以下名称是不合法的：2R、A＋B、C-D、open(open 为系统保留字)。

此外，虽然系统规定文件名由所使用的操作系统决定，但一般实际使用中也应该尽可能遵循以上命名规则，否则有可能造成在命令中引用该文件时无法打开文件的情况。特别要注意，如果在文件名(包括文件所在目录)中出现空格时，在命令中应在引用该文件时给文件名加上引号。

2. 变量的作用域

变量的作用域是指变量在什么范围内是有效的或能够被访问的。在 Visual FoxPro 中，内存变量可以分为全局变量、私有变量和局部变量 3 种。

(1) 全局变量

在任何模块中都可以被访问到的变量称为全局变量。声明全局变量的命令为：

```
PUBLIC MemVarList
```

该命令的功能为建立全局的内存变量，并为它们赋初值 .F. 。其中 *MemVarList* 为一个或多个要初始化为或指定为全局变量的内存变量。

在命令窗口中定义的变量和数组将自动成为全局变量。

(2) 私有变量

在程序中直接使用(即没有用 PUBLIC 或 LOCAL 命令事先声明)的变量为私有变量。私有变量的作用域为建立它的模块及其下属的各层模块。一旦建立它的模块程序运行结束,该私有变量将被释放。声明私有变量的命令如下:

```
PRIVATE MemVarList
```

(3) 局部变量

局部变量只有在建立它的模块中使用,不能在上层或下层模块中使用。当建立它的模块程序运行结束,该局部变量将被释放。声明局部变量的命令如下:

```
LOCAL MemVarList
```

2.4.2 数组

数组是内存中一片连续的存储区域,可以看做是一组变量的集合。每个数组元素通过数组名和下标来引用。Visual FoxPro 支持一维和二维两种形式的数组,一维数组只有一个下标值,二维数组具有两个下标值。

数组的作用域声明关键字有 DECLARE、DIMENSION、PUBLIC、LOCAL,其中 DECLARE、DIMENSION 声明的数组属于"私有数组",LOCAL 声明的数组属于"局部数组",PUBLIC 声明的数组属于"全局数组"。

数组的定义形式如下:

```
DIMENSION 数组名 1(行数 1[,列数 1]) [,数组名 2(行数 2[,列数 2])]…
```

说明:

(1) 一条定义语句中可以同时定义多个数组,不同数组之间用英文逗号隔开。

(2) 如果定义中只有行数,则定义的是一个一维数组;如果既有行数又有列数,则定义的是一个二维数组。

(3) 数组下标从 1 开始,未给数组元素赋值时,数组元素默认值为.F.。

(4) 二维数组可以以一维数组的形式引用,因为数组元素在内存中是按行排列的,所以二维数组可以转化为一维数组的结构。

例如:

```
DECLARE X(3),Y(2,3)
```

上述语句定义了两个数组,其中 X 为一维数组,可存放 3 个元素,依次表示为 X(1)、X(2)、X(3);Y 为二维数组,按 2 行 3 列存放,可放置 6 个元素,依次表示为 Y(1,1)、Y(1,2)、Y(1,3)、Y(2,1)、Y(2,2)、Y(2,3);如果按一维数组的形式访问 Y,则对应分别为 Y(1)、Y(2)、Y(3)、Y(4)、Y(5)、Y(6)。括号内的数字即为数组的下标,使用数组名和下标表示的单个数组元素在使用上和变量并无区别,但要注意下标值不可超过定义语句中声明的大小。

Visual FoxPro 的数组具有以下特点：

(1) 同一个数组内的各个元素可以具有不同的数据类型，每个元素的具体数据类型由所赋值的对象决定。

(2) 数组变量可以不带下标使用，但此时它出现在赋值语句左边和右边的定义是不同的。如果它出现在赋值语句右边，表示该数组的第一个元素；如果出现在左边，表示该数组的所有元素。

(3) 数组和数据表之间可以互相传递数据。

使用数组之前需要先定义数组，定义中必须包括数组的作用域、数组名和数组的大小，在同一个工作环境下数组名不能和变量名冲突。

2.4.3 变量的基本操作

1. 变量的赋值

赋值是将数据送入变量存储区域的操作，变量的赋值有如下特点：

- 变量在赋值前无须事先声明或定义。当变量被赋值时，如果该变量还不存在，则系统将首先建立此变量。
- 内存变量的数据类型由赋给它的表达式来决定，当变量被重新赋值时，如果新的值为其他数据类型，则变量的数据类型也随之改变。

Visual FoxPro 给变量赋值有 3 种方式。

(1) 格式：

<内存变量名>=<表达式>

功能：将表达式的结果送到内存变量中，注意此处等号不能理解为左右两边相等。

例：

```
X=10                        && 将数值 10 赋值给内存变量 X
X=X+1                       && 将 X 的值加上 1 再重新赋值给 X
X="XYZ"                     && 将字符串"XYZ"赋值给内存变量 X,变量类型发生改变
Y="ABC"                     && 将字符串"ABC"赋值给内存变量 Y
Y=Y+"DEF"                   && 将 Y 的值连接"DEF"再重新赋值给 Y
```

(2) 格式：

STORE *<表达式>* TO *<内存变量列表>*

例：

```
STORE 10 TO X, Y            && 将 10 同时赋值给 X 和 Y 两个变量
```

说明：STORE 和＝均可完成赋值操作，但 STORE 可以在一句命令中同时给多个变量赋值，而用＝一次只能给一个变量赋值。

(3) 人机交互命令赋值

格式1:

```
WAIT [cMessageText] [TO VarName] [WINDOW [AT nRow, nColumn]] [NOWAIT] [CLEAR |
NOCLEAR] [TIMEOUT nSeconds]
```

格式2:

```
ACCEPT [<提示信息>] TO <内存变量>
```

格式3:

```
INPUT [<提示信息>] TO <内存变量>
```

例:

```
WAIT "请输入变量 X 的值:" TO X WINDOW        && 该命令只接收 1 个字符
ACCEPT "请输入变量 X 的值:" TO X             && 输完数据回车确认
INPUT "请输入变量 X 的值:" TO X              && INPUT 命令输入数据时必须注意数据类型
```

2. 数组的赋值

数组也是通过 STORE 和＝赋值的,关于数组的赋值要注意以下几点:

(1) 数组使用前必须先定义,数组定义后自动给每个元素赋值.F.;

(2) 一般采取给每个数组元素单独赋值的方式,但也可以直接对数组名赋值,此时将同一个值赋给全部数组元素;

(3) 同一个数组中各数组元素的类型可以不同。

例:

```
DIME X(5),Y(3,4)
?X(1),Y(1,1)                   && 结果都为.F.
X(2)=10
X(3)="A"
Y=20                           && 将 Y 中所有元素赋值为 20
```

3. 显示内存变量

格式:

```
LIST MEMORY [LIKE FileSkeleton] [NOCONSOLE] [TO PRINTER [PROMPT] | TO FILE
FileName]
```

功能:显示内存变量的相关信息,包括变量名、作用域、类型、取值等,可使用通配符?和*。

例:

```
X1=10
X2="ABC"
```

```
LIST MEMORY LIKE  X*                  && 显示所有名称以字母 X 打头的内存变量的值
```

4. 清除内存变量

格式 1：

```
CLEAR MEMORY
```

格式 2：

```
RELEASE ALL [EXTENDED] [LIKE Skeleton | EXCEPT Skeleton]
```

5. 内存变量的保存与恢复

格式 1：

```
SAVE TO FileName [ALL LIKE Skeleton | ALL EXCEPT Skeleton]
```

功能：将内存变量以文件形式存入磁盘中，*FileName* 为存储的磁盘文件的文件名，扩展名为.mem。ALL LIKE 与 ALL EXCEPT 参数中可使用通配符以有选择地保存符合要求的变量。

例：

```
SAVE TO temp                          && 将所有内存变量存入文件 temp
SAVE TO temp ALL LIKE ?x*             && 将第 2 个字符为 x 的内存变量存入文件 temp
```

格式 2：

```
RESTORE FROM FileName [ADDITIVE]
```

功能：将磁盘文件中保存的内存变量调入内存。使用 ADDITIVE 关键字可防止删除当前内存中已有的内存变量。

例：

```
RESTORE FROM temp                     && 从文件 temp 中把保存的内存变量调入内存
```

2.5 运算符与表达式

表达式是将由常量、变量和函数通过特定的运算符连接起来的有意义的运算式。每一个表达式经过运算将得到一个具体的结果，称为表达式的值。根据运算数据的类型和运算符的类型，可将表达式分为数值表达式、字符表达式、日期表达式、关系表达式和逻辑表达式。

2.5.1 数值表达式

数值表达式通过算术运算符将数值型数据连接起来，其运算结果也为数值型数据。

按优先级别高低，算术运算符有：

- 括号(只有圆括号一种)：()
- 乘方运算符：**或^
- 乘、除、取模(求余)运算符：*、/、%
- 加减运算符：+、-

例如：

```
?2+4*3                              && 结果为14
?8%3, 8%-3, -8%3, -8%-3             && 结果为2,-1,1,-2
```

在书写数值表达式时，一定要注意以下几个基本问题：

- 数值连乘时不可省略数值之间的乘号；
- 除号是正斜杠(/)而不是反斜杠(\)；
- 适当利用括号来改变运算的优先级。

例如，二次方程求根公式 $\frac{-b+\sqrt{b^2-4ac}}{2a}$ 转换为 Visual FoxPro 表达式为：

```
(-b+(b^2-4*a*c)^(1/2))/(2*a)
```

2.5.2 字符表达式

字符表达式通过字符运算符将字符型数据连接起来，其运算结果也为字符型数据。字符运算符有：

- +：将前后两个字符串连接起来，形成一个新的字符串。
- -：将前后两个字符串连接起来，若前一个字符串的末尾有空格，则将空格移到合并后的字符串的末尾。

例如：

```
?"Visual"+"FoxPro"                  && 结果为"VisualFoxPro"
?"Visual  "+"FoxPro"                && 结果为"Visual  FoxPro"
?"Visual"+"  FoxPro"                && 结果为"Visual  FoxPro"
?"Visual"-"FoxPro"                  && 结果为"VisualFoxPro"
?"Visual  "-"FoxPro"                && 结果为"VisualFoxPro  "(末尾含有空格)
?"Visual"-"  FoxPro"                && 结果为"Visual  FoxPro"
```

2.5.3 日期时间表达式

日期表达式的运算符包括+和-两个，使用规则如下：

- 日期+天数 或 天数+日期　　将日期向后推指定的天数，结果为日期型
- 日期-天数　　将日期向前推指定的天数，结果为日期型
- 日期-日期　　两个日期相差的天数，结果为数值型(正或负)

• 日期时间+秒数 或 秒数+日期时间

将日期时间向后推指定的秒数,结果为日期时间型

• 日期时间-秒数　　　　将日期时间向前推指定的秒数,结果为日期时间型

• 日期时间-日期时间　　两个日期时间相差的秒数,结果为数值型(正或负)

注意:不可将+运算符用于两个日期型数据之间,即日期+日期是错误的运算,同理,日期时间型数据也不允许这种用法。

例如:

```
?{^2010-5-6}+10                    && 结果为 05/16/10
?{^2010-5-6}-10                    && 结果为 04/26/10
?{^2010-5-6}-{^2010-4-6}           && 结果为 30
?{^2010-5-6 9:10:20}+100           && 结果为 05/06/10 09:12:00 AM
```

2.5.4 关系表达式

关系表达式用来判断相同类型的两个数据是否满足给定的关系,若满足,则结果为.T.,不满足,则结果为.F.。

关系运算符有如下几种:

• 大于:　　　　　　>
• 大于等于:　　　　>=
• 小于:　　　　　　<
• 小于等于:　　　　<=
• 等于:　　　　　　=
• 不等于:　　　　　<>或!= 或#
• 字符串精确比较:　==
• 子串包含:　　　　$

比较大小时,有如下运算规则:

(1) 两个数值型数据或货币型数据比较时,按数值本身大小比较。

(2) 两个日期型(或日期时间型)数据比较时,越晚的日期越大。

(3) 两个逻辑型数据比较时,逻辑真.T.大于逻辑假.F.。

(4) 两个字符型数据比较时,系统首先比较两个字符串的第1个字符,哪个字符串的第1个字符大,则该字符串就大;如果第1个字符相同,再比较两个字符串的第2个字符,以此类推,直到比较出大小。

字符的大小必须遵循 Visual FoxPro 规定的三种字符的排序规则,分别为 PinYin(拼音)、Stroke(笔画)和 Machine(机内码),系统默认为拼音排序。

• 拼音序列:汉字按拼音顺序排序;西文字符中空格最小,后面依次为小写字母、大写字母。

• 笔画序列:汉字按书写笔画排序;西文字符从小到大依次为空格、小写字母、大写字母。

• 机内码序列：汉字按国标码顺序排列；西文字符按 ASCII 码值大小排列，从小到大依次为空格、大写字母、小写字母。

排序规则可通过命令 SET COLLATE TO“次序名”来设置。

(5) ==运算符只能用于字符串数据的比较，当==两边的字符串完全相同时才能得到逻辑值.T.的结果。

(6) 使用=运算符比较两个字符串时，运算结果与 SET EXACT 命令的设置状态有关。系统默认 EXACT 状态为 OFF。EXACT 状态为 OFF 时，当=两边字符串的长度不相等时，左边的字符串只取和右边字符串相同长度的子串参与比较。如果相同，结果为.T.。当 SET EXACT 设置为 ON 时，如果=两边字符串的长度不相等，则系统将在长度较短的字符串末尾添加空格，使得两个字符串的长度一致后再进行比较。

例如：

```
set exact off
?"江苏南通"="江苏"                    && 结果为.T.
?"江苏"="江苏南通"                    && 结果为.F.
?"江苏南通"="南通"                    && 结果为.F.
?"江苏南通"=="江苏"                   && 结果为.F.
set exact on
?"江苏南通"="江苏"                    && 结果为.F.
?"江苏"="江苏南通"                    && 结果为.F.
?"江苏南通"="南通"                    && 结果为.F.
?"江苏南通"=="江苏"                   && 结果为.F.
?"江苏     "="江苏"                   && 结果为.T.
```

2.5.5 逻辑表达式

逻辑表达式通过逻辑运算符将逻辑型数据连接起来，其运算结果也为逻辑型数据。按照运算优先级从高到低，逻辑运算符有：

• 逻辑非：NOT 或！
• 逻辑与：AND
• 逻辑或：OR

逻辑运算符的运算规则如表 2-2 所示，其中 A 和 B 为参与运算的逻辑型数据。

表 2-2 逻辑运算规则表

A	B	.NOT. A	A .AND. B	A .OR. B
.T.	.T.	.F.	.T.	.T.
.T.	.F.	.F.	.F.	.T.
.F.	.T.	.T.	.F.	.T.
.F.	.F.	.T.	.F.	.F.

需要注意的是，逻辑运算符的前后必须有圆点或空格将运算符和运算数分隔开。

有时在一个表达式中可能出现多种不同类型的运算符，此时应注意其运算优先级从高到低依次为：算术运算符、字符运算符和日期时间运算符、关系运算符、逻辑运算符。可以使用圆括号提高表达式中某一运算符的优先级，且圆括号可以嵌套使用。

例如：

```
?x>3 AND x<10   && 判断 x 是否大于 3 且小于 10，不可写成 3<x<10
?zc="讲师" OR zc="副教授"
&& 判断 zc 是否为"讲师"或"副教授"，不可写成 zc="讲师" OR "副教授"
?xb="女" AND (zc="讲师" OR zc="副教授")
&& 使用括号提高运算优先级，即先做 OR 运算，再做 AND 运算，否则 AND 运算符的优先级高于 OR
运算符
?NOT 1+2=3      && 结果为.F.
```

2.5.6 名称表达式

名称表达式是由圆括号括起来的字符表达式，该表达式也可以是单个变量或数组元素。名称表达式可以用来替换命令或函数中的名称，为 Visual FoxPro 的命令和程序提供了极大的灵活性。下面是名称表达式的一些示例。

- 用名称表达式替换命令中的变量名，例如：

```
X=100
A="X"
STORE 200 TO (A)
?A                                  && 结果为 X
?(A)                                && 结果为 X
?X                                  && 结果为 200
```

- 用名称表达式作为函数的参数

```
str1="Visual FoxPro"
str2="str1"
?substr((str2), 1, 4)               && 结果为 str1
```

- 在使用名称表达式时，名称表达式不能出现在赋值等号的左边。以下命令是错误的：

```
X=100
A="X"
(A)=200                             && 该命令出错，此处只能采用 store 命令赋值
```

2.5.7 宏表达式

宏表达式和名称表达式具有相似的作用，但提供了更高的灵活性。将字符 & 放在变

量前,系统将把此变量作为名称使用。

- 用宏替换命令中的变量名,例如:

```
X=100
A="X"
STORE 200 TO &A
?A                                 && 结果为 X
?&A                                && 结果为 200
?X                                 && 结果为 200
```

- 用宏作为函数的参数

```
str1="Visual FoxPro"
str2="str1"
?substr(&str2,1,4)                 && 结果为 Visu
```

- 宏表达式可以出现在赋值等号的左边,以下命令是正确的:

```
X=100
A="X"
&A=200                             && 等价于 X=200
```

2.6 系统函数

函数是一种能完成某种特定运算或操作的代码封装体。每个函数有一个固定的名称,后面加一对圆括号,大部分函数在括号里还有若干参数,例如 ABS(10),ABS 是函数名,10 是参数。函数运算完后将返回一个结果,称为函数的返回值,如上例 ABS(10)将得到 10 的绝对值。此外,函数的参数还可以是函数,即函数允许嵌套使用。在 Visual FoxPro 中,函数分为两种:系统函数和用户自定义函数。系统函数由 Visual FoxPro 提供,用户只须学会如何使用,而用户自定义函数必须由用户自行设计并编写代码。本节介绍 Visual FoxPro 中常用的一些系统函数,根据处理数据类型的不同,将这些函数分为数值函数、字符函数、日期时间函数、转换函数、测试函数和表操作函数等。

2.6.1 数值函数

1. 绝对值函数

格式:

```
ABS(nExpression)
```

功能:计算 *nExpression* 的绝对值。

参数:1 个,数值型

返回值:数值型

例：

```
?ABS(-45)                    && 结果为 45
?ABS(10-30)                  && 结果为 20
?ABS(30-10)                  && 结果为 20
```

2. 符号函数

格式：

```
SIGN(nExpression)
```

功能：计算 *nExpression* 的符号。如果 *nExpression* 是正数，则返回 1；如果 *nExpression* 是负数，则返回 −1；如果 *nExpression* 为 0，则返回 0。

参数：1 个，数值型

返回值：数值型

例：

```
?SIGN(10)                    && 结果为 1
?SIGN(-10)                   && 结果为-1
?SIGN(0)                     && 结果为 0
```

3. 求平方根函数

格式：

```
SQRT(nExpression)
```

功能：计算 *nExpression* 的平方根，*nExpression* 不能是负值。

参数：1 个，数值型

返回值：数值型

例：

```
?SQRT(4)                     && 结果为 2.00
?SQRT(2*SQRT(2))             && 结果为 1.68
```

4. 取整函数

格式 1：

```
INT(nExpression)
```

功能：返回 *nExpression* 的整数部分，即去尾取整。

参数：1 个，数值型

返回值：数值型

例：

```
?INT(12.5)                      && 结果为 12
?INT(-12.5)                     && 结果为-12
```

格式 2：

```
FLOOR(nExpression)
```

功能：返回小于等于 *nExpression* 的最大整数。

参数：1 个，数值型

返回值：数值型

例：

```
?FLOOR(12.5)                    && 显示 12
?FLOOR(-12.5)                   && 显示 -13
```

格式 3：

```
CEILING(nExpression)
```

功能：返回大于等于 *nExpression* 的最大整数。

参数：1 个，数值型

返回值：数值型

例：

```
?CEILING(12.5)                  && 结果为 13
?CEILING(-12.5)                 && 结果为-12
```

5. 取余函数

格式：

```
MOD(nDividend, nDivisor)
```

功能：用一个数值表达式去除另一个数值表达式，返回余数。

参数：2 个，都是数值型

返回值：数值型

例：

```
?MOD(36, 10)                    && 结果为 6
?MOD(36, -10)                   && 结果为-4
?MOD(-36, 10)                   && 结果为 4
?MOD(-36, -10)                  && 结果为-6
```

说明：该函数和运算符%的功能相同，其运算的规则为：*nDividend* − *nDivisor* * FLOOR(*nDividend*/*nDivisor*)。

注意：被除数表达式(*nDividend*)中的小数位数决定了返回值中的小数位数；返回值

的正负号和除数表达式(*nDivisor*)同号。

6. 四舍五入函数

格式：

```
ROUND(nExpression, nDecimalPlaces)
```

功能：将 *nExpression* 四舍五入近似至 *nDecimalPlaces* 规定的小数位数，其中 *nDecimalPlaces* 可以为负数。

参数：2个，均为数值型

返回值：数值型

例：

```
?ROUND(1234.1962, 3)            && 结果为 1234.196
?ROUND(1234.1962, 2)            && 结果为 1234.20
?ROUND(1234.1962, 1)            && 结果为 1234.2
?ROUND(1234.1962, 0)            && 结果为 1234
?ROUND(1234.1962, -1)           && 结果为 1230
?ROUND(1234.1962, -2)           && 结果为 1200
?ROUND(1234.1962, -3)           && 结果为 1000
```

7. 指数函数

格式：

```
EXP(nExpression)
```

功能：计算以 e 为底数，*nExpression* 为指数的乘方值，即 e^*nExpression*。

参数：1个，数值型

返回值：数值型

例：

```
?EXP(0)                         && 结果为 1.00
?EXP(1)                         && 结果为 2.72
```

8. 自然对数函数

格式：

```
LOG(nExpression)
```

功能：计算 *nExpression* 的自然对数值(底数为 e)。

参数：1个，数值型

返回值：数值型

例：

```
?LOG(1)                          && 结果为 0.00
?LOG(2)                          && 结果为 0.69
```

9. 随机数函数

格式：

```
RAND([nSeedValue])
```

功能：产生一个数值在 0～1 之间的随机数(不包括 0 和 1)。

参数：无参数或 1 个,数值型,一般不使用参数

返回值：数值型

例：

```
?RAND()                          && 产生一个 0~1 之间的随机小数
?INT(RAND()*(60-50+1))+50        && 产生一个 50~60 之间的随机整数(包括 50 和 60)
```

说明：如果不使用参数,那么圆括号内留空,但圆括号不可省略。

10. 求最大值函数

格式：

```
MAX(eExpression1, eExpression2 [, eExpression3 ...])
```

功能：计算 *eExpression*1、*eExpression*2、*eExpression*3…中的最大值。

参数：2 个以上,类型可以是字符型、数值型、货币型、双精度型、浮点型、日期型或日期时间型中的任意一种,但所有参数必须为同一数据类型

返回值：由参数类型决定

例：

```
?MAX(1, 2)                           && 结果为 2
?MAX("A", "B")                       && 结果为 B
?MAX({^2010-5-1}, {^2010-5-5})       && 结果为 05/05/10
?MAX(.T., .F.)                       && 结果为 .T.
```

11. 求最小值函数

格式：

```
MIN(eExpression1, eExpression2 [, eExpression3 ...])
```

功能：计算 *eExpression*1、*eExpression*2、*eExpression*3…中的最小值。

参数：2 个以上,类型可以是字符型、数值型、货币型、双精度型、浮点型、日期型或日期时间型中的任意一种,但所有参数必须为同一数据类型

返回值：由参数类型决定

例：

```
?MIN(1,2)                           && 结果为 1
?MIN("A", "B")                      && 结果为 A
?MIN({^2010-5-1}, {^2010-5-5})      && 结果为 05/01/10
```

12. 圆周率函数

格式：

```
PI( )
```

功能：计算圆周率。
参数：无
返回值：数值型
例：

```
?PI()                               && 结果为 3.14
```

说明：PI( ) 函数返回值显示的小数位数由 SET DECIMALS 命令决定。

2.6.2 字符函数

1. 删除前导和尾部空格函数

格式 1：

```
ALLTRIM(cExpression)
```

功能：删除 *cExpression* 首尾的空格。
参数：1 个，字符型
返回值：字符型
例：

```
?ALLTRIM("  VFP  ")                 && 结果为"VFP"(前后的空格都被去掉)
?ALLTRIM("  V  F  P  ")             && 结果为"V  F  P"
```

格式 2：

```
LTRIM(cExpression)
```

功能：删除 *cExpression* 的前导空格。
参数：1 个，字符型
返回值：字符型
例：

```
?LTRIM("  VFP  ")                   && 结果为"VFP  "(前导空格被去掉)
```

格式 3：

```
RTRIM(cExpression) 或 TRIM(cExpression)
```

功能：删除 *cExpression* 的尾部空格。

参数：1 个，字符型

返回值：字符型

例：

```
?RTRIM("  VFP  ")                      && 结果为"  VFP"(尾部空格被去掉)
?TRIM("  VFP  ")                       && 结果为"  VFP"(功能等同于 RTRIM)
```

2. 求字符串长度函数

格式：

```
LEN(cExpression)
```

功能：计算 *cExpression* 的字符数。

参数：1 个，字符型

返回值：数值型

例：

```
?LEN("VFP")                            && 结果为 3
?LEN("V F P")                          && 结果为 5(中间包含 2 个空格)
?LEN("南通")                           && 结果为 4(1 个汉字算作 2 个西文字符)
```

3. 大小写字母转换函数

格式 1：

```
LOWER(cExpression)
```

功能：将 *cExpression* 中的所有大写字母转换为小写字母，其他字母不变。

参数：1 个，字符型

返回值：字符型

例：

```
?LOWER("FOXPRO")                       && 结果为"foxpro"
?LOWER("FoxPro")                       && 结果为"foxpro"
?LOWER("foxpro")                       && 结果为"foxpro"
```

格式 2：

```
UPPER(cExpression)
```

功能：将 *cExpression* 中的所有小写字母转换为大写字母，其他字母不变。

参数：1个，字符型
返回值：字符型
例：

```
?UPPER("FOXPRO")                    && 结果为"FOXPRO"
?UPPER("FoxPro")                    && 结果为"FOXPRO"
?UPPER("foxpro")                    && 结果为"FOXPRO"
```

4. 取子串函数

格式1：

```
LEFT(cExpression, nExpression)
```

功能：从 *cExpression* 的左边第1个字符开始，返回由 *nExpression* 指定长度的字符串。如果 *nExpression* 为0或为负数，则结果为一个空字符串；如果 *nExpression* 大于字符串的总长度，则结果为原字符串的所有字符。

参数：2个，第1个参数为字符型，第2个为数值型
返回值：字符型
例：

```
?LEFT("FoxPro", 4)                  && 结果为"FoxP"
?LEFT("FoxPro", 0)                  && 结果为""
?LEFT("FoxPro", 7)                  && 结果为"FoxPro"
```

格式2：

```
RIGHT(cExpression, nExpression)
```

功能：从 *cExpression* 的右边第1个字符开始，返回由 *nExpression* 指定长度的字符串。如果 *nExpression* 为0或为负数，则结果为一个空字符串；如果 *nExpression* 大于字符串的总长度，则结果为原字符串的所有字符。

参数：2个，第1个参数为字符型，第2个为数值型
返回值：字符型
例：

```
?RIGHT("FoxPro", 4)                 && 结果为"xPro"
?RIGHT("FoxPro", 0)                 && 结果为""
?RIGHT("FoxPro", 7)                 && 结果为"FoxPro"
```

格式3：

```
SUBSTR(cExpression, nStartPosition [, nCharactersReturned])
```

功能：从 *cExpression* 的左边第 *nStartPosition* 个字符开始，返回由 *nCharactersReturned* 指定长度的字符串。如果 *nCharactersReturned* 省略，则一直取到最后一个字符。

参数：2 个或 3 个，第 3 个为可选参数，类型依次为字符型、数值型、数值型

返回值：字符型

例：

```
?SUBSTR("FoxPro", 2, 3)            && 结果为"oxP"
?SUBSTR("FoxPro", 2)               && 结果为"oxPro"
?SUBSTR("FoxPro", 0, 3)            && 结果为""
?SUBSTR("FoxPro", 7, 3)            && 结果为""
?SUBSTR("FoxPro", 6, 3)            && 结果为"o"
```

5. 生成空格字符串函数

格式：

```
SPACE(nSpaces)
```

功能：生成由 *nSpaces* 指定数目的空格字符串。

参数：1 个，数值型

返回值：字符型

例：

```
?SPACE(5)                          && 结果为"     "(由 5 个空格组成的字符串)
?SPACE(0)                          && 结果为""(空字符串)
```

6. 求子串位置函数

格式 1：

```
AT(cSearchExpression, cExpressionSearched [, nOccurrence])
```

功能：查找 *cSearchExpression* 在 *cExpressionSearched* 中出现的位置(查找时区分字母大小写)。如果没有，结果为 0；如果找到，则返回其位置值。默认情况下搜索到 *cSearchExpression* 首次出现的位置(即 *nOccurrence*=1)，如果想搜索其他出现的位置，则需要指定第 3 个参数。

参数：2 个或 3 个，第 3 个为可选参数，类型依次为字符型、字符型、数值型

返回值：数值型

例：

```
STORE "Visual FoxPro" TO s1
STORE "Fox" TO s2
?AT(s2, s1)                        && 结果为 8
?AT(s2, s1, 2)                     && 结果为 0(即搜索后发现无第 2 个"Fox")
STORE "FOX" TO s3
?AT(s3, s1)                        && 结果为 0(区分大小写,s1 里不含有"FOX")
```

格式 2：

```
ATC(cSearchExpression, cExpressionSearched [, nOccurrence])
```

功能：功能和 AT()函数基本相同，但查找时不区分字母大小写。

参数：2 个或 3 个，第 3 个为可选参数，类型依次为字符型、字符型、数值型

返回值：数值型

例：

```
?ATC(s2, s1)                        && 结果为 8
?ATC(s3, s1)                        && 结果为 8
```

7. 求字符的编码函数

格式：

```
ASC(cExpression)
```

功能：返回 *cExpression* 中第 1 个字符的编码。如果是西文字符，则返回 ASCII 码；如果是中文字符，则返回机内码。

参数：1 个，字符型

返回值：数值型

例：

```
?ASC("A")                           && 结果为 65
?ASC("abc")                         && 结果为 97
?ASC("中国")                        && 结果为 54992(即汉字"中"的机内码,双字节)
```

8. 求编码对应的字符函数

格式：

```
CHR(nANSICode)
```

功能：返回编码为 *nANSICode* 的字符。

参数：1 个，数值型

返回值：字符型

例：

```
?CHR(65)                            && 结果为 A
?CHR(54992)                         && 结果为"中"
```

9. 字符串匹配函数

格式：

```
LIKE(cExpression1, cExpression2)
```

功能：比较两个字符串对应位置上的字符。如果所有对应字符都匹配，返回逻辑.T.；否则为逻辑.F.。（其中 *cExpression*1 中可以使用通配符）

参数：2 个，字符型

返回值：逻辑型

例：

```
?LIKE("中国", "中国")                && 结果为.T.
?LIKE("中", "中国")                  && 结果为.F.
?LIKE("中国", "中")                  && 结果为.F.
?LIKE("中*", "中国")                 && 结果为.T.
?LIKE("中??", "中国")                && 结果为.T.（一个?只能匹配一个西文字符）
```

说明：通配符 * 可以匹配任意数目的任意字符，? 匹配任意单个西文字符。

10. 求子串出现的次数函数

格式：

```
OCCURS(cSearchExpression, cExpressionSearched)
```

功能：计算 *cSearchExpression* 在 *cExpressionSearched* 中出现的次数。如果没有出现，则函数值为 0。

参数：2 个，字符型

返回值：数值型

例：

```
x="江苏省南通市南通大学"
?OCCURS("江苏", x)                   && 结果为 1
?OCCURS("南通", x)                   && 结果为 2
?OCCURS("江苏大学", x)               && 结果为 0
```

2.6.3 日期时间函数

1. 系统日期函数

格式：

```
DATE([nYear, nMonth, nDay])
```

功能：如果不带参数使用该函数，则返回系统当前的日期；如果使用参数，则产生一个指定的日期。

参数：无参数或 3 个，数值型

返回值：日期型

例：

```
?DATE()                                && 结果为当前的系统日期值
?DATE(2010, 1, 1)                      && 结果为 01/01/10 (产生一个指定的日期值)
```

说明：如果使用参数，则上述第 2 个示例等价于输入{^2010-01-01}。该函数一般不带参数使用的情况居多。

2. 系统日期时间函数

格式：

```
DATETIME([nYear, nMonth, nDay [, nHours [, nMinutes [, nSeconds]]]])
```

功能：无参数时返回系统当前的日期时间。如果使用参数，则产生一个指定的日期时间。

参数：无参数或 3 个或 6 个，数值型

返回值：日期时间型

例：

```
?DATETIME()                            && 结果为系统当前的日期时间值
?DATETIME(2010, 1, 1)                  && 结果为 01/01/10 12:00:00 AM
?DATETIME(2010, 1, 1, 19, 10, 20)      && 结果为 01/01/10 07:10:20 PM
```

3. 系统时间函数

格式：

```
TIME([nExpression])
```

功能：以 24 小时制、8 位字符串(时：分：秒)格式返回当前系统时间。

参数：无参数或 1 个

返回值：字符型

例：

```
?TIME()                                && 结果为系统当前的时间值
?TIME(1)                               && 结果为系统当前的时间值，含百分之一秒的时间
```

说明：如果使用 *nExpression* 参数，*nExpression* 可以是任何值，然而实际的最大精度值是 1/18 秒。该函数返回值为字符型(不是时间型)，无参数时结果长度为 8 位，带参数时结果长度为 11 位。

4. 年份函数

格式：

```
YEAR(dExpression | tExpression)
```

功能：从指定的日期或日期时间参数中返回其年份，以 4 位整数形式输出。

参数：1个，日期型或日期时间型
返回值：数值型
例：

```
?YEAR({^2010-8-9})                    && 结果为 2010
?YEAR({^2011-10-10 09:10:23})         && 结果为 2011
```

5. 月份函数

格式1：

```
MONTH(dExpression | tExpression)
```

功能：从指定的日期或日期时间参数中返回其月份的数值。
参数：1个，日期型或日期时间型
返回值：数值型
例：

```
?MONTH({^2010-8-9})                   && 结果为 8
```

格式2：

```
CMONTH(dExpression | tExpression)
```

功能：从指定的日期或日期时间参数中返回其月份的英文名称。
参数：1个，日期型或日期时间型
返回值：字符型
例：

```
?CMONTH({^2010-8-9})                  && 结果为 August
```

6. 日期号函数

格式：

```
DAY(dExpression | tExpression)
```

功能：从指定的日期或日期时间参数中返回其日期号。
参数：1个，日期型或日期时间型
返回值：数值型
例：

```
?DAY({^2010-8-9})                     && 结果为 9
```

7. 求星期几函数

格式1：

```
DOW(dExpression | tExpression [, nFirstDayOfWeek])
```

功能：根据给定的日期或日期时间返回其是一个星期中的第几天，默认星期日作为一个星期的第1天。

参数：1个或2个，第1个为日期或日期时间型，第2个为数值型

返回值：数值型

例：

```
?DOW({^2010-8-9})                     && 结果为 2(默认周日为一周的第一天)
?DOW({^2010-8-9}, 1)                  && 结果为 1(将周一定为一周的第 1 天)
```

说明：DOW函数的返回值只可能是1～7中的一个数字。

格式2：

```
CDOW(dExpression | tExpression)
```

功能：根据给定的日期或日期时间返回其为星期几，以名称为返回值。

参数：1个，日期或日期时间型

返回值：字符型

例：

```
?CDOW({^2010-8-9})                    && 结果为 Monday
```

8. 星期函数

格式：

```
WEEK(dExpression | tExpression [, nFirstWeek] [, nFirstDayOfWeek])
```

功能：根据给定的日期或日期时间计算该日期位于一年中的第几周。

参数：1个或2个或3个

返回值：数值型

例：

```
?WEEK({^2010-8-9})                    && 结果为 33(2010 年第 33 周)
```

9. 小时函数

格式：

```
HOUR(tExpression)
```

功能：根据给定的日期时间返回其小时值，以24小时制计算。

参数：1个，日期时间型

返回值：数值型

例：

```
?HOUR({^2010-8-9 19:10:20})           && 结果为 19
?HOUR({^2010-8-9 07:10:20 PM})        && 结果为 19
```

10. 分钟函数

格式：

```
MINUTE(tExpression)
```

功能：根据给定的日期时间返回其分钟值。

参数：1个，日期时间型

返回值：数值型

例：

```
?MINUTE({^2010-8-9 19:10:20})          && 结果为 10
```

11. 秒钟函数

格式：

```
SEC(tExpression)
```

功能：根据给定的日期时间返回其秒钟值。

参数：1个，日期时间型

返回值：数值型

例：

```
?SEC({^2010-8-9 19:10:20})             && 结果为 20
```

说明：系统另有一个SECONDS函数，其意义和用法与SEC是完全不一样的。

2.6.4 转换函数

1. 数值转换为字符串函数

格式：

```
STR(nExpression [, nLength [, nDecimalPlaces]])
```

功能：将 *nExpression* 转换为相对应的字符串，其中可选参数 *nLength* 决定了转换后的字符串的长度，默认为10，可选参数 *nDecimalPlaces* 决定了转换后保留的小数位数，默认不保留小数位数。

参数：1个或2个或3个，类型都为数值型

返回值：字符型

例：

```
?STR(123)                  && 结果为"       123" (123前面留有7个空格)
?STR(123, 3)               && 结果为"123"
?STR(1234567890123)        && 结果为" 1.234E+12"(前面留有一个空格作为符号位)
```

```
?STR(123, 2)                    && 结果为"**"(位宽不足,则显示 *)
?STR(123.45, 6)                 && 结果为"   123"
?STR(123.45, 6, 2)              && 结果为"123.45"
?STR(123.45, 5, 2)              && 结果为"123.5"
```

说明：小数点在转换后也占一个位宽。如果总长度和小数位数发生矛盾，优先保留整数部分而对小数部分进行四舍五入近似。

2. 字符串转换为数值函数

格式：

```
VAL(cExpression)
```

功能：将 *cExpression* 转换为对应的数值型数据，如果 *cExpression* 不能转换为数值，则返回值为 0。

参数：1 个，字符型

返回值：数值型

例：

```
?VAL("12")                      && 结果为 12.00
?VAL("A")                       && 结果为 0.00
?VAL("5A1")                     && 结果为 5.00
?VAL("1E2")                     && 结果为 100.00
?VAL("12.456")                  && 结果为 12.46 (只保留 2 位小数)
```

3. 日期转换为字符串函数

格式：

```
DTOC(dExpression | tExpression [, 1])
```

功能：将 *dExpression* 代表的日期转换为对应的字符串。

参数：1 个或 2 个，第 1 个是日期型或日期时间型，第 2 个是数值型

返回值：字符型

例：

```
?DTOC({^2010-5-6})              && 结果为"05/06/10"
?DTOC({^2010-5-6 09:10:20})     && 结果为"05/06/10"
?DTOC({^2010-5-6}, 1)           && 结果为"20100506"
```

4. 日期时间转换为字符串函数

格式：

```
TTOC(tExpression[,1|2])
```

功能：将 *tExpression* 代表的日期时间转换为对应的字符串。

参数：1个或2个，第1个为日期时间型，第2个为数值型
返回值：字符型
例：

```
?TTOC({^2010-5-6 09:10:20})          && 结果为"05/06/10 09:10:20 AM"
?TTOC({^2010-5-6 09:10:20}, 1)       && 结果为"20100506091020"
?TTOC({^2010-5-6 09:10:20}, 2)       && 结果为"09:10:20 AM"
```

5. 字符串转换为日期函数

格式：

```
CTOD(cExpression)
```

功能：将 *cExpression* 转换为对应的日期型数据。
参数：1个，字符型
返回值：日期型
例：

```
?CTOD("05/06/10")                    && 结果为 05/06/10
?CTOD("{^2010-05-06}")               && 结果为 //（空日期，不能识别该格式）
```

说明：对于不能识别的格式，函数返回值为一个空日期。

6. 字符串转换为日期时间函数

格式：

```
CTOT(cCharacterExpression)
```

功能：将 *cCharacterExpression* 转换为对应的日期时间型数据。
参数：1个，字符型
返回值：日期时间型
例：

```
?CTOT("05/06/10")                    && 结果为 05/06/10 12:00:00 AM
?CTOT("05/06/10 09:10:20")           && 结果为 05/06/10 09:10:20 AM
```

2.6.5 测试函数

1. 值域测试函数

格式：

```
BETWEEN(eTestValue, eLowValue, eHighValue)
```

功能：测试 *eTestValue* 的值是否在 *eLowValue* 和 *eHighValue* 之间（即判断是否满

足 *eTestValue*>= *eLowValue* 并且 *eTestValue*<= *eHighValue*)。如果满足，则函数值为逻辑.T.；反之，函数值为逻辑.F.。

参数：3个，可以是数值型、货币型、字符型、日期型、日期时间型中的任意一种，但3个参数必须类型一致。

返回值：逻辑型

例：

```
?BETWEEN(3, 1, 5)                  && 结果为 .T.
?BETWEEN("A", "a", "b")            && 结果为 .T.
?BETWEEN("a", "A", "b")            && 结果为 .F.
?BETWEEN("A", "a", 2)              && 运行出错(提示"操作符/操作数类型不匹配")
```

2. 数据类型测试函数

格式：

```
TYPE(cExpression)
```

功能：测试 *cExpression* 中内容的数据类型。

参数：1个，字符型

返回值：字符型

例：

```
?TYPE("12")                        && 结果为"N"(数值型)
?TYPE("'A'")                       && 结果为"C"(字符型)
?TYPE("{^2010-05-06}")             && 结果为"D"(日期型)
?TYPE(".T.")                       && 结果为"L"(逻辑型)
?TYPE("1_2")                       && 结果为"U"(即 Unknow,错误数据)
```

说明：TYPE 函数使用时参数必须为字符型，所以不管什么样的数据都要加上字符定界符后方可使用。如果本身就是字符型，那么外层需要另加定界符且不可和本身的定界符冲突。

3. 空值(NULL 值)测试函数

格式：

```
ISNULL(eExpression)
```

功能：测试 *eExpression* 是否为 NULL 值。如果是，函数返回值为逻辑"真"(.T.)、否则，返回值为"假"(.F.)。

参数：1个，任意类型

返回值：逻辑型

例：

```
?ISNULL(0)                         && 结果为 .F.
```

```
?ISNULL("")                             && 结果为 .F.
?ISNULL({//})                           && 结果为 .F.
?ISNULL(NULL)                           && 结果为 .T.
```

说明：ISNULL( ) 函数可用于判断字段、内存变量或数组元素是否为 NULL 值，也可以判断表达式的计算结果是否为 NULL 值。

4. “空”值测试

格式 1：

```
EMPTY(eExpression)
```

功能：判断 *eExpression* 的值是否为“空”值。如果是，函数返回值为逻辑“真”(.T.)；否则，返回值为“假”(.F.)。此处的“空”值不等同于 NULL 值。

参数：1 个，任意类型

返回值：逻辑型

例：

```
?EMPTY(0)                               && 结果为 .T.
?EMPTY("")                              && 结果为 .T.
?EMPTY({//})                            && 结果为 .T.
?EMPTY(NULL)                            && 结果为 .F.
```

说明：不同的数据类型的“空”值有不同的定义，如表 2-3 所示。

表 2-3 不同数据类型的“空”值

数据类型	“空”值	数据类型	“空”值
数值型	0	双精度型	0
字符型	空串、空格、制表符、回车、换行	日期型	空
货币型	0	日期时间型	空
浮点型	0	逻辑型	.F.
整型	0	备注型	空

格式 2：

```
ISBLANK(eExpression)
```

功能：判断 *eExpression* 的值是否为“空”值。如果是，函数返回值为逻辑.T.；否则，返回值为.F.。

参数：1 个，任意类型

返回值：逻辑型

例：

```
?ISBLANK(0)                       && 结果为 .F.
```

```
?ISBLANK("")                    && 结果为 .T.
?ISBLANK({//})                  && 结果为 .T.
?ISBLANK(NULL)                  && 结果为 .F.
```

说明：货币型、整型、双精度型表达式永远不可能为空值，因而对这些表达式 ISBLANK( ) 函数总是返回“假”(.F.)。

5. 条件测试函数

格式：

```
IIF(lExpression, eExpression1, eExpression2)
```

功能：根据逻辑表达式 *lExpression* 的值，返回 *eExpression*1 和 *eExpression*2 两个值中的某一个。如果逻辑表达式 *lExpression* 的值为“真”(.T.)，则 IIF( ) 返回第一个表达式 *eExpression*1 的值；如果逻辑表达式的值为“假”(.F.)，则 IIF( ) 返回第二个表达式 *eExpression*2 的值。

参数：3 个，第 1 个为逻辑型，第 2、第 3 个参数可以是任意类型

返回值：由第 2、第 3 个参数的数据类型决定

例：

```
?IIF(.T., 1, 2)                 && 结果为 1
?IIF(.F., "A", "B")             && 结果为"B"
```

6. 按键测试函数

格式：

```
INKEY([nSeconds] [, cHideCursor])
```

功能：返回一个编号，该编号对应于键盘缓冲区中第一个鼠标单击或按键操作。

参数：0 个或 1 个或 2 个，第 1 个参数为数值型，第 2 个为字符型

返回值：数值型

例：

```
?INKEY()                        && 结果为 0
?INKEY(0)                       && 一直等待用户按下键盘的按键，返回按键 ASCII 码
?INKEY(10)                      && 等待 10 秒，如果有按键，则返回 ASCII 吗；否则，返回 0
```

7. 文件查找函数

格式：

```
FILE(cFileName)
```

功能：如果在磁盘上找到由 *cFileName* 指定的文件，则返回“真”(.T.)；否则，返回“假”(.F.)。

参数：1个，字符型

返回值：逻辑型

例：

```
?FILE("c:\a.txt")              && 如果 C 盘根目录存在 a.txt，则结果为.T.；否则，结果为.F.
```

2.6.6 表操作函数

在对数据库、表进行操作时，需要用到表操作函数，常用的有 BOF()、EOF()、RECNO()、RECCOUNT()、SELECT()、USED()、ALIAS()、FCOUNT()、FIELD()、DELETED()、DBC()、DBUSED()、DBGETPROP()、DBSETDROP()等，将在后面章节详细介绍。

2.6.7 其他函数

1. 提示对话框函数

格式：

```
MESSAGEBOX(cMessageText [, nDialogBoxType [, cTitleBarText]])
```

功能：显示一个用户自定义的对话框。

参数：1个或3个，第1、第3个参数为字符型，第2个为数值型

返回值：数值型

例：

```
?MESSAGEBOX("对话框")                          && 产生如图 2-1 所示的对话框
?MESSAGEBOX("对话框", 65, "我的对话框")        && 产生如图 2-2 所示的对话框
```

图 2-1　对话框示例 1

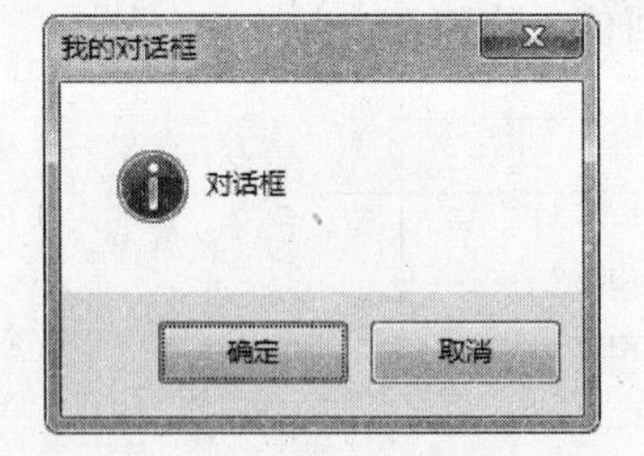

图 2-2　对话框示例 2

说明：*cMessageText* 指定对话框中显示的文本；*cTitleBarText* 指定对话框标题栏的文本；*nDialogBoxType* 是一个数值表达式，指定对话框中的按钮和图标、显示对话框时的默认按钮以及对话框的行为。

nDialogBoxType 可以是三个值的和。例如，若 *nDialogBoxType* 为 290(2＋32＋

256)，则指定的对话框含有如下特征：

- 对话框包含“放弃”、“重试”或“忽略”3 个按钮；
- 消息框显示问号图标；
- 第二个按钮“重试”为对话框的默认按钮。

各部分取值具体设定如表 2-4、表 2-5 和表 2-6 所示。

表 2-4　对话框按钮值

数值	对话框按钮	数值	对话框按钮
0	仅有“确定”按钮	3	“是”、“否”和“取消”按钮
1	“确定”和“取消”按钮	4	“是”、“否”按钮
2	“放弃”、“重试”和“忽略”按钮	5	“重试”和“取消”按钮

表 2-5　对话框图标值

数值	图　标	数值	图　标
16	“停止”图标	48	惊叹号
32	问号	64	信息 (i) 图标

表 2-6　默认按钮

数值	默认按钮	数值	默认按钮
0	第一个按钮	512	第三个按钮
256	第二个按钮		

MESSAGEBOX( ) 的返回值标明用户选取了对话框中的哪个按钮。各按钮对应不同的返回值，其对应关系如表 2-7 所示。

表 2-7　按钮的返回值

返回值	按钮	返回值	按钮
1	确定	5	忽略
2	取消	6	是
3	放弃	7	否
4	重试		

2. 打开文件对话框函数

格式：

```
GETFILE([cFileExtensions] [, cText] [, cOpenButtonCaption][, nButtonType] [,
cTitleBarCaption])
```

功能：显示“打开”对话框，并返回选定文件的名称。

参数：0～5 个，除第 4 个为数值型外其余都为字符型

返回值：字符型

例：

```
?GETFILE()                          && 显示"打开"对话框
?GETFILE("dbf")                     && 显示"打开"对话框，只显示扩展名为 dbf 的文件
?GETFILE("dbf", "表文件名")          && 文本列表前的文字说明改为"表文件名"
```

各参数说明如下：

cFileExtensions：指定没有选择“所有文件”菜单项时，可滚动列表中显示的文件扩展名。*cFileExtensions* 可具有多种形式：

- 如果 *cFileExtensions* 包含单一扩展名（例如 .PRG），只显示具有此扩展名的文件。
- *cFileExtensions* 可以包含由分号分隔的文件扩展名列表。例如包含 PRG;FXP，可以显示扩展名为 .PRG 或.FXP 的所有文件。如果文件的名称相同而扩展名不同（例如 CUSTOMER. PRG 与 CUSTOMER. FXP），则只显示其扩展名排列在 *cFileExtensions* 前面的文件。
- *cFileExtensions* 也可以包含由垂直线分隔的文件扩展名的列表（例如 PRG | FXP）。在这种情况下，即使文件名相同，也将显示所有具有这些扩展名的文件。
- 在 Visual FoxPro for Windows 中，cFileExtensions 可以包含一个文件说明，后面带有一个或一列用逗号分隔的扩展名。这个文件说明出现在“文件类型”列表框中。使用一个冒号:将文件说明和扩展名分开。使用分号;将多个文件说明和它们的扩展名分开。例如，如果 cFileExtensions 是 Text:TXT，则文件说明 Text 出现在“文件类型”列表框中，而且显示所有具有 .txt 扩展名的文件。如果 *cFileExtensions* 是 Tables:DBF; Files:TXT,BAK，则文件说明 Tables 和 Files 出现在“文件类型”列表框中。当从“文件类型”列表框中选择 Tables 时，则显示所有具有.dbf 扩展名的文件。当从“文件类型”列表框中选择 Files 时，则显示所有具有.txt 和.bak 扩展名的文件。
- 如果 *cFileExtensions* 只包含分号;，则显示所有不带扩展名的文件

cText：指定“打开”对话框中目录列表的文本。

cOpenButtonCaption：为“确定”按钮指定标题。

nButtonType：指定出现在“打开”对话框中按钮的数目与类型。当 *nButtonType* 等于 0 时，在对话框中显示“确定”与“取消”按钮；*nButtonType* 等于 1 时，显示“确定”、“新建”与“取消”按钮；*nButtonType* 等于 2 时，显示“确定”、“无”与“取消”按钮。

cTitleBarCaption：指定标题栏标题。

例：GETFILE("PJX","项目文件名","打井",2,"项目文件") 产生如图 2-3 所示的对话框。

图 2-3　GETFILE 函数产生的对话框

2.7　空 值 处 理

Visual FoxPro 支持空值(用 NULL 或.NULL.表示)。这种支持简化了包含未知数据的任务,并使对包含 NULL 值的 Microsoft Access 或 SQL 数据库的处理变得容易。

NULL 值具有以下特点:

- 等价于没有任何值;
- 与 0、空字符串("")或空格不同;
- 排序优先于其他数据;
- 在计算过程中或大多数函数中都可以用到 NULL 值;
- NULL 值会影响命令、函数、逻辑表达式和参数的行为。

在 Visual FoxPro 中,可以在程序中将.NULL.赋值给表达式或交互式地在字段中按下 CTRL+O 输入 NULL 值。注意,.NULL.前后的点号是可选的。要确定一个字段或变量是否包含 NULL 值,或一个表达式的值是否为 NULL 值,可以使用 ISNULL()函数。

使用 NULL 值要注意以下几点:

(1) NULL 值不是一种数据类型,当将 NULL 值赋给变量或字段时,不会改变其数据类型,只是其值变为了 NULL。

例:

```
X=5
?TYPE("X")                  && 结果为 N
X=NULL
?TYPE("X")                  && 结果为 N
```

(2) 在逻辑表达式中使用 NULL 值时，其结果如表 2-8 所示。

表 2-8 空值参与逻辑运算的几种情况

逻辑表达式	x=TRUE	x=FALSE	x=.NULL.
x AND .NULL.	.NULL.	.F.	.NULL.
x OR .NULL.	.T.	.NULL.	.NULL.
NOT x	.F.	.T.	.NULL.

在条件表达式中若遇到 NULL 值，该条件表达式为“假”，因为.NULL.非“真”(.T.)。例如，结果为.NULL.的 FOR 子句被当作“假”(.F.)值看待。

(3) 在命令和函数中使用 NULL 值时，其说明如表 2-9 所示。

表 2-9 命令和函数解释空值的方式

数据类型	说 明
逻辑型	大多数产生 NULL 结果的逻辑表达式返回.NULL.或产生一个错误信息。EMPTY()、ISBLANK()和 ISNULL()函数除外
数值型	产生 NULL 结果的数值表达式将返回 NULL，参数中含有 NULL 值的数值型函数结果将为 NULL
日期型	含有 NULL 值的日期表达式将返回 NULL

(4) 在 Visual FoxPro 的命令和函数中用 NULL 作为参数时，将影响其运行结果。具体规则如下：

- 给命令传递 NULL 值将产生错误。
- 接受 NULL 为有效参数的函数其结果亦为 NULL。
- 若向本应接收数值型参数的函数传递 NULL 值参数，将产生错误。
- 当传递 NULL 值时，ISBLANK( )、ISDIGIT( )、ISLOWER( )、ISUPPER( )、ISALPHA( ) 和 EMPTY 返回“假”(.F.)，而 ISNULL( ) 返回“真”(.T.)。
- INSERT-SQL 和 SELECT-SQL 命令通过 IS NULL 和 IS NOT NULL 子句处理 NULL 值。在这种情况下，INSERT、UPDATE 和 REPLACE 将 NULL 值放入记录中。
- SQL 合计函数将忽略 NULL 值。
- 若所有值皆为 NULL，则 Visual FoxPro 合计函数产生 NULL，否则任何 NULL 值将被忽略。

习 题

一、选择题

1. Visual FoxPro 内存变量的数据类型不包括(　　)。

   A. 字符型　　B. 货币型　　C. 数值型　　D. 日期型

2. 执行命令 A=2010-7-1,B={^2010-7-1},C="2010-7-1"之后,内存变量 A,B,C 的数据类型分别为(　　)。

A. 数值型,日期型,字符型　　B. 数值型,日期型,日期型

C. 日期型,日期型,字符型　　D. 字符型,日期型,字符型

3. 下面关于 Visual FoxPro 数组的叙述中,错误的是(　　)。

A. 用 DIMENSION 和 DECLARE 都可以声明数组

B. Visual FoxPro 只支持一维和二维数组

C. 一个数组中各个数组元素必须是同一种数据类型

D. 新定义的数组的各个数组元素初始值为.F.

4. 下列表达式的输出结果为真的是(　　)。

A. "XYZ">"XZY"　　B. DATE()+10<DATE()

C. "XZ"$"XYZ"　　D. 2*3^2>2^3*2

5. 下列函数的函数值为字符型的是(　　)。

A. DATE()　　B. DATETIME()　　C. TIME()　　D. YEAR()

6. 在下列 VFP 系统函数中,其返回值不为字符型数据的是(　　)。

A. TYPE()　　B. DOW()　　C. CHR()　　D. TTOC()

7. 表达式 LEN(ALLT(SPACE(10)))的运算结果是(　　)。

A. 10　　B. NULL　　C. 0　　D. ""

8. 在 Visual FoxPro 中,逻辑运算符执行的优先顺序为(　　)。

A. NOT、AND、OR　　B. NOT、OR、AND

C. AND、NOT、OR　　D. OR、NOT、AND

9. 在下列 VFP 表达式中,语法上错误的是(　　)。

A. DATETIME()+1000

B. DATE()-1000

C. DATETIME()-DATE()

D. DTOC(DATE())-DTOC(DATETIME())

10. 利用命令 DIMENSION X(2,3)定义了一个名为 X 的数组后,依次执行了三条赋值命令 X(3)=10,X(5)=20,X=30,则数组元素 X(1,1)、X(1,3)、X(2,2)的值分别为(　　)。

A. 30、30、30　　B. .F.、10、20　　C. 30、10、20　　D. 0、10、20

11. 设变量 x 的值为"FOXPRO",则下列表达式中运算结果为.T.的是(　　)。

A. AT("PR", x)　　B. BETWEEN(x, "A", "J")

C. SUBSTR(LOWER(x), 4) $ x　　D. ISNULL(SUBSTR(x, 7))

二、填空题

1. 函数 MOD(-12, 5)的运算结果为________。

2. 运行以下命令后,VFP 主窗口中显示的结果为________。

```
SET TALK OFF
```

```
CLEAR
STORE "计算机基础知识和应用能力等级考试" TO a1
vfp="二级"
a3=RIGHT(a1, 8)
a2="vfp"
?&a2+a3
```

3. 在命令窗口中创建的任何变量或数组被自动赋予全局属性。在程序中，可用________命令指定全局(公共)变量。

4. 运行以下程序后，屏幕显示的结果是________。

```
y=DTOC(DATE(), 1)
y=.NULL.
?TYPE("y")
```

5. 字符串的定界符可以是单引号、双引号或________。

6. 函数 ROUND(1234.196，-2)的返回值为________，SUBSTR("mystring"，6)的返回值为________。

7. 设变量 x 的值为"abc"(其长度为 4，末尾为一个空格字符)，变量 y 的值为"abc"(其长度为 4，第一个字符为空格)，则表达式 LEN(x+y)和 LEN(x-y)的返回值分别为________。

8. 函数 LEN(STR(123456789012))的返回值为________，函数 LEN(DTOC(DATE()，1))的返回值为________。

第3章 表

表是处理数据和建立关系型数据库及应用程序的基本单元。在 Visual FoxPro 中，表被区分成数据库表和自由表两种。数据库表是包含在一个数据库中的表，而自由表是指不包含在任何数据库中的表，两类表的表结构可以设置的内容也有所不同。与自由表相比，数据库表除具有自由表的所有特性以外，还具有数据库提供给它的与数据字典相关的其他特性。本章介绍自由表的创建与使用。

3.1 表的基本操作

表的基本操作包括表的打开和关闭、表结构的创建和修改、表记录的处理、索引的操作等。

3.1.1 表结构概述

表即二维表，对应磁盘上的一个扩展名为.DBF 的文件。表文件的文件名除必须遵守 Windows 系统对文件名的约定外，不可用 A～J 中的单个字母为文件名。表中的列称为字段，每张表最多可以有 255 个字段(当表中的一个或多个字段允许使用空值时，该表最多可以有 254 个字段)；表中的行叫做记录，是多个字段的组合。

表结构指的是表由哪些字段组成，这些字段的字段名、数据类型、宽度等分别是什么，是否允许接受 NULL 值等。

1. 字段名

字段名即关系的属性名或表的列名，在同一张表中具有唯一性，也就是说同一张表中的不同字段的名字不能相同。自由表的字段名最多可包含 10 个字符，数据库表的字段名最多可包含 128 个字符。所以，如果从数据库中移去一个表(该表变为自由表)，那么此表的长字段名将被截短成前 10 个字符。另外，给字段命名要注意其可读性，且还必须满足 Visual FoxPro 的命名规则(参见 2.4.1 节)。

2. 类型、宽度和小数位

类型即字段的数据类型，它决定了存储在字段中的值的数据类型，选择时应与将要存储在其中的信息类型相匹配。宽度是指该字段所能容纳数据的最大字节数,字符型、数值型和浮点型宽度可变,其他类型宽度固定,由系统给定。对于数值型、浮点型和双精度型字段还需要设置小数的位数,且满足:

宽度＝整数部分的宽度＋1(小数点)＋小数位数宽度

表 3-1 列举了可以选择的数据类型、宽度及是否需要设置小数位(打"√"的通常需要设置小数位)。如果表中有备注型字段或通用型字段,系统将自动产生扩展名为.FPT 的备注文件(主文件名同.DBF 文件的主文件名)。

表 3-1　表字段的可选数据类型

数据类型	字母表示	可存储数据的类型	宽度	小数位
字符型	C	字母、数字、汉字等各种字符	1～254	
货币型	Y	货币单位	8	
数值型	N	整数或小数	1～20	√
浮点型	F	同"数值型"	1～20	√
日期型	D	由年、月、日构成的数值	8	
日期时间型	T	由年、月、日、时、分、秒构成的数值	8	
双精度型	B	双精度数值	8	√
整型	I	不带小数点的数值	4	
逻辑性	L	"真"或"假",.T.或.F.等数值	1	
备注型	M	不定长的字母数字文本	4	
通用	G	OLE(对象链接与嵌入)	4	

3. 索引

在索引列中指定升序或降序可以快速在索引选项卡中添加一普通索引。索引名和索引表达式都为当前字段名。

4. NULL 值

NULL 值也叫空值,表示缺值或不确定值,不同于空字符串""、数值 0 等。比如表示单价的一个字段值,空值表示没有定价,而数值 0 可能表示免费。如果想让字段接受 NULL 值,请选中 NULL。作为关键字的字段不允许接受 NULL 值。

3.1.2 表结构的创建

创建表结构可以使用表设计器,也可以使用 CREATE TABLE-SQL 命令(参见 4.6.2 节)。使用表设计器创建自由表的步骤如下:

步骤一,如图 3-1 所示,在项目管理器中选定"自由表"项,单击"新建"按钮打开"新建表”对话框，单击“新建表”按钮，打开“创建”对话框。

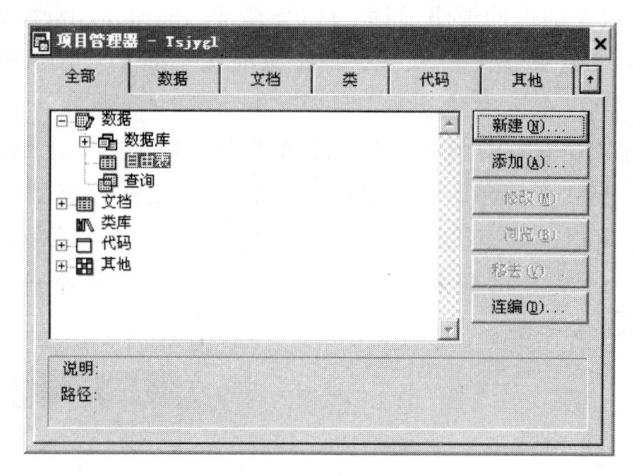

图 3-1　创建自由表

步骤二，在“创建”对话框中选择保存表文件的文件夹并输入表名(如 ts)后单击“保存”按钮，打开“表设计器”对话框。

步骤三，在“表设计器”对话框的“字段”选项卡中，根据事先设计好的表结构依次输入各个字段的字段名，选择数据类型，设置宽度和小数位，如图 3-2 所示。

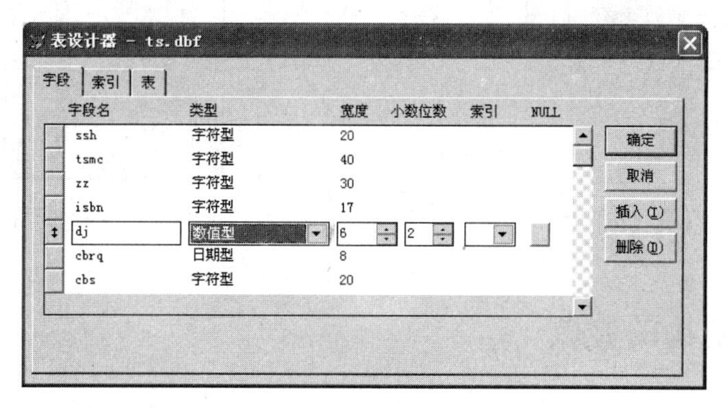

图 3-2　自由表 ts 的表设计器

步骤四，正确输入完一个表的所有字段的相关信息后，单击“确定”按钮，系统显示如图 3-3 所示的消息框。若单击“是”按钮，则可在“编辑”窗口中为表输入多条记录数据；若单击“否”按钮，则可以以后再为表输入数据记录。

图 3-3　“现在输入数据记录吗?”消息框

创建 ts 表后，在项目管理器的“自由表”项下多了一个 ts 表，如图 3-4 所示。

参见附录 A 所示表结构的说明，同样可以创建部门表(bm. dbf)、读者表(dz. dbf)、读者类型表(dzlx. dbf)、借阅表(jy. dbf)、馆藏情况表(gcqk. dbf)和图书分类表(tsfl. dbf)等。

注意，单击“文件”菜单下的“新建”命令或者单击常用工具栏上的“新建”按钮可以打开“新建”对话框，如图 3-5 所示。在“新建”对话框中选定文件类型框下的“表”，再单击“新建文件”按钮，也可以打开表设计器创建一张表。区别在于：菜单、工具栏方式和使用 CREATE TABLE 命令创建的表文件不会自动出现在项目管理器中，要想让它们出现在项目管理器中，必须手动添加。

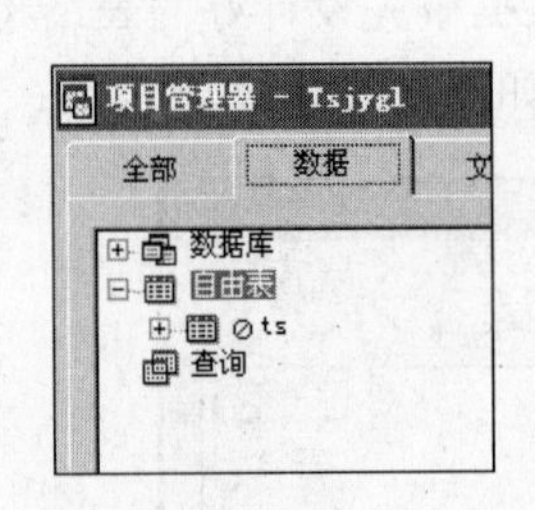

图 3-4　项目中的 ts 表

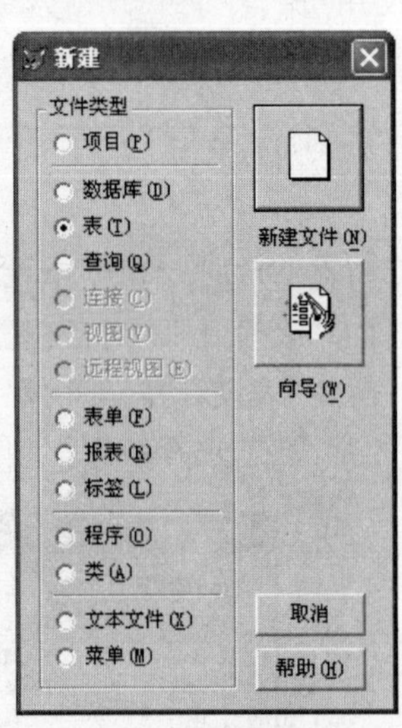

图 3-5　“新建”对话框

3.1.3　表结构的修改

修改表结构包括增加或删除字段，修改字段的基本属性(字段名、类型、宽度、小数位、索引、是否允许 NULL 值等)，插入、删除和修改索引等。

修改表结构可以在表设计器中进行，也可以使用 ALTER TABLE-SQL 命令(参见 4.6.3 节)。在表设计器中可交互地对已有字段的基本属性进行修改，使用“插入”按钮还可以插入一个新字段(新字段的字段名、类型、宽度等需要重新设置)，使用“删除”按钮可以删除当前字段。要打开一个已经存在的表的表设计器，方法有：

(1) 在项目管理器中选定要修改的表，然后单击“修改”按钮。

(2) 打开表，执行 MODIFY STRUCTURE 命令。

3.1.4　打开与关闭表

创建好一个表，该表自动处于打开状态。打开的表可以被关闭，被关闭的表必须再次打开后才能访问其中的数据。

1. 表的打开

打开表的方法有：

(1) 使用“文件”菜单下的“打开”命令或单击“常用”工具栏上的“打开”按钮，在弹出的“打开”对话框中选择文件类型为“表”，然后选择要打开的表文件，再单击“确定”按钮，则表在当前工作区中被打开(关于工作区的概念，参见3.5节)。注意，在“打开”对话框中，还可以设置表的打开方式，如是否“以只读方式打开”、是否“以独占方式打开”。

(2) 使用“窗口”菜单下的“数据工作期”命令或单击“常用”工具栏上的“数据工作期窗口”按钮，打开“数据工作期”窗口，在“数据工作期”窗口中使用“打开”按钮可以在当前可用最小工作区中打开选定的表，当前工作区保持不变。

(3) 在项目管理器中选定一张表，单击“修改”或“浏览”按钮，则在打开表设计或浏览窗口的同时，将表在当前可用最小工作区中打开，且该工作区成为新的当前工作区。

(4) 使用 USE [*DatabaseName*!] *TableName* [ALIAS *cTableAlias*] SHARED | EXCLUSIVE 命令也可以将 *TableName* 指定的表在当前工作区中打开。如果使用可选项 *DatabaseName*!，则说明 *TableName* 指定的表是 *DatabaseName* 指定的数据库下的数据库表。*cTableAlias* 是给打开的表取的别名。SHARED(共享)和 EXCLUSIVE(独占)用来指定打开表的方式。关于 USE 命令的其他选项参见3.5节。

2. 表的关闭

关闭表的方法有：

(1) 在“数据工作期”窗口中选定要关闭的表，单击“关闭”按钮。

(2) 使用不带表名的 USE 命令关闭当前工作区中的表。

(3) 使用 CLOSE TABLES ALL 关闭所有打开的表。

例如，下列命令序列可在当前工作区中打开和关闭表。

```
CLOSE TABLES ALL
USE ts
USE
USE ts ALIAS 图书表 EXCLUSIVE              && 以独占方式打开 ts 表并取别名"图书表"
USE
```

3.2 表记录的基本操作

创建并修改了表的结构之后，就可以向表中添加新记录以存储数据，随后，可以显示记录数据、定位记录、修改或删除已有记录，这些任务中的每一个都可以通过界面操作或执行相应命令来完成。

3.2.1 输入记录

1. 界面操作方式

使用“浏览”窗口可以交互地处理记录数据，打开“浏览”窗口有多种方法，常用的方法有：

(1) 在项目管理器中选择要操作的表，然后单击“浏览”按钮。

(2) 选用3.1.3节介绍的方法打开表，然后选择“显示”菜单下的“浏览”命令。

(3) 打开表后，在命令窗口执行BROWSE命令。

(4) 如果是数据库表，还可以在数据库设计器中选择要操作的表，然后选择“数据库”菜单下的“浏览”命令；或者在数据库设计器中右击要操作的表，在弹出的快捷菜单中选择“浏览”命令。

打开“浏览”窗口后，菜单栏中多出一个“表”菜单，如图3-6所示；“显示”菜单也增加了“编辑”、“追加方式”等菜单命令，如图3-7所示。

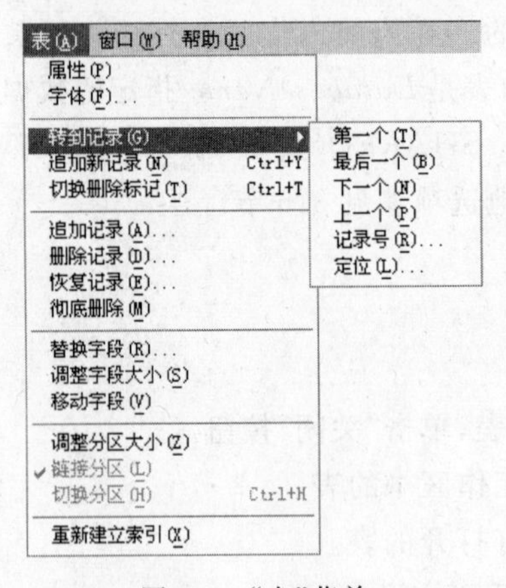

图3-6 “表”菜单

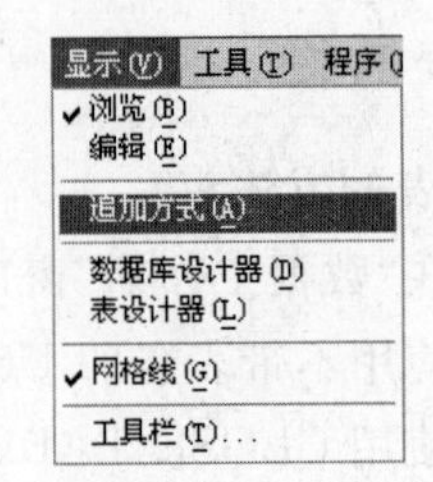

图3-7 “显示”菜单

输入记录的界面操作方式就是在“浏览”或“编辑”窗口(可选择“显示”菜单下的“编辑”命令来打开)中，使用“表”菜单或“显示”菜单中的菜单命令向表尾追加记录。

(1) 若选择“表”菜单下的“追加新记录”命令(或按Ctrl＋Y组合键)，则在浏览窗口尾部增加一个空记录，然后向空记录中输入各字段值，最后单击“关闭”按钮。也可按Ctrl＋End组合键或Ctrl＋W组合键结束并保存新记录值的输入。注意，使用此方法输入多条记录，需要多次单击“表”菜单下的“追加新记录”命令。

(2) 若选择“表”菜单下的“追加记录”命令，则打开“追加来源”对话框，利用“追加来源”对话框可以将表文件(类型中选Table(DBF))、文本文件(类型中选Delimited Text)和Excel文件(类型中选Microsoft Excel)等文件中的数据导入到当前表中。若来源是表文件，只能将与当前表的字段名相同的字段的值追加到当前表中；若来源是文本文件，则要求其每条记录以回车结尾，各字段值之间用逗号隔开，字符型字段值还要加引号；若来源是 Excel 文件，则要求工作表的列结构与当前表的表结构相对应。

(3) 若选择“显示”菜单下的“追加方式”命令，则在浏览窗口尾部增加一个空记录，一旦向空记录输入值后，浏览窗口尾部会再增加一个空记录，如此反复。所以，这种输入记录的方法，适合连续在表尾输入多条记录。

2. 输入记录的命令

(1) APPEND 命令

APPEND 命令用于在表的末尾添加一个或多个新记录，它有两种格式：APPEND 或 APPEND BLANK。

- APPEND：打开一个编辑窗口，供用户交互输入一个或多个新记录。
- APPEND BLANK：不打开编辑窗口，只是在当前表的末尾添加一个空记录。需再使用 BROWSE、CHANGE 或者 EDIT 命令打开“浏览”或“编辑”窗口后交互输入(修改)该空记录的值。也可以执行 REPLACE 命令或 UPDATE-SQL 语句直接修改该空记录值。

(2) APPEND FROM 命令

APPEND FROM 命令与“表”菜单下的“追加记录”功能类似，即从一个文件中读入记录，追加到当前表的尾部。它有两种常用格式：

```
APPEND FROM ?
```

显示打开对话框，从中可以选择从哪个文件中读入记录。

```
APPEND FROM FileName [DELIMITED | SDF | XLS ]
```

其中，*FileName* 用于指定从哪个文件中读入记录。DELIMITED 或 SDF 用于说明追加来源为 ASCII 文本文件(.txt)；XLS 用于说明追加来源是 Microsoft Excel 文件(.xls)；缺省时追加来源为表文件(.dbf)。

(3) INSERT 命令

INSERT 命令可以在当前表的指定位置插入新的记录，它有下列 4 种格式：

- INSERT：打开编辑窗口，供用户在当前记录之后输入多个记录。
- INSERT BEFORE：打开编辑窗口，供用户在当前记录之前输入多个记录。
- INSERT BLANK：在当前记录之后插入一条空记录，不打开编辑窗口。
- INSERT BLANK BEFORE：在当前记录之前插入一条空记录，不打开编辑窗口。

注意，在启用行缓冲或表缓冲，或者使用完整性约束(如主索引、候选索引等)时，不能使用 INSERT 命令。

3. 备注型字段和通用型字段数据的输入

在浏览窗口中，没有输入数据的备注型字段显示为 memo(首字母小写)，输入数据的备注型字段显示为 Memo(首字母大写)。若要输入或修改备注型字段的值，可在浏览窗口中双击备注型字段，或者将光标移动到备注型字段后按下 Ctrl+PgDn 或 Ctrl+Home 组合键，在打开的编辑窗口中输入或修改备注内容，最后关闭编辑窗口。

通用型字段包含一个嵌入或链接的 OLE 对象。在浏览窗口中，没有输入数据的通用型字段显示为 gen(首字母小写)，输入数据的通用型字段显示为 Gen(首字母大写)。若要输入或修改通用型字段的值，可在浏览窗口中双击通用型字段或者将光标移动到通用型字段后按下 Ctrl＋PgDn 或 Ctrl＋Home 组合键，在打开的编辑窗口中选择“编辑”菜单下的“插入对象”命令，然后在“插入对象”对话框中通过“新建”或“由文件创建”方式将对象插入到通用型字段中。

4. NULL 值的输入

若指定了表中的某字段允许接受 NULL 值，在交互方式下为该字段输入 NULL 值的方法是同时按下 CTRL 键和数字键 0，编程方式下则可将. NULL.(. NULL. 前后的点号是可选的)直接赋值给该字段。

3.2.2 记录的筛选与显示

查看记录数据可以使用“浏览”窗口，也可以使用 LIST 和 DISPLAY 命令将数据显示在 Visual FoxPro 主窗口中。浏览和显示记录数据的同时，还可以对记录和字段进行筛选。

1. 记录和字段的筛选

3.2.1 节介绍了打开浏览窗口的常用方法，通过这些方法可以将表的所有记录和所有字段的值显示在浏览窗口中。事实上，用户在浏览表记录数据时，可以有选择地查看某些记录的某些字段，即对记录和字段进行筛选。

通过界面操作方式可以对记录和字段进行筛选，方法是：使用 3.2.1 节介绍的方法打开要操作表(如 dz. dbf)的浏览窗口(如图 3-8 所示)；选择“表”菜单下的“属性”命令(如图 3-9 所示)，打开“工作区属性”对话框；如图 3-10 所示，在“数据过滤器”框中设置对记录进行筛选的条件表达式(如，dz. xb＝'男' AND dz. lxbh＝'02')，在“允许访问”框中选择“字段筛选指定的字段”选项后单击“字段筛选”按钮打开“字段选择器”对话框，选择要浏览的字段(如图 3-11 所示)；单击“确定”按钮，关闭“工作区属性”和“字段选择器”对话框，完成操作。值得注意的是，此时浏览窗口中显示的记录为筛选后的记录，字段仍为筛选前的所有字段。重新浏览表，可显示筛选后的记录数据，如图 3-12 所示。

使用 BROWSE 命令打开浏览窗口的同时，也可以对记录和字段进行筛选，命令格式为：

```
BROWSE [FIELDS FieldList] [FOR lExpression]
```

其中，FIELDS *FieldList* 指定显示在浏览窗口中的字段，这些字段以 *Fieldlist* 指定的顺序显示。如果忽略 FIELDS 子句，表中的所有字段按其在表结构中出现的顺序显示；FOR *lExpression* 指定只有能使 *lExpression* 为. T. 的记录才显示在浏览窗口中。

Jszh	Dzxm	Lxbh	Xb	Bmdh	Dh	Bzrq
01000001	陶晶晶	01	男	01	15950816001	08/30/08
01000002	宋亮	01	男	01	15950816002	08/31/08
01000003	毛泽明	01	男	01	15950816003	09/01/08
01000004	周燕	01	女	01	15950816004	08/30/08
01000005	周海燕	02	女	01	15962916001	08/30/99
01000006	王兵	02	男	01	15962970001	08/31/97
01000007	宋雪萍	02	女	01	15962970002	08/31/97
01000008	徐慧	02	女	01	15950816005	08/30/07
01000009	周杨	02	女	01	15962970003	08/29/04
01000011	周惠	01	女	01	15950816007	08/29/09
01000012	李鹏	01	男	01	15950816008	08/29/09
01000013	张静	01	女	01	15950816009	08/29/09
01000014	周鹏程	02	男	01	13813712001	08/29/00
01000015	陆小丽	02	女	01	13813712002	08/29/00
03000001	印亚娟	01	女	03	13813712003	08/29/06
03000002	张海霞	01	女	03	13813712004	08/29/06
03000003	王敏	02	男	03	13813712005	08/30/00

图 3-8　dz 表筛选前的浏览窗口

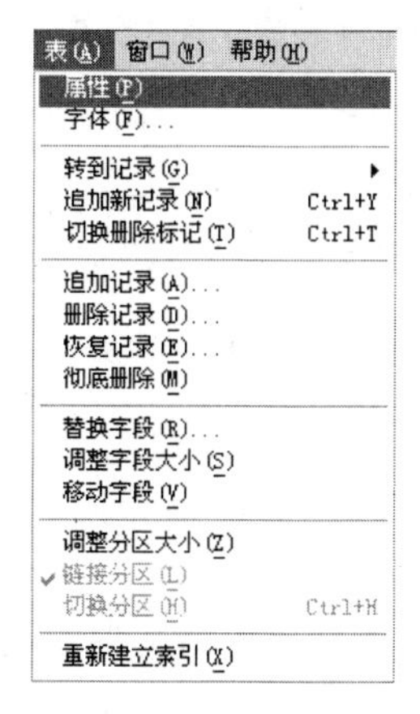

图 3-9　“表”菜单

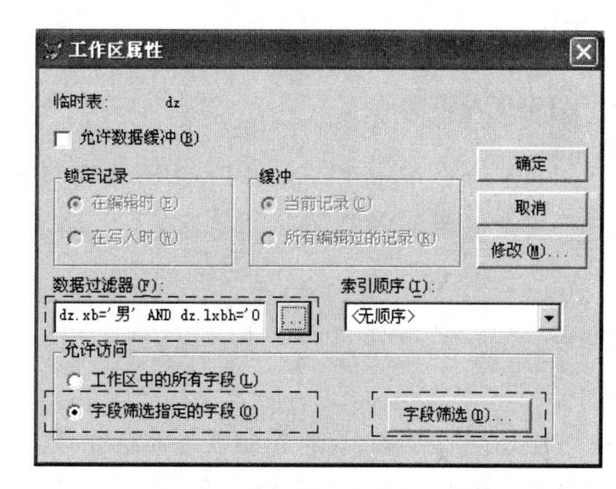

图 3-10　“工作区属性”对话框

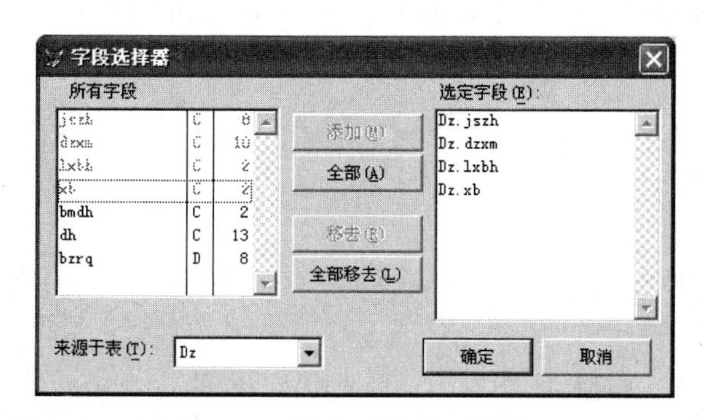

图 3-11　“字段选择器”对话框

Jszh	Dzxm	Lxbh	Xb
01000006	王兵	02	男
01000014	周鹏程	02	男
03000003	王敏	02	男
03000004	丁宇峰	02	男
02000019	李勇	02	男
04000010	陈欣	02	男
04000011	曹操	02	男
04000012	徐晨	02	男
05000027	胡波	02	男
06000031	张斌	02	男
07000003	刘能	02	男
09000031	周小明	02	男
11000005	尤支援	02	男
12000015	徐雪冬	02	男
13000025	蔡锦	02	男
14000031	张树春	02	男
19000016	金鹏	02	男
20000022	王磊	02	男
20000024	范正	02	男

图 3-12　dz 表经筛选后的浏览窗口

例如,读者表已在当前工作区中打开,若要浏览读者表中性别(xb,C)为“男”,类型编号(lxbh,C)为 02 的记录,且只显示借书证号(jszh)、读者姓名(dzxm)、类型编号(lxbh)和性别(xb)4 个字段,则可使用如下的 BROWSE 命令:

```
BROWSE FIELDS jszh,dzxm,lxbh,xb FOR dz.xb='男' AND dz.lxbh='02'
```

也可以使用下列命令序列:

```
USE dz                                         && 在当前工作区中打开 dz 表
SET FILTER TO dz.xb='男' AND dz.lxbh='02' && 筛选出性别为"男",类型编号为"02"的记录
SET FIELDS TO jszh,dzxm,lxbh,xb              && 筛选出 jszh,dzxm,lxbh 和 xb 字段
BROWSE
    && 此时,浏览窗口只显示性别为"男",类型编号为 02 的记录的 jszh,dzxm,lxbh 和 xb 字段
SET FILTER TO                                  && 取消对记录的筛选,即恢复为所有记录
SET FIELDS TO ALL                              && 取消对字段的筛选,即恢复为所有字段
BROWSE                                         && 此时,浏览窗口显示了所有记录的所有字段
```

2. DISPLAY 命令

DISPLAY 命令用于在 Visual FoxPro 主窗口或用户自定义窗口中显示与当前表有关的信息,其常用命令格式为:

```
DISPLAY [[FIELDS] FieldList] [Scope] [FOR lExpression]
[TO PRINTER [PROMPT] | TO FILE FileName]
```

其中,

- [FIELDS] *FieldList*:指定要显示的字段。缺省时默认显示表中所有的字段。除非明确地将备注字段名包含在字段列表中,否则不显示备注字段的内容。
- *Scope*:指定要显示的记录范围,可取的值有:ALL(所有记录)、NEXT *nRecords*(包括当前记录在内的下面 *nRecords* 个记录)、RECORD *nRecordNumber*(第 *nRecordNumber* 个记录)和 REST(包括当前记录在内的下面所有记录)。
- FOR *lExpression*:指定显示当前表中所有满足 *lExpression* 条件的记录。
- TO PRINTER [PROMPT]:将 DISPLAY 的结果定向输出到打印机。若使用可选项[PROMPT],则在打印开始前显示一个对话框,用于调整打印机的设置。
- TO FILE *FileName*:将 DISPLAY 的结果定向输出到 *FileName* 指定的文件中。

3. LIST 命令

命令格式:

```
LIST [FIELDS FieldList] [Scope] [FOR lExpression] [TO PRINTER [PROMPT] | TO FILE
FileName]
```

LIST 命令的格式和功能跟 DISPLAY 相似,区别在于:不使用 FOR *lExpression* 参数时,LIST 的默认范围是所有记录,而 DISPLAY 的默认范围是当前记录(NEXT 1)。信

息充满 Visual FoxPro 主窗口或用户自定义窗口以后，LIST 不给提示，继续显示，而 DISPLAY 如果有更多信息一屏显示不完，就显示第一屏信息，然后暂停。按任意键或在任意位置单击可以看下一屏的信息。

例如，在当前工作区中打开读者表，依次执行下列命令可显示读者表不同的记录。

```
DISPLAY                          && 在主窗口显示第 1 条记录
LIST                             && 在主窗口一下子显示完读者表中的所有记录
LIST FOR xb='男'                 && 在主窗口一下子显示完读者表中所有男读者的记录
DISPLAY FOR xb='男'              && 分屏显示读者表中所有男读者的记录
```

3.2.3 表记录的定位

用户向表中输入数据时，系统按输入的先后为每个记录指定“记录号”。第一个输入的记录，其记录号为 1；第二个输入的记录，其记录号为 2，依此类推。如图 3-13 所示，记录指针所指的记录为“当前记录”，也是正在被处理的记录。定位记录即将记录指针移动到指定的记录上，以便对其进行处理。

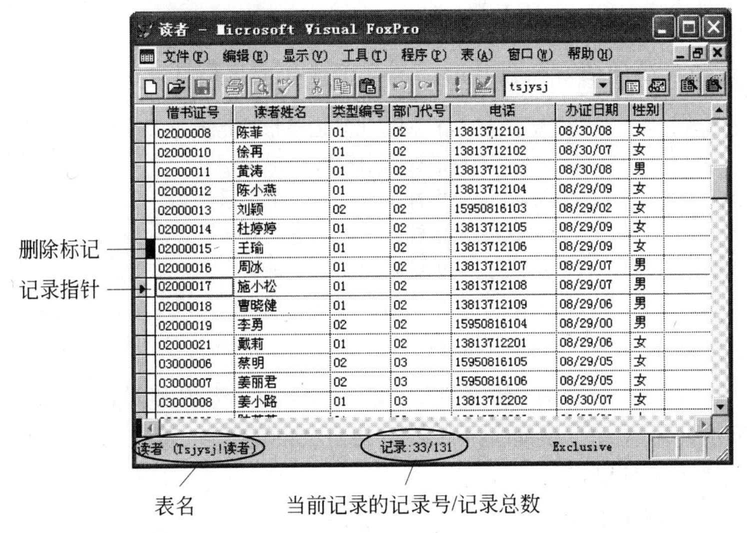

借书证号	读者姓名	类型编号	部门代号	电话	办证日期	性别
02000008	陈菲	01	02	13813712101	08/30/08	女
02000010	徐再	01	02	13813712102	08/30/07	女
02000011	黄涛	01	02	13813712103	08/30/08	男
02000012	陈小燕	01	02	13813712104	08/29/09	女
02000013	刘颖	02	02	15950816103	08/29/02	女
02000014	杜婷婷	01	02	13813712105	08/29/09	女
02000015	王瑜	01	02	13813712106	08/29/09	女
02000016	周冰	01	02	13813712107	08/29/07	男
02000017	施小松	01	02	13813712108	08/29/07	男
02000018	曹晓健	01	02	13813712109	08/29/06	男
02000019	李勇	02	02	15950816104	08/29/00	男
02000021	戴莉	01	02	13813712201	08/29/06	女
03000006	蔡明	02	03	15950816105	08/29/05	女
03000007	姜丽君	02	03	15950816106	08/29/05	女
03000008	姜小路	01	03	13813712202	08/30/07	女

图 3-13 读者表(dz.dbf)

1. 界面操作方式

在浏览窗口中打开要操作的表，通过单击即可将记录指针移动到要处理的记录上，也可以选择“表”菜单下的“转到记录”子菜单中的相关命令对记录进行定位。“转到记录”子菜单中可选择的菜单命令有：

(1) 第一个：将记录指针指向第一个记录。

(2) 最后一个：将记录指针指向最后一个记录。

(3) 下一个：将记录指针指向下一个记录。

(4) 上一个：将记录指针指向上一个记录。

(5) 记录号：显示“转到记录”对话框，将记录指针指向指定的记录。

(6) 定位：显示“定位记录”对话框，将记录指针指向满足给定条件记录(若有多条记录满足给定条件，则记录指针将指向第 1 条满足条件的记录上)。

2. 命令方式

(1) 绝对定位：GO|GOTO 命令

将记录指针移动到“第一个”、“最后一个”或者“记录号”所指的一个记录上，即绝对定位，也可使用 GO 或 GOTO 命令，命令格式为：

```
GO|GOTO nRecordNumber | TOP | BOTTOM
```

其中，*nRecordNumber* 是记录号，即将记录指针移至记录号为 *nRecordNumber* 的记录上，对当前工作区中的表使用该命令时，可以省略 GO 或 GOTO 而只指定记录号；TOP 是表头(即“第一个”)，不使用索引时是记录号为 1 的记录，使用索引时是索引项排在最前面的索引对应的记录；BOTTOM 是表尾(即“最后一个”)，不使用索引时是记录号为 RECCOUNT()(函数返回当前表的记录数)的记录，使用索引时是索引项排在最后的索引对应的记录。

例如，下列命令序列用于在打开的图书表中移动记录指针。

```
USE ts                    && 打开 ts 表，此时记录指针指向第 1 个记录
GO 3                      && 记录指针指向第 3 个记录
GO BOTTOM                 && 记录指针指向最后 1 个记录
GOTO 3                    && 记录指针指向第 3 个记录
7                         && 记录指针指向第 7 个记录
Go top                    && 记录指针指向第 1 个记录
Use                       && 关闭表
```

执行 GO | GOTO 命令时，若给定的 *nRecordNumber* 值超过表中记录的总数，则报错并保持记录指针不移动。例如，图书表中共有 44 条记录，若执行命令 GO 50，则弹出“记录超出范围”的出错提示。

(2) 相对定位：SKIP 命令

将记录指针移动到“上一个”或“下一个”记录属于相对定位，也可使用 SKIP 命令。SKIP 命令的功能是使记录指针在表中向前移动或向后移动若干个记录，命令格式为：

```
SKIP [nRecords]
```

其中，*nRecords* 指定记录指针相对当前位置需要移动的记录数。如果 *nRecords* 为正数，记录指针向文件尾移动 *nRecords* 个记录；如果 *nRecords* 为负数，记录指针将向文件头移动 *nRecords* 个记录。*nRecords* 缺省时 SKIP 命令将使记录指针移至下一个记录。如果记录指针指向表的最后一个记录，并且执行不带参数的 SKIP 命令时，RECNO( ) 函数返回值比表中记录总数大 1，EOF( ) 函数返回“真”(.T.)；如果记录指针指向表的第一个记录，并且执行 SKIP －1 命令，则 RECNO( ) 函数返回 1，BOF( ) 函数返回“真”(.T.)。

例如,下列命令序列用于在打开的图书表中移动记录指针。

```
USE ts                  && 打开表,此时记录指针指向第 1 个记录
SKIP 4                  && 记录指针向表尾移动 4 个记录,指向第 5 个记录
SKIP -2                 && 记录指针向表头移动 2 个记录,指向第 3 个记录
SKIP                    && 记录指针向表尾移动 1 个记录,指向第 4 个记录
USE
```

注意,如果表有一个主控索引名或索引文件,使用 SKIP 命令将使记录指针移动到索引序列决定的记录上。

执行 SKIP 命令时,若给定的 *nRecords* 值会导致记录指针超出记录号的上限(1)或记录号的下限(记录总数),则记录指针将停留在记录号为 1 或记录号为"记录总数+1"的那条记录上。例如,图书表共有 44 条记录,打开图书表,执行 SKIP 50,则记录指针停留在记录号为 45(RECCOUNT()+1)的那条记录上,若再执行 SKIP -60,则记录指针又会停留在记录号为 1 的那条记录上。

(3) LOCATE 命令

"表"菜单下的"转到记录"子菜单下的"定位"命令用于显示"定位记录"对话框,将记录指针指向满足给定条件的记录上,称为条件定位。条件定位也可使用 LOCATE FOR 命令实现,命令格式为:

```
LOCATE FOR lExpression [Scope]
```

其功能是按顺序搜索当前表,并将记录指针指向满足逻辑表达式 *lExpression* 的第一个记录。可选项[*Scope*]指定要定位的记录范围,它的取值及各取值的含义参见 3.2.2 节中的 DISPLAY 命令,LOCATE FOR 的默认范围是所有 (ALL) 记录。

若 LOCATE FOR 找到一个满足条件的记录,则函数 RECNO( )可返回该记录的记录号,此时函数 FOUND( )返回"真"(.T.),EOF( )返回"假"(.F.)。若找不到满足条件的记录,则 RECNO( )返回表中的记录数加 1,FOUND( )返回"假"(.F.),EOF( )返回"真"(.T.)。若表中存在不止一个满足条件的记录,用 LOCATE 命令先找到第一个满足条件的记录,然后多次使用 CONTINUE 命令在表的剩余部分寻找其他满足条件的记录。

例如,下列命令序列用于在读者表中将记录指针定位到部门代号为 02 且性别为"女"的记录上,图 3-14 显示了命令序列执行完毕后主窗口的内容。

```
USE dz
LOCATE FOR bmdh='02' AND xb='女'
DISPLAY
CONTINUE
DISPLAY
CONTINUE
DISPLAY
USE
```

```
记录号 JSZH      DZXM     LXBH XB BMDH DH           BZRQ
    20 02000001 毛建兰   02   女 02   15950816101  08/29/01
记录号 JSZH      DZXM     LXBH XB BMDH DH           BZRQ
    23 02000006 汤志娟   02   女 02   15950816102  08/29/01
记录号 JSZH      DZXM     LXBH XB BMDH DH           BZRQ
    24 02000007 曹旭     01   女 02   13813712100  08/30/08
```

图 3-14　LOCATE FOR 命令序列执行结果

3.2.4　表记录的修改

1. 界面操作方式

将表在浏览窗口或编辑窗口中打开，通过鼠标操作快速定位到要修改的记录，就可以交互地对记录进行编辑、修改了。也可以在浏览窗口或编辑窗口中选择“表”菜单下的“替换字段”命令，利用弹出的“替换字段”对话框更改一个或一系列记录的某个字段的值。图 3-15 所示的设置是将所有(All)学生读者(lxbh='01')的办证日期(bzrq)推后 5 天(bzrq+5)。

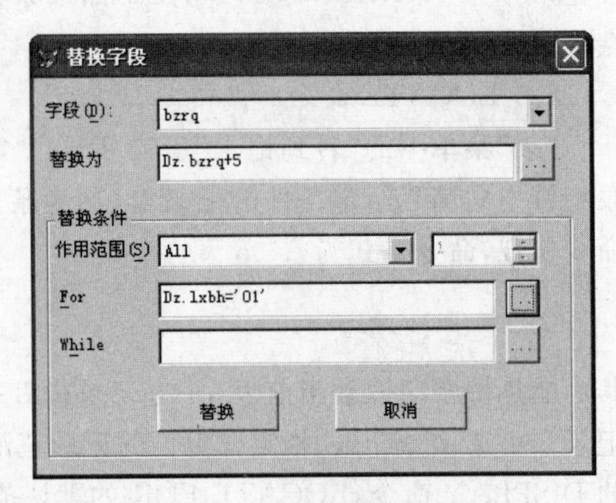

图 3-15　“替换字段”对话框

“替换字段”对话框中的“字段”下拉列表用于选择字段名，以便对该字段的值进行修改；“替换为”框用于输入一个描述替换值的表达式，也可以单击其后的对话框按钮打开“表达式生成器”对话框，并创建一个替换表达式；可从“作用范围”下拉列表中选择 All、Next、Record 或者 Rest。若选择了 Record 或 Next，则须再从右边的微调框中选择一个记录号或记录数；For 框用于输入一个逻辑表达式，只有作用范围内能使该逻辑表达式返回“真”(.T.)的那些记录才会被替换。

2. 命令方式

使用“替换字段”对话框批量修改记录数据时，会在命令窗口自动生成一个以 REPLACE 开头的命令。例如，使用图 3-15 所示对话框修改记录数据时，在命令窗口生成的命令是：

```
REPLACE ALL 读者.bzrq WITH 读者.bzrq+5 FOR 读者.lxbh='01'
```

REPLACE 就是用于修改表记录内容的命令，其常用格式为：

```
REPLACE FieldName1 WITH eExpression1[ADDITIVE]
[, FieldName2 WITH eExpression2[ADDITIVE]]… [Scope] [FOR lExpression]
```

该命令的功能是用表达式 *eExpression1* 的值来替换 *FieldName1* 字段中的数据，用表达式 *eExpression2* 的值来替换字段 *FieldName2* 中的数据，依此类推。所以，REPLACE 命令一次可以修改多个字段，可选项[Scope]和[FOR *lExpression*]可用来限定要修改记录的范围和应该满足的条件，两者都缺省时修改的是当前记录。[ADDITIVE]用于把对备注字段的替代内容追加到备注字段原有内容的后面，只对备注字段有用。如果省略 ADDITIVE，则用表达式的值改写备注字段的原有内容。

例如，读者表已打开，若要在读者表所有记录的电话号码(dh，C)字段值的开头添加字符 A，可执行命令：

```
REPLACE ALL dh WITH 'A'+dh
```

若要恢复成原来的电话，可使用命令：

```
REPLACE ALL dh WITH SUBSTR(dh,2)
```

又如，将读者表中部门代号(bmdh C)为 01 的所有记录的借书证号(jszh C)字段值开头两个字符修改为部门代号的值，可以使用命令：

```
REPLACE ALL jszh WITH bmdh+SUBSTR(jszh,3) FOR bmdh='01'
```

UPDATE-SQL 命令也可以用来批量修改记录数据(参见 4.6.5 节)，与 REPLACE 命令不同的是：使用 UPDATE 修改记录时，被更新的表不必事先打开，无 WHERE 子句时，默认更新所有记录；而执行 REPLACE 命令时，被更新的表事先必须打开，命令执行后，记录指针位于指定范围的结尾。无 FOR 和 SCOPE 子句时，仅对当前记录进行替换。

3.2.5 表记录的删除

在 Visual FoxPro 中删除记录分逻辑删除和物理删除两种。逻辑删除是指在要删除的记录上添加删除标记，必要时还可以去掉删除标记以恢复记录；而物理删除就是将记录从表文件中真正删除，且不可恢复。物理删除通常分两步操作：第一步为要删除的记录添加删除标记，第二步将带有删除标记的记录彻底删除。

1. 界面操作方式

将表在浏览窗口或编辑窗口中打开，将记录指针定位到要删除的记录，利用“表”菜单下与记录删除相关的菜单命令可以对记录进行删除和恢复操作，这些菜单命令是：

(1)“表”菜单下的“切换删除标记”命令：添加删除标记或去掉已有的删除标记，也可以使用快捷键 Ctrl+T。在浏览窗口或编辑窗口中，通过单击记录的删除标记列也可以为记录添加或去掉删除标记(如图 3-13 所示，删除标记所在的列就是“删除标记列”)。

(2)“表”菜单下的“删除记录”命令：显示“删除”对话框，如图 3-16 所示。其作用是为作用范围内满足 FOR 条件的记录添加删除标记，与下面的 DELETE 命令功能相同。

(3)“表”菜单下的“恢复记录”命令：显示“恢复记录”对话框，可在其中给已添加了删除标记的记录去掉删除标记，与下面的 RECALL 命令功能相同。

(4)“表”菜单下的“彻底删除”命令：显示“彻底删除”提示消息框，如图 3-17 所示。单击“是”按钮则永久删除已添加了删除标记的记录，与下面的 PACK 命令功能相同；单击“否”按钮则取消彻底删除操作。

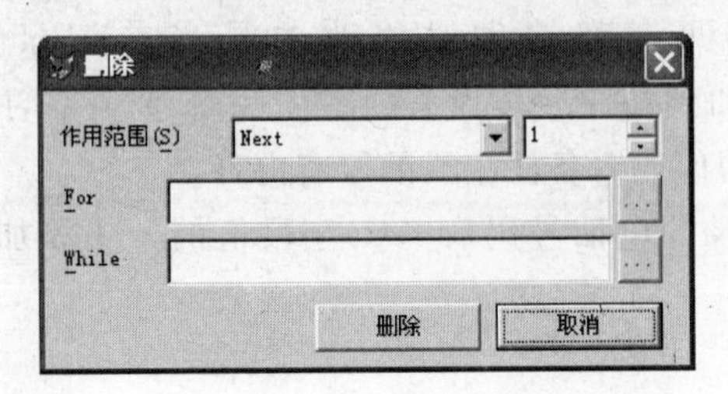

图 3-16 “删除”对话框

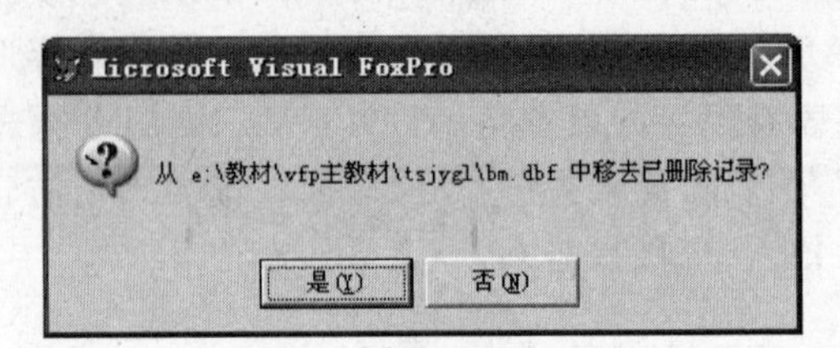

图 3-17 “彻底删除”提示消息框

2. 命令方式

(1) 逻辑删除记录的命令

逻辑删除记录可使用 DELETE-SQL 命令(参见 4.6.6 节)或者 DELETE 命令，区别在于：执行 DELETE-SQL 命令无须事先打开表，而 DELETE 命令只能对已打开的表进行操作。DELETE 命令的常用格式为：

```
DELETE [Scope] [FOR lExpression]
```

其功能是对当前表[*Scope*]范围内满足 *lExpression* 条件的记录添加删除标记。若缺省范围和条件，则只对当前记录添加删除标记；若有 FOR 条件而无 *Scope* 范围，则默认范围为 ALL。

例如，下列命令序列可用于对读者表中的指定记录进行逻辑删除。

```
USE dz
GO 2
DELETE                            && 删除当前记录(2 号记录被逻辑删除)
GO 5
DELETE NEXT 20 FOR lxbh='01'      && 将第 5 条记录开始的下面 20 条记录中
                                  && lxbh 为"01"的记录删除(9 条记录被逻辑删除)
USE
```

(2) 恢复记录的命令

恢复记录的命令是 RECALL，其常用命令格式为：

```
RECALL [Scope] [FOR lExpression]
```

其功能是对当前表[*Scope*]范围内满足 *lExpression* 条件的有删除标记的记录进行恢复，即去掉它们的删除标记。若缺省范围和条件，则只对当前记录执行恢复记录操作；若有条件而无范围，则默认范围为 ALL。

例如，在上例基础上，下列命令序列可用于对读者表中的不同记录进行恢复操作。

```
USE dz                  && 打开读者表，记录指针指向表中第一条记录
```

```
RECALL                  && 恢复当前记录(因为第 1 条记录没有删除标记,所以 0 条恢复)
GO 5
RECALL NEXT 20 FOR lxbh='01'
             && 将第 5 条记录开始的下面 20 条记录中有删除标记的记录恢复(9 条记录已恢复)
BROWSE                  && 浏览当前表(只有 2 号记录仍有删除标记)
RECALL ALL              && 恢复当前表中所有带删除标记的记录
BROWSE                  && 浏览当前表(没有记录有删除标记)
DELETE ALL              && 删除所有记录
RECALL ALL              && 恢复所有记录
USE
```

(3) 物理删除记录的命令

使用命令来物理删除记录,可以先执行 DELETE 或 DELETE-SQL 命令对记录添加删除标记,然后再执行 PACK 命令将带有删除标记的记录永久删除。也可以直接执行 ZAP 命令一步将表中所有记录永久删除,也就是说 ZAP 命令等价于 DELETE ALL 后再 PACK。

例如,下列命令序列先在读者表的尾部增加了一个空记录,然后彻底删除新增的这个空记录。

```
USE dz
APPEND BLANK            && 在表尾增加了一条空记录,记录指针指向表尾
SKIP -1                 && 移动记录指针到新增加的空记录
DELETE                  && 逻辑删除当前记录
PACK                    && 物理删除带删除标记的记录
USE
```

又如,下列命令序列先将 bm.dbf 文件拷贝成 bm1.dbf,然后打开 bm1.dbf,并彻底删除表中所有记录。

```
CLOSE TABLES ALL
COPY FILE bm.dbf TO d:\bm1.dbf
USE d:\bm1.dbf
BROWSE                  && 表中所有记录都没删除标记
```

ZAP && 执行命令后,会显示图 3-18 所示的消息框,选择"是"按钮则永久删除所有记录,只留下空的表结构;若选择"否"按钮则取消 ZAP 命令的执行。

图 3-18 ZAP 提示消息框

3.3 排序与索引

3.3.1 表的排序

表中的记录按其输入的先后在表文件中存放，这种顺序称为记录的物理顺序。为快速查找表中的记录，可以对表文件中的记录按某个字段或表达式的值排序，这种顺序称为记录的逻辑顺序。在 Visual FoxPro 中，排序的方法可以分为物理排序和逻辑排序。物理排序就是把表记录按某种逻辑顺序排序后重新写到一个新的表文件中，可使用 SORT 命令来实现；逻辑排序就是建立一个逻辑顺序号与原表物理顺序的记录号的对照表，并把对照表保存到一个文件中，这个文件就叫索引文件。本节先介绍如何使用 SORT 命令对表进行物理排序，3.3.2 节介绍如何创建索引，对表进行逻辑排序。

SORT 命令对当前表进行排序，并将排过序的记录输出到新表中。其命令格式为：

```
SORT TO TableName ON FieldName1 [/A | /D] [/C]
[, FieldName2 [/A | /D] [/C] ...]
[ASCENDING | DESCENDING]
[Scope] [FOR lExpression]
[FIELDS FieldNameList
| FIELDS LIKE Skeleton
| FIELDS EXCEPT Skeleton]
```

其中，

(1) *TableName* 指定存放排序后的记录的新表名。

(2) *FieldName*1、*FieldName*2 … 指定排序的依据，新表中的记录先根据 *FieldName*1 字段的值排序，若多个记录的 *FieldName*1 字段值相等，且还有 *FieldName*2，则将这些 *FieldName*1 值相同的记录再根据 *FieldName*2 的值排序，依此类推。

(3) [/A | /D] [/C]：/A 指定按升序排序，/D 指定按降序排序，/A 或/D 可作用于任何类型的字段，缺省时默认排序方式是升序且不对备注或通用型字段排序；/C 指定排序时不区分大小写，默认是区分大小写的，可以把/C 选项同/A 或/D 选项组合成/AC 或/DC，说明升序不区分大小写或降序不区分大小写。

(4) ASCENDING 或 DESCENDING 指定除用/A 或/D 指明了排序方式的字段，所有其他排序字段是升序还是降序，ASCENDING 为升序，DESCENDING 是降序。如果省略 ASCENDING 或 DESCENDING 参数，则排序顺序默认为升序。

(5) *Scope* 和[FOR *lExpression*]用来指定需要排序的记录所属的范围和应满足的条件，SORT 命令的默认范围是 ALL。

(6) FIELDS *FieldNameList* 指定用 SORT 命令创建的新表中要包含的原表中的字段，如果省略 FIELDS 子句，新表中将包括原表中的所有字段。

(7) FIELDS LIKE *Skeleton* 指定用 SORT 命令创建的新表中要包含原表中与 *Skeleton* 相匹配的字段；FIELDS EXCEPT *Skeleton* 则指定用 SORT 命令创建的新表中不能包含原表中与 *Skeleton* 相匹配的字段。*Skeleton* 支持通配符，即用问号(?)代表单个字符，用星号(*)代表一串字符。LIKE 子句和 EXCEPT 子句可组合使用。

例如，将图书表中单价超过 30 元的图书按出版社和单价排序，并将排序结果保存到 ts1. dbf 中；将图书表中的图书按单价降序排序，按出版社升序排序，要求将排序结果保存到 ts2. dbf 中，且不包含 i 开头的字段。可使用下列命令序列中的 SORT 命令实现。

```
USE ts
SORT TO ts1 ON cbs,dj FOR dj>30
SORT TO ts2 ON dj /D,cbs FIELDS EXCEPT i*
USE ts1
BROWSE                          && 注意查看 cbs 列和 dj 列值的顺序
USE ts2
BROWSE                          && 注意查看 dj 列和 cbs 列值的顺序,是否包含 isbn 字段
USE
DELETE FILE ts1.dbf             && 删除 ts1.dbf 文件
DELETE FILE ts2.dbf             && 删除 ts2.dbf 文件
```

3.3.2 索引和索引类型

使用索引对表记录排序具有灵活、快速和节省磁盘空间等优点，此外，使用索引还能控制字段重复值的输入，基于索引还可以为两张相互关联的表创建联系、设置参照完整性等。

索引文件用于保存索引信息，根据索引文件中包含索引个数的不同，索引文件可分成复合索引文件和独立索引文件，其中复合索引文件又可细分为结构复合索引文件和非结构复合索引文件。三种索引文件的比较见表 3-2，其中结构复合索引文件是 Visual FoxPro 中最普通也最重要的一种索引文件。

表 3-2　三种索引文件的比较

索引文件类型	扩展名	索引的个数及标识	描　述
结构复合索引文件	.cdx	一个或多个，用索引名(或称标识)区别	文件名和表文件名相同，自动地与表同步打开、更新和关闭
非结构复合索引文件	.cdx	一个或多个，用索引名(或称标识)区别	文件名和表文件名不同，使用前必须使用命令将其打开，不会随表的打开自动打开
独立索引文件	.idx	一个，直接用文件名标识	文件名由用户给定，不会随表的打开自动打开

保存在索引文件中的索引，根据功能的不同可以分为 4 种：主索引、候选索引、唯一索引和普通索引。若要排序记录，以便提高显示、查询等的速度，可使用普通索引、候选索引或主索引；若要在字段中控制重复值的输入并对记录排序，则必须使用主索引或候选索引。

(1) 主索引：主索引只能在数据库表中创建，且一个数据库表只能创建一个主索引，它不允许索引表达式有重复值。如果用某个已经包含了重复数据的字段作为索引表达式创建主索引，或者输入会使主索引表达式值重复的值，Visual FoxPro 都将返回一个错误信息。

(2) 候选索引：也不允许索引表达式有重复值，在数据库表中有资格被选作主索引，即主索引的“候选项”。如果用某个已经包含了重复数据的字段作为索引表达式创建候选索引，或者输入会使候选索引表达式值重复的值，Visual FoxPro 都将返回一个错误信息。与主索引不同的是，候选索引可以在数据库表中创建也可以在自由表中创建，而且一个表可以创建多个候选索引。

(3) 唯一索引：唯一索引允许索引表达式的值重复，但索引文件中只存储重复值的第一次出现。唯一索引在数据库表和自由表中都可创建，且可创建多个。

(4) 普通索引：不是主索引、候选索引或唯一索引的索引就是普通索引。普通索引的索引表达式的值允许重复，在数据库表和自由表中都可创建，且可创建多个。

3.3.3 索引的创建

1. 使用表设计器创建结构复合索引

打开表设计器，选择“索引”选项卡，在“索引”页中可以为表创建多个索引，可选择的索引类型有主索引(必须是数据库表)、候选索引、唯一索引和普通索引。在表设计器中创建的索引，最终都将保存在该表的结构复合索引文件中。使用表设计器创建索引的步骤为：

(1) 打开要创建索引的表的表设计器，选择“索引”选项卡；

(2) 在“索引”页中设置每个索引的索引名(也称索引标识，最多可由 10 个字母、数字或下划线组成)、类型、索引表达式、筛选和排序方式等；

(3) 单击“确定”按钮，在弹出的“表设计器”对话框中选择“是”按钮保存对表结构的修改。

图 3-19 显示了读者表的结构复合索引文件中包含的 4 个索引，前 3 个索引的排序方式为升序，第 4 个索引的排序方式是降序。字段 bmdh、lxbh 的值在读者表中都有可能重复，所以用它们作为索引表达式各创建了一个普通索引，供排序或作为外部关键字使用。JSZH 为候选索引，因为索引表达式 jszh 代表了每个读者唯一的借书证号。唯一索引 bmdhwy 对应的索引表达式也为 bmdh，与普通索引 bmdh 不同的是：对于重复的 bmdh 值，bmdhwy 索引中只存储其第一次出现，而 bmdh 索引则会存储其每次出现。

索引表达式也称索引关键字，是建立索引的依据，它可以是一个字段(如图 3-19 中)，也可以是多个字段组成的表达式或关于字段的其他表达式。需要注意的是，不能基于备注型字段和通用型字段建立索引。下面是关于索引表达式的几点说明：

(1) 索引起作用时，索引表达式的值是表记录排序的依据。

(2) 如果索引表达式是多个字符型字段的连接(即字符的＋或－运算)，则各个字段在索引表达式中的先后顺序将影响索引的结果。例如，读者表中有 xb 和 bmdh 字段，它

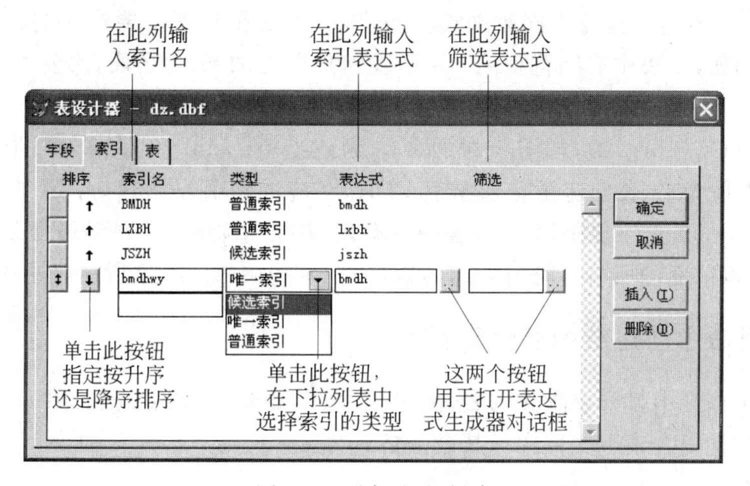

图 3-19 “索引”的创建

们的数据类型都是字符型的，若用 xb+bmdh 作为索引表达式创建一个索引，则索引结果先按 xb 字段值排序，在 xb 字段值相同的情况下，才按 bmdh 字段值排序；若用 bmdh+xb 作为索引表达式，则索引结果先按 bmdh 字段值排序，在 bmdh 字段值相同的情况下，才按 xb 字段值排序。

(3) 如果索引表达式是多个数值相关数据类型的字段的算术运算，则索引结果将按算术运算的结果进行排序。例如，图书表(ts.dbf)中 ym(页码)是一个整型字段，dj(单价)是一个数值型字段，如图 3-20 所示，索引表达式为 ym+dj 的索引 sumymdj 起作用时，表中的记录将按这两个字段值的和排序。若要求先按 ym 字段的值排序，ym 值相同时再按 dj 字段的值排序，可通过 STR()函数将这两个字段的值转换为字符型数据后再按顺序进行连接运算，即使用索引表达式：STR(ym)+STR(dj)，如图 3-20 中的 ym_dj 普通索引。

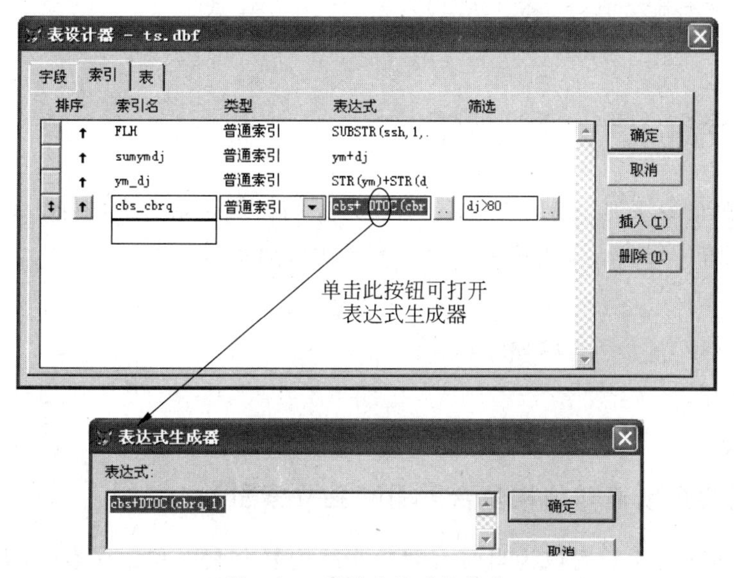

图 3-20 索引表达式的构造

(4) 当索引表达式涉及不同数据类型的字段时，必须根据需要将它们转换为同一种数据类型。例如，ts 表中有字符型的 cbs 字段和日期型的 cbrq 字段，现要为 ts 表建立索引，要求先按 cbs 字段值排序，cbs 字段值相同时再按 cbrq 字段值排序，则索引表达式应使用 cbs＋DTOC(cbrq,1)，如图 3-20 所示。为建立 tsfl.dbf 和 ts.dbf 两张表之间的联系，图 3-20 中还为 ts 表创建了普通索引 FLH，对应的索引表达式为：SUBSTR(ssh,1,AT("/",ssh)－1)，这主要是因为 ts 表中没有现成的 flh(分类号)字段，但是 ts 表中 ssh 字段值中/字符前面的所有字符所表达的信息同 tsfl 表中的 flh 字段所表达的信息相同。

2. 使用命令创建结构复合索引

在当前工作区中打开要操作的表，使用 INDEX 命令可为其创建主索引以外的索引，索引保存在结构复合索引文件中。其命令格式为：

```
INDEX ON eExpression TAG TagName [FOR lExpression]
[ASCENDING | DESCENDING]
[UNIQUE | CANDIDATE]
```

其中，*eExpression* 用于指定索引表达式；*TagName* 用于指定索引名；FOR *lExpression* 用于指定筛选条件；ASCENDING | DESCENDING 用于指定是升序还是降序排序；UNIQUE 用于指定创建的是唯一索引，CANDIDATE 用于指定创建的是候选索引，无 UNIQUE 和 CANDIDATE 时，创建的是普通索引。

例如，按下列要求使用 INDEX 命令为馆藏情况表(gcqk.dbf)创建结构复合索引：①基于 txm 字段创建候选索引，索引名为 txm；②基于 ssh 字段创建普通索引，索引名为 ssh，排序方式为降序。对应的命令序列为：

```
① USE gcqk
   INDEX ON txm TAG txm CANDIDATE
   USE
② USE gcqk
   INDEX ON ssh TAG ssh DESCENDING
   USE
```

又如，下列命令序列为借阅表(jy.dbf)创建了结构复合索引文件(jy.cdx)，在这个结构复合索引文件中包含一个候选索引 txm 和一个普通索引 jszh。

```
USE jy
INDEX ON txm TAG txm CANDIDATE
INDEX ON jszh TAG jszh
USE
```

3. 使用命令创建非结构复合索引和独立索引

使用 INDEX 命令也可以为当前表创建非结构复合索引和独立索引，创建非结构复合索引的命令格式是：

```
INDEX ON eExpression TAG TagName OF CDXFileName [FOR lExpression]
[ASCENDING | DESCENDING]
[UNIQUE ]
```

其中，OF *CDXFileName* 用于指定非结构复合索引文件的文件名。

创建独立索引的命令格式是：

```
INDEX ON eExpression TO IDXFileName [FOR lExpression] [UNIQUE]
```

其中，TO *IDXFileName* 用于指定独立索引文件的文件名。

需要注意的是，使用 INDEX 命令无法为非结构复合索引文件创建候选索引，也不能按降序对独立索引文件降序。

例如，下列命令为部门表创建了一个非结构复合索引文件(bmcdx. cdx)，在这个非结构复合索引文件中包含一个唯一索引 bmdh 和一个普通索引 bmmc。

```
USE bm
INDEX ON bmdh TAG bmdh OF bmcdx UNIQUE
INDEX ON bmmc TAG bmmc OF bmcdx DESCENDING
USE
```

例如，下列命令为读者表创建了两个独立索引文件：dzidx1. idx 和 dzidx2. idx。dzidx1 可将读者表中 xb 为“女”的记录按 jszh 的值排序；dzidx2 可将读者表按 bmdh 的值排序，表中只显示每个 bmdh 的第一条记录。

```
USE dz
INDEX ON jszh TO dzidx1 FOR xb='女'
INDEX ON bmdh TO dzidx2 UNIQUE
USE
```

3.3.4 设置主控索引

一个表可以有一个或多个索引，在需要使用某个索引时必须显式地指定，即将其设置为当前正在起作用的主控索引。设置主控索引常用的方法有：

- 使用工作区属性对话框设置索引顺序；
- 在 USE 命令中使用 ORDER 子句指定主控索引；
- 使用 SET ORDER TO 命令指定主控索引。

1. 使用“工作区属性”对话框设置索引顺序

浏览表，选择“表”菜单下的“属性”命令，打开表的“工作区属性”对话框，默认的“索引顺序”设置是“无顺序”，打开“索引顺序”的下拉列表可见该表的结构复合索引，选择需要设置为主控索引的索引名称，再单击“确定”按钮即可将该索引设置为主控索引。如图 3-21 所示，选择 Dz:Lxbh，则浏览窗口中读者表的记录将按照 Dz 表中的 lxbh 字段的值排序。

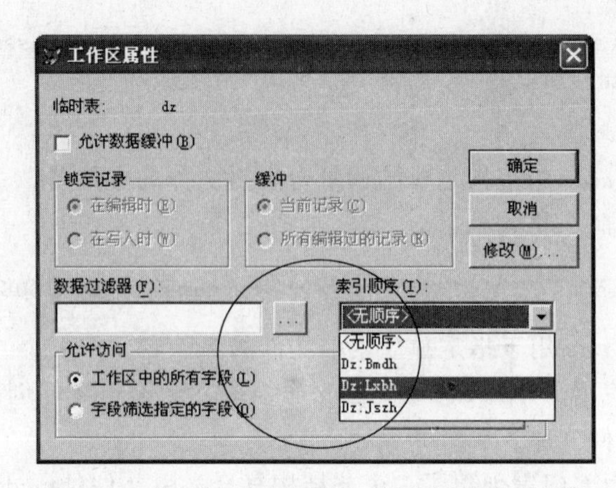

图 3-21　使用"工作区属性"对话框设置索引顺序

2. 在 USE 命令中使用 ORDER 子句指定主控索引

执行 USE 命令打开表时,可通过使用 ORDER 子句指定主控索引。其格式为:

```
USE TableName [INDEX IndexFileList|? [ORDER [nIndexNumber|IDXFileName
| [TAG] TagName [OF CDXFileName][ASCENDING | DESCENDING]]]]
```

其中,*TableName* 为表名;*IndexFileList* 为索引文件名列表;? 用于显示"打开"对话框,列出所有可供选择的索引文件;*nIndexNumber* 为索引序号;*IDXFileName* 为独立索引文件名;*TagName* 为复合索引文件中的索引名;有 OF *CDXFileName* 子句时则说明 *TagName* 是非结构复合索引文件中的索引名,否则为结构复合索引文件中的索引名。不管索引是按升序或降序建立,在使用时都可以用 ASCENDING 或 DESCENDING 指定升序或降序。

说明:索引序号指的是在 USE 或 SET INDEX 命令中列出的独立索引文件和索引标识(复合索引文件中的)的编号。编号的方法是:首先按它们在 USE 或 SET INDEX 中出现的顺序为打开的.IDX 文件编号;随后,按创建顺序为结构.CDX 文件中的索引标识(如果存在的话)编号;最后,按创建顺序为所有打开的非结构.CDX 文件中的索引标识编号。

例如,假设读者表中已创建了两个独立索引文件 dzidx1.idx 和 dzidx2.idx、非结构复合索引文件 dzcdx.cdx(两个索引标识 bmdh、lxbh)和结构复合索引文件(三个索引标识 jszh、bmdh、lxbh)。使用 USE 命令打开表和相关的索引:

```
USE dz INDEX dzidx1.idx,dzcdx.cdx,dzidx2.idx
```

则 dzidx1.idx 序号为 1,dzidx2.idx 序号为 2,结构复合索引中的 jszh 序号为 3、bmdh 序号为 4、lxbh 序号为 5,非结构复合索引文件中的 bmdh 和 lxbh 序号分别为 6、7。

例如,下列命令序列可将结构复合索引文件中的不同索引设置为主控索引。执行时注意观察浏览窗口中记录顺序的变化。

```
USE dz ORDER jszh      && 打开读者表的同时指定结构复合索引中标识为 jszh 的索引为主控索引
```

```
BROWSE                        && 记录按 jszh 排序了
USE dz ORDER 2    && 打开读者表的同时指定结构复合索引文件中索引序号为 2 的索引为主控索引
BROWSE                        && 记录按 lxbh 排序了
```

又如，下列命令序列可将独立索引和非结构复合索引文件中的索引设置为主控索引。注意：USE 命令中的 INDEX 子句是用来打开独立索引文件或非结构复合索引文件的（因为它们不像结构复合索引文件一样随表的打开/关闭而打开/关闭）。

```
USE dz INDEX dzidx1 ORDER dzidx1          && 打开读者表的同时指定 dzidx1 独立索引为主控索引
BROWSE                                    &&xb 为"女"的记录按照 jszh 排序了
USE bm INDEX bmcdx ORDER bmmc OF bmcdx
                              && 打开 bm 表的同时指定非结构复合索引中的 bmmc 索引为主控索引
BROWSE                                    &&bm 表中的记录按照 bmmc 降序排序了
```

3. 使用 SET ORDER TO 命令指定主控索引

表被打开后，若要为表设置主控索引，则需要使用 SET ORDER TO 命令，其命令格式为：

```
SET ORDER TO [nIndexNumber | IDXIndexFileName | [TAG] TagName [OF CDXFileName]
[ASCENDING | DESCENDING]]
```

其中各参数的含义同 USE 命令中的 ORDER 子句中的相应参数。

例如，假设读者表中已经创建了两个独立索引文件 dzidx1.idx 和 dzidx2.idx、非结构复合索引文件 dzcdx.cdx（两个索引标识 bmdh、lxbh）和结构复合索引文件（三个索引标识 jszh、bmdh、lxbh）。使用 USE 命令打开表和相关的索引：

```
USE dz INDEX dzidx1.idx,dzcdx.cdx,dzidx2.idx
```

此时，下列命令均可为读者表指定主控索引：

```
SET ORDER TO dzidx1
SET ORDER TO 3
SET ORDER TO bmdh
SET ORDER TO bmdh OF dzcdx
SET ORDER TO                    && 取消主控索引的设置，记录的逻辑顺序同物理顺序
```

3.3.5 使用索引快速定位记录

索引创建后，可基于索引表达式的值，使用 SEEK 命令对表记录进行快速定位。该命令的常用格式为：

```
SEEK eExpression [ORDER nIndexNumber | IDXIndexFileName
| [TAG] TagName [OF CDXFileName]
[ASCENDING | DESCENDING]]
```

SEEK 命令只能基于索引表达式的值进行搜索，其中 *eExpression* 用于指定要快速定位的那些记录的索引表达式的值。该命令可以使用索引序号(*nIndexNumber*)、独立索引文件名(*IDXIndexFileName*)或索引标识(*TagName*)指定按哪个索引定位；ASCENDING | DESCENDING 则用于说明是按升序定位还是按降序定位。例如，下列命令序列打开了读者表，并快速将记录指针定位在 jszh(借书证号)为 03000006 的记录上。

```
USE dz
SEEK "03000006" ORDER jszh
BROWSE                           && 记录指针所指记录的 jszh 值为 03000006
USE
```

3.3.6 删除索引

1. 界面操作方式

通过界面操作方式可以删除结构复合索引文件中的索引，其方法是打开表设计器，选择"索引"选项卡，单击索引所在的行，再单击"删除"按钮。当"索引"页中所有的索引都被删除后，结构复合索引文件将自动删除。

2. 命令方式

使用 DELETE TAG 命令可以删除复合索引文件中的索引标识，其命令格式有：

格式 1：

```
DELETE TAG TagName1 [OF CDXFileName1]
[, TagName2 [OF CDXFileName2]] …
```

格式 2：

```
DELETE TAG ALL [OF CDXFileName]
```

格式 1 可以将当前表的结构复合索引文件或者 OF *CDXFileName* 子句指定的其他复合索引文件中的多个索引标识删除；格式 2 不带 OF *CDXFileName* 子句时，是从当前表的结构复合索引中删除所有标识，并从磁盘上删除该索引文件，格式 2 带 OF *CDXFileName* 子句时，可从另一个打开的复合索引文件中删除所有标识。例如，下列命令序列可以删除 bm 和 gcqk 表的一些索引标识。

```
USE bm INDEX bmcdx
DELETE TAG bmdh             &&bmdh 是候选索引，显示图 3-22 所示的消息框
DELETE TAG bmdh OF bmcdx,bmmc OF bmcdx     && 删除了 bmcdx 复合索引文件中的两个索引，
                                           && 并将 bmcdx.cdx 从磁盘上也删除了
USE gcqk
DELETE TAG ALL              && 删除 gcqk 表的结构复合索引文件中的所有索引标识
USE
```

图 3-22 “主索引、候选索引删除确认”消息框

对于独立索引文件可以使用 DELETE FILE 命令直接删除。例如，删除读者表的两个独立索引文件 dzidx1 和 dzidx2 可使用命令：

```
DELETE FILE dzidx1.idx
DELETE FILE dzidx2.idx
```

3.4 数据表的统计

3.4.1 记录数统计

记录数统计可使用 COUNT 命令，常用格式为：

```
COUNT[Scope] [FOR lExpression] [TO MemVarName]
```

即对当前表在 *Scope* 指定的范围内统计满足 *lExpression* 条件的记录的数目。*Scope* 可以是 All、NEXT *nRecords*、RECORD *nRecordNumber* 和 REST，默认是 ALL；TO *MemVarName* 子句用于指定存储记录数目的内存变量或数组，如果所指定的内存变量不存在，Visual FoxPro 会创建它。不使用 TO *MemVarName* 子句，则只在状态栏显示统计的记录数目。

例如，下列命令序列统计了读者表的记录总数(保存在 dzzs 内存变量中)、男读者的记录数(保存在 m_dzzs 内存变量中)和部门代号(bmdh)为 18 的女读者的记录数(保存在 f_dzzs_18 内存变量中)：

```
USE dz
COUNT TO dzzs
COUNT TO m_dzzs FOR xb='男'
COUNT TO f_dzzs_18 FOR xb='女' AND bmdh='18'
?dzzs,m_dzzs,f_dzzs_18             && 在主窗口显示各内存变量的值
USE
```

3.4.2 求和命令

求和指对当前选定表的指定数值字段或全部数值字段分别求和，可使用 SUM 命令，

命令的常用格式为：

```
SUM [eExpressionList] [Scope] [FOR lExpression]
[TO MemVarNameList | TO ARRAY ArrayName]
```

其中，*eExpressionList* 为字段表达式列表，用于指定要求和的一个或多个字段或者字段表达式，省略时默认对所有数值型字段求和；*Scope* 和 *FOR lExpression* 子句同 COUNT 命令中的 Scope 和 FOR *lExpression*；TO *MemVarNameList* 用于指定存放和值的内存变量列表，如果 *MemVarNameList* 中指定的内存变量不存在，则 Visual FoxPro 自动创建，列表中的内存变量名用逗号分隔；TO ARRAY *ArrayName* 用于指定将和值存入内存变量数组中，如果在 SUM 命令中指定的数组不存在，则 Visual FoxPro 自动创建；如果数组存在但太小，不能包含所有的总计值，那么自动增加数组的大小以存放总计值。

例如，下列命令序列用于对图书表中清华大学出版社出版的图书的单价(dj)字段求和，和值存放在内存变量 djzh 中。

```
USE ts
SUM dj FOR cbs='清华大学出版社' TO djzh
?djzh
USE
```

3.4.3 求平均值命令

对数值表达式或字段求算术平均值可以使用 AVERAGE 命令，常用格式为：

```
AVERAGE [ExpressionList][Scope] [FOR lExpression]
[TO MemVarList | TO ARRAY ArrayName]
```

命令中各参数的含义同 SUM 命令。例如，下列命令序列用于对 ts 表中 2004 年出版的图书的 dj 字段求平均值，平均值存放在内存变量 djpj 中。

```
USE ts
AVERAGE dj FOR YEAR(cbrq)=2004 TO djpj
?djpj
USE
```

3.5 工作区操作

到目前为止，对表的操作强调的总是对当前表的操作。实际上，在 Visual FoxPro 中允许多个表同时使用，这就涉及工作区的概念。下面介绍工作区的概念及怎样利用工作区操作非当前表。

3.5.1 工作区概念

所谓工作区就是一个有编号的区域，用来标识一个已打开的表。工作区的编号范围为 1～32767。正在被操作的工作区称为当前工作区，当前工作区中打开的表就称为当前表。Visual FoxPro 启动后，系统默认当前工作区为 1 号工作区。打开一张表时，必须为该表指定一个工作区，否则，默认在当前工作区中打开表。一个工作区只能用来打开一张表。如果在一个工作区中已经打开了一张表，再在此工作区中打开另一张表时，前一张表将自动被关闭。同一张表可以在多个工作区中被同时打开。

3.5.2 工作区操作

若要操作不同工作区中的表，有两种方法。方法一，使用 SELECT 命令切换工作区，将要操作的表所在的工作区设置为当前工作区，然后对当前工作区中的表进行操作；方法二，在当前工作区中使用 IN *nWorkArea* | *cTableAlias* 子句来指定要操作的表所在的工作区。

1. 切换工作区

切换工作区的命令是：

```
SELECT nWorkArea | cTableAlias
```

其中参数 *nWorkArea*(0～32767 之间的一个数字)指定要设置为当前工作区的工作区号，若 *nWorkArea* 为 0，则将当前未被使用的最小编号的工作区设置为当前工作区。如果在某个工作区中已经打开了表，若要重新回到该工作区操作表，还可以使用参数 *cTableAlias*，该参数是已经打开的表的表名或别名(取了别名就不再使用表名了)，也可以是工作区的别名(前 10 个工作区的别名依次用 A～J 这 10 个字母，工作区 11～32767 的别名对应为 W11～W32767)。

例如，下列语句序列可依次将 1、3、4、2 号工作区设置为当前工作区，并在相应工作区中打开了 ts 表、读者表、bm 表和读者表(第二次打开)。图 3-23 显示了命令序列执行后各工作区中打开表的情况。

```
CLOSE TABLES ALL
USE ts ALIAS 图书表          &&1 号工作区中打开了 ts 表并设别名为"图书表"
SELECT 3
USE dz
SELECT 4
USE bm
SELECT 0                     && 将当前未被使用的最小工作区(2 号工作区)设置为当前工作区
USE dz AGAIN                 && 如图 3-23 所示,2 号工作区的别名显示为"B"
```

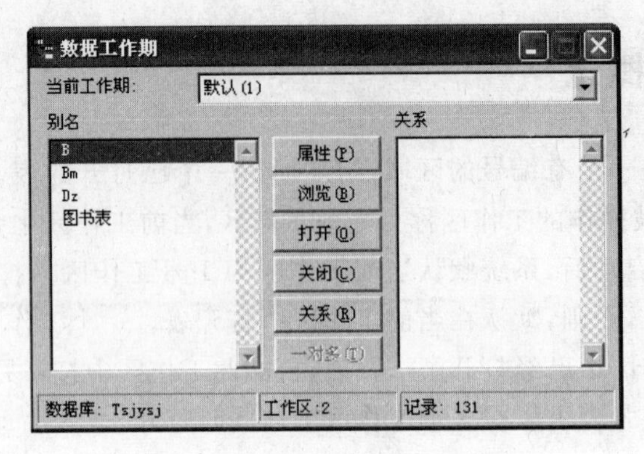

图 3-23 不同工作区中打开的表

接着,如果要操作 ts 表,则命令

```
SELECT 1
```

和

```
SELECT 图书表
```

是等价的。

2. IN *nWorkArea* | *cTableAlias*

不改变当前工作区,可以使用 IN *nWorkArea* | *cTableAlias* 子句操作不同工作区中的表,参数 *nWorkArea* | *cTableAlias* 的含义参见 SELECT 命令。可带 IN *nWorkArea* | *cTableAlias* 子句的命令有:

```
USE [TableName ] [IN nWorkArea | cTableAlias][AGAIN][ALIAS cTableAlias]
APPEND [BLANK] [IN nWorkArea | cTableAlias]
GO TOP|BOTTOM|nRecordNumber [IN nWorkArea|cTableAlias]
SKIP[nRecords][IN nWorkArea | cTableAlias]
DELETE [Scope] [FOR lExpression1] [IN nWorkArea | cTableAlias]
SEEK eExpression [ORDER nIndexNumber | IDXIndexFileName | TagName [OF
CDXFileName] [ASCENDING | DESCENDING]][IN nWorkArea | cTableAlias]
```

例如,下列命令序列与上例命令序列执行后的效果基本等效(只是当前工作区不是同一个工作区)。

```
CLOSE TABLES ALL
USE ts                    && 在 1 号工作区中打开了 ts 表
USE dz IN 3               && 在 3 号工作区中打开了读者表
USE bm IN 4               && 在 4 号工作区中打开了 bm 表
USE dz AGAIN IN 0         && 在 2 号工作区中再次打开读者表
```

在此基础上,执行下列命令序列可以对不同表进行不同操作。

```
GO 10 IN 2                && 移动 2 号工作区中表的记录指针到 10 号记录
```

```
SKIP 5 IN 4                 && 将 4 号工作区中表的记录指针向下移 5 个记录
APPEND BLANK IN 3           && 向 3 号工作区中的表尾追加一条空记录
DELETE NEXT 1 IN 3          && 删除 3 号工作区中表的最后一条记录
```

3.6 与表相关的几个函数

1. RECNO()函数

RECNO()函数的语法格式为:

```
RECNO([nWorkArea | cTableAlias])
```

其中,*nWorkArea* 指定表所在工作区编号、*cTableAlias* 指定表的别名,函数的功能是返回 *nWorkArea* 或 *cTableAlias* 指定的表的当前记录号。*nWorkArea* 和 *cTableAlias* 都缺省时,函数返回当前工作区中表的当前记录号。如果当前工作区或指定的工作区中没有打开的表,则 RECNO()返回 0。

2. RECCOUNT()函数

RECCOUNT()函数的语法格式为:

```
RECCOUNT([nWorkArea | cTableAlias])
```

各参数的含义同 RECNO()函数,其功能是返回 *nWorkArea* 或 *cTableAlias* 指定的表的记录数目。*nWorkArea* 和 *cTableAlias* 都缺省时,函数返回当前工作区中表的记录数目。如果当前工作区或指定的工作区中没有打开的表,则 RECCOUNT()返回 0。

3. BOF()函数

BOF()函数的语法格式为:

```
BOF([nWorkArea | cTableAlias])
```

各参数的含义同 RECNO()函数,其功能是返回 *nWorkArea* 或 *cTableAlias* 指定的表的记录指针是否在表头。若指定表的记录指针指在第一条记录之前,则 BOF()函数返回“真”(.T.);否则,BOF()函数返回“假”(.F.)。*nWorkArea* 和 *cTableAlias* 都缺省时,函数返回当前工作区中表的记录指针是否在表头。如果当前工作区或指定的工作区中没有打开的表,BOF()函数返回“假”(.F.)。打开的表若无记录,则 BOF()函数返回“真”(.T.)。

4. EOF()函数

EOF()函数的语法格式为:

```
EOF([nWorkArea | cTableAlias])
```

各参数的含义同 RECNO()函数,其功能是返回 *nWorkArea* 或 *cTableAlias* 指定的表的记录指针是否在表尾。若指定表的记录指针指在最后一个记录之后，则 EOF()函数返回“真”(.T.)；否则，EOF()函数返回“假”(.F.)。*nWorkArea* 和 *cTableAlias* 都缺省时，函数返回当前工作区中表的记录指针是否在表尾。如果当前工作区或指定的工作区中没有打开的表，则 EOF()函数返回“假”(.F.)。打开的表若无记录，则 EOF()函数返回“真”(.T.)。

5. FOUND()函数

FOUND()函数的语法格式为：

```
FOUND ([nWorkArea | cTableAlias])
```

各参数的含义同 RECNO()函数，其功能是返回对 *nWorkArea* 或 *cTableAlias* 指定的表执行的最近一次 CONTINUE、FIND、LOCATE 或 SEEK 命令是否成功。若执行成功，则 FOUND()函数返回“真”(.T.)；否则，FOUND()函数返回“假”(.F.)。*nWorkArea* 和 *cTableAlias* 都缺省时，函数返回对当前工作区中的表执行的最近一次 CONTINUE、FIND、LOCATE 或 SEEK 命令是否成功。如果当前工作区或指定的工作区中没有打开的表，则 FOUND()函数返回“假”(.F.)。

6. FCOUNT()函数

FCOUNT()函数的语法格式为：

```
FCOUNT ([nWorkArea | cTableAlias])
```

各参数的含义同 RECNO()函数，其功能是返回 *nWorkArea* 或 *cTableAlias* 指定的表的字段数目。*nWorkArea* 和 *cTableAlias* 都缺省时，函数返回当前工作区中表的字段数目。如果当前工作区或指定的工作区中没有打开的表，则 FCOUNT()函数返回 0。

7. FIELD()函数

FIELD()函数的语法格式为：

```
FIELD(nFieldNumber [, nWorkArea | cTableAlias])
```

其中，参数 *nWorkArea* 和 *cTableAlias* 的含义同 RECNO()函数。*nFieldNumber* 指定字段编号。如果 *nFieldNumber* 等于 1，则返回 *nWorkArea* 或 *cTableAlias* 指定的表的第一个字段名；如果 *nFieldNumber* 等于 2，则返回指定表的第二个字段名，依此类推。如果 *nFieldNumber* 大于字段的数目，则返回空字符串。返回的字段名都为大写。*nWorkArea* 和 *cTableAlias* 都缺省时，函数的操作对象就是当前工作区中的表。如果当前工作区或指定的工作区中没有打开的表，则 FIELD()函数返回空字符串。

8. SELECT()函数

SELECT()函数的语法格式为：

```
SELECT([ 0 | 1 | cTableAlias ])
```

其中，参数 0 用于返回当前工作区号；参数 1 用于返回当前未被使用的最大工作区号；选用 *cTableAlias* 参数时，函数返回 *cTableAlias* 指定的表所在的工作区编号。

9. ALIAS()函数

ALIAS()函数的语法格式为：

```
ALIAS([nWorkArea | cTableAlias ])
```

各参数的含义同 RECNO()函数，其功能是返回 *nWorkArea* 或 *cTableAlias* 指定的表的别名。*nWorkArea* 和 *cTableAlias* 缺省时，函数返回当前工作区中打开表的别名。如果当前或指定工作区没有打开的表，则函数返回空字符串。

10. USED()函数

USED()函数的语法格式为：

```
USED([nWorkArea | cTableAlias ])
```

各参数的含义同 RECNO()函数，其功能是返回 *nWorkArea* 工作区中是否打开了一个表，或 *cTableAlias* 指定的表是否已打开。*nWorkArea* 和 *cTableAlias* 缺省时，函数返回当前工作区中是否有一个打开的表。如果在指定的工作区中打开了一个表或 *cTableAlias* 指定的表已打开，函数就返回“真”(.T.)；否则，函数返回“假”(.F.)。

11. DELETED()函数

DELETED()函数的语法格式为：

```
DELETED([nWorkArea | cTableAlias ])
```

各参数的含义同 RECNO()函数，其功能是返回 *nWorkArea* 或 *cTableAlias* 指定的表的当前记录是否标有删除标记。如果记录有删除标记，函数就返回“真”(.T.)；否则，函数返回“假”(.F.)。*nWorkArea* 和 *cTableAlias* 缺省时，函数返回当前工作区中打开的表的当前记录的删除状态。如果当前或指定工作区没有打开的表，则函数返回“假”(.F.)。

习　　题

一、选择题

1. 在表的浏览窗口中，要在一个允许 NULL 值的字段中输入.NULL.值的方法是(　　)。

　A. 直接输入.NULL.的各个字母　　B. 按 CTRL+0 组合键

　C. 按 CTRL+N 组合键　　D. 按 CRTL+L 组合键

2. 以下关于自由表的叙述，正确的是(　　)。

　A. 可以用 Visual FoxPro 建立，但不能把它添加到数据库中

B. 全部是用以前版本的 FoxPro 建立的表

C. 自由表可以添加到数据库中，数据库表也可以从数据库中移出成为自由表

D. 自由表可以添加到数据库中，但数据库表不可以从数据库中移出成为自由表

3. 在创建数据库表结构时，为该表中的一些字段建立普通索引，其目的是(　　)。

A. 改变表中记录的物理顺序　　B. 为了对表进行实体完整性约束

C. 加快数据库表的更新速度　　D. 加快数据库表的查询速度

4. 使用 LOCATE FOR 命令按条件查找记录，当查到满足条件的第 1 条记录后，如果还需要查找下一条满足条件的记录，应使用命令(　　)。

A. LOCATE FOR 命令　　B. SKIP 命令

C. CONTINUE 命令　　D. GO 命令

5. 使用 LOCATE FOR 命令按条件查找记录，可以通过下面哪一个函数来判断命令查找到满足条件的记录？(　　)。

A. 通过 FOUND()函数返回.T.值　　B. 通过 BOF()函数返回.T.

C. 通过 EOF()函数返回.T.　　D. 通过 EOF()函数返回.F.

6. 打开一张空表，分别用函数 EOF()、BOF()和 RECNO()测试，其结果一定是(　　)。

A. .T.、.T.和 1　　B. .F.、.F.和 1

C. .T.、.F.和 0　　D. .F.、.T.和 0

7. 在表结构中，逻辑型、日期型、备注型字段的宽度分别固定为(　　)。

A. 3,8,10　　B. 1,6,4　　C. 1,8,4　　D. 1,8,10

8. 要求将所有职称为"工程师"的工资增加 200 元，应使用命令(　　)。

A. CHANGE ALL 工资 WITH 工资+200 FOR '工程师'

B. REPLACE ALL 工资 WITH 工资+200 FOR '工程师'

C. CHANGE ALL 工资 WITH 工资+200 FOR 职称='工程师'

D. REPLACE ALL 工资 WITH 工资+200 FOR 职称='工程师'

9. 读者表中有性别字段(xb,C,2)，要从读者表中筛选出性别为"女"的记录，则应使用命令(　　)。

A. SET FILTER TO xb='女'　　B. SET FILTER xb='女'

C. SET FIELDS TO xb='女'　　D. SET FILTER TO

10. 将表从数据库中移出后变成自由表，该表的(　　)仍然有效。

A. 字段的有效性规则　　B. 字段的默认值

C. 结构复合索引文件中的候选索引　　D. 表的长表名

11. 如果一个数据库表的 DELETE 触发器设置为.F.，则不允许对该表做(　　)的操作。

A. 修改记录　　B. 删除记录　　C. 插入记录　　D. 显示记录

12. 数据库表的 INSERT 触发器，在表中(　　)时触发该规则。

A. 插入记录　　B. 删除记录　　C. 修改记录　　D. 浏览记录

13. 复制表文件的结构,正确的命令行是(　　)。

A. COPY TO AB　　B. COPY STRU TO AB

C. COPY TO AB SDF　　D. COPY FILE TO AB

14. 计算所有职称为正、副教授的教师的平均工资,并将结果赋予变量 PJ,正确的命令是(　　)。

A. AVERAGE 工资 TO PJ FOR 职称='副教授'.AND. '教授'

B. AVERAGE 工资 TO PJ FOR 职称='副教授'.OR. '教授'

C. AVERAGE 工资 TO PJ FOR 职称='副教授'.AND. 职称='教授'

D. AVERAGE 工资 TO PJ FOR 职称='副教授'.OR. 职称='教授'

15. 若要恢复用 DELETE 命令删除的若干记录,应该用(　　)命令。

A. RECALL　　B. 立即按 ESC 键　　C. RELEASE　　D. FOUND

16. 对读者表按部门代号(bmdh,C,2)升序排序建立一个独立索引文件(dzbm.idx),正确的命令是(　　)。

A. INDEX TO dzbm ON bmdh　　B. SORT TO dzbm ON bmdh

C. SORT TO dzbm ON bmdh /A　　D. INDEX TO dzbm ON bmdh /D

17. 某一表文件中共有 10 条记录,使用 APPEND BLANK 命令追加一条空白记录,则该空白记录的记录号是(　　)。

A. 4　　B. 3　　C. 1　　D. 11

18. 已打开的表文件的当前记录号为 150,要将记录指针移向记录号为 100 的记录,则应使用命令(　　)。

A. SKIP 100　　B. SKIP 50　　C. GO -50　　D. GO 100

19. 已打开的表文件共有 150 条记录,当前记录号为 100,执行 LIST NEXT 3 命令之后,所显示的记录的记录号为(　　)。

A. 100~103　　B. 100~102　　C. 101~104　　D. 101~103

20. 执行"DISPLAY 姓名,出生日期 FOR 性别="女""命令之后,屏幕显示的是所有性别字段值为"女"的记录,这时记录指针指向(　　)。

A. 最后一个性别为"女"的记录

B. 最后一个性别为"女"的记录的下一个记录

C. 文件尾

D. 状态视表文件中数据记录的实际情况而定

21. 设表及其以 bmdh 字段为索引表达式的索引文件已经打开,若用命令 SEEK 把记录指针指向 bmdh 为 09 的记录之后,接着要使指针指向下一个相同 bmdh 的记录,应使用的命令是(　　)。

A. DISPLAY NEXT 1　　B. SKIP

C. CONTINUE　　D. SEEK '09'

22. 在 Visual FoxPro 中,能够进行条件定位的命令是(　　)。

A. SKIP　　B. SEEK　　C. LOCATE　　D. GO

23. 要想在一个打开的表中彻底删除某些记录，应先后选用的两个命令是(　　)。

A. DELETE、RECALL　　B. DELETE、PACK

C. DELETE、ZAP　　D. PACK、DELETE

24. 在没有打开相关索引的情况下，以下各组中的两条命令，执行结果相同的是(　　)。

A. LOCATE FOR RECNO()＝5 与 SKIP 5

B. GO RECNO()＋5 与 SKIP 5

C. SKIP RECNO()＋5 与 GO RECNO()＋5

D. GO RECNO()＋5 与 LIST NEXT 5

25. 索引文件打开后，下列命令中不受索引影响的是(　　)。

A. LIST　　B. SKIP　　C. GOTO 50　　D. GO TOP

26. 假定读者表(dz. dbf)中前 6 条记录均为男生的记录，执行以下命令序列后，记录指针定位在(　　)。

```
USE dz
GOTO 3
LOCATE NEXT 3  FOR 性别='男'
```

A. 第 1 条记录上　B. 第 3 条记录上　C. 第 5 条记录上　D. 第 6 条记录上

二、填空题

1. 表文件的扩展名为________，如果表结构中包含________类型或________类型的字段时，会产生一个扩展名为________的备注文件。

2. 表中的一列称为________，表的一行叫做一条________。每个字段都必须有一个________来标识。

3. 用户使用 CREATE TABLE 命令创建表的结构，字段类型必须用单个字母表示。对于字符型字段，字段类型用单个字母表示时为________；对于日期型字段，字段类型用单个字母表示时为________；对于通用型字段、备注型字段和货币型字段，字段类型用单个字母表示时分别为________、________和________。

4. Visual FoxPro 共提供了________个工作区。

5. 打开、关闭 ts. DBF 数据库文件的命令分别是________、________。

6. 逻辑删除的命令动词是________，物理删除的命令动词是________。

7. 在图书表 ts. dbf 中有出版社字段(cbs，C，20)，则删除该表中所有“科学出版社”出版的图书记录的 SQL 语句是：DELETE ________ ts WHERE ________。

8. 定义字段的有效性规则时，在规则框中输入的表达式类型是________。

9. 在 Visual FoxPro 中，索引文件分为独立索引文件、结构复合索引文件和非结构复合索引文件三种。在表设计器中建立的索引都存放在扩展名为________的结构复合索引文件中。

10. 索引表达式的值不允许重复的索引是________。

11. 一张数据库表最多能建立________个主索引。

12. 日期型、字符型、备注型、数值型和通用型这 5 种数据类型的字段中，不能作为索引表达式的字段类型为________和________。

13. 若要实现多个字段排序，即先按照出版社(cbs,C,20)顺序排序，同一出版社的图书再按出版日期(cbrq,D)顺序排序，则索引表达式为________。

14. 记录的定位方式有________定位、________定位和条件定位。

15. 在为表设置有效性规则时，如果限定条件中含有两个以上的字段，则应给表设置________级规则。

16. 对数据库表添加新记录时，为某一字段自动给定一个初始值，这个值称为________。

17. 触发器指定一个规则，这个规则是一个________。当某个命令或事件发生后，将自动触发相关触发器的执行，计算逻辑表达式的值。如果返回值是________，将不执行此命令或事件。

18. 已知部门表 bm.dbf 中含有部门名称字段(bmmc,C,20)，现要求不能对部门名称为"计算机科学与技术学院"的记录做删除操作，则应设置表的________触发器，表达式为________。

19. 若当前打开的数据库中有一张名为 ts 的数据库表，且该表已设置了记录有效性规则，则删除该表的记录有效性规则可以使用命令：ALTER TABLE ts ________。

第4章 数据库

在 Visual FoxPro 中，数据库相当于一个容器，里面包含了数据库表、本地视图、远程视图、连接和存储过程。它是一个逻辑上的概念和手段，数据库文件并不在物理上包含任何附属对象和用户数据，只是存储了指向表的链接指针、数据字典和一些定义（如视图的定义、连接的定义等）。本章主要介绍数据库及数据库表。

4.1 数据库的创建与使用

4.1.1 数据库的创建

在 Visual FoxPro 中，每创建一个新的数据库都将在磁盘上产生三个文件：扩展名为.DBC 的数据库文件，扩展名为.DCT 的数据库备注文件和扩展名为.DCX 的数据库索引文件。常用的创建数据库的方法有以下三种：

(1) 在项目管理器中创建数据库；

(2) 使用“新建”菜单或“新建”工具按钮创建数据库；

(3) 使用命令创建数据库。

1. 在项目管理器中创建数据库

如图 4-1 所示，在项目管理器的“数据”选项卡中选择“数据库”项，单击“新建”按钮，在弹出的“新建数据库”对话框中单击“新建数据库”按钮，在弹出的“创建”对话框中输入数据库文件名(如 tsjysj)后单击“保存”按钮完成数据库的建立。此时，屏幕上将显示新建数据库的“数据库设计器”窗口，并且在项目管理器的“数据库”项下也增加了 tsjysj 数据库，关闭“数据库设计器”窗口。单击 tsjysj 数据库前的展开按钮，可见数据库所包含的表、本地视图、远程视图、连接和存储过程等数据库对象，如图 4-2 所示。

2. 使用“新建”菜单或“新建”工具按钮创建数据库

选择“文件”菜单下的“新建”命令或单击工具栏上的“新建”按钮打开“新建”对话框，在“文件类型”框中选择“数据库”后单击“新建文件”按钮，同样可以创建新数据库，并打开相应的“数据库设计器”窗口。但是，使用此方法创建的数据库不会自动添加到项目管理器中。

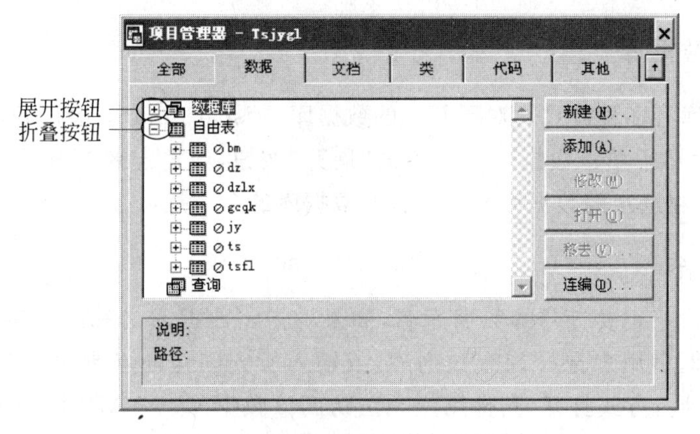

图 4-1　项目管理器的"数据"选项卡

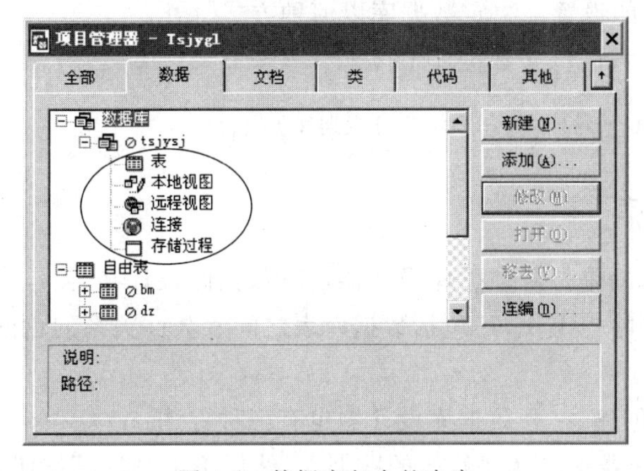

图 4-2　数据库包含的内容

3. 使用命令创建数据库

创建数据库的命令是：

```
CREATE DATABASE [DatabaseName | ?]
```

其中，*DatabaseName* 指定要创建的数据库的名称，如果不指定数据库名称或使用问号(?)，则会弹出"创建"对话框供用户输入数据库名称。需要注意的是，使用命令创建数据库后不打开数据库设计器，且数据库不自动添加到项目管理器中。

例如，下列命令序列在默认路径下创建了数据库 tsjysj1、tsjysj2 和 tsjysj3。

```
CREATE DATABASE tsjysj1
CREATE DATABASE tsjysj2
CREATE DATABASE tsjysj3
```

4.1.2　数据库的打开与关闭

使用数据库前必须先打开数据库，使用完毕后需要关闭数据库。

1. 打开数据库

打开数据库有多种方式。对于新建的数据库，Visual FoxPro 会以独占方式打开数据库；在项目管理器中单击数据库文件前的“展开”按钮，或选定要打开的数据库，单击“打开”按钮也可以将选定的数据库打开。打开数据库的命令是：

```
OPEN DATABASE [FileName | ? ] [EXCLUSIVE | SHARED]
```

其中，*FileName* 指定要打开的数据库名，如果不指定数据库名称或使用问号(?)都会弹出“打开”对话框供用户选择现有数据库，或输入所要创建的新数据库名；EXCLUSIVE 指定数据库以独占方式打开，其他用户无法访问该数据库；SHARED 指定以共享方式打开数据库，其他的用户也可以访问它。如果没有包含 EXCLUSIVE 和 SHARED，则当前 SET EXCLUSIVE 的设置值决定数据库以何种方式打开。

例如，下列命令可以打开数据库 tsjysj。

```
OPEN DATABASE tsjysj          && 打开数据库 tsjysj
```

2. 修改数据库

修改数据库，指的是打开数据库设计器，在“数据库设计器”窗口中完成各种数据库对象的建立、修改和删除等操作，还包括数据库表之间永久性关系的创建和参照完整性的设置与修改等操作。

类似数据库的创建，打开数据库设计器也有三种方法：

(1) 在项目管理器中选择要修改的数据库，然后单击“修改”按钮。

(2) 选择菜单“文件”菜单下的“打开”命令或单击工具栏上的“打开”按钮打开“打开”对话框(如图 4-3 所示)，在“文件类型”下拉列表中选择“数据库(*.dbc)”，在“文件名”文本框中输入数据库文件名后单击“确定”按钮(注：在图 4-3 所示的“打开”对话框中还可以设置数据库的打开方式，如“是否以只读方式打开”、“是否以独占方式打开”)。

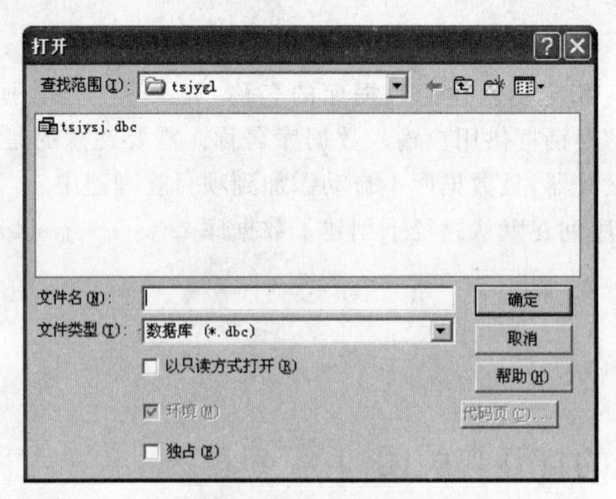

图 4-3 “打开”对话框

（3）使用命令打开数据库设计器，命令格式是：

```
MODIFY DATABASE [DatabaseName | ?]
```

其中，*DatabaseName* 指定要修改的数据库的名称，如果不指定数据库名称或使用问号（?）都会弹出“打开”对话框供用户输入或选择要修改的数据库名称。

注意：打开数据库设计器之前并不要求先打开数据库，打开数据库设计器会自动打开数据库。

3. 关闭数据库

关闭数据库常用的方法有：

（1）在项目管理器中选定要关闭的数据库，单击“关闭”按钮；

（2）在命令窗口中执行 CLOSE DATABASE 命令（关闭当前数据库和表）；

（3）在命令窗口中执行 CLOSE DATABASES ALL 命令（关闭所有数据库和表）；

（4）在命令窗口中执行 CLOSE ALL 命令（关闭所有数据库、表和索引和各类设计器，不关闭命令窗口）。

4. DBUSED()函数

使用 DBUSED()函数可以测试某数据库是打开的，还是关闭的。其语法格式是：

```
DBUSED(cDatabaseName)
```

其中，参数 *cDatabaseName* 代表数据库的名称，当 *cDatabaseName* 所指定的数据库已打开时，函数返回“真”(.T.)，否则函数返回“假”(.F.)。

4.1.3 设置当前数据库

在 Visual FoxPro 中，可以在同一时刻打开多个数据库，但当前数据库只有一个，所有作用于数据库的命令或函数是对当前数据库而言的。最近一次被打开的数据库是当前数据库。也可以从“常用”工具栏上的数据库下拉列表中，选择一个打开的数据库作为当前数据库，如图 4-4 所示。还可以使用命令

```
SET DATABASE TO DatabaseName
```

来设置，其中 *DatabaseName* 指定一个打开的数据库的名称，使它成为当前数据库。如果省略 *DatabaseName*，则使得打开的数据库都不是当前数据库（它们仍然是打开的）。

例如，下列命令序列可依次打开 tsjysj1、tsjysj2 和 tsjysj3 数据库，并将 tsjysj1 设为当前数据库。

```
CLOSE DATABASES ALL
OPEN DATABASE tsjysj1
OPEN DATABASE tsjysj2
OPEN DATABASE tsjysj3
```

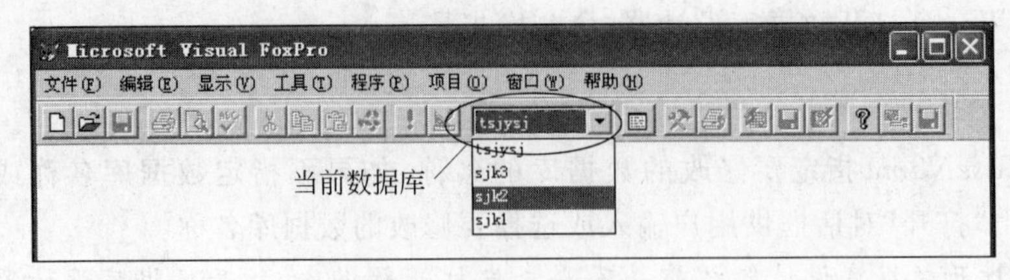

图 4-4　选择当前数据库的下拉列表

```
SET DATABASE TO tsjysj1
```

4.1.4　数据库的删除

不再使用的数据库随时都可以删除，删除数据库意味着将删除存储在该数据库中的一切信息，包括存储过程、视图、表之间的联系、数据库表的扩展属性等。删除数据库可在项目管理器中进行，也可以使用命令删除数据库。

1. 在项目管理器中删除数据库

在项目管理器中删除数据库比较简单，直接选定要删除的数据库，然后单击“移去”按钮，这时会出现如图 4-5 所示的提示对话框，单击“删除”按钮即可将数据库从磁盘上彻底删除。图 4-5 所示对话框各按钮的功能为：

图 4-5　“删除数据库提示”对话框

(1) 移去：将数据库文件从项目管理器中移去，使其在项目管理器中不可见，但仍保存在磁盘上。

(2) 删除：将数据库文件从磁盘上彻底删除，使其在项目管理器中和磁盘上都不可见。

(3) 取消：取消当前操作。

2. 使用命令删除数据库

使用命令可以删除数据库，其命令格式是：

```
DELETE DATABASE DatabaseName | ? [DELETETABLES]
```

其中，*DatabaseName* 指定要删除的数据库的名称，如果不指定数据库名称或使用问号(?)都会弹出“删除”对话框供用户输入或选择要删除的数据库名称。使用 DELETETABLES 参数会在删除数据库文件的同时从磁盘上删除该数据库包含的表等。

例如，下列命令序列可以删除数据库 tsjysj1、tsjysj2、tsjysj3 以及数据库 tsjysj3 所包含的表。

```
CLOSE DATABASES ALL
```

```
DELETE DATABASE tsjysj1
DELETE DATABASE tsjysj2
DELETE DATABASE tsjysj3 DELETETABLES
```

4.2 数据库表的操作

4.2.1 创建数据库表

创建数据库表就是用表设计器或命令建立表的结构，并保存为表文件。创建过程与自由表的创建过程相似，略有差别。

步骤一，选择下列途径之一打开“创建”对话框。

(1) 在数据库设计器中，选择“数据库”菜单下的“新建表”命令，如图 4-6 所示；或者在“数据库设计器”窗口中右击，在弹出的快捷菜单中选择“新建表”菜单命令，如图 4-7 所示。接着在弹出的“新建表”对话框中单击“新建表”按钮，弹出“创建”对话框。

图 4-6 “数据库设计器”窗口

(2) 如图 4-8 所示，在项目管理器中选定某一数据库(如 tsjysj)下的“表”项，单击“新建”按钮，同样可以弹出“新建表”对话框。接着单击“新建表”按钮，弹出“创建”对话框。

(3) 打开表所属的数据库后，使用菜单“文件”菜单下的“新建”命令或单击工具栏上的“新建”按钮，在弹出的“新建”对话框的文件类型组框中选中“表”后单击“新建文件”按钮，弹出“创建”对话框。

步骤二，在“创建”对话框中输入表名(如 ts2)后单击“保存”按钮，打开表设计器。

步骤三，在表设计器的“字段”选项卡中，根据事先设计好的表结构依次输入各个字段的字段名，并为各字段选择数据类型，设置宽度和小数位等，如图 4-9 所示。

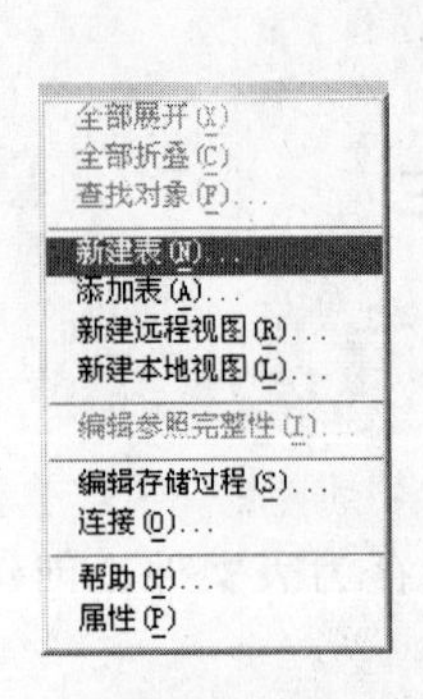

图 4-7 “数据库设计器”快捷菜单

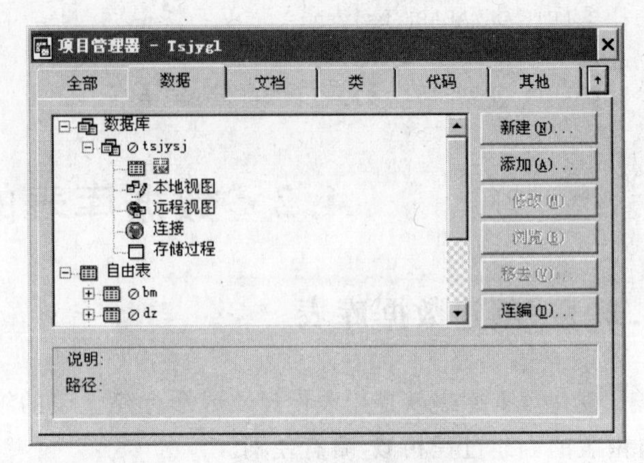

图 4-8 利用项目管理器创建数据库表

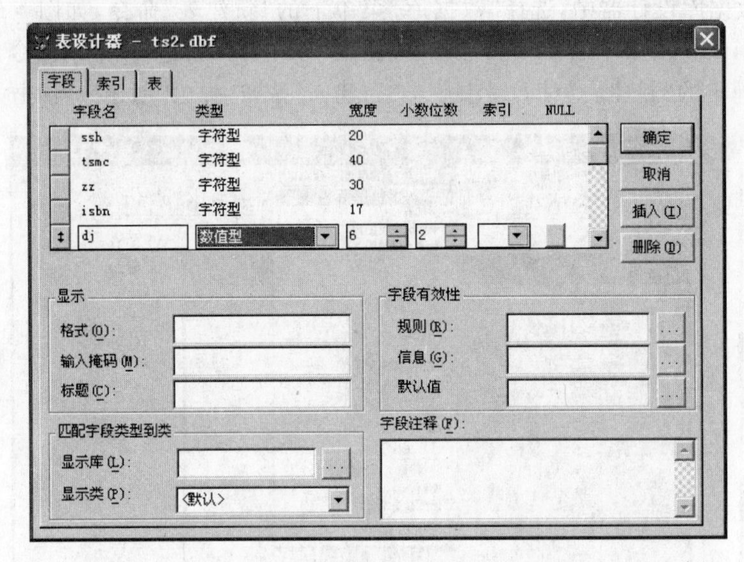

图 4-9 数据库表 ts2 的表设计器

步骤四，正确输入完一个表的所有字段的结构信息后，单击“确定”按钮。

注意：数据库表的表设计器跟自由表的表设计器（如图 3-2 所示）是有差别的。

4.2.2 数据库表索引

第 3 章介绍的与表相关的操作既适合于自由表也适合于数据库表。第 3 章所述的一切有关索引的内容也适合于数据库表。此外，数据库表可以设置的索引类型比自由表还多一种，即主索引。为数据库表设置主索引需要满足：

(1) 主索引表达式的值对各条记录来说是唯一的；

(2) 每张数据库表只能创建一个主索引。

为数据库表创建主索引的主要用途是为了建立表之间的永久性关系和设置参照完整

性。在项目管理器和数据库设计器窗口中，主索引与其他类型的索引采用不同的图标显示，通常是一个钥匙图标。

4.3 设置数据字典

4.3.1 数据字典概述

数据字典是指存储在数据库中用于描述所管理的表和对象的数据，即关于数据的数据。这些数据称为元数据。

在 Visual FoxPro 中，每个数据库带有一个数据字典，其数据存储在数据库文件中。数据字典扩展了对数据的描述，从而增强了数据管理和控制功能。在 Visual FoxPro 中，表可以分成数据库表和自由表两种，只有数据库表才可以享受到数据字典的各种功能。数据字典可以创建和指定的内容包括：

(1) 表中字段的标题、注释 、默认值、输入掩码、显示格式、字段有效性规则和信息以及匹配字段类型到类。

在表设计器的“字段”选项卡(如图 4-10 所示)中可以为指定字段设置或修改这些内容。

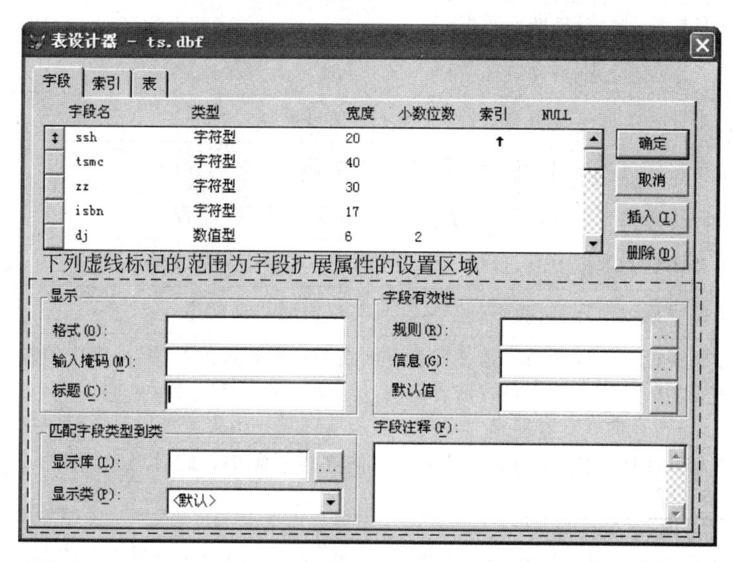

图 4-10 “字段”选项卡

(2) 主索引关键字。

主索引关键字在表设计器的“索引”选项卡中设置或修改。

(3) 长表名和表注释。

(4) 记录有效性规则和信息。

(5) 插入、更新和删除触发器。

这几项内容在表设计器的“表”选项卡中设置或修改。

(6) 数据库表间的永久性关系。

(7) 存储过程。

永久性关系在数据库设计器中设置或修改,“存储过程”可使用 “数据库”菜单下的“编辑存储过程”命令或在项目管理器中新建和修改。

4.3.2 格式化输入输出

表设计器的“字段”选项卡上与格式化输入输出相关的属性包括格式和输入掩码。

1. 字段格式

用于指定字段显示时的格式,设置方法就是在“格式”文本框中输入格式字符或字符的组合,可用的格式字符及其含义如表 4-1 所示。

表 4-1 字段格式字符及说明

字符	说　明
A	只允许字符和汉字(不允许空格或标点符号)
D	使用当前的 SET DATE 格式
E	以英国日期格式编辑日期型数据
T	删除输入字段前导空格和结尾空格
^	使用科学计数法显示数值型数据,只用于数值型数据
$	显示货币符号,只用于数值型数据或货币型数据
!	把字母转换为大写字母,只用于字符型数据,且只用于文本框
K	当光标移动到文本框上时,选定整个文本框
L	在文本框中显示前导零,而不是空格。只对数值型数据使用
M	允许多个预设置的选择项。选项列表存储在 InputMask 属性中,列表中的各项用逗号分隔。列表中独立的各项不能再包含嵌入的逗号。如果文本框的 Value 属性并不包含此列表中的任何一项,则它被设置为列表中的第一项。此设置只用于字符型数据,且只用于文本框
R	显示文本框的格式掩码,掩码字符并不存储在控制源中。此设置只用于字符型或数值型数据,且只用于文本框

例如,图书表中的 ssh(索书号)字段,若将该字段的格式设置为“!”,则向该字段中输入的大写字母和小写字母都将显示为大写字母;若将该字段的格式设置为“T!”(如图 4-11 所示),则该字段中输入的大写字母和小写字母都将显示为大写字母,且前导空格自动被删除。

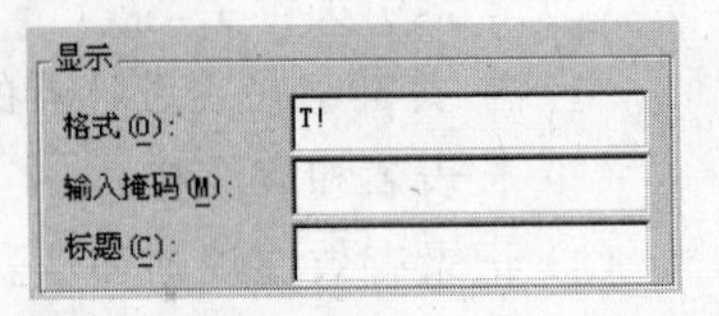

图 4-11　ssh 字段的格式

2. 字段的输入掩码

用以限制或控制用户输入数据的格式,设置方法就是在输入掩码框中输入掩码字符或字符的组合，可用的输入掩码字符及其含义如表 4-2 所示。

表 4-2 字段输入掩码字符及说明

字符	说　明
X	可输入任何字符
9	可输入数字和正负符号
#	可输入数字、空格和正负符号
$	在某一固定位置显示(由 SET CURRENCY 命令指定的)当前货币符号
*	在值的左侧显示星号
.	句点分隔符指定小数点的位置
,	逗号可以用来分隔小数点左边的整数部分
$ $	在微调控制或文本框中，货币符号显示时不与数字分开

如图 4-12 所示，读者表中的 jszh(借书证号)字段，设置其输入掩码为 99999999 可限制用户输入一个由 8 个数字或正负符号组成的编号。若不设置输入掩码，则可输入 8 个字节宽度的任意字符。

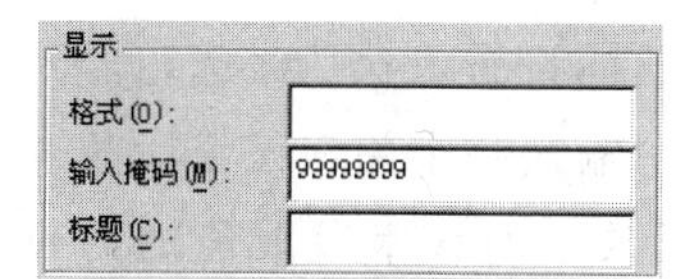

图 4-12　jszh 字段的输入掩码

图 4-13　ssh 字段的标题

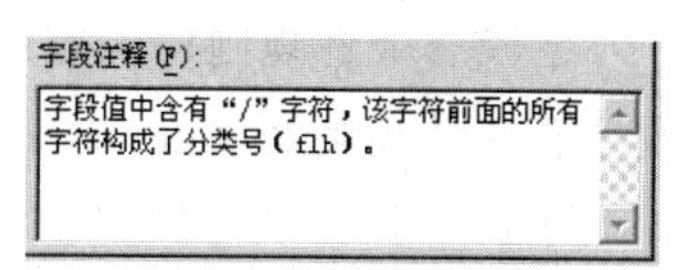

图 4-14　ssh 字段的注释

4.3.3 字段的标题、注释及匹配字段类型到类

1. 字段的标题与注释

字段标题是一个说明性标签，可以在“浏览”窗口、表单或报表中代替字段名显示，在字段名不能明确表达列的含义时，为字段设置标题可增强表的可读性。如果标题还不能充分表达字段的含义或者对于该字段有其他信息需要说明，还可以给字段加上注释。

为字段设置标题与注释的方法比较简单。选定字段(如 ssh)，如图 4-13 所示，在“标题”框中，键入为字段选定的标题(如“索书号”)；如图 4-14 所示，在“字段注释”框中键入注释内容(如“字段值中含有‘/’字符，该字符前面的所有字符构成了分类号(flh)。”)，再单击“确定”按钮则完成了为 ssh 字段添加标题和注释的操作。注意设置字段标题和字段注释时无须加引号。

2. 匹配字段类型到类

“匹配类型到类”属性包括“显示库”和“显示类”两个设置框，其作用是指定使用“表单向导"生成表单或从数据环境中将字段拖放到表单上时，相应于该字段在表单上会添加哪种类型的控件。可以使用默认控件，也可以在"显示类"下拉列表中选择需要的控件类，如图 4-15 所示。

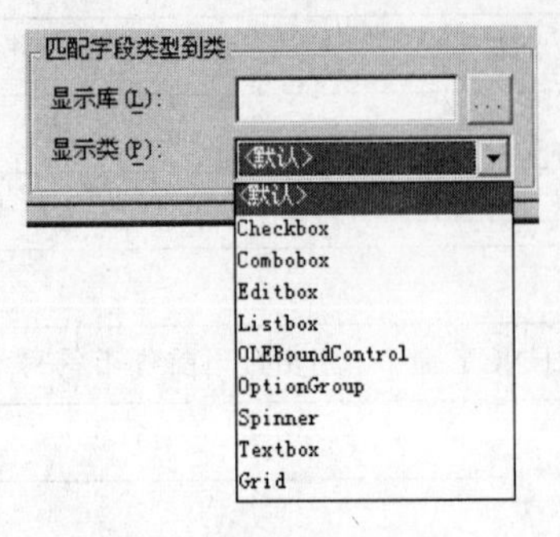

图 4-15　匹配字段类型到类

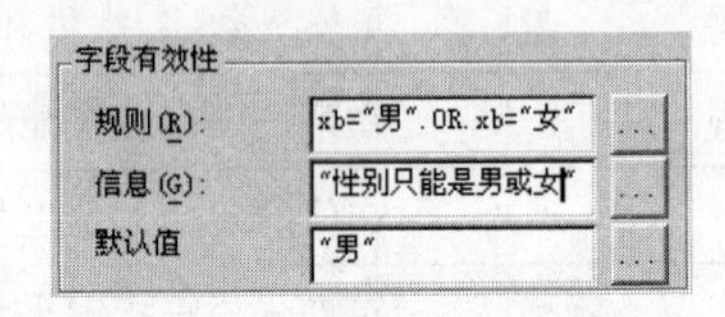

图 4-16　xb 字段的字段有效性

4.3.4　字段有效性

字段有效性是指施加给某字段的约束，用于数据输入正确性的检验。字段有效性包括三项内容：字段有效性规则、字段有效性信息和默认值。

字段有效性规则用来控制输入到字段中的数据的约束条件，设置方法为：选定需要设置有效性规则的字段(如 xb)，如图 4-16 所示，在"规则"框中输入一个关于该字段的逻辑表达式(例如，xb＝"男". OR. xb＝"女")，此逻辑表达式反映了对该字段取值的约束条件。

字段有效性信息又称为字段有效性说明，通常和字段有效性规则配合使用，用于指定字段取值不满足字段有效性规则要求时所显示的消息框中的说明信息。其设置方法为：在图 4-16 所示的"信息"框中输入一个字符型表达式(如果是一个字符串，则必须用引号或方括号括起来，如"性别只能是男或女")，该字符表达式的值即希望在消息框中显示的说明信息。字段的有效性规则在插入或修改字段时被激活。对于图 4-16 所示的设置，若向 xb 字段输入"男"和"女"之外的字符，则"规则"框中的逻辑表达式值为. F.，此时会拒绝字段值的输入并显示"有效性信息"中设定的字符串，如图 4-17 所示。

默认值是向表中追加新记录时系统自动输入的字段值，设置的默认值必须是一个与所选字段数据类型相同的表达式。为字段设置默认值可以减少数据输入的工作量。例如，若已知读者表中性别为"男"的读者较多，则可以将 xb 字段的字段默认值设置为"男"，如图 4-16 中的"默认值"框。此后，向读者表中添加的新记录的 xb 字段会自动填充"男"。再例如，图书借阅管理系统中，为避免借书行为发生时人工输入"借书日期"和"还书日期"字段(日期型)的默认值就可以设置为日期函数 DATE()。

需要注意的是，修改数据库表结构后单击"确定"按钮会弹出图 4-18 所示的对话框。若表中已有记录都满足设置的有效性规则，可以选中图 4-18 中的"用此规则对照现有的数据”复选框;若已有记录中有不满足有效性规则的数据,则不能选中复选框,否则无法设置有效性规则。

图 4-17 “有效性信息”消息框

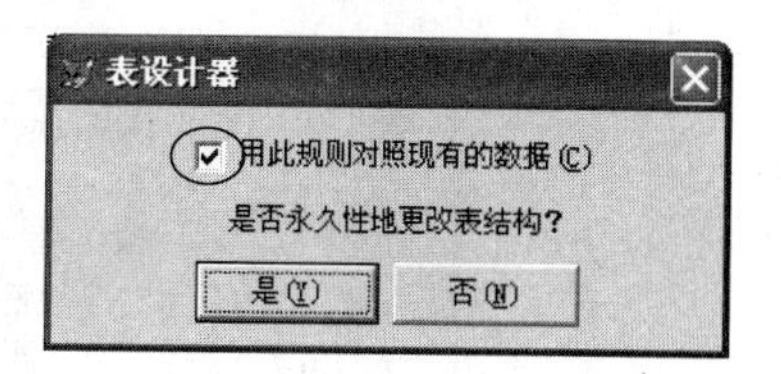

图 4-18 表结构修改确认对话框

4.3.5 长表名和表注释

在表设计器中,不仅可以为字段设置扩展属性,还可以单击“表”选项卡,为整个表或表中的记录设置属性,包括长表名、记录的有效性、触发器和表注释。

在默认情况下,表名就是表文件名(如图 4-19 所示)。对于数据库表来说,用户还可以为其设置一个长表名,以便于标识。设置了长表名的数据库表在项目管理器、浏览等窗口中都以长表名标识。在 USE 命令中用长表名指定要打开的表,必须先打开数据库。设置长表名的方法是在“表名”框中输入指定的长表名(如“借阅”),如图 4-20 所示。

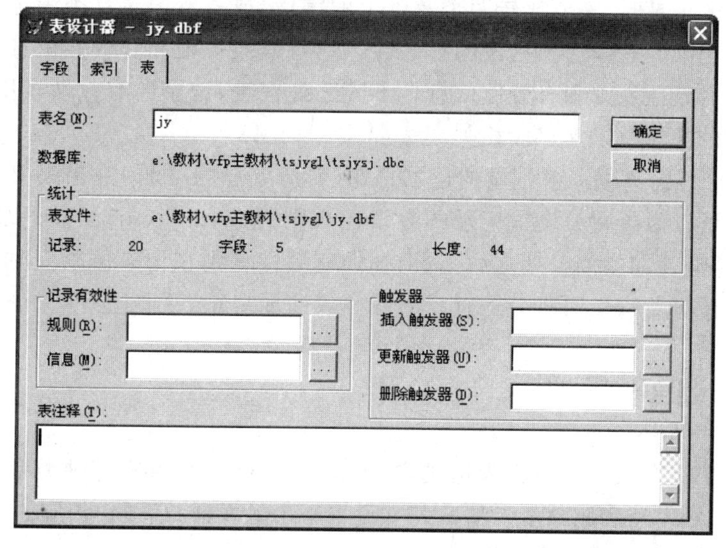

图 4-19 “表”选项卡

表注释是表的说明信息,可进一步补充说明表名和长表名。在项目管理器中选择一个表后,设置的表注释会在项目管理器窗口下部的说明框中显示。设置表注释的方法是在“表注释”框中输入注释信息(如“这是一张记录所有读者借、还书情况的表”),如图 4-20 所示。

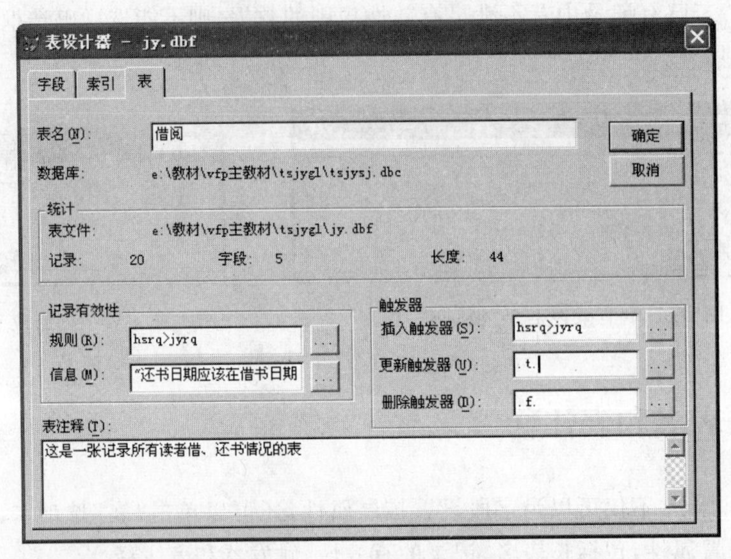

图 4-20　表属性的设置

4.3.6　记录的有效性

向表中输入记录时，若要比较两个及以上的字段，或查看记录是否满足一定条件时，可以为表设置记录的有效性。记录的有效性包括有效性规则和有效性信息，其设置方法类似于字段的有效性规则和有效性信息。不同之处在于，记录的有效性规则对应的逻辑表达式与表中的两个及以上字段相关。

如图 4-20 所示，为保证各记录的还书日期(对应字段为 hsrq)在借书日期(对应字段为 jyrq)之后，可以为借阅表设置记录的有效性规则为 hsrq＞jyrq；设置记录的有效性信息为"还书日期应该在借书日期之后"。记录的有效性规则在记录值改变时被激活，移动记录指针或关闭浏览窗口时将会检查记录的有效性规则。

4.3.7　记录的触发器

触发器是绑定在表上的逻辑表达式，在 Visual FoxPro 中共有三种类型的触发器：插入触发器、更新触发器和删除触发器。若要设置某个触发器，只须在相应的文本框中输入或使用表达式生成器构造一个逻辑表达式。

每次对表进行插入、更新或删除记录操作时检验相应的触发器规则，若规则表达式返回值为真(.T.)，则允许插入记录、更新记录或删除记录。如图 4-20 所示，借阅表(jy.dbf)的插入触发器设置为 hsrq＞jyrq，则向表中插入记录时，若 hsrq 字段的值小于等于 jyrq 字段的值，就会显示"触发器失败"消息框；更新触发器设置为.t.，说明允许更新表中记录；删除触发器设置为.f.，说明不允许删除表中记录，若删除记录也会显示"触发器失败"消息框。

4.3.8 DBGETPROP()和 DBSETPROP()

数据字典相关的设置，如数据库表表属性、数据库表字段的扩展属性及视图的属性等，还可以通过函数 DBSETPROP()来设置，亦可通过函数 DBGETPROP()来查看。

1. DBGETPROP()函数

DBGETPROP()函数的功能是返回当前数据库的属性，或者返回当前数据库中字段、表或视图的属性。其语法格式为：

```
DBGETPROP(cName, cType, cProperty)
```

其中，

(1) *cName* 指定要设置属性的数据库、字段、表或视图的名称，若要返回表或视图中字段的属性值，可将包含该字段的表或视图的名称加在字段名前面。例如，要返回 ts 表中 tsmc 字段某个属性的值，可指定 *cName* 为 ts.tsmc。

(2) *cType* 指定 *cName* 是当前数据库、当前数据库中表的字段、当前数据库的一个表或当前数据库中的一个视图。它的取值有：

DATABASE——表示 *cName* 是当前数据库。

FIELD——表示 *cName* 是当前数据库中表的字段。

TABLE——表示 *cName* 是当前数据库中的一张表。

VIEW——表示 *cName* 是当前数据库中的一张视图。

(3) *cProperty* 指定要设置的属性名。表 4-3 列出了 *cProperty* 的常用允许值、返回值类型以及属性说明。如果属性是只读的，则它的值就不能用 DBSETPROP()更改。

表 4-3 参数说明

cProperty	类型	说　明
Comment	C	数据库、表、视图、字段的注释文本。可读写
Version	N	数据库版本号。只读
Caption	C	字段标题。可读写
DefaultValue	C	字段默认值。只读
RuleExpression	C	表字段或行规则表达式，只读； 视图字段或行规则表达式，可读写
RuleText	C	表字段或行规则错误文本，只读； 视图字段或行规则错误文本，可读写
DeleteTrigger	C	删除触发器表达式。只读
InsertTrigger	C	插入触发器表达式。只读
UpdateTrigger	C	更新触发器表达式。只读
PrimaryKey	C	主关键字的标识名。只读
Path	C	表的路径。只读

例如，要查看读者表的 jszh 字段的标题属性的命令是：

```
?DBGETPROP("dz.jszh","FIELD","Caption")      && 三个参数值都需要加引号
```

2. DBSETPROP()函数

DBSETPROP()函数的主要功能是给当前数据库、当前数据库中的表和视图或表和视图的字段设置部分属性。其语法格式为：

```
DBSETPROP(cName, cType, cProperty, ePropertyValue)
```

其中，参数 *cName* 和 *cType* 的功能和用法同 DBGETPROP()函数。*cProperty* 指定要设置的属性名。DBSETPROP()函数中，*cProperty* 的允许值比 DBGETPROP()函数少，常用的有 Caption、Comment、RuleExpression、RuleText 等。*ePropertyValue* 指定 cProperty 的设定值，ePropertyValue 的数据类型必须和属性的数据类型相同。

例如，要设置读者表的 jszh 字段的标题属性的命令是：

```
=DBSETPROP('dz.jszh', 'FIELD', 'Caption', '借书证号')
```

4.4 表的添加与移去

4.4.1 将自由表添加到数据库

将自由表添加到某个数据库后，该自由表就变成了数据库表。

方法一，在项目管理器中，选定要添加自由表的数据库下的"表"项，单击"添加"按钮，从弹出的"打开"对话框中选择要加到当前数据库的自由表(如 ts)。

方法二，打开要添加自由表的数据库的数据库设计器，使用"数据库"菜单下的"添加表"命令或在快捷菜单中单击"添加表"命令，从弹出的"打开"对话框中选择要加到当前数据库的自由表(如 dz)。

方法三，执行命令：ADD TABLE *TableName* | ? [NAME *LongTableName*]。其功能是：将 *TableName* 指定的自由表添加到当前数据库，如果使用问号(?)则显示"打开"对话框，从中可以选择添加到数据库中的表。可选参数 NAME *LongTableName* 则为表指定了一个长表名(小于 128 个字符)，可用来取代扩展名为 .DBF 的短文件名。

例如，下列命令序列可以打开 tsjysj 数据库，将自由表 bm、jy、gcqk、dzlx 和 tsfl 添加到其下，并为添加后的 dzlx 和 tsfl 表分别设置长表名"读者类型表"和"图书分类表"。

```
OPEN DATABASE tsjysj
ADD TABLE bm
ADD TABLE jy
ADD TABLE gcqk
ADD TABLE dzlx NAME 读者类型表
```

```
ADD TABLE tsfl NAME 图书分类表
CLOSE DATABASE
```

4.4.2 从数据库中移出表

当数据库不再使用某个表，可以将其从数据库中移出。与将自由表添加到数据库相对应，从数据库中移出表也有三种方法。

方法一，在项目管理器中，选定要移出的表(如 ts2)，单击"移去"按钮，在弹出的提示对话框中单击"移去"按钮。

方法二，打开要移去表的数据库的数据库设计器，在设计器中单击要移去的表，再选择"数据库"菜单下的"移去"命令；或者，在数据库设计器中右击要移去的表，选择快捷菜单中的"删除"。最后在弹出的提示对话框中单击"移去"按钮。

方法三，执行命令：REMOVE TABLE *TableName* | ? [DELETE]。其功能是：将 *TableName* 指定的数据库表从当前数据库中移去，如果使用问号(?)则显示"移去"对话框，从中可以选择要移去的表。如果使用可选项 DELETE，则在将表从数据库中移出的同时也将表从磁盘上删除了。

将表从数据库中移出(不删除)后，就变为自由表，原有的与数据库相关的所有属性，包括字段的标题、注释 、默认值、输入掩码和显示格式、字段和记录级的有效性规则、长表名和表注释、触发器等都会消失，主索引也将转变为候选索引。如果要移去的表和另一表之间有永久性关系、且为主表，则须删除永久性关系后再移去。

注意：如果从磁盘中意外地删除了某个数据库，那么原来此数据库中包含的表仍然保留对该数据库的引用，无法打开该表。此时，使用 FREE TABLE *TableName* 命令可以删除保留在 *TableName* 指定的表中的对数据库的引用，使 *TableName* 指定的表成为自由表。

4.5 永久性关系和参照完整性

在数据库设计器中，用户可以为存在一对多联系的两张表创建永久性关系，基于永久性关系还可以创建这两张表之间的参照完整性规则。

4.5.1 建立表之间的永久关系

1. 关系的种类

在关系模型中实体集之间的联系有一对一联系、一对多联系和多对多联系，它们与关系数据库中表之间的三种关系(一对一关系、一对多关系和多对多关系)相对应。

根据运行后是否一直保持，关系还可以分为永久性关系和临时关系。永久性关系是数据库表之间的一种关系，不仅在运行时存在，而且一直保持；临时关系是使用 SET RELATION 命令创建的表之间的关系，在退出 Visual FoxPro 时解除。

(1) 一对一关系。

设有 A、B 两张表，如果 A 表的一个记录在 B 表中有且仅有一个记录与之对应，而 B 表中的一个记录在 A 表中也有且仅有一个记录与之对应，则 A、B 表之间的这种关系为"一对一关系"。通常，具有"一对一关系"的两张表可以合并为一张表，所以这种关系在实际应用中不经常使用。例如，若用班长表记录各班班长的基本信息(包括学号、姓名、所属班级等)，用班级表记录各班级基本信息(包括班级编号、班级名称、班级人数、班长学号等)，则班长表和班级表之间的关系就是"一对一的关系"。因为一个班只能有一个班长，一个班长也只能属于一个班。

(2) 一对多关系。

设有 A、B 两张表，如果 A 表中的任意一个记录在 B 表中都有几个记录与之对应，而 B 表中的每个记录在 A 表中至多仅有一个记录与之对应，则称 A、B 表之间的这种关系为"一对多关系"，且 A 表是"一表"("主表"、"父表")，B 表是"多表"(或"子表")。例如，若用班长表记录各班班长的基本信息(包括学号、姓名、班级编号等)，用学生表记录全体学生的基本信息(包括学号、姓名、班级编号、班级名称、专业代号等)，则班长表和学生表之间的关系就是"一对多的关系"。因为班长表中任意一个班长(用班级编号标识)在学生表中可以找到多个同班同学的记录，反过来学生表中的一个学生在班级表中至多只能找到一个自己的班长。

(3) 多对多关系。

设有 A、B 两张表，如果 A 表中的任意一个记录在 B 表中都有几个记录与之对应，而 B 表中的每个记录在 A 表中也有多个记录与之对应，则称 A、B 表之间的这种关系为"多对多关系"。例如，若用教师表记录教师的基本信息(包括教师工号、教师姓名等)，用课程表记录课程的基本信息(包括课程代号、课程名称、任课教师工号等)，则教师表和课程表之间的关系就是"多对多关系"。因为一个教师可以担任多门不同的课，一门课可以由多个不同的老师任教。

在实际应用中，常常将"多对多关系"分解成两个"一对多关系"，这就必须建立第三张表来充当两个表的"纽带表"。"纽带表"中存储了两张表的主关键字。例如，可以为具有"多对多关系"的教师表和课程表创建任课表，任课表记录了教师的工号(教师表的主关键字)及其任教课程的课程代号(课程表的主关键字)。这样教师表和任课表之间、课程表和任课表之间都具有"一对多关系"，这里的任课表就是教师表和课程表的纽带表。

对于数据库表之间的永久性关系，主要介绍一对一关系和一对多关系的建立。

2. 永久性关系的建立

建立永久性关系之前首先要分析两张表是"一对一关系"还是"一对多关系"。若是"一对一关系"，则在两张表中基于相关字段分别创建一个主索引或候选索引；若是"一对多关系”，则在父表（一对多关系中的一方）中基于相关字段创建一个主索引或候选索引，在子表（一对多关系中的多方）中基于相关字段创建一个普通索引。

建立永久性关系在数据库设计器中进行（如图 4-21 所示），假设在 tsjysj 数据库中有 7 个表：

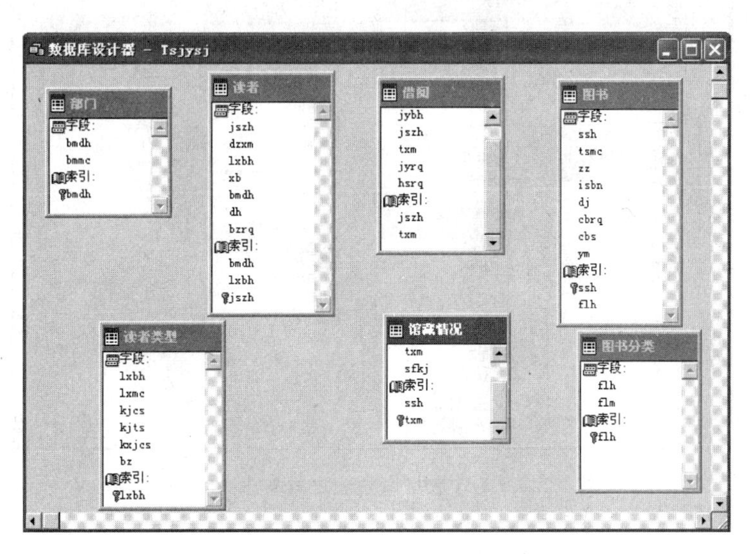

图 4-21　tsjysj 数据库设计器

(1) 部门表(bm. dbf)有 bmdh、bmmc 两个字段，并以 bmdh 为索引表达式创建了主索引 bmdh；

(2) 读者表(dz. dbf)有 jszh、dzxm、lxbh、xb、bmdh 等字段，并以字段 bmdh 和 lxbh 为索引表达式创建了普通索引 bmdh 和 lxbh，以字段 jszh 为索引表达式创建了主索引 jszh；

(3) 读者类型(dzlx. dbf)有 lxbh、lxmc、kjcs、kjts、kxjcs 等字段，并以字段 lxbh 为索引表达式创建了主索引 lxbh；

(4) 借阅表(jy. dbf)有 jybh、jszh、txm、jyrq 等字段，并以字段 jszh 为索引表达式创建了普通索引 jszh，以 txm 为索引表达式创建了普通索引 txm；

(5) 馆藏情况表(gcqk. dbf)有 ssh、txm 和 sfkj 三个字段，并以 ssh 为索引表达式创建了普通索引 ssh，以 txm 为索引表达式创建了主索引 txm；

(6) 图书表(ts. dbf)有 ssh、tsmc、zz 和 isbn 等字段，以 ssh 为索引表达式创建主索引 ssh，以 SUBSTR(ssh,1,AT("/",ssh)－1)为索引表达式创建普通索引 flh；

(7) 图书分类表(tsfl. dbf)有 flh、flm 两个字段，以 flh 为索引表达式创建主索引 flh。

对于这 7 张表，部门和读者有一个“一对多关系”，相关字段是 bmdh；读者类型和读者之间有一个“一对多关系”，相关字段是 lxbh；图书和馆藏情况、图书分类和图书、读者和借阅之间都有一个一对多关系。

对于永久性关系中的“一对多关系”的建立，方法是在数据库设计器中，单击选中父表（如部门表）中的主索引（如 bmdh），按住鼠标左键，并拖动鼠标到子表（如读者表）相应的普通索引(如 bmdh)上(此时,鼠标箭头会变成矩形形状),最后释放鼠标。图 4-22 显示了建立好永久性关系的 tsjysj 数据库的设计器。

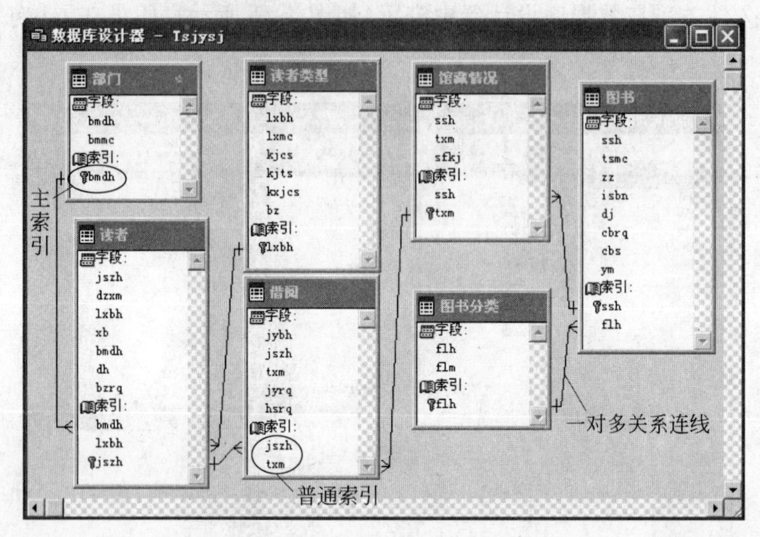

图 4-22　tsjysj 数据库中表之间的永久性关系

3. 永久性关系修改

如果在建立永久性关系时操作有误,随时可以编辑修改永久性关系。

方法一,删除关系再重新建立正确的永久性关系;

方法二,右击要修改的关系连线,从弹出的快捷菜单中选择"编辑关系"或者双击要修改的关系连线,打开"编辑关系"对话框,如图 4-23 所示,通过在下拉列表框中重新选择表或相关表的索引名实现对关系的修改。

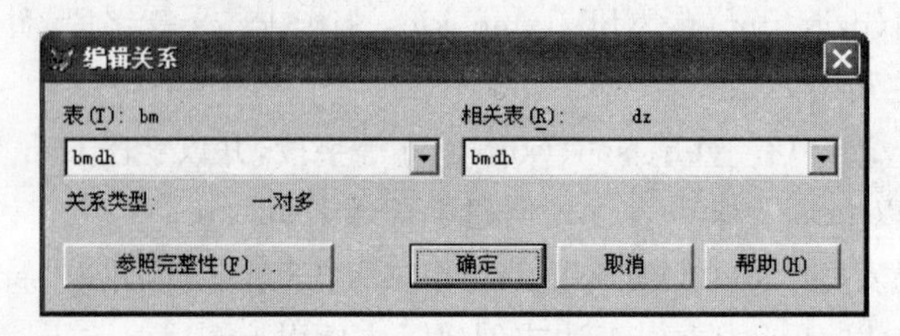

图 4-23　"编辑关系"对话框

4. 永久性关系删除

删除永久性关系有两种方法:

方法一,右击要删除的关系连线,从弹出的快捷菜单中选择"删除关系"命令;

方法二,单击选中要删除的关系连线,按 Delete 键。

4.5.2 设置参照完整性

参照完整性是用来控制数据的完整性，尤其是控制数据库中相关表之间的主关键字和外部关键字之间数据一致性的规则。数据的完整性和一致性要求具有一对多关系的两张数据库表必须满足：

(1) 子表中的每一个记录在父表中必须有一个记录与之对应；

(2) 在子表中插入记录时，其外部关键字值必须是父表主关键字值中的一个；

(3) 在父表中删除记录时，与该记录相关的子表中的记录必须全部删除。

当用户对父表进行删除、修改操作，或对子表进行插入和修改操作时，可能会使子表中的记录成为“孤立记录”，即子表的某些记录在父表中没有记录与之对应。为了防止这种情况的发生，可以通过设置参照完整性规则进行约束。

使用参照完整性生成器可以建立参照完整性规则，控制记录如何在相关表中被插入、更新或删除。如图 4-24 所示，参照完整性规则包括更新规则、删除规则和插入规则三种。其中，更新和删除规则为当父表的关键字值被修改或父表记录被删除时该应用的规则，有“级联”、“限制”和“忽略”三个选项可选择；插入规则为在子表中插入一个新记录或更新一个已存在的记录时该应用的规则，有“限制”和“忽略”两个选项可选择。各规则的各选项的含义见表 4-4。

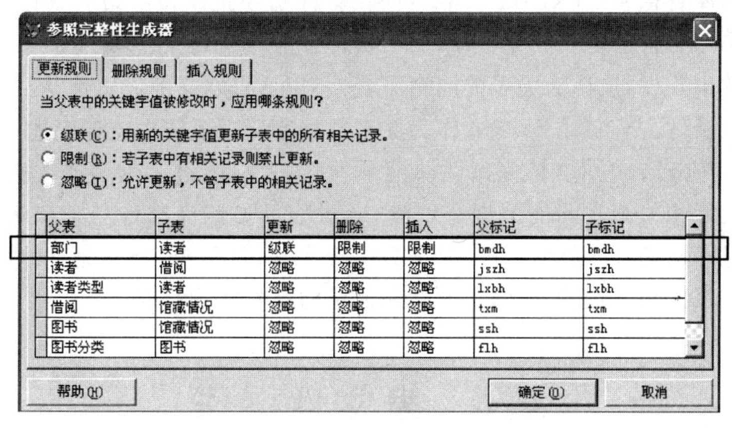

图 4-24 参照完整性生成器

表 4-4 参照完整性规则

	更新规则	删除规则	插入规则
	当父表中记录的主关键字值被更新时触发	当父表中记录被删除时触发	当在子表中插入或更新记录时触发
级联	用新的主关键字值更新子表中的所有相关记录	删除子表中的所有相关记录	无此选项
限制	若子表中有相关记录，则禁止更新	若子表中有相关记录，则禁止删除	若父表中不存在匹配的主关键字值，则禁止插入
忽略	允许更新，不管子表中的相关记录	允许删除，不管子表中的相关记录	允许插入

参照完整性的设置通常在数据库设计器中进行，设置前必须首先清理数据库，方法是在“数据库设计器”窗口中选择菜单“数据库”下的“清理数据库”命令。清理完数据库后，右击表之间的永久性关系连线并从弹出的快捷菜单中选择“编辑参照完整性”菜单命令或在“编辑关系”对话框中单击“参照完整性”按钮，打开图 4-24 所示的参照完整性生成器（注意，不管用户选择哪根连线操作，参照完整性生成器中都将在下半页显示所有连线信息）。

根据以上规则可以为 tsjysj 数据库的部门和读者两张表设置参照完整性。例如，将更新规则设置为“级联”，即当修改部门表的 bmdh 时，也自动修改读者表的 bmdh；将删除规则设置为“限制”，即当删除部门表中的记录时，若读者表中有相关记录，则禁止删除操作；将插入规则设置为“限制”，即向读者表插入记录时检查 bmdh 的值在部门表中是否存在，如果不存在，则禁止插入读者记录。

4.5.3 Visual FoxPro 的数据完整性

数据的完整性是指数据的正确性和相容性，防止不合语义的数据进入数据库。为实现数据的完整性，DBMS 必须满足：①提供定义完整性约束条件的机制；②提供完整性检查的方法；③违约处理。

关系数据库管理系统（RDBMS）的数据完整性实现机制包括域完整性、实体完整性、参照完整性和用户自己定义的完整性，其中实体完整性和参照完整性是关系模型必须满足的完整性约束条件，被称为关系的两个不变性；用户自定义的完整性是具体应用领域需要遵循的约束条件。Visual FoxPro 作为关系数据库管理系统也支持上述 4 类完整性。

在 Visual FoxPro 中，实体完整性即记录的唯一性，通过主索引或候选索引来实现。参照完整性是指相关表之间的数据一致性，通过表的参照完整性规则和触发器来实施。域完整性通过字段的数据类型、宽度及小数位等实现。用户自定义完整性则包括字段级和记录级的约束机制，通过字段的有效性和记录的有效性等实现。

4.6 表文件操作

4.6.1 显示表结构

使用 DISPLAY STRUCTURE 命令可以显示一个表的字段结构，包括表中每个字段的字段名、类型、宽度、索引、排序、是否支持 NULL 值等，其常用格式为：

```
DISPLAY STRUCTURE [IN nWorkArea | cTableAlias] [TO PRINTER [PROMPT] | TO FILE
FileName]
```

其中，参数 TO PRINTER [PROMPT] 用于指定将 DISPLAY STRUCTURE 的结果输出到打印机；TO FILE *FileName* 用于说明将结果输出到 *FileName* 指定的文件中。默认

是将显示结果输出到 Visual FoxPro 主窗口。

例如,执行下列命令序列,可显示相应工作区中表的结构。

```
CLOSE TABLES ALL
USE ts ALIAS 图书表
SELECT 3
USE dz
SELECT 4
USE bm
SELECT 0
USE dz AGAIN
DISPLAY STRUCTURE          && 在 Visual FoxPro 主窗口中显示读者表的表结构,如图 4-25 所示
DISPLAY STRUCTURE IN 图书表    && 在主窗口显示 ts 表的表结构
DISPLAY STRUCTURE IN 4 TO FILE bmstru  && 在 Visual FoxPro 主窗口中显示 bm 表的表结
                                       && 构,同时将结果保存到 bmstru.txt 文件中
```

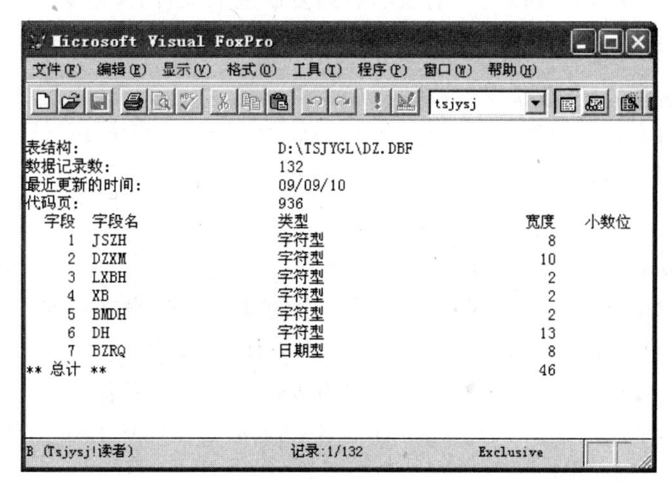

图 4-25　读者表的表结构显示

4.6.2　复制表文件结构

使用 COPY STRUCTURE 命令可以将当前表的结构复制到一个新的自由表文件中,其命令格式为:

```
COPY STRUCTURE TO FileName [FIELDS FieldList] [CDX]
```

其中,FIELDS *FieldList* 指定只将 *FieldList* 中出现的字段复制到新表。若省略 FIELDS *FieldList*,则把所有字段复制到新表;选项[CDX]用于指定为新表创建一个与当前表相同的结构复合索引文件,若当前表的结构复合索引文件中有主索引,则在新表中将转换成候选索引。注意,使用[CDX]选项时,必须保证索引表达式涉及的字段都在新表字段中。

例如,执行下列命令序列将创建三个表文件(dz1、dz2、dz3)和一个结构复合索引文件

(dz3.cdx)。dz1 和 dz3 包含了读者表的所有字段，而 dz2 只包含了 bmdh、jszh、lxbh 和 xb 四个字段。

```
CLOSE TABLES ALL
USE dz
COPY STRUCTURE TO dz1
COPY STRUCTURE TO dz2 FIELDS bmdh,jszh,lxbh,xb
COPY STRUCTURE TO dz3 CDX              && 读者表的主索引 jszh 在 dz3 中成了候选索引
USE
```

4.6.3 复制表文件到其他文件或数组

1. COPY TO 命令

使用 COPY TO 命令可以将当前表的数据复制到表文件、文本文件和 Excel 文件等，常用命令格式为：

```
COPY TO FileName [DATABASE DatabaseName [NAME LongTableName]]
[FIELDS FieldList| FIELDS LIKE Skeleton| FIELDS EXCEPT Skeleton]
[Scope] [FOR lExpression] [CDX][SDF | DELIMITED| XLS ]
```

其中，

(1) *FileName*，指定复制产生的新文件名。

(2) DATABASE *DatabaseName*，复制产生的新文件是表文件时，使用该子句指定将新表添加到哪个数据库，缺省时复制产生的新表为自由表。

(3) NAME *LongTableName*，为新数据库表指定一个长表名。

(4) FIELDS *FieldList*| FIELDS LIKE *Skeleton*| FIELDS EXCEPT *Skeleton*，用于指定新文件中包含哪些字段。

(5) *Scope* 和 FOR *lExpression*，用于指定要复制到新文件中的记录的范围及满足的条件。

(6) CDX，复制产生的新文件是表文件时，使用该子句可在复制的同时为新表创建一个与已有表的结构复合索引文件相同的结构复合索引文件。

(7) SDF | DELIMITED，用于指定复制产生的新文件是文本文件，扩展名是.txt。

(8) XLS 创建 Microsoft Excel 2.0 版的电子表格文件。当前选定表中的每个字段变为电子表格中的一列，每条记录变为一行。若不包含文件扩展名，则新建电子表格的文件扩展名指定为.XLS。不指定文件类型时，默认新文件是表文件。

例如，下列命令序列可将 bm 表所有记录的所有字段值复制到自由表 bm1.dbf 和数据库表 bm2.dbf 中，并给 bm2.dbf 取了长表名“部门表 2”。

```
USE bm
COPY TO bm1
COPY TO bm2 DATABASE tsjysj NAME 部门表 2
```

```
USE
```

又如，下列命令序列可将读者表中姓“周”的所有记录的字段名以 b 开头的所有字段值复制到自由表 dz1.dbf 中；将读者表的所有记录数据复制到文本文件 dztxt 和 Excel 文件 dzxls 中。

```
USE dz
COPY TO dz1 FIELDS LIKE b * FOR LIKE('周 * ',dzxm)
USE dz1
BROWSE                  && 执行结果如图 4-26 所示
USE dz
COPY TO dztxt SDF       && 执行后在磁盘上生成了 dztxt.txt 文件
COPY TO dzxls XL5       && 执行后在磁盘上生成了 dzxls.xls 文件
USE
```

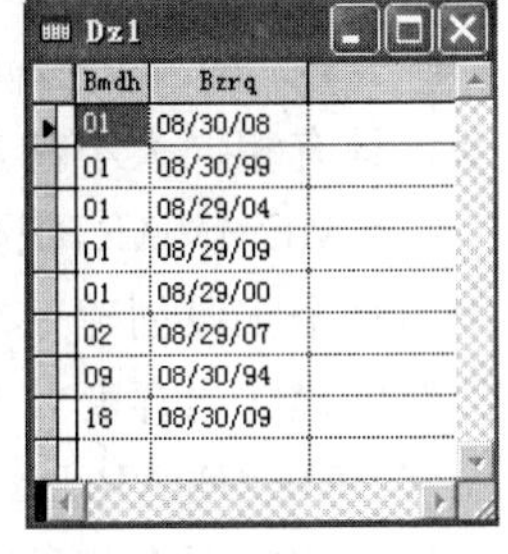

Bmdh	Bzrq
01	08/30/08
01	08/30/99
01	08/29/04
01	08/29/09
01	08/29/00
02	08/29/07
09	08/30/94
18	08/30/09

图 4-26　复制结果 dz1 的记录数据

2. COPY TO ARRAY 命令

使用 COPY TO ARRAY 命令可以将当前表中的数据复制到数组，其命令格式为：

```
COPY TO ARRAY ArrayName
[FIELDS FieldList| FIELDS LIKE Skeleton| FIELDS EXCEPT Skeleton]
[Scope] [FOR lExpression]
```

各参数的含义及功能参见 COPY TO 命令中相应的参数。

例如，将读者表中所有 bmdh 为“01”、性别为“女”的记录数据复制到数组 dzarr01 中：

```
USE dz
COPY TO ARRAY dzarr01 FOR bmdh='01' AND xb='女'
DISPLAY MEMORY LIKE dzarr01              && 在主窗口显示 dzarr01 的内容
USE
```

3. SCATTER 命令

SCATTER 命令用于将表的当前记录数据复制到一组内存变量或数组中，其命令格式为：

```
SCATTER [FIELDS FieldNameList|FIELDS LIKE Skeleton
|FIELDS EXCEPT Skeleton] [MEMO]
TO ArrayName [BLANK] | MEMVAR [BLANK]
```

其中，参数

(1) FIELDS *FieldNameList* | FIELDS LIKE *Skeleton* | FIELDS EXCEPT *Skeleton*，参见 COPY TO 命令。若不使用 FIELDS 子句指定字段，则复制除备注型和通用型之外的全部字段。

(2) MEMO，指定字段列表中包含了备注字段。默认情况下，SCATTER 不处理备注字段。

(3) TO *ArrayName*，指定接受记录内容的数组。从第一个字段起，SCATTER 按顺序将每个字段的内容复制到数组的每个元素中。如果指定数组的元素比字段数多，则多余数组元素的内容不发生变化。如果指定数组不存在，或者它的元素个数比字段数少，则系统自动创建一个新数组，数组元素与对应字段具有相同的大小和数据类型。

(4) TO *ArrayName* BLANK，创建一个数组 *ArrayName*，它的元素与表中要复制的字段具有相同大小和数据类型，但没有内容。

(5) MEMVAR，把数据传送到一组内存变量而不是数组中。SCATTER 为表中要复制的每个字段创建一个内存变量，并把当前记录各字段的内容复制到相应的内存变量中。新创建的内存变量与对应字段具有相同的名称、大小和数据类型。

(6) MEMVAR BLANK，为需要复制的每个字段创建一个空内存变量，每个内存变量与相应的字段有相同的名称、数据类型以及相同的大小。

例如，下列命令序列可用于将读者表中的第 5 条记录的 jszh、dzxm 和 bzrq 字段值复制到数组 dzarr2 中，将第 7 条记录的 jszh、dzxm 和 bzrq 字段值复制到内存变量中。

```
USE dz
GO 5
SCATTER FIELDS jszh,dzxm,bzrq TO dzarr2
DISPLAY MEMORY LIKE dzarr2
GO 7
SCATTER FIELDS jszh,dzxm,bzrq MEMVAR
?m.jszh,m.dzxm,m.bzrq                && 在主窗口输出 3 个内存变量的值
USE
```

4.6.4 从其他文件或数组给当前表追加记录

使用 APPEND FROM（参见 3.2.1 节）命令可以将其他文件中的数据追加到当前表记录中，GATHER 命令则可以将数组或内存变量组中的数据复制到表的当前记录。

GATHER 命令用于将某个数组或内存变量组中的数据作为一条记录复制到表的当前记录中，其命令格式为：

```
GATHER FROM ArrayName | MEMVAR
[FIELDS FieldList | FIELDS LIKE Skeleton | FIELDS EXCEPT Skeleton]
[MEMO]
```

各参数的含义及功能参见 SCATTER 命令中相应的参数。从数组（选用 FROM *ArrayName*）复制数据时，第一个数组元素的内容替换需要替换的第一个字段的内容，第二个数组元素的内容替换需要替换的第二个字段的内容，依此类推。如果数组元素的数目少于需要替换的字段的数目，则忽略多余的字段。如果数组元素的数目多于需要替换的字段的数目，则忽略多余的数组元素；从内存变量组（选用 MEMVAR）复制数据时，内存变量的数据将传送给与此内存变量同名的字段。如果没有与某个字段同名的内存变量，则不替换此字段。MEMO 指定用数组元素或内存变量的内容替换备注字段的内容，

否则 GATHER 命令将跳过备注字段。

例如，执行下列命令序列将创建一个自由表 test，里面包含图 4-27 所示的一条记录。

```
CREATE TABLE test FREE (object C(10), color C(16), sqft N(6,2))
SCATTER MEMVAR BLANK          && 为 test 表各字段创建一个同名的空内存变量
m.object="box"                && 给内存变量 object 赋值
m.color="red"                 && 给内存变量 color 赋值
m.sqft=12.5                   && 给内存变量 sqft 赋值
append blank                  && 向 test 表追加一条空记录
GATHER MEMVAR                 && 将 3 个内存变量的值复制到 test 表的当前记录
BROWSE
```

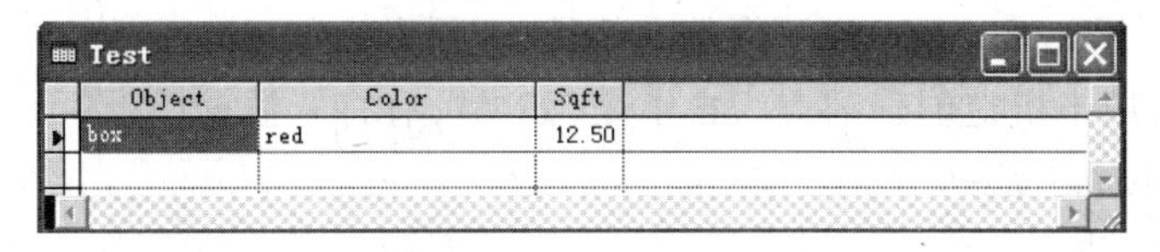

图 4-27　Test 表

4.7　利用 SQL 语句操作表

4.7.1　SQL 语句简介

SQL 是 Structured Query Language(结构化查询语言)的缩写，它是关系数据库的标准语言，现在所有的关系数据库管理系统都支持 SQL。SQL 可以用一种语法结构提供多种使用方式，既能独立存在，又能被嵌入到高级语言(例如 C、C++ 、Java)中。SQL 集数据定义语言(DDL)、数据操纵语言(DML)和数据控制语言(DCL)于一体，能完成数据查询、数据定义(包括数据结构的创建、修改和删除)、数据操纵(包括数据的增加、删除和修改)、数据控制(包括权利的授予与回收)等功能。

Visual FoxPro 支持的、与数据定义和数据操纵相关的 SQL 语句主要有 CREATE TABLE-SQL 语句、ALTER TABLE-SQL 语句、DELETE-SQL 语句、INSERT-SQL 语句和 UPDATE-SQL 语句等。

4.7.2　CREATE TABLE-SQL 语句

在 3.1 节介绍了通过表设计器创建表的方法，在 Visual FoxPro 中使用 CREATE TABLE-SQL 语句同样可以创建一个表，相应的语句格式是：

```
CREATE TABLE | DBF TableName1 [NAME LongTableName] [FREE]
(FieldName1 FieldType [(nFieldWidth [, nPrecision])] [NULL | NOT NULL]
[CHECK lExpression1 [ERROR cMessageText1]]
[DEFAULT eExpression1]
```

```
[PRIMARY KEY | UNIQUE]
[REFERENCES TableName2 [TAG TagName1]]
[, FieldName2 ...]
[, PRIMARY KEY eExpression2 TAG TagName2 |, UNIQUE eExpression3 TAG TagName3]
[, FOREIGN KEY eExpression4 TAG TagName4 REFERENCES TableName3 [TAG TagName5]]
[, CHECK lExpression2 [ERROR cMessageText2]])
| FROM ARRAY ArrayName
```

其中，

(1) CREATE TABLE | DBF *TableName1* 中，TABLE 和 DBF 选项作用相同，*TableName1* 指定要创建的表的名称。

(2) NAME *LongTableName*，指定表的长名，最多可包括 128 个字符。

(3) FREE，用于指定创建的表为自由表，如果没有打开数据库，则不需要 FREE。

(4) *FieldName1 FieldType* [(*nFieldWidth* [, *nPrecision*])]，分别指定字段名、字段类型、字段宽度和字段精度（小数位数）。字段类型指定字段数据类型的单个字母。

(5) NULL，允许该字段为 NULL 值。NOT NULL，不允许该字段为 NULL 值。

(6) CHECK *lExpression1*，指定字段的有效性规则。ERROR *cMessageText1*，指定当字段的值违反了字段的有效性规则时，Visual FoxPro 显示的错误信息。

(7) DEFAULT *eExpression1*，指定字段的默认值，*eExpression1* 的数据类型必须和字段的数据类型相同。

(8) PRIMARY KEY，将此字段作为主索引，主索引标识名和字段名相同。UNIQUE，将此字段作为一个候选索引。候选索引标识名和字段名相同。

(9) REFERENCES *TableName2* [TAG *TagName1*]，指定建立永久关系的父表。如果省略 TAG *TagName1*，则使用父表的主索引关键字建立关系。如果父表没有主索引，则 Visual FoxPro 产生错误。TAG *TagName1* 选项为父表建立一个基于现有索引标识的关系，索引标识名最多可包含 10 个字符。

(10) PRIMARY KEY *eExpression2* TAG *TagName2*，以 *eExpression2* 为索引表达式创建标识名为 *TagName2* 的主索引。

(11) UNIQUE *eExpression3* TAG *TagName3*，以 *eExpression3* 为索引表达式创建标识名为 *TagName3* 的候选索引。

(12) FOREIGN KEY *eExpression4* TAG *TagName4* REFERENCES *TableName3* [TAG *TagName5*]，以 *eExpression4* 为表达式创建一个标识名为 *TagName4* 的外部索引（非主索引），并建立和父表 *TableName3* 的永久关系。

(13) CHECK *eExpression2* [ERROR *cMessageText2*]，指定记录的有效性规则。ERROR *cMessageText2* 指定当记录数据违反了记录的有效性规则执行时，Visual FoxPro 显示的错误信息。

(14) FROM ARRAY *ArrayName*，根据数组创建表结构，该数组中包含表的每个字段的名称、类型、宽度及小数位数。

例如，下列命令序列创建了图书借阅管理系统中的读者表、读者类型表、馆藏情况表和图书表4张数据库表(事先要将所属的数据库打开),并为读者表的xb字段设置了有效性规则和有效性信息、为读者类型表设置了长表名、为馆藏情况表的sfkj字段设置了默认值,还以图书表的ssh字段为索引表达式创建了主索引ssh。

读者表(dz.dbf):

```
CREATE TABLE dz (jszh C(8),dzxm C(10),lxbh C(2),xb C(2) CHECK xb$'男女' ERROR '性别只能是男或女',bmdh C(2),dh C(13),bzrq D)
```

读者类型表(dzlx.dbf):

```
CREATE TABLE dzlx NAME 读者类型表 (lxbh C(2),lxmc C(4),kjcs I,kjts I,kxjcs I,bz M)
```

馆藏情况表(gcqk.dbf):

```
CREATE TABLE gzqk (ssh C(20),txm C(11),sfkj L DEFAULT .T.)
```

图书表(ts.dbf):

```
CREATE TABLE ts (ssh C(20) PRIMARY KEY,tsmc C(40),zz C(30),isbn C(17),dj N(6,2),
cbrq D,cbs C(20),ym I)
```

注意,若要创建自由表,在执行CREATE TABLE命令之前需要将打开的数据库都关闭,或者在命令中使用FREE子句。例如,要创建自由表tsfl则可以使用下列命令:

```
CREATE TABLE tsfl FREE (flh C(10),flm C(20))
```

4.7.3 ALTER TABLE-SQL语句

ALTER TABLE-SQL语句用于修改表结构,字段的名称、类型、精度、范围、对NULL值的支持以及参照完整性规则等均可以通过该语句进行更改。ALTER TABLE-SQL语句有三种格式。

格式1:

```
ALTER TABLE TableName1 ADD | ALTER [COLUMN]
FieldName1 FieldType [(nFieldWidth [, nPrecision])] [NULL | NOT NULL]
[CHECK lExpression1 [ERROR cMessageText1]]
[DEFAULT eExpression1]
[PRIMARY KEY | UNIQUE]
[REFERENCES TableName2 [TAG TagName1]]
```

格式1可以添加(ADD)新的字段或修改(ALTER)已有的字段,其他各参数含义与CREATE-SQL语句中的相应参数相同。

例如,修改读者表的结构,向读者表中添加失效日期(sxrq,D)字段并允许为空,可使用下列命令:

```
ALTER TABLE dz ADD COLUMN sxrq D NULL
```

格式 2：

```
ALTER TABLE TableName1 ALTER [COLUMN] FieldName2
[NULL | NOT NULL]
[SET DEFAULT eExpression2]
[SET CHECK lExpression2 [ERROR cMessageText2]]
[DROP DEFAULT] [DROP CHECK]
```

格式 2 主要用于设置、修改和删除 *FieldName2* 字段的有效性规则和默认值。其中，

(1) SET DEFAULT *eExpression2*，设置字段的新默认值。

(2) SET CHECK *lExpression2*，设置字段的新的有效性规则。ERROR *cMessageText2*，指定当字段的值违反了字段的有效性规则时，Visual FoxPro 显示的错误信息。

(3) DROP DEFAULT，删除字段的默认值。DROP CHECK，删除字段的有效性规则。

例如，下列命令可修改读者表的结构，为 lxbh 字段设置有效性规则：lxbh='01' OR lxbh='02'，和有效性信息："读者的类型编号只能是 01 或 02"。

```
ALTER TABLE dz ALTER COLUMN lxbh SET CHECK lxbh='01' OR lxbh='02' ERROR '读者的类型编号只能是 01 或 02'
```

若要删除新设置的有效性规则和信息，则可使用下列命令：

```
ALTER TABLE dz ALTER COLUMN lxbh DROP CHECK
```

格式 3：

```
ALTER TABLE TableName1 [DROP [COLUMN] FieldName3]
[SET CHECK lExpression3 [ERROR cMessageText3]]
[DROP CHECK]
[ADD PRIMARY KEY eExpression3 TAG TagName2 [FOR lExpression4]]
[DROP PRIMARY KEY]
[ADD UNIQUE eExpression4 [TAG TagName3 [FOR lExpression5]]]
[DROP UNIQUE TAG TagName4]
[ADD FOREIGN KEY [eExpression5] TAG TagName4 [FOR lExpression6]
REFERENCES TableName2 [TAG TagName5]]
[DROP FOREIGN KEY TAG TagName6 [SAVE]]
[RENAME COLUMN FieldName4 TO FieldName5]
```

格式 3 主要用于删除字段（DROP [COLUMN]）、重命名字段（RENAME COLUMN），设置（SET 或 ADD）或删除（DROP）表的记录级有效性规则、主索引、候选索引、外部索引等。

例如，若要将读者表中的 dh 字段改名为 dhhm，可使用下列命令：

```
ALTER TABLE dz RENAME COLUMN dh TO dhhm
```

若要删除读者表中新添加的 sxrq 字段，则可使用下列命令：

```
ALTER TABLE dz DROP COLUMN sxrq
```

4.7.4 INSERT-SQL 语句

INSERT-SQL 语句用于在指定表的尾部追加一个包含指定字段值的记录，在 Visual FoxPro 中，它有两种格式。

格式 1：

```
INSERT INTO dbf_name [(fname1 [, fname2, ...])]
VALUES (eExpression1 [, eExpression2, ...])
```

格式 1 是 SQL 的标准格式。*dbf_name* 指定要追加记录的表名；[(*fname1* [, *fname2*, ...])]为字段名列表，指定需要给新记录的哪些字段插入值；(*eExpression1* [, *eExpression2* [, ...]])指定给需要插入值的字段插入什么值。如果省略了字段名列表，则必须按照表结构定义字段的顺序来指定字段值。

格式 2：

```
INSERT INTO dbf_name FROM ARRAY ArrayName | FROM MEMVAR
```

格式 2 是 Visual FoxPro 的特殊格式。FROM ARRAY *ArrayName* 指定将数组 *ArrayName* 各元素的值依次插入到记录的对应字段中。FROM MEMVAR 指定将内存变量的值插入到与它同名的字段中，如果某字段不存在同名的内存变量，则该字段值为空。

例如，下列两条语句可用于向读者表的尾部增加两个记录：

```
INSERT INTO dz VALUES ("20000026","李微","01","女","20","13813713909",{^2008-09
-01})
INSERT INTO dz (jszh,dzxm,xb,bzrq) VALUES ("20000027","李微微","女",{^2007-09-01})
```

又如，在命令窗口中执行下列命令序列，同样可以给读者表追加 1 个记录。

```
jszh='20000028'                        && 定义内存变量并赋值
dzxm='李小微'
lxbh='02'
xb='女'
bzrq={^2008-08-31}
INSERT INTO dz FROM MEMVAR             && 将内存变量的值赋给新记录的同名字段
```

追加的 3 个记录如图 4-28 所示。

4.7.5 UPDATE-SQL 语句

UPDATE-SQL 语句用于批量修改表中记录的值，其格式为：

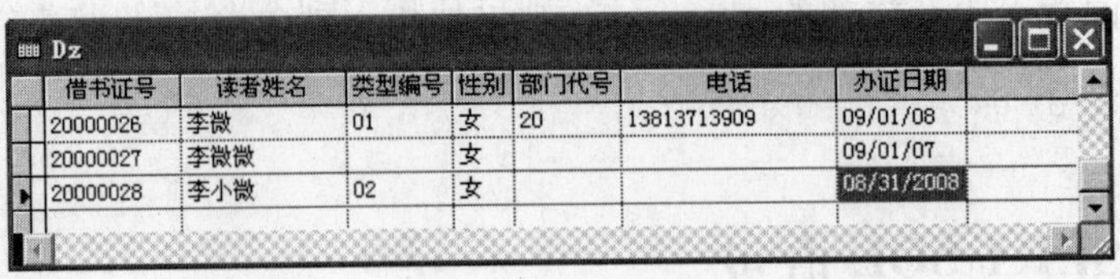

Dz

借书证号	读者姓名	类型编号	性别	部门代号	电话	办证日期
20000026	李微	01	女	20	13813713909	09/01/08
20000027	李微微		女			09/01/07
20000028	李小微	02	女			08/31/2008

图 4-28　INSERT 插入的两个记录数据

```
UPDATE TableName
SET Column_Name1=eExpression1 [, Column_Name2=eExpression2 ...]
[WHERE FilterCondition]
```

其中，*TableName* 指定要更新记录的表名；SET *Column_Name1* = *eExpression1* [, *Column_Name2* = *eExpression2* ...]指定用表达式 *eExpression1* 的值作为字段 *Column_Name1* 的当前值，用 *eExpression2* 的值作为 *Column_Name2* 的当前值。可见，UPDATE-SQL 语句一次可以更新多个字段。[WHERE *FilterCondition*]指定只对满足逻辑表达式 *FilterCondition* 的记录进行更新。如果不使用 WHERE 子句，则更新全部记录。

例如：

```
REPLACE ALL dh WITH 'A'+dh
```

等价于

```
UPDATE dz SET dh='A'+dh
```

```
REPLACE ALL dh WITH SUBSTR(dh,2)
```

等价于

```
UPDATE dz SET dh=SUBSTR(dh,2)
```

```
REPLACE ALL jszh WITH bmdh+SUBSTR(jszh,3) FOR bmdh='01'
```

等价于

```
UPDATE dz SET jszh=bmdh+SUBSTR(jszh,3) WHERE bmdh='01'
```

4.7.6　DELETE-SQL 语句

DELETE-SQL 语句用于给要删除的记录做删除标记，其格式为：

```
DELETE FROM TableName [WHERE FilterCondition]
```

这里，*TableName* 是要给其中的记录加删除标记的表的表名，[WHERE *FilterCondition*]指定只对满足逻辑表达式 *FilterCondition* 的记录添加删除标记。如果不使用 WHERE 子句，则为指定表的全部记录添加删除标记。

例如，将图 4-28 所示读者表中的 3 个记录从读者表中彻底删除，可使用命令序列：

```
DELETE FROM dz WHERE jszh>'20000025' AND jszh<'20000029'
PACK
```

习　　题

一、选择题

1. 创建一个数据库后，系统会在磁盘上生成三个文件，它们有相同的文件名和不同的扩展名，这三个不同的扩展名为(　　)。

A. PJX、PJT、PRG　　B. DBC、DCT、DCX

C. SCT、SCX、SPX　　D. FPT、FRX、FXP

2. 在学校学习中，一名学生可以选择多门课程，一门课程可以被多名学生选择，这说明学生记录与课程记录之间的关系是(　　)。

A. 一对一　　B. 一对多　　C. 多对多　　D. 多对一

3. 在向数据库添加表的操作中，下列叙述中不正确的是(　　)。

A. 可以将一张自由表添加到数据库中

B. 可以将一个数据库表直接添加到另一个数据库中

C. 要将一个数据库中的表变为另一数据库中的表，则必先使其成为自由表

D. 可以在项目管理器中将自由表拖放到数据库中使它成为数据库表

4. Visual FoxPro 数据库文件是(　　)。

A. 管理数据库对象的系统文件　　B. 存放用户数据和系统数据的文件

C. 存放用户数据的文件　　D. 前三种说法都对

5. 打开数据库的命令是(　　)。

A. USE　　B. USE DATABASE

C. OPEN　　D. OPEN DATABASE

6. 在对数据库的操作中，下列说法中正确的是(　　)。

A. 打开了数据库，则原来已打开的数据库被关闭

B. 数据库被删除后，则它包含的数据库表也随之被删除

C. 数据库被删除后，它所包含的表变为自由表

D. 数据库被关闭后，则它所包含的已打开的数据库表被关闭

7. Visual FoxPro 参照完整性规则不包括(　　)。

A. 更新规则　　B. 删除规则　　C. 插入规则　　D. 查询规则

8. 设有两个数据库表，父表和子表之间是一对多的联系，为控制父表和子表中数据的一致性，可以设置参照完整性规则，要求这两表(　　)。

A. 在父表连接字段上建立普通索引，在子表连接字段上建立主索引

B. 在父表连接字段上建立主索引或候选索引，在子表连接字段上建立普通索引

C. 在父表连接字段上不需要建立任何索引，在子表连接字段上建立普通索引

D. 在父表和子表的连接字段上都要建立主索引

9. 数据库表之间创建的永久性关系被保存在(　　)中。

A. 数据库表　　B. 数据库

C. 表设计器　　D. 数据环境设计器

10. Visual FoxPro 的参照完整性中插入规则包括的选择是(　　)。

A. 级联和删除　　B. 级联和忽略　　C. 限制和忽略　　D. 级联和限制

11. 在参照完整性的设置中,如果当父表中记录被删除时要求删除子表中的所有相关记录,则应将删除规则设置为(　　)。

A. 限制　　B. 级联　　C. 忽略　　D. 任意

12. 对于 Visual FoxPro 中的参照完整性规则,下列叙述中错误的是(　　)。

A. 更新规则是当父表中记录的关键字值被更新时触发

B. 删除规则是当父表中记录被删除时触发

C. 插入规则是当父表中插入或更新记录时触发

D. 插入规则只有两个选项:限制和忽略

二、填空题

1. 数据库表之间的一对多永久性关系通过主表的________索引和子表的________索引联系。

2. 在 Visual FoxPro 中,数据库表 STUDENT(学号,姓名,性别,年龄)和 SC(学号,课程号,成绩)之间使用"学号"建立了永久性关系,若将它们之间的参照完整性的更新规则设置为________,则如果表 STUDENT 所有的记录在表 SC 中都有相关的记录进行连接,则不允许修改 STUDENT 中的学号字段值。

3. 不允许子表增加或修改记录后出现"孤立记录",则参照完整性的________应设置为________。

4. 打开数据库可使用命令________;关闭当前数据库可使用命令________;设置当前数据库则使用命令________。

5. 与自由表相比,数据库表可以设置字段的扩展属性和一些表属性。其中,字段的显示属性用来指定输入和显示字段时的格式,包括格式、________和标题属性。

6. 如果意外地删除了某个数据库文件,由于该数据库中包含的数据库表仍然保留对该数据库引用,不能被添加到其他数据库中,这时需要利用________命令删除存储表中的对数据库的引用,使之成为自由表。

第5章 查询与视图

本章主要介绍 SELECT-SQL 语句的用法以及使用设计器创建查询和视图的方法，通过实例的分析，介绍查询和视图在数据库系统中的具体应用。

5.1 查询和视图概述

数据库和数据表最大的用处是提供给用户所需要的数据。一般来说，数据库中的数据量是相当大的，但在具体工作中往往仅涉及其中一部分数据，且涉及多个表，如果用浏览的方法去寻找将十分费时费力，很多统计数据也难以得到。Visual FoxPro 提供了强大的查询与视图功能，可以很方便地完成此类工作。

查询是指依据一定条件向一个数据源发出检索信息的请求，按照一些条件提取特定的数据，它的运行结果是一个动态的数据集合。查询基于的数据源可以是自由表、数据库表或视图，可以是一张表也可以是多张表。在 VFP 中，可以用一条 SELECT-SQL 语句来完成查询，也可以通过查询设计器将这种语句保存为一个扩展名为 QPR 的查询文件。

视图是数据库的一个组成部分，视图不仅具有查询的功能，而且可以改变视图中的数据并把更新结果返回到源表中。查询以独立的文件存储，而视图则不以独立的文件存储，系统将其名称及其定义信息存储在数据库中。

5.2 SELECT-SQL 语句

通过 SQL 语句，可以对数据库进行查询、插入、更新和删除等操作。其中查询使用 SELECT 语句。SELECT 语句用于从一个或多个表中检索数据，并将检索结果以表格的形式返回。

5.2.1 SELECT-SQL 语句

SELECT-SQL 语句的语法如下：

```
SELECT [ALL | DISTINCT] [TOP nExpr [PERCENT]]
```

```
[Alias.] Select_Item [AS Column_Name]
[, [Alias.] Select_Item [AS Column_Name] ...]
FROM [FORCE]
[DatabaseName!]Table [[AS] Local_Alias]
[INNER | LEFT [OUTER] | RIGHT [OUTER] | FULL [OUTER] JOIN
[DatabaseName!]Table [[AS] Local_Alias]
ON JoinCondition ...]
[[INTO Destination]
| [TO FILE FileName [ADDITIVE] | TO PRINTER [PROMPT]
| TO SCREEN]]
[PREFERENCE PreferenceName]
[NOCONSOLE]
[PLAIN]
[NOWAIT]
[WHERE JoinCondition [AND JoinCondition ...]
[AND | OR FilterCondition [AND | OR FilterCondition ...]]]
[GROUP BY GroupColumn [, GroupColumn ...]]
[HAVING FilterCondition]
[UNION [ALL] SELECT命令]
[ORDER BY Order_Item [ASC | DESC] [, Order_Item [ASC | DESC] ...]]
```

SELECT-SQL 语句是一条非常复杂的语句，由 SELECT、FROM、WHERE 等一些子句构成。主要组成部分见表 5-1。

表 5-1 SELECT-SQL 语句的主要组成部分

子　句	功　能	子　句	功　能
SELECT 子句	指定输出项	WHERE 子句	数据源的记录筛选
FROM 子句	指定数据源(数据表或视图)	GROUP BY 子句	指定记录的分组依据
JOIN…ON…子句	确定数据源之间的联接	HAVING 子句	记录结果的筛选
INTO | TO 子句	指定输出类型	ORDER BY 子句	指定结果的排序依据

以下就该语句的组成部分及主要参数加以说明。

(1) SELECT 子句

指定要在查询结果中包含的输出项，包括字段、常量和表达式。如果输出多个项，各项之间用逗号隔开，如果输出项为数据源中的所有字段，可用通配符 * 代替，例如，“SELECT * FROM 读者”的查询结果为读者表中的所有数据。

SELECT 子句中的参数说明：

- ALL　用来指定输出查询结果的所有记录(包括重复值)。ALL 是默认设置。
- DISTINCT　用来消除输出结果中的重复记录，每一个 SELECT 子句只能使用一次 DISTINCT。
- TOP *nExpr* [PERCENT]　用来指定输出记录的前 *nExpr* 个或 *nExpr*% 的记录。TOP 子句应该与 ORDER BY 子句同时使用。

- *Alias*　限定匹配项的名称。如果 SELECT 子句中的字段名是唯一的，则不必在字段名前加别名修饰，SQL 能自动找到这些字段；若字段名不唯一，则必须使用字段所在表的别名修饰该字段，例如，读者.jszh 表示读者表中的 jszh 字段。
- AS　指定查询结果中列的标题。当 *Select_Item* 是一个表达式或一个字段函数时，如果要给此列取一个有含义的名称，一般可以使用这个子句。例如，"SELECT COUNT(*) AS 人数 FROM 读者"。

(2) FROM 子句

指定要查询的数据来自哪个表(视图)或哪些表(视图)，如果来自多个表(视图)，则各个表(视图)名之间要用逗号隔开。当包含表的数据库不是当前数据库时，使用 *DatabaseName*! 指定这个数据库的名称。如果包含 FORCE 关键字，Visual FoxPro 在建立查询时会严格按照 FROM 子句中声明的顺序连接表；若不包含 FORCE 关键字，Visual FoxPro 会试图对查询进行优化。

(3) JOIN…ON…子句

指定多表查询时的联接类型和联接条件。

Visual FoxPro 提供了 4 种联接类型，见表 5-2。

表 5-2　联接类型

联接类型	说　明
内联接(INNER JOIN 或 JOIN)	两个表中仅满足条件的记录
左联接(LEFT OUTER JOIN)	联接条件左边的表中的所有记录，和联接条件右边的表中仅满足联接条件的记录
右联接(RIGHT OUTER JOIN)	联接条件右边的表中的所有记录，和联接条件左边的表中仅满足联接条件的记录
完全联接(FULL JOIN)	表中不论是否满足条件的所有记录

在建立联接条件时，要注意联接条件两边的字段有左右之分。如果两个表是一对多的关系，则一般"一"表的字段在左，"多"表的字段在右。

(4) INTO | TO 子句

INTO 子句指定查询结果的输出目的地，例如 INTO ARRAY 表示输出到数组，INTO CURSOR 表示输出到临时表，INTO DBF 或 INTO TABLE 表示输出到数据表，默认输出到名为"查询"的浏览窗口。

TO FILE 子句指定将结果输出到文本文件；TO PRINTER 子句指定将结果输出到打印机；TO SCREEN 子句指定将结果输出到主窗口。

其他参数说明：

- NOCONSOLE　不显示送到文件、打印机或 Visual FoxPro 主窗口的查询结果。
- PLAIN　防止列标题出现在显示的查询结果中。不管有无 TO 子句都可使用 PLAIN 子句。如果 SELECT 语句中包括 INTO 子句，则忽略 PLAIN 子句。
- NOWAIT　打开浏览窗口并将查询结果输出到这个窗口后继续程序的执行。程序并不等待关闭浏览窗口，而是立即执行紧接在 SELECT 语句后面的程序行。

(5) WHERE 子句

指定查询的筛选条件。可包含多个选择条件，各条件间用 AND 或 OR 连接构成较长的逻辑表达式。例如，SELECT * FROM 读者 WHERE xb="男" AND bmdh="01"。该语句查询出读者表中性别为男并且部门代号为 01 的读者的信息。也可用 NOT 对逻辑表达式求反。

该子句中还可以包含子查询(嵌套查询)。子查询是包含在 SELECT 语句内的 SELECT 语句，必须用括号括起来。

(6) GROUP BY 子句

指定对查询结果进行分组输出，所谓分组就是将一组类似的记录压缩成一个结果记录，这样就可以完成基于一组记录的计算。其中，GroupColumn(列名)可以是数据源中除备注型和通用型以外的字段名，或输出字段的序号，例如，GROUP BY 1 指定按照 SELECT 子句输出字段中的第一个字段分组。另外，在分组查询中，经常需要对查询结果进行统计输出，这是通过几个特定的函数来实现的，函数说明参见表 5-3。

表 5-3 函数名称及其功能

函数名	功 能	函数名	功 能
SUM()	计算指定数值列的总和	MIN()	求指定列的最小值
AVG()	计算指定数值列的平均值	COUNT()	求查询结果数据的记录数
MAX()	求指定列的最大值		

需要注意的是，分组查询的结果中，每组记录只显示一条记录。

(7) HAVING 子句

指定每一个分组应满足的条件。该子句通常与 GROUP BY 子句一起使用。如果没有使用 GROUP BY 子句，则它的作用与 WHERE 子句相同。

(8) ORDER BY 子句

指定查询结果的排序依据。其中，Order_Item(排序项)必须是查询输出字段或分组字段，若为输出字段，也可用序号；ASC 表示升序排序，DESC 表示降序排序，默认为升序排序。

(9) UNION 子句

将一个 SELECT 运行的结果同另一个 SELECT 运行的结果组合起来。默认情况下，UNION 检查组合的结果并排除重复的行，UNION 后面加上 ALL 防止 UNION 删除组合结果中重复的行。使用 UNION 子句应遵循下列规则：

- 不能使用 UNION 组合子查询。
- 两个 SELECT 语句输出的字段数必须相同，且对应的输出字段必须有相同的数据类型和宽度。
- 只有最后的 SELECT 中可以包含 ORDER BY 子句，且必须使用序号指出排序字段。如果包含了一个 ORDER BY 子句，它将影响整个结果。

SELECT-SQL 语句的其他说明：

(1) 条件表达式中的运算符。

SELECT 语句中条件表达式可以使用如下运算符：

- LIKE　用于字符串的匹配，可以使用通配符。%表示 0 个或多个字符，_表示任意一个字符。例如，dzxm LIKE "王%"，表示所有姓"王"的读者。
- IS NULL　指定字段包含 NULL 值。例如，flh IS NULL，查询图书分类表中分类号为空值的记录。
- BETWEEN … AND …　表示值在某个范围内，包括边界。例如，bmdh BETWEEN "01" AND "03"，查询部门代号为 01、02、03 的部门信息。
- IN　属于指定集合的元组。例如，cbs IN ("高等教育出版社","清华大学出版社")，查询名称为"高等教育出版社"或"清华大学出版社"的出版社。

(2) 使用 SELECT 语句对数据表进行查询时，数据表可以不必事先打开。

(3) SELECT 语句通常比较长，在分行书写或输入时，应该在每一行的末尾(最后一行除外)添加一个分号";"作为续行符号。

5.2.2　SELECT-SQL 应用举例

SELECT-SQL 语句的语法比较复杂，因此要学会在不同的场合灵活、合理地运用。以下举一些具体的例子。

1. 简单查询

(1) 单表查询

【例 5.1】 基于图书表，查询所有图书的图书名称、作者和出版社。

```
SELECT tsmc, zz, cbs FROM 图书
```

【例 5.2】 基于读者表，查询性别为女且部门代号为"01"的读者信息。

```
SELECT * FROM 读者 WHERE xb="女" AND bmdh="01"
```

【例 5.3】 基于图书表，查询出版社名称中有"大学"的出版社出版的图书名称和出版社名称，运行结果如图 5-1 所示。

```
SELECT tsmc, cbs FROM 图书 WHERE cbs LIKE "%大学%"
```

【例 5.4】 基于图书表，查询各出版社出版的图书数量，输出数量为前两位的记录，运行结果如图 5-2 所示。

```
SELECT TOP 2 cbs, COUNT(*) AS 图书数量 FROM 图书;
    GROUP BY cbs;
    ORDER BY 2 DESC
```

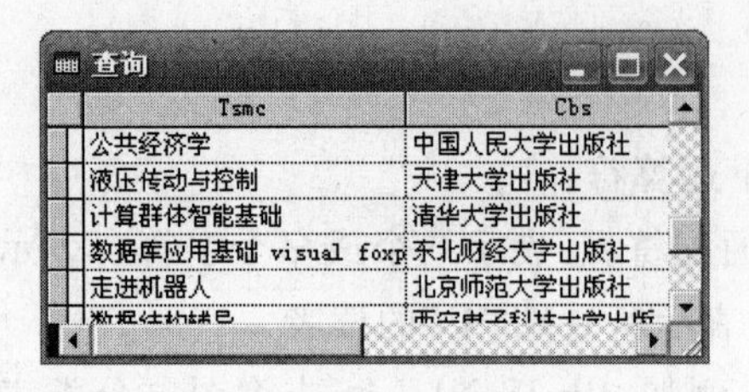

图 5-1　例 5.3 运行结果

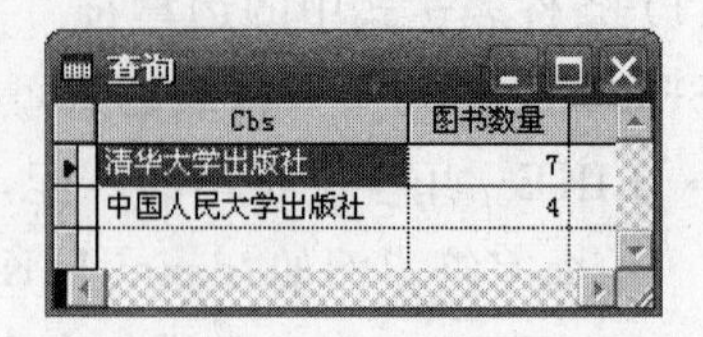

图 5-2　例 5.4 运行结果

【例 5.5】 基于图书表，查询所有图书出自几个不同的出版社，运行结果如图 5-3 所示。

```
SELECT COUNT(DISTINCT cbs) AS 不同出版社 FROM 图书
```

(2) 多表查询

【例 5.6】 基于读者类型表和读者表，查询每个读者可借图书册数和可借天数，运行结果如图 5-4 所示。

```
SELECT 读者.dzxm, 读者类型.kjcs, 读者类型.kjts;
    FROM 读者类型 INNER JOIN 读者;
    ON 读者类型.lxbh=读者.lxbh
```

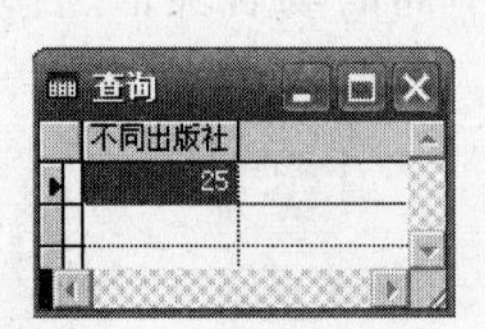

图 5-3　例 5.5 运行结果

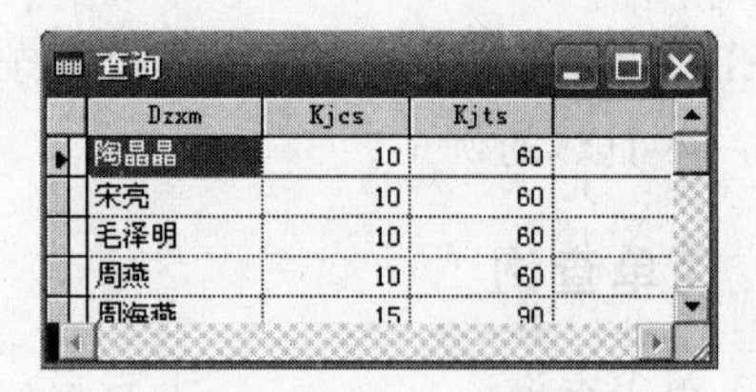

图 5-4　例 5.6 运行结果

【例 5.7】 基于部门表和读者表，统计各部门性别为男的学生人数和教师人数，并按学生人数降序排序，学生人数相同的按教师人数升序排序，将前 5 条记录输出到主窗口中。运行结果如图 5-5 所示。

```
SELECT TOP 5 部门.bmmc, SUM(IIF(读者.lxbh="01",1,0)) AS 学生人数,;
    SUM(IIF(读者.lxbh="02",1,0)) AS 教师人数 FROM 部门;
    JOIN 读者 ON 部门.bmdh=读者.bmdh;
    TO SCREEN;
    WHERE 读者.xb="男";
    GROUP BY 部门.bmdh;
    ORDER BY 2 DESC,3
```

【例 5.8】 基于部门表、读者表和借阅表，查询借书册数超过 3 本的读者，要求输出部门名称、读者姓名和借书册数。运行结果如图 5-6 所示。

```
SELECT 部门.bmmc, 读者.dzxm, COUNT(*) AS 借书册数 FROM 部门;
    INNER JOIN 读者 ON 部门.bmdh=读者.bmdh INNER JOIN 借阅;
```

```
ON 读者.jszh=借阅.jszh;
GROUP BY 借阅.jszh;
HAVING 借书册数>3
```

BMMC	学生人数	教师人数
理学院	6	1
纺织服装学院	4	0
地理科学学院	4	1
电气工程学院	4	1
文学院	4	2

图 5-5 例 5.7 运行结果

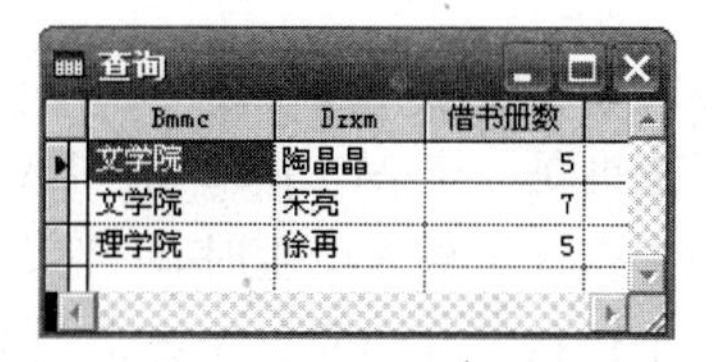

Bmmc	Dzxm	借书册数
文学院	陶晶晶	5
文学院	宋亮	7
理学院	徐再	5

图 5-6 例 5.8 运行结果

以上多表查询时，两表之间的联接类型为内联接，产生的是两表交集的结果，忽略了两个表中无联接的记录。若要产生的结果不仅包括匹配联接条件的记录，还包括不匹配联接条件的记录，可选择外部联接，包括左联接、右联接和完全联接。说明见表 5-2。

【例 5.9】 基于借阅表和读者表，比较采用内联接和外部联接的不同结果。

- 内联接：

```
SELECT 借阅.jszh,读者.dzxm;
    FROM 借阅 INNER JOIN 读者;
    ON 借阅.jszh=读者.jszh
```

该查询从两表中获取并组合与联接条件匹配的记录。

- 右联接：

```
SELECT 借阅.jszh,读者.dzxm;
    FROM 借阅 RIGHT OUTER JOIN 读者;
    ON 借阅.jszh=读者.jszh
```

该查询首先从读者表中取出全部记录，然后在借阅表中查找相匹配的记录，对于没有匹配记录的情况，在字段中以.NULL.显示。该查询显示了没有借书的读者的姓名。

内联接和右联接的查询结果如图 5-7 所示。

Jszh	Dzxm
01000001	陶晶晶
01000001	陶晶晶
01000005	周海燕
01000005	周海燕
01000009	周杨
01000015	陆小丽
01000015	陆小丽
03000003	王敏
03000005	於丹

Jszh	Dzxm
01000001	陶晶晶
01000001	陶晶晶
.NULL.	宋亮
.NULL.	毛泽明
.NULL.	周燕
01000005	周海燕
01000005	周海燕
.NULL.	王兵
.NULL.	宋雪萍

图 5-7 内联接与右联接的查询结果比较

内联接查询中的 INNER JOIN…ON 也可用 WHERE 子句代替。如例 5.9 中的内联接查询也可写成：

```
SELECT 借阅.jszh,读者.dzxm;
    FROM 借阅,读者;
```

```
WHERE 借阅.jszh=读者.jszh
```

2. 复杂查询

(1) 子查询(嵌套查询)

子查询是一个 SELECT 语句嵌入到另一个 SELECT 语句中的形式。当最终结果需要从一个查询结果来产生时,一般要使用子查询。

一个包括子查询的语句通常情况下以如下几种形式出现:

- WHERE 表达式 [NOT] IN (子查询)
- WHERE 表达式 比较操作符 [ANY | ALL] (子查询)
- WHERE [NOT] EXISTS (子查询)

使用子查询时注意如下几点:

- 子查询的 SELECT 子句中只允许有一个字段名,除非是在子查询中使用*。
- 只能在主查询中使用 UNION 和 ORDER BY 子句,而不能在子查询中使用它们。
- 子查询必须用括号括起来。

【例 5.10】 基于读者表和借阅表,查询已借图书的读者信息。

- 使用 IN:

```
SELECT * FROM 读者 WHERE jszh IN;
    (SELECT jszh FROM 借阅)
```

- 使用 EXISTS:

```
SELECT * FROM 读者 WHERE EXISTS;
    (SELECT * FROM 借阅 WHERE 读者.jszh=借阅.jszh)
```

两个 SELECT 查询得到的结果一样。一般来说,IN 的效率要高于 EXISTS。

【例 5.11】 基于借阅表、读者表和读者类型表,查询教师中借书天数超过可借天数的教师的借书证号、读者姓名和借阅天数。运行结果如图 5-8 所示。

```
SELECT 借阅.jszh, 读者.dzxm, 借阅.hsrq - 借阅.jyrq AS 借阅天数 FROM 借阅;
   INNER JOIN 读者 ON 借阅.jszh=读者.jszh;
   WHERE 读者.lxbh="02" AND 借阅.hsrq-借阅.jyrq>;
      (SELECT 读者类型.kjts FROM 读者类型 WHERE 读者类型.lxbh="02")
```

(2) 自身连接

当一个表中的信息要与同一表中的其他信息相比较时,需要用到自身连接。

【例 5.12】 基于图书表,要求按图书单价的高低顺序排列,显示图书名称和该图书的单价,并同时显示比该图书单价高的图书的平均单价。

```
SELECT A.tsmc,A.dj,AVG(B.dj);
   FROM 图书 AS A, 图书 AS B;
   WHERE A.dj<=B.dj;
   GROUP BY A.tsmc;
```

```
ORDER BY A.dj DESC
```

在这个查询中，图书表打开了两次，分别命名为 A 和 B，然后将这两个表建立连接，查询结果如图 5-9 所示。

Jszh	Dzxm	借阅天数
01000015	陆小丽	99
01000015	陆小丽	91
04000010	陈欣	92
20000022	王磊	92

图 5-8　例 5.11 运行结果

Tsmc	Dj	Avg_dj
简明机械守则	138.00	138.00
液压工程师技术手册	128.00	133.00
常用集成电路速查手册	98.00	121.33
伟人邓小平	95.00	114.75
计算群体智能基础	69.00	105.60
基于生物网络的只能控制与优化	60.00	98.00
计算机工程制图	55.00	91.86

图 5-9　例 5.12 运行结果

（3）组合查询

组合查询是将一个 SELECT 语句的查询结果同另一个 SELECT 语句的查询结果组合起来。使用 UNION 子句可以把来自两个或多个独立的 SELECT 语句的结果合并为一个结果。

【例 5.13】　基于图书表，查询图书单价在 100 元之内（包括 100 元）和超过 100 元的图书册数。要求输出字段包括单价和图书种数，并按图书册数降序排序。运行结果如图 5-10 所示。

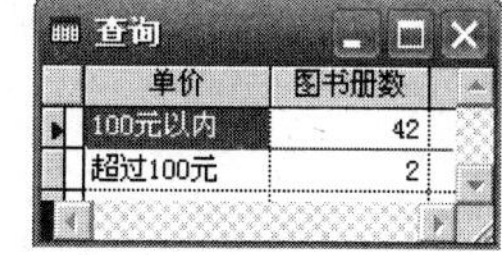

单价	图书册数
100元以内	42
超过100元	2

图 5-10　例 5.13 运行结果

```
SELECT "100 元以内" AS 单价, COUNT(*) AS 图书册数;
    FROM 图书 WHERE dj<=100;
UNION;
SELECT "超过 100 元" AS 单价, COUNT(*) AS 图书册数;
    FROM 图书 WHERE dj>100;
    ORDER BY 2 DESC
```

5.3　创建查询

5.3.1　使用查询向导创建查询

使用查询向导可以创建简单的查询。下面以例 5.2 为例来说明使用向导创建简单查询的步骤。

（1）在项目管理器的“数据”选项下选择“查询”，然后单击“新建”按钮，弹出如图 5-11 所示的“新建查询”对话框，单击“查询向导”，弹出如图 5-12 所示的“向导选取”对话框。

（2）选中“查询向导”，单击“确定”按钮，进入“查询向导”对话框“步骤 1-字段选取”。在“数据库和表”下拉列表框中选择 TSJYSJ 数据库，并选择该数据库下的“读者”表，单击 ▸▸ 按钮，选取所有字段，移到“选定字段”列表框中，如图 5-13 所示。

（3）单击“下一步”按钮，出现“步骤 3-筛选记录”对话框。如果在数据库中选择了多

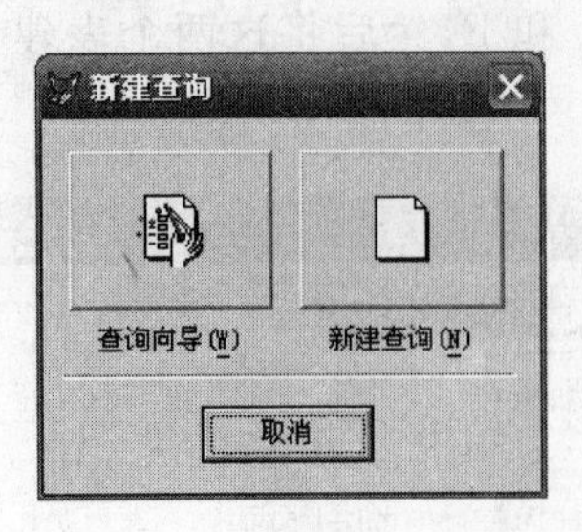

图 5-11 “新建查询”对话框

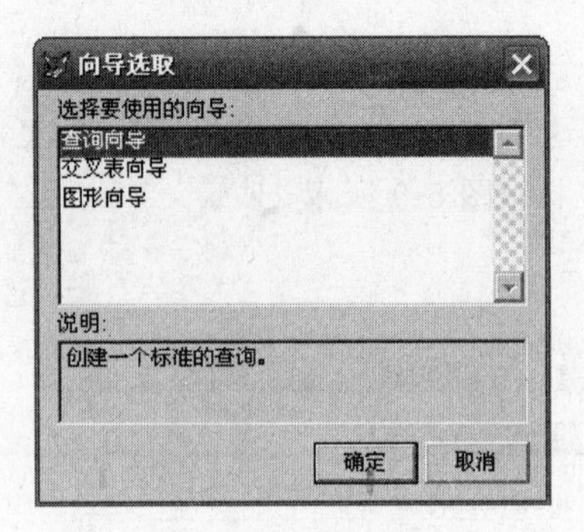

图 5-12 “向导选取”对话框

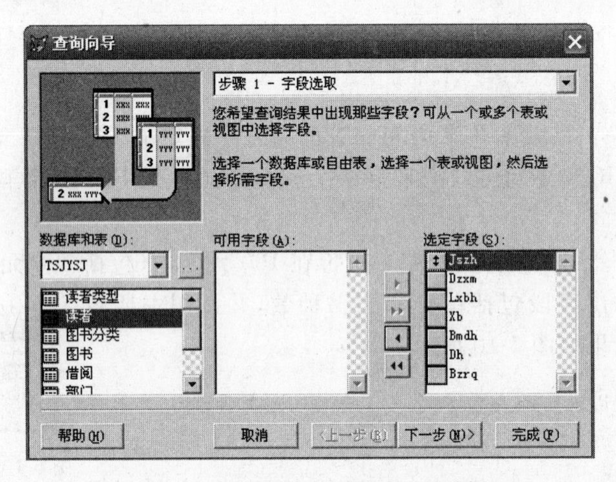

图 5-13 “步骤 1-字段选取”对话框

个表中的字段,会出现“步骤 2-为表建立关系”对话框。这里用的是一个表,所以,直接进入到步骤 3。在“字段”下拉列表中选择“读者. XB”,在“值”文本框中输入“女”,本例中设置了两个筛选条件,两个条件之间是“与”的关系,在第二个条件的“字段”下拉列表中选择“读者. BMDH”,在“值”文本框中输入 01,如图 5-14 所示。

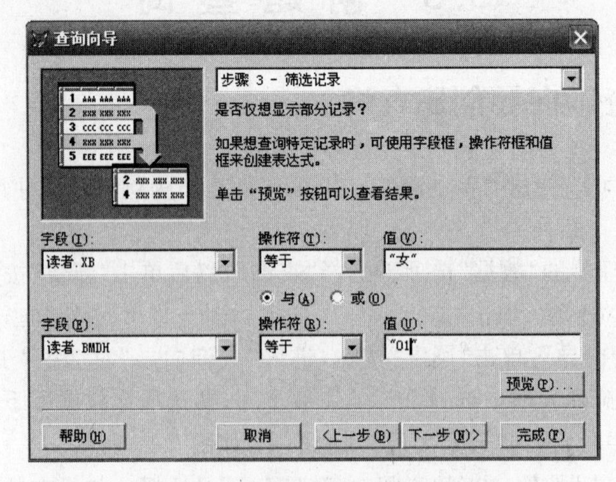

图 5-14 “步骤 3-筛选记录”对话框

(4) 单击"下一步"按钮,出现"步骤 4-排序记录"对话框,本例中没有设置排序依据,直接单击"下一步"按钮,出现"步骤 5-完成"对话框,如图 5-15 所示。单击"完成"按钮,出现"另存为"对话框,选择查询文件的保存路径并输入文件名,单击"保存"按钮。

图 5-15 "步骤 5-完成"对话框

5.3.2 使用查询设计器创建查询

使用查询向导只能建立固定步骤的简单的查询,要创建复杂的查询,需要使用查询设计器,它是一个可视化的创建和设计查询文件的工具。

下面通过例 5.7 说明使用查询设计器进行查询的基本步骤。

(1) 打开"查询设计器"窗口

在项目管理器的"数据"选项下选择"查询",然后单击"新建"按钮,弹出"新建查询"对话框,单击"新建查询"。

(2) 指定查询所用的数据源

在如图 5-16 所示的"添加表或视图"对话框中分别选择部门表和读者表,单击"添加"按钮,如果所用的数据源为视图,则在"选定"框中选择"视图"。该步骤等价于 SELECT-SQL 语句中的 FROM 子句。选择好以后单击"关闭"按钮,弹出如图 5-17 所示的"联接条件"对话框,选择联接类型,单击"确定"按钮,弹出如图 5-18 所示的"查询设计器"窗口。该步骤等价于 SELECT-SQL 语句中的 JOIN…ON…子句。如果是单表查询,则不出现"联接条件"对话框。

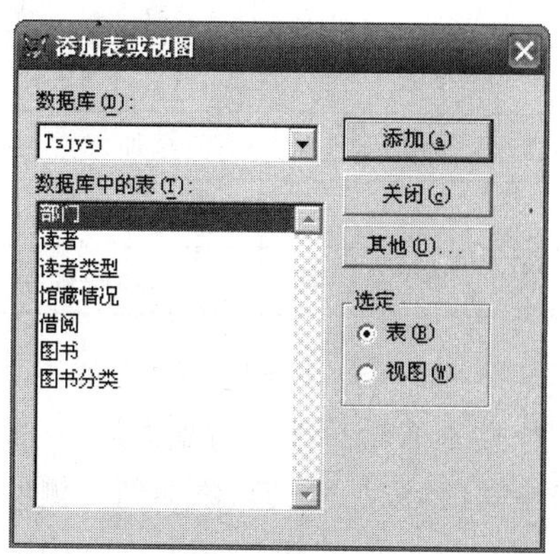

图 5-16 "添加表或视图"窗口

打开"查询设计器"窗口的同时会打开"查询设计器"工具栏,工具栏按钮及其功能如表 5-4 所示。

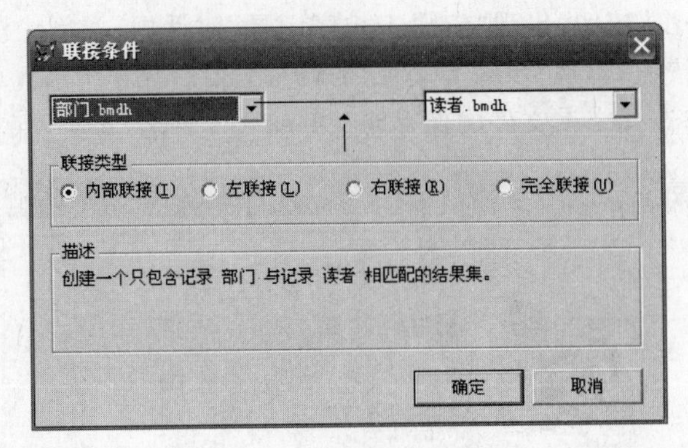

图 5-17 “联接条件”对话框

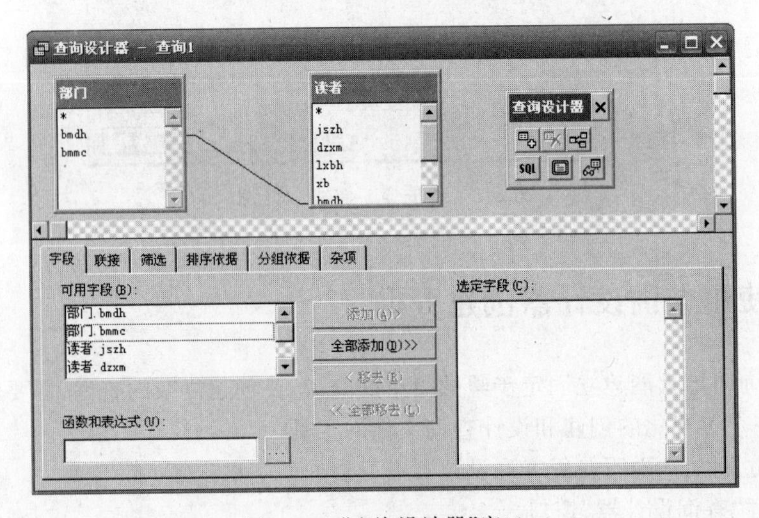

图 5-18 “查询设计器”窗口

表 5-4 “查询设计器”工具栏按钮及其功能

按钮	功 能	按钮	功 能
	添加表	SQL	显示 SQL 窗口
	移去表		最大化上部窗格
	添加联接		查询去向

(3) 选择输出字段

在查询设计器下方的“字段”选项卡中，在左侧“可用字段”中选中“部门.bmmc”，单击中间的“添加”按钮，添加到右侧的“选定字段”中，学生人数和教师人数通过函数计算得到，则在“函数和表达式”文本框中输入，如图 5-19 所示。该步骤等价于 SELECT-SQL 语句中的 SELECT 子句。

函数和表达式也可以利用表达式生成器来自动生成。单击“函数和表达式”文本框右侧的生成器按钮，在弹出的图 5-20 所示的“表达式生成器”对话框中选取所需的函数，如 SUM()，通过在“来源于表”下拉列表中选择表，如读者表，在“字段”列表框中选择字段

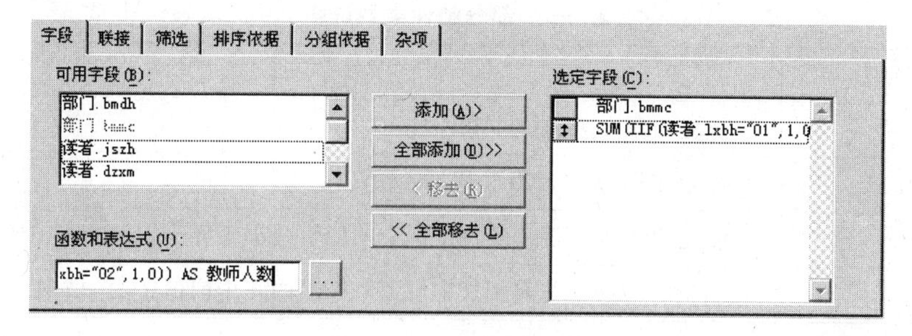

图 5-19 “字段”选项卡

名，构造“表达式”框中的表达式。单击“确定”按钮返回后，此表达式即会自动填写到“字段”选项卡的“函数和表达式”框中。

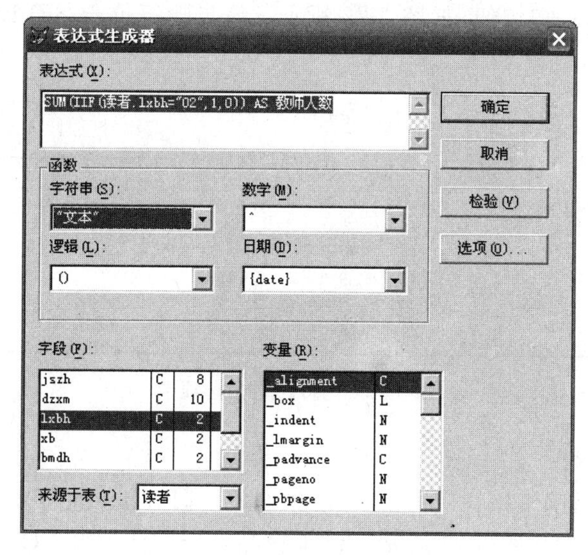

图 5-20 “表达式生成器”对话框

(4) 设置筛选条件

在“筛选”选项卡中，在“字段名”下拉列表框中选中“读者.xb”，选择“条件”下拉列表框中的=，在实例框中输入“男”。即设置筛选条件：读者.xb= "男"，如图 5-21 所示。在“条件”下拉列表框中，除了关系运算符之外，还包括表 5-5 所示的条件类型等。该步骤等价于 SELECT-SQL 语句中的 WHERE 子句。

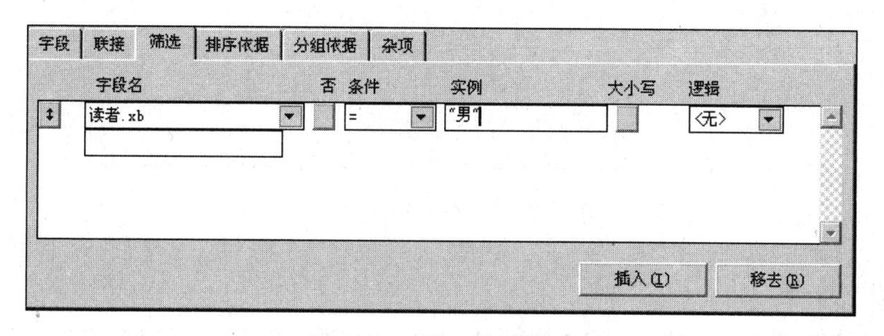

图 5-21 “筛选”选项卡

表 5-5　部分条件类型说明

条件类型	说　明
Like	指定字段与实例文本相匹配
IS NULL	指定字段包含 NULL 值
Between	指定字段大于等于实例文本中的低值并小于等于实例文本中的高值
In	指定字段必须与实例文本中逗号分隔的几个取值中的一个匹配

(5) 设置排序依据

在“排序依据”选项卡中，在“选定字段”中选中“学生人数”的计算字段，在“排序选项”中选择“降序”，单击“添加”按钮，添加到“排序条件”中，同样选择“教师人数”的计算字段，选择“升序”，单击“添加”按钮，如图 5-22 所示。该步骤等价于 SELECT-SQL 语句中的 ORDER BY 子句。

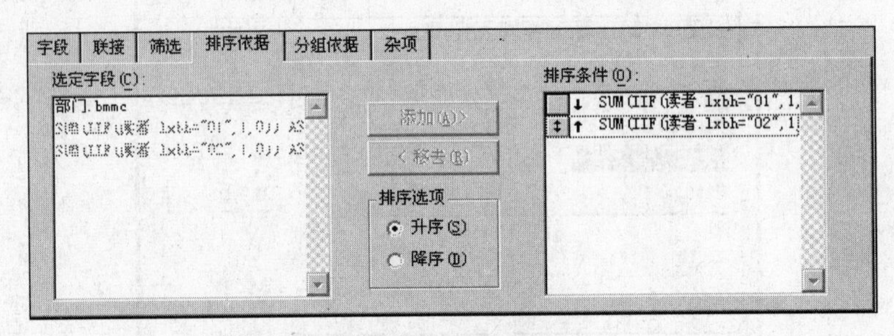

图 5-22　“排序依据”选项卡

(6) 设置分组依据

在“分组依据”选项卡中，在“可用字段”中选中“部门.bmdh”字段，单击“添加”按钮，添加到“分组字段”中，如图 5-23 所示。该步骤等价于 SELECT-SQL 语句中的 GROUP BY 子句。如果需要对分组以后的数据进行筛选，即设置 SELECT-SQL 语句中的 HAVING 子句，则单击该选项卡中的“满足条件”按钮，在弹出的如图 5-24 所示的界面中设置。

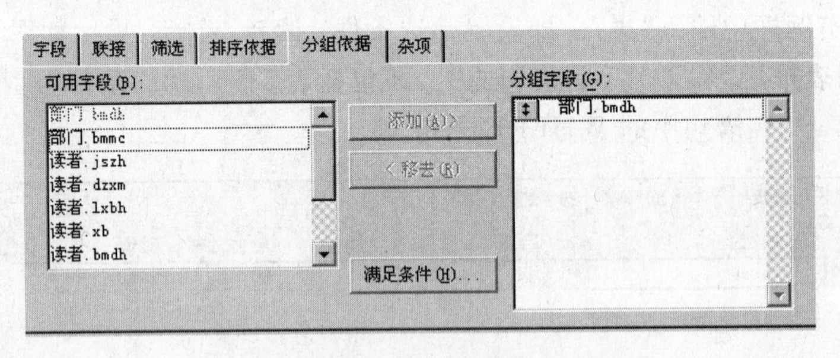

图 5-23　“分组依据”选项卡

(7) 设置杂项

在“杂项”选项卡中，去除“列在前面的记录”中的“全部”前面的勾，在“记录个数”微调

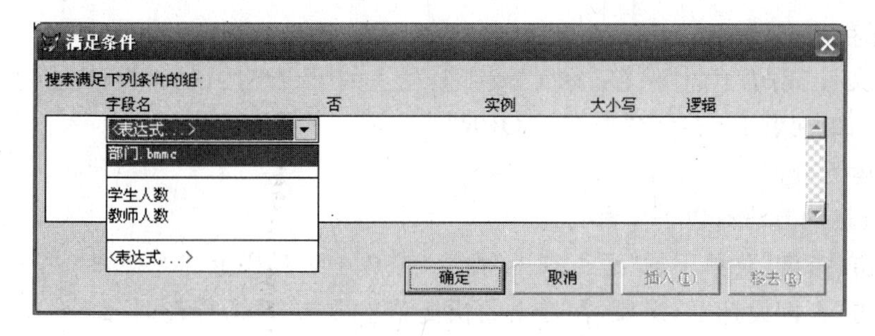

图 5-24　“满足条件”设置框

框中设置 5，如图 5-25 所示。该步骤等价于 SELECT-SQL 语句中的 TOP *nExpr*。其他选项的设置，如“无重复记录”等价于 SELECT-SQL 语句中的 DISTINCT，“百分比”等价于 SELECT-SQL 语句中的 PERCENT。

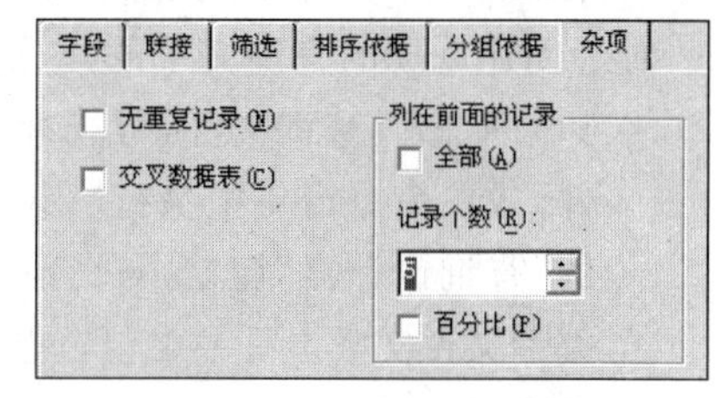

图 5-25　“杂项”选项卡

(8) 设置查询去向

单击“查询”菜单下的“查询去向”命令，弹出如图 5-26 所示的“查询去向”对话框，其中包括 7 个按钮，分别指定查询结果的 7 种不同的输出形式。输出形式的说明见表 5-6。单击“屏幕”按钮，单击“确定”按钮。该步骤等价于 SELECT-SQL 语句中的 INTO | TO 子句。

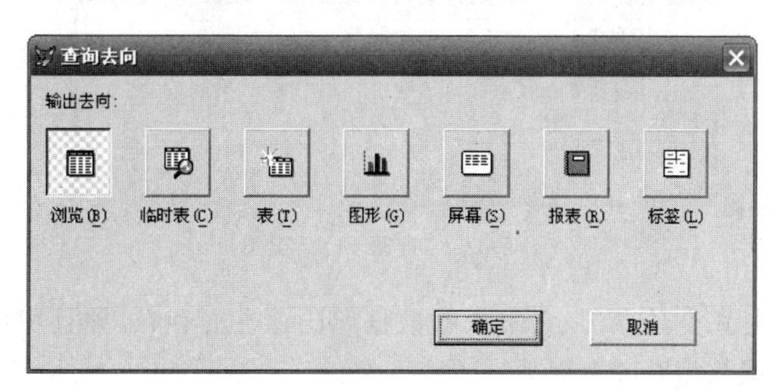

图 5-26　“查询去向”设置框

表 5-6　查询结果输出形式的说明

输出形式	说　　明
浏览	在浏览窗口中显示查询结果，为默认输出形式
临时表	将查询结果保存到临时数据表中
表	将查询结果作为一个数据表文件保存
图形	利用 Microsoft 的图形功能，将输出结果以图形方式输出
屏幕	在主窗口中显示查询结果，也可以指定输出到打印机或文本文件
报表	将查询结果作为 Visual FoxPro 的报表保存
标签	将查询结果作为 Visual FoxPro 的标签保存

(9) 保存查询设置

单击“文件”菜单下的“保存”命令,或工具栏上的“保存”按钮,将设计完成的查询命名后保存。例如,可将其保存为“查询 1. QPR”。

(10) 运行查询

运行查询的方法有以下 4 种:

- 单击“查询”菜单下的“运行查询”命令,或单击工具栏上的 ! 按钮。
- 右击“查询设计器”窗口,在弹出的快捷菜单中单击“运行查询”命令。
- 在项目管理器的“数据”选项中选择“查询 1”,单击“运行”按钮。
- 在命令窗口中使用 DO 命令运行查询。该命令的语法格式为:DO ＜查询文件名. QPR＞。例如,本例中可执行“DO 查询 1. QPR”。

对于创建完成的查询文件的几点说明:

- 如果要修改查询文件,可选择“文件”菜单下的“打开”命令,打开要修改的查询文件,或在命令窗口中执行“MODIFY QUERY＜查询文件名＞”命令,然后在弹出的“查询设计器”窗口中进行修改。
- 查询文件实际上是一个包含查询命令代码的文本文件,因而可用任何文本编辑器对其查看和编辑。Visual FoxPro 提供了查看查询命令的窗口。在打开查询设计器的状态下,单击“查询”菜单下的“查看 SQL”命令,弹出如图 5-27 所示的查看窗口。

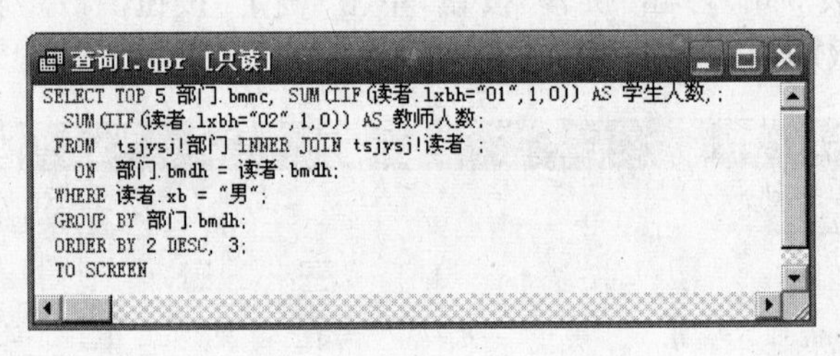

图 5-27 “查看 SQL”窗口

- 查询文件是完全独立的,它不依赖数据库的存在而存在,并且用户可在未打开有关数据库或数据表的情况下运行查询文件。

5.4 创 建 视 图

视图有两种类型:本地视图和远程视图。远程视图使用远程 SQL 语法从远程 ODBC 数据源表中选择数据(ODBC 是一种用于数据库服务器的标准协议,通过 ODBC 可以访问多种数据库中的数据),本地视图使用 VFP 的 SQL 语法从视图或表中选择信息。本节仅介绍本地视图的创建和使用,其创建步骤与查询非常相似。

5.4.1 创建本地视图

创建本地视图可以采用以下方法。

1. 用视图设计器创建视图

在项目管理器中选择 tsjysj 数据库下的“本地视图”，单击“新建”按钮，打开视图设计器，如图 5-28 所示。

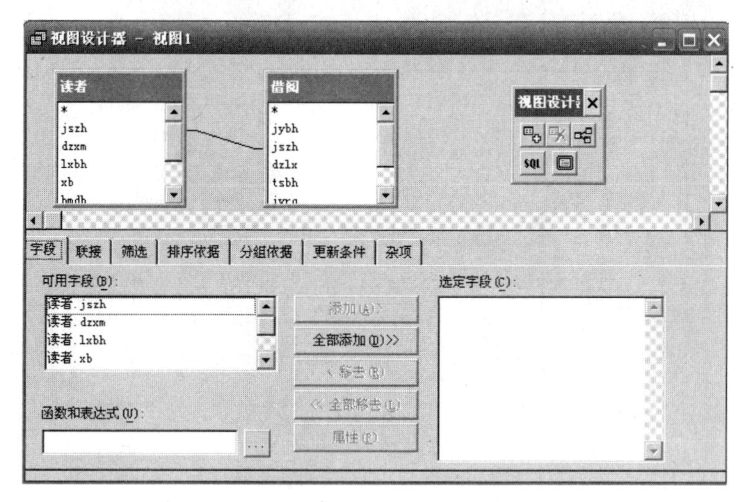

图 5-28 “视图设计器”窗口

视图设计器窗口和查询设计器窗口相差不多，界面操作也基本相同，所不同的有以下几个方面：

- 视图设计器窗口比查询设计器窗口多了一个“更新条件”选项卡，用于设置对数据库表中数据的更新。
- 用查询设计器完成的查询是保存在磁盘上的一个扩展名为.QPR 的独立文件，而用视图设计器完成的视图是保存在数据库中的一个数据定义，并且不能脱离数据库独立存在。
- 用户创建完成的视图只能存在于当前数据库的相关定义中，因而没有输出去向。

2. 用命令方式创建视图

在命令窗口中使用带有 AS 子句的 CREATE-SQL VIEW 命令可以创建视图。该命令的语法格式：

```
CREATE SQL VIEW <视图名> [REMOTE] [CONNECTION <新建链接名>] AS <SELECT-SQL 语句>
```

其中，REMOTE 子句用于创建远程视图，并用 CONNECTION 子句创建一个新的链接或指定一个已链接的数据源；AS <SELECT-SQL 语句>子句用来指明视图的定义。

【例 5.14】 基于读者表和借阅表，提取部门代号为 01 的读者的借阅记录，将借书证号、读者姓名、借阅日期、条形码、还书日期 5 个字段内容组成名为 dz_jy 的视图。

```
CREATE SQL VIEW dz_jy AS;
    SELECT 读者.jszh,读者.dzxm,借阅.jyrq,借阅.txm,借阅.hsrq FROM 读者;
    INNER JOIN 借阅 ON 读者.jszh=借阅.jszh;
```

```
WHERE 读者.bmdh="01"
```

此时,在项目管理器数据库下的“本地视图”中增加了一个名为 dz_jy 的视图,选中该视图,单击“浏览”按钮,可浏览视图结果,如图 5-29 所示。

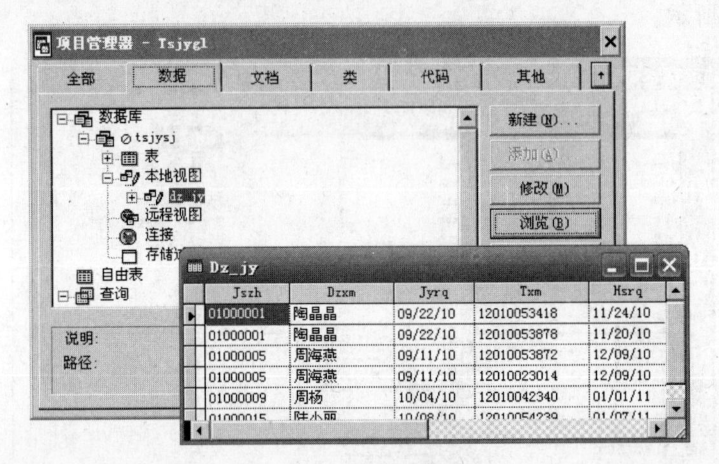

图 5-29 视图浏览窗口

5.4.2 利用视图更新数据

使用视图可对源表进行更新。利用视图设计器中的“更新条件”选项卡可以设置对视图数据的修改返回到源表中,如图 5-30 所示。

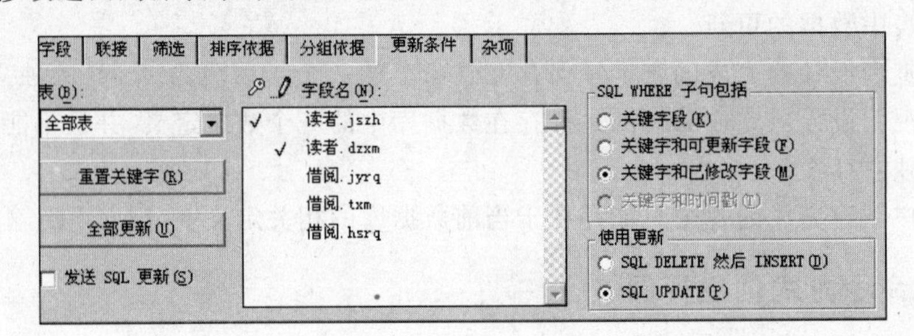

图 5-30 “更新条件”选项卡

该选项卡中的选项及操作说明如下:

(1) 表

视图所基于的数据表。如果要创建的视图是基于多个表的,则默认为更新“全部表”的有关字段,如果只是更改某个数据表,则可单击“表”下拉列表框从中选择可更新的表。

(2) 字段名

在“字段名”列表框中列出了与更新有关的字段。

“字段名”左侧的“钥匙”标志所在的列表示关键字。关键字表示当前视图的关键字字段,当在视图设计器中首次打开一个表时,“更新条件”选项卡会显示表中哪些字段被定义为关键字段,单击该列,出现复选框,单击复选框按钮,出现√符号,表示选中该字段为关键字段，再次单击则取消，以此可以重新设置关键字。

“字段名”左侧的“铅笔”标志所在的列表示该字段可以更新。操作方法与“关键字列”相同，有标记的表示该字段可以参与更新操作。如果字段未标注为可更新，则该字段可以在“浏览”窗口中修改，但修改的值不会返回到源表中。

(3) 重置关键字

单击该按钮，可将对关键字段的设置恢复到源表中的初始状态，用户可重新设置关键字段。

(4) 全部更新

要使用“全部更新”，必须在表中有已定义的关键字段。单击该按钮，可将一个表中除关键字段以外的其他字段设置为可更新，不影响关键字段。

(5) 发送 SQL 更新

默认情况下，对视图数据的更新不会在源数据表中得到反映，需要设置“发送 SQL 更新”，选中该复选框，就可按指定的更新字段在视图中修改字段的内容，然后系统用修改后的内容更新源表中相应的记录。

(6) “SQL WHERE 子句包括”选项

“SQL WHERE 子句包括”框中包括 4 个选项按钮，用来帮助管理多用户访问同一数据时如何处理数据的更新。在多用户环境中，Visual FoxPro 在允许更新之前，首先检查源表中的指定字段，看看它们在其数据被提取到视图之后这些字段的数据是否又发生了更改。如果这些数据在此期间已被修改，则不允许再进行更新。各选项的含义如下。

- 关键字段：当源表中的关键字段被改变时，更新失败。
- 关键字和可更新字段：当远程表中任何标记为可更新的字段被改变时，更新失败。
- 关键字和已修改字段：当在本地改变的任一字段在源表中已被改变时，更新失败。
- 关键字和时间戳：当远程表上记录的时间戳在首次检索之后被改变时，更新失败（仅当远程表有时间戳列时有效）。

(7) 使用更新

该框中可选择使用更新的方式，包括两种方式：

- SQL DELETE 然后 INSERT：先用 DELETE-SQL 命令删除源表中需要被更新的记录，然后再用 INSERT-SQL 命令向源表中插入更新后的记录。
- SQL UPDATE：直接使用 UPDATE-SQL 命令更新源表。

5.4.3 视图的使用

Visual FoxPro 允许对视图进行以下操作。

1. 浏览或运行视图

若要浏览一个视图，可在项目管理器中选择视图，单击“浏览”按钮，显示视图的结果，或者在命令窗口中使用 USE 命令打开视图，用 BROWSE 命令浏览视图。在打开视图前，首先要使用 OPEN DATABASE 命令打开数据库。以下代码可在浏览窗口中显示视图 dz_jy 的结果。

```
OPEN DATABASE TSJYSJ
USE dz_jy
BROWSE
```

此外，可以使用带 NODATA 子句的 USE 命令打开视图并仅显示视图结构。以下代码可在浏览窗口中显示不带数据的 dz_jy 视图。

```
USE dz_jy NODATA
BROWSE
```

2. 关闭视图

使用不带表名的 USE 命令关闭视图。

注意，在使用视图时，自动打开的本地数据表不随视图的关闭自动关闭，必须单独关闭它们。

3. 修改视图

若要修改视图，可在项目管理器中选择视图，单击“修改”按钮，在视图设计器中修改，或者在命令窗口中使用 MODIFY VIEW 命令打开视图设计器修改。该命令的语法格式为：

```
MODIFY VIEW <视图名>
```

4. 重命名视图

可在项目管理器中重命名视图，或者在命令窗口中使用 RENAME VIEW 命令重命名视图。该命令的语法格式为：

```
RENAME VIEW <旧视图名> TO <新视图名>
```

5. 删除视图

可在项目管理器中选择视图，单击“移去”按钮，或者在命令窗口中使用 DELETE VIEW 命令。该命令的语法格式为：

```
DELETE VIEW <视图名>
```

6. 使用 SQL 语句操作视图

首先打开数据库，操作视图的命令如下：

```
SELECT * FROM <视图名> WHERE 条件
```

习　　题

一、选择题

1. 利用查询设计器创建的查询,其查询结果输出去向默认为(　　)。

A. 临时表　　B. 浏览　　C. 表　　D. 屏幕

2. 视图设计器中含有的但查询设计器中没有的选项卡是(　　)。

A. 筛选　　B. 排序依据　　C. 分组依据　　D. 更新条件

3. Visual FoxPro 中查询的数据源可以是(　　)。

A. 自由表　　B. 数据库表　　C. 视图　　D. 以上均可

4. 有关查询设计器,正确的描述是(　　)。

A. “联接”选项卡与 SELECT-SQL 语句的 GROUP BY 子句对应

B. “筛选”选项卡与 SELECT-SQL 语句的 HAVING 子句对应

C. “排序依据”选项卡与 SELECT-SQL 语句的 ORDER BY 子句对应

D. “分组依据”选项卡与 SELECT-SQL 语句的 JOIN ON 子句对应

5. 有关查询与视图,下列说法中不正确的是(　　)。

A. 查询可以更新数据源,视图也有此功能

B. 查询是只读型数据,而视图可以更新数据源

C. 视图可以更新源表中的数据,存在于数据库中

D. 视图具有许多数据库表的属性,利用视图可以创建查询和视图

6. 要求仅显示两张表中满足条件的记录,应选择(　　)类型。

A. 左联接　　B. 右联接　　C. 完全联接　　D. 内联接

7. 在 SELECT-SQL 语句中,与表达式“供应商名 LIKE "%江苏%"”功能相同的表达式是(　　)。

A. LEFT(供应商名,4)= "江苏"　　B. "江苏" $ 供应商名

C. 供应商名 IN "%江苏%"　　D. AT(供应商名, "江苏")

8. 假设教师表 T 中,性别是字符型字段,教授是逻辑型字段,若要查询“是教授的女老师”信息,那么 SQL 语句“SELECT * FROM T WHERE ＜逻辑表达式＞”中的＜逻辑表达式＞应是(　　)。

A. 教授 AND 性别=“女”　　B. 教授 OR 性别=“女”

C. 教授=.F. AND 性别=“女”　　D. 教授=.T. OR 性别=“女”

9. 使用 SQL 语句从读者表中查询所有姓“王”的读者的信息,下列命令中正确的是(　　)。

A. SELECT * FROM 读者 WHERE LEFT(dzxm,2)= "王"

B. SELECT * FROM 读者 WHERE RIGHT(dzxm,2)= "王"

C. SELECT * FROM 读者 HAVING LEFT(dzxm,2)= "王"

D. SELECT * FROM 读者 HAVING RIGHT(dzxm,2)= "王"

10. 设有订单表 order,包含字段：订单号、客户号、职员号、签订日期、金额。查询2010 年所签订单的信息,并按金额降序排序,正确的 SQL 命令是(　　)。

A. SELECT * FROM order WHERE YEAR(签订日期)=2010 ORDER BY 金额

B. SELECT * FROM order HAVING YEAR(签订日期)=2010 ORDER BY 金额

C. SELECT * FROM order WHERE YEAR(签订日期)=2010 ORDER BY 金额 DESC

D. SELECT * FROM order HAVING YEAR(签订日期)=2010 ORDER BY 金额 DESC

二、填空题

1. 在 SELECT-SQL 语句的 ORDER BY 子句中,DESC 表示按________输出,省略 DESC 表示按________输出。

2. 用 SQL 语句实现查找“教师”表中“工资”小于 2000 元且大于 1000 元的所有记录：

```
SELECT * FROM 教师________工资<2000________工资>1000
```

3. 用 SQL 命令将查询结果存储在读者.txt 文本文件中：SELECT * FROM 读者________FILE 读者。

4. 在 SELECT-SQL 语句中为了将查询结果存储到临时表中应使用________子句。

5. 要查询表 a 在 b 字段上取空值的记录,正确的 SQL 语句为：

```
SELECT * FROM a WHERE ________
```

6. 某数据库中包含“评分.dbf”数据表,表结构如下：

评分.dbf	
字段名	字段类型及宽度
歌手号	C(8)
分数	N(3,1)
评委号	C(3)

假设每个歌手的“最后得分”的计算方法是：去掉一个最高分和一个最低分,剩下的分数取平均值。根据“评分”表求每个歌手的“最后得分”并存储于表 TEMP 中,表 TEMP 中有两个字段：“歌手号”和“最后得分”,并且按最后得分降序排列,生成表 TEMP 的 SQL 语句是：

```
SELECT 歌手号,________ AS 最后得分;
FROM 评分 INTO DBF TEMP;
________;
ORDER BY 最后得分 DESC
```

7. 某教务信息管理系统中，有两个数据表 TEACHER.DBF 和 JKXX.DBF，表结构如下：

TEACHER 表结构		JKXX 表结构	
字段名	字段类型	字段名	字段类型
JSH(教师号)	C	JSH(教师号)	C
XM(姓名)	C	KCH(课程号)	C
XB(性别)	C	KCM(课程名)	C
DEPA(系名)	C	KSS(课时数)	N
ZC(职称)	C		

下列命令用来查询各系各职称的教师的人数和任课平均时数，只显示平均课时大于100 的记录，最后按平均课时数降序排列。

```
SELECT TEACHER.DEPA,TEACHER.ZC,;
    ________ AS 平均课时,COUNT(*) AS 教师人数;
    FROM TEACHER,JKXX;
    WHERE TEACHER.JSH=JKXX.JSH;
    ________ CURSOR JSKSSZJ;
    GROUP BY 1,2;
    ________平均课时>100;
    ORDER BY 3 DESC
```

8. 已知教师(js)表存储了每名教师的基本信息，院系专业(yxzy)表为院系专业代码与院系专业名称的对照表，表结构如下：

js 表		yxzy 表	
字段名	字段类型	字段名	字段类型
yxzydm(院系专业代码)	C	yxzydm(院系专业代码)	C
zc(职称)	C	yxmc(院系名称)	C
csrq(出生日期)	D		

基于 js 表和 yxzy 表统计各院系职称为教授的人数和平均年龄，查询结果按平均年龄降序排序(注：教师的年龄为当前系统日期的年份减去出生日期的年份)。

```
SELECT yxzy.yxmc, COUNT(*) AS jsrs,;
    AVG(________) AS pjnl;
    FROM js INNER JOIN yxzy;
    ON js.yxzydm=yxzy.yxzydm;
    WHERE ________;
    GROUP BY yxzy.yxzydm;
    ________
```

9. 已知学生(xs)表存储了每个学生的基本信息，成绩(cj)表存储了每个学生每门课程的成绩信息，表结构如下：

xs表		cj表	
字段名	字段类型	字段名	字段类型
xh(学号)	C	xh(学号)	C
xm(姓名)	C	kcdm(课程代码)	C
		cj(成绩)	N

基于xs表和cj表统计所有已登记的成绩中，有两门或两门以上课程不合格的学生的总课程数和成绩不合格门数，查询结果按不合格门数降序排序。(注：不合格指成绩小于60。)

```
SELECT xs.xh, xs.xm, COUNT(*) AS 总门数;
    ________ AS 不合格门数;
    FROM xs INNER JOIN cj ON xs.xh=cj.xh;
    GROUP BY 1;
    ________;
    ORDER BY 4 DESC
```

10. 某图书管理系统中jy(借阅)表的表结构如下：

jy表	
字段名	字段类型
jszh(借书证号)	C
jyrq(借阅日期)	D
hsrq(还书日期)	D

查询每个借书证号的借书本数、过期本数、过期罚款数(过期是指借阅超过90天，对每本书借阅超过90天者，超过部分按每天0.1元计算罚款数)。

```
SELECT jy.jszh AS 借书证号, COUNT(*) AS 借书本数;
    ________ AS 过期本数;
    SUM(________) AS 罚款数;
    FROM jy;
    GROUP BY 1
```

下篇　程序设计

第6章 程序设计基础

Visual FoxPro 内置了用于程序设计的语言工具，功能强大，使用方便。本章介绍程序设计的基础知识。

6.1 程 序 文 件

6.1.1 程序的概念

前面章节中我们所做的操作都是通过菜单选择或在命令窗口中逐条输入命令来执行的，这种工作方式称为单命令方式或交互方式，其优点是不用编程即可完成一些简单的数据处理工作，但对于需要使用大量命令来处理较复杂的数据，却难以胜任。为此，Visual FoxPro 提供了成批命令协同工作的方式，即程序工作方式。

所谓程序，就是能够完成一定任务的一条或多条命令代码。根据解决实际问题的需要，将程序输入到计算机内自动、连续地加以执行，既充分发挥了 Visual FoxPro 的功能，提高了系统的运行效率，又解决了非专业人员应用 Visual FoxPro 的困难，避免了命令输入时的重复劳动和误操作，并使得数据的安全得到进一步的保证。

程序与交互操作相比，具有以下特点：

- 程序可保存、修改、多次运行。
- 程序可通过菜单、表单和工具栏多种方式启动。
- 一个程序可调用其他程序。

6.1.2 程序文件的创建、修改和保存

1. 程序文件的创建

Visual FoxPro 程序是包含一系列命令的文本文件，其文件扩展名为 PRG。程序文件的创建有以下三种方法：

(1) 在项目管理器的“代码”选项卡中选择“程序”，单击“新建”按钮，弹出程序编辑窗口，如图 6-1 所示。

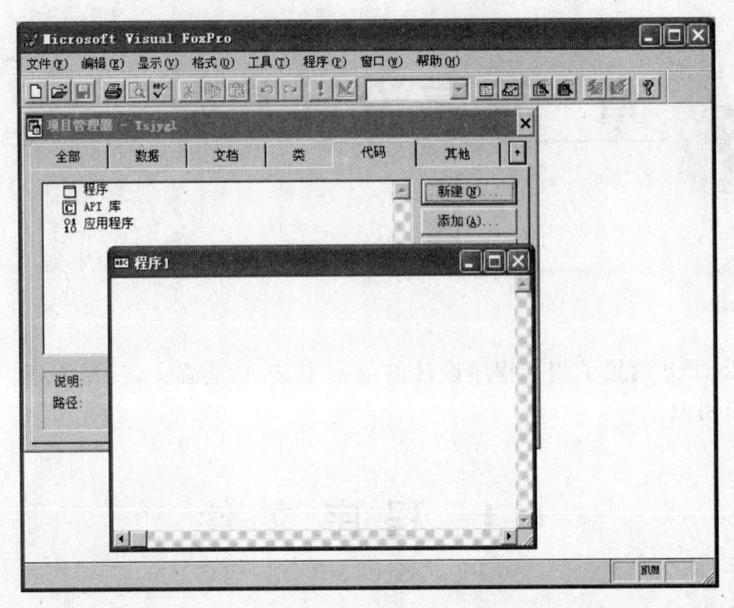

图 6-1 新建程序窗口

（2）单击“文件”菜单下的“新建”命令，在弹出的“新建”对话框中选择“程序”，然后单击“新建文件”按钮，弹出程序编辑窗口。

（3）在命令窗口中执行如下命令：

```
MODIFY COMMAND [程序文件名]
```

2. 程序文件的修改

修改程序文件有以下三种方法：

（1）单击“文件”菜单下的“打开”按钮，选择要修改的程序文件，单击“确定”按钮。

（2）若程序包含在项目中，则在项目管理器中选中要修改的程序并单击“修改”按钮，如图 6-2 所示。

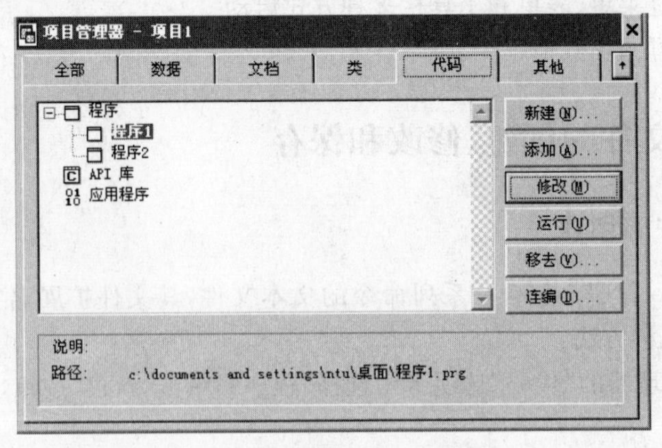

图 6-2 在项目管理器中修改程序

(3) 在命令窗口中输入命令：MODIFY COMMAND <程序文件名>。

3. 程序文件的保存

程序编辑结束后，单击“文件”菜单下的“保存”按钮，在弹出的如图 6-3 所示的“另存为”对话框中指定该程序文件的存放位置与文件名，单击“保存”按钮将其保存。程序文件存盘后的默认扩展名为.PRG。

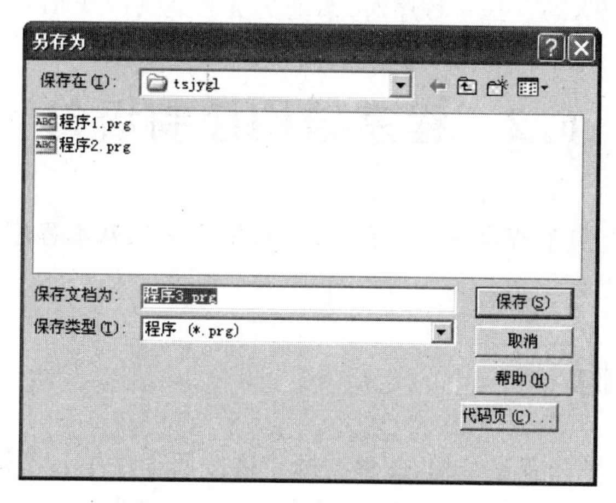

图 6-3　程序文件“另存为”对话框

6.1.3　程序文件的运行

运行程序文件有 4 种方法：

(1) 当程序文件处于编辑状态时，单击“常用”工具栏上的 ! 按钮运行程序。

(2) 单击“程序”菜单下的“运行”按钮，在弹出的如图 6-4 所示的“运行”对话框中选择要运行的程序文件，单击“运行”按钮。

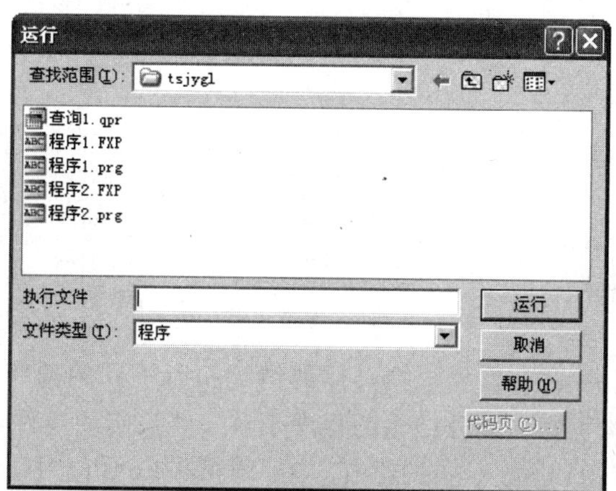

图 6-4　“运行”对话框

(3) 若程序包含在项目中,在项目管理器的"代码"选项卡中选择要运行的程序,单击"运行"按钮。

(4) 在命令窗口中使用 DO 命令:

```
DO <程序文件名> [WITH 参数列表]
```

在 Visual FoxPro 中,一旦运行程序文件,系统会自动对程序文件(.PRG)进行编译,生成"伪编译"程序(.FXP)。执行程序时,系统实质上是执行.FXP 文件。

6.2 程序结构控制语句

Visual FoxPro 与其他程序设计语言一样,提供了 3 种基本程序流程控制结构,即顺序结构、分支结构和循环结构。

6.2.1 顺序结构

顺序结构是最简单的程序结构,此种结构严格按照程序中各条语句出现的先后顺序依次执行,当一条命令执行完后自动开始下一条命令的执行,每条命令按顺序执行一次。程序的执行流程如图 6-5 所示。

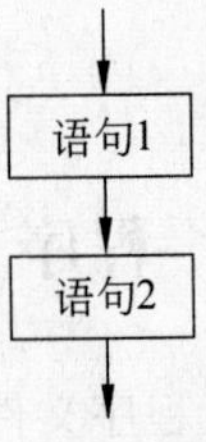

语句1

语句2

图 6-5 顺序结构流程图

【例 6.1】 从键盘输入长和宽,计算长方形的面积。

```
CLEAR
INPUT "请输入长:" TO a
INPUT "请输入宽:" TO b
s=a*b
?"长方形的面积为:",s
```

【例 6.2】 显示一个字符串在另一个字符串中的位置。

```
CLEAR
x="Visual FoxPro"
y="Fox"
?AT(y,x)
```

6.2.2 分支结构

在很多实际问题中,往往需要根据具体的情况执行不同的操作。实现这种分支控制的程序,称为分支结构程序。这种结构的程序带有一些设定的条件,判断这些条件的成立与否来决定程序的流向,执行不同的操作。在 Visual FoxPro 中,分支结构的语句包括 IF…ENDIF 和 DO CASE…ENDCASE。

1. IF…ENDIF 语句

IF…ENDIF 语句根据指定条件表达式的值，有选择地执行一条或一组命令。

该语句的语法格式：

```
IF <条件表达式>
    <语句序列 1>
[ELSE
    语句序列 2]
ENDIF
```

说明：

(1) 如果条件表达式的结果为.T.，则执行语句序列 1，执行完后执行 ENDIF 以下的语句。

(2) 如果条件表达式的结果为.F.，且有 ELSE 语句，则执行语句序列 2，执行完后执行 ENDIF 以下的语句。

(3) 如果条件表达式的结果为.F.，且没有 ELSE 语句，则直接执行 ENDIF 以下的语句。

根据 IF…ENDIF 语句分支的复杂程度分为简单分支、选择分支和嵌套分支。

(1) 简单分支

简单分支就是不包含 ELSE 语句的分支结构，流程如图 6-6 所示。

【例 6.3】 以下程序根据变量 x 的值给变量 y 赋值并输出 y 的值。

```
x=2
IF x>0
    y=1
ENDIF
?y
```

(2) 选择分支

选择分支包含 ELSE 语句，流程如图 6-7 所示。

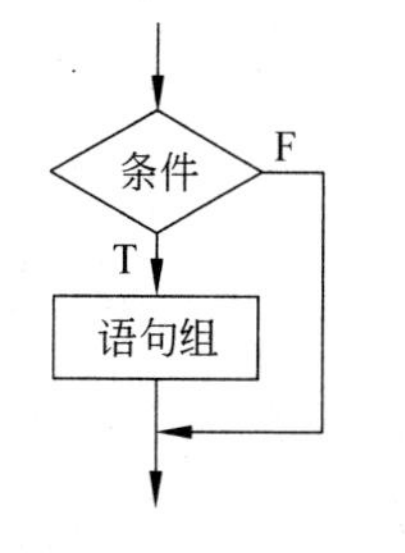

图 6-6　简单分支流程图

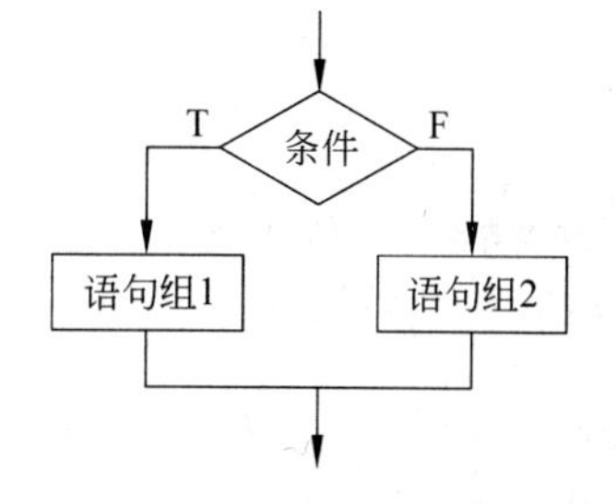

图 6-7　选择分支流程图

【例 6.4】 有两个整数 m 和 n，如果 m 小于 n，将两数交换后输出，否则直接输出 m 和 n。

分析：将两数交换，可通过设置第三个变量 t 来实现。

```
INPUT "请输入 m 的值:" TO m
INPUT "请输入 n 的值:" TO n
IF m<n
    t=m
    m=n
    n=t
    ?m,n
ELSE
    ?m,n
ENDIF
```

【例 6.5】 根据输入的三角形三条边的长度，求三角形的面积。

分析：设三角形三条边分别为 a、b、c，只有当 a+b>c 且 a+c>b 且 b+c>a 时，三角形存在，其面积为 $S=\sqrt{p(p-a)(p-b)(p-c)}$，式中：$p=\frac{a+b+c}{2}$。

```
INPUT "请输入三角形的边:" TO a
INPUT "请输入三角形的边:" TO b
INPUT "请输入三角形的边:" TO c
IF a+b>c AND a+c>b AND b+c>a
    p=(a+b+c)/2
    S=sqrt(p*(p-a)*(p-b)*(p-c))
    ?S
ELSE
    ?"数据错误"
ENDIF
```

(3) 嵌套分支

嵌套分支就是在一个分支结构中包含另一个分支结构。嵌套深度最大为 384 层。

【例 6.6】 计算下面的分段函数，在主窗口输出 y 的值。

$$y=\begin{cases}x & (x<0)\\ x-1 & (x=0)\\ x+1 & (x>0)\end{cases}$$

```
INPUT "请输入 x 值:" TO x
IF x<0
    y=x
ELSE
    IF x=0
        y=x-1
    ELSE
        y=x+1
    ENDIF
```

```
ENDIF
?y
```

2. DO CASE…ENDCASE 语句

使用 IF…ENDIF 分支结构在进行多个条件判断时，需要使用嵌套的分支结构，过多的嵌套会增加编程的复杂性。使用 DO CASE…ENDCASE 语句可以简单有效地完成多个并行条件的判断。

该语句的语法格式：

```
DO CASE
    CASE <条件 1>
        <语句序列 1>
    [CASE 条件 2
        语句序列 2
    ⋮
    CASE 条件 n
        语句序列 n]
    [OTHERWISE
        语句序列]
ENDCASE
```

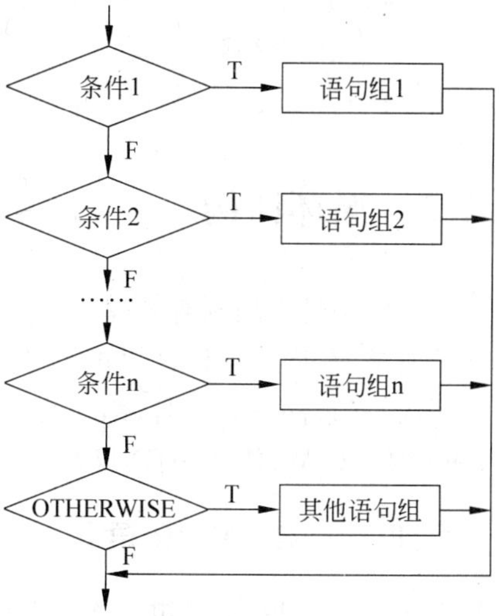

图 6-8　DO CASE 语句流程图

执行流程如图 6-8 所示。

该语句执行时，从条件 1 开始判断，只要有条件成立，则执行该条件下的语句组，执行完后执行 ENDCASE 以下的语句。如果包含 OTHERWISE 语句，则当所有条件都不成立时执行 OTHERWISE 下的语句组。

【例 6.7】 用 DO CASE…ENDCASE 语句改写例 6.6 中的程序。

```
INPUT "请输入 x 值：" TO x
DO CASE
    CASE x<0
        y=x
    CASE x=0
        y=x-1
    CASE x>0                        && 该句也可用 OTHERWISE 替代
        y=x+1
ENDCASE
?y
```

【例 6.8】 已知学生成绩表(CJ. DBF)中含有学号(XH,C,6)、课程代号(KCDH,C,2)和成绩(CJ,N,3)字段。给每个成绩评定成绩等级(优、良、及格、不及格)。

```
cdd=""                          && 定义变量用来存放成绩等级
DO CASE
```

```
    CASE CJ>=90
        cdd="优"
    CASE BETWEEN (CJ,80,89)
        cdd="良"
    CASE BETWEEN (CJ,60,79)
        cdd="及格"
    OTHERWISE                        && 该句也可用 CASE CJ<60 替代
        cdd="不及格"
ENDCASE
```

6.2.3 循环结构

在程序中经常遇到有规律的重复性操作，重复的次数有时可知，有时不可知。为适应这样的要求，程序设计语言提供了循环结构。循环就是当条件满足时使一组语句重复执行若干次，当条件不满足时，结束循环。Visual FoxPro 提供的循环结构有三种：FOR…ENDFOR、DO WHILE…ENDDO 和 SCAN…ENDSCAN。

1. FOR…ENDFOR 语句

FOR…ENDFOR 语句主要用于循环次数已知的循环结构。

该语句的语法格式：

```
FOR i=e1 TO e2 [STEP e3]
    <循环体语句组>
ENDFOR | NEXT
```

说明：

(1) 其中，i 表示循环变量，是作为计数器使用的变量，e1 表示循环变量的初始值，e2 表示循环变量的终值，e3 表示步长，即每执行完一次循环，循环变量增加或减少的数值，默认为 1。

(2) 在循环体中，可以包含 LOOP 语句和 EXIT 语句。LOOP 语句用于将控制直接返回给 FOR 语句，不再执行 LOOP 与 ENDFOR 之间的语句，即"跳过"一次循环；EXIT 语句将控制权传递给 ENDFOR 后面的语句，即"跳出"整个循环。

FOR 循环执行的过程如下：

(1) 将初始值赋给循环变量；

(2) 判断循环变量的值是否超出终值，若超出终值则结束循环，否则执行循环体；

(3) 循环变量加上步长值；

(4) 转到第(2)步执行。

执行流程如图 6-9 所示。

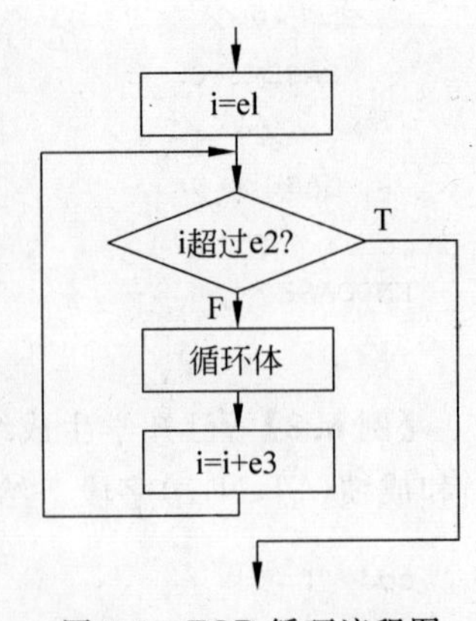

图 6-9　FOR 循环流程图

【例 6.9】 在主窗口中显示 1～10。

```
FOR i=1 TO 10
    ??i
ENDFOR
```

【例 6.10】 在主窗口中显示 1～10 之间的奇数。

```
FOR i=1 TO 10 STEP 2
    ??i
NEXT
```

【例 6.11】 求 1～100 的奇数和。

```
sum=0                           && 为求和的结果赋初值
FOR i=1 TO 100 STEP 2
    sum=sum+i
ENDFOR
?sum
```

【例 6.12】 求 10 的阶乘。

```
f=1                             && 为阶乘的结果赋初值
FOR i=1 TO 10
    f=f*i
ENDFOR
?f
```

【例 6.13】 求 1～200 之间能被 7 整除的数字之和。

```
sum=0
FOR i=1 TO 200
    IF MOD(i,7)<>0
        LOOP                    && 遇到不能被 7 整除的数字,跳过该次循环
    ELSE
        sum=sum+i
    ENDIF
ENDFOR
?sum
```

程序运行的结果为:

```
2842
```

【例 6.14】 将由任意字符(包括汉字)组成的字符串进行反序显示,如“FOR 循环”显示为“环循 ROF”。

```
ACCEPT "请输入字符串:" TO c
s=SPACE(0)                      && 为最终求得的反序字符串赋初值为空字符串
FOR i=1 TO LEN(c)
```

```
    x=ASC(LEFT(c,1))
    IF x>127                         &&ASCII码值大于127的字符为汉字
        t=2
    ELSE
        t=1
    ENDIF
    s=LEFT(c,t)+s
    c=SUBSTR(c,t+1)
ENDFOR
?s
```

2. DO WHILE…ENDDO 语句

如果循环次数未知，或循环次数根据程序运行的不同情况而改变，可以使用 DO WHILE…ENDDO 语句。

该语句的语法格式：

```
DO WHILE  <条件表达式>
    <循环体语句组>
ENDDO
```

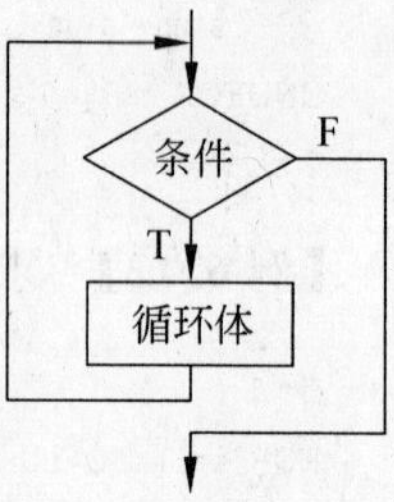

当条件表达式的值为.T.时，执行循环体语句组，直到条件表达式的值为.F.。和 FOR 循环一样，循环体中也可使用 LOOP 语句和 EXIT 语句。执行流程如图 6-10 所示。

图 6-10　DO WHILE 循环流程图

【例 6.15】 计算满足 1＋2＋3＋…＋n＜8888 的最大整数 n。

```
sum=0
n=0
DO WHILE sum<8888
    n=n+1
    sum=sum+n
ENDDO
n=n-1                            &&n在循环体中多加了一次，因此要减去1
?n
```

程序运行的结果为：

```
132
```

【例 6.16】 输入一行字符，分别统计出其中英文字母、数字、空格和其他字符的个数（不包括汉字）。

```
ACCEPT "请输入字符串:" TO c
STORE 0 TO letters,digit,spa,others
DO WHILE LEN(c)>0
    cc=LEFT(c,1)
    DO CASE
```

```
        CASE  SC(cc)>=65 AND ASC(cc)<=90 OR (ASC(cc)>=97 AND ASC(cc)<=122)
            letters=letters+1
        CASE ASC(cc)>=48 AND ASC(cc)<=57
            digit=digit+1
        CASE cc=SPACE(1)
            spa=spa+1
        OTHERWISE
            others=others+1
    ENDCASE
    c=SUBSTR(c,2)
ENDDO
?letters,digit,spa,others
```

【例 6.17】 随机产生一个 70～80 之间的数。

```
DO WHILE .T.                       && 无条件循环
    x=RAND() * 100
    IF x>70 AND x<80
        EXIT                       && 找到了满足条件的数就退出整个循环
    ENDIF
ENDDO
```

【例 6.18】 将十进制整数转换成二进制数。

```
INPUT "请输入一个整数:" TO nNumber
c=SPACE(0)
IF nNumber>0
    DO WHILE nNumber>0
        n=MOD(nNumber,2)
        nNumber=INT(nNumber/2)
        c=STR(n,1)+c
    ENDDO
ELSE
    c="0"
ENDIF
?c
```

程序运行的结果为：

```
请输入一个整数：37
100101
```

【例 6.19】 输出借阅表中还书日期从 2011 年开始的读者的借书证号、条形码和还书日期，并统计这些读者的人数。

```
USE 借阅
STORE 0 TO n
DO WHILE !EOF()                    && 当记录指针没有指向结束标志，即记录没有做完循环
```

```
    IF hsrq<{^2011/1/1}
        SKIP
        LOOP
    ENDIF
    ?jszh,txm,hsrq
    n=n+1
    SKIP
ENDDO
?"还书日期从 2011 年开始的读者有:"+STR(n,3)+"人"
USE
```

程序运行的结果为：

```
01000009    12010042340    01/01/11
01000015    12010054239    01/07/11
01000015    12010053799    01/29/11
03000003    00106058       01/10/11
还书日期从2011年开始的读者有：  4人
```

FOR 循环有时也可用 DO WHILE 循环代替。

【例 6.20】 用 DO WHILE 循环改写例 6.12 的程序。

```
f=1
i=1
DO WHILE i<=10
    f=f*i
    i=i+1                          && 循环变量每次加 1
ENDDO
?f
```

需要注意的是，在 DO WHILE 循环结构中，条件设置不当，会造成“死循环”，即无限数地执行循环体语句。

【例 6.21】 “死循环”程序示例。

```
x=1
DO WHILE x>0
    x=x+1
ENDDO
```

该例中，x>0 的条件永远成立，因此循环无限数执行。若出现“死循环”现象，可通过按<Esc>键中止程序的执行。

3. SCAN…ENDSCAN 语句

SCAN…ENDSCAN 语句用于对当前打开的数据表中的记录扫描。若对表中所有记录执行某一操作，可以使用该语句。扫描时，如果使用索引，将按照索引顺序进行，没有使用索引则按照记录在数据表中的物理顺序进行扫描。

该语句的语法格式：

```
SCAN [<范围>][FOR<条件>]
    <循环体语句组>
ENDSCAN
```

说明：

(1) 使用 SCAN…ENDSCAN 循环结构前必须先打开待处理的数据表。

(2) 缺省范围和条件短语时，则对所有记录执行循环体语句组的操作。

(3) 每循环一遍，自动将当前数据表的记录指针向下移动一条记录，因此不需要在循环体中设置 SKIP 语句。

(4) 循环体中同样可以设置 LOOP 语句和 EXIT 语句，作用和用法与其他类型的循环结构类似。

【例 6.22】 用 SCAN…ENDSCAN 循环结构改写例 6.19。

```
USE 借阅
STORE 0 TO n
SCAN
    IF hsrq<{^2011/1/1}
        LOOP                        &&SCAN 循环中不需要 SKIP 语句
    ENDIF
    ?jszh,txm,hsrq
    n=n+1
ENDSCAN
?"还书日期从 2011 年开始的读者有:"+STR(n,3)+"人"
USE
```

【例 6.23】 统计图书表中出版社为清华大学出版社的图书的册数，并输出这些图书的图书名称、作者、单价和出版日期。

```
USE 图书
STORE 0 TO n
SCAN FOR cbs="清华大学出版社"
    DISPLAY tsmc,zz,dj,cbrq  && DISPLAY 命令在主窗口中显示与当前表有关的信息
    n=n+1
ENDSCAN
?"清华大学出版社出版的图书有:"+STR(n,3)+"册"
USE
```

程序运行的结果为：

```
记录号  TSMC                    ZZ              DJ CBRQ
     8  数字图书馆              高文         40.50 01/02/03

记录号  TSMC                    ZZ              DJ CBRQ
    31  计算群体智能基础        Andids等     69.00 02/01/09

记录号  TSMC                    ZZ              DJ CBRQ
    38  英汉对照计算机技术教程  一水         33.00 02/28/02

清华大学出版社出版的图书有：   3册
```

4. 循环嵌套

在一个循环结构的循环体内包含其他的循环结构，便形成了循环嵌套。Visual FoxPro 中循环嵌套的层次不限，需要注意的是：循环开始语句和循环结束语句必须成对出现，且内、外层循环必须层次分明，不得交叉，即内循环必须完整地包含在外循环中。

【例 6.24】 如图 6-11 所示，按照下三角的形式输出九九乘法表。

```
1 * 1 = 1
2 * 1 = 2  2 * 2 = 4
3 * 1 = 3  3 * 2 = 6  3 * 3 = 9
4 * 1 = 4  4 * 2 = 8  4 * 3 = 12  4 * 4 = 16
5 * 1 = 5  5 * 2 = 10  5 * 3 = 15  5 * 4 = 20  5 * 5 = 25
6 * 1 = 6  6 * 2 = 12  6 * 3 = 18  6 * 4 = 24  6 * 5 = 30  6 * 6 = 36
7 * 1 = 7  7 * 2 = 14  7 * 3 = 21  7 * 4 = 28  7 * 5 = 35  7 * 6 = 42  7 * 7 = 49
8 * 1 = 8  8 * 2 = 16  8 * 3 = 24  8 * 4 = 32  8 * 5 = 40  8 * 6 = 48  8 * 7 = 56  8 * 8 = 64
9 * 1 = 9  9 * 2 = 18  9 * 3 = 27  9 * 4 = 36  9 * 5 = 45  9 * 6 = 54  9 * 7 = 63  9 * 8 = 72  9 * 9 = 81
```

图 6-11 九九乘法表

```
CLEAR
FOR  i=1 TO 9
    FOR j=1 TO i
        ??SPACE(2),STR(i,1),"*",STR(j,1),"=",STR(i*j,2)
    ENDFOR
    ?                                   && 换行输出
ENDFOR
```

【例 6.25】 生成一个 3 行 4 列的由任意 100 以内的整数组成的矩阵，并求该矩阵中的最大值。

分析：求一组整数的最大值的方法为，假设第一个整数为最大值，从第二个整数开始依次和前一个整数比较，如果后一个整数大于前一个整数，则设置后一个整数为最大值。

```
DIMENSION a(3,4)
FOR i=1 TO 3
    FOR j=1 TO 4
        a(i,j)=INT(RAND()*100)
        ??a(i,j)
    ENDFOR
    ?
ENDFOR
max=a(1,1)
FOR i=1 TO 3
    FOR j=1 TO 4
        IF a(i,j)>max
            max=a(i,j)
        ENDIF
    ENDFOR
ENDFOR
?"该矩阵的最大值为:",max
```

程序运行的结果为：

```
92        18        95        80
23        24        55        60
 7        18        99        17

该矩阵的最大值为：         99
```

【例 6.26】 求 3～100 之间的所有素数。

分析：除 2 以外，只能被 1 和其本身整除的数称为素数。判断某个整数 m 是否为素数，只须将 m 除以从 2 到 m－1 之间的每个整数，只要有一个整数能够被整除的，m 就不是素数，否则就是素数。

```
FOR m=3 TO 100
    FOR i=2 TO m-1
        IF MOD(m,i)=0
            EXIT        && 一旦被某个数整除就退出本层循环
        ENDIF
    ENDFOR
    IF i>m-1
        ??STR(m,3)
    ENDIF
ENDFOR
```

程序运行的结果为：

```
3  5  7 11 13 17 19 23 29 31 37 41 43 47 53 59 61 67 71 73 79 83 89 97
```

6.3 过程与自定义函数

应用程序一般包含多个程序模块，模块与模块之间可以相互调用。通常，把被其他模块调用的模块称为子模块，把调用其他模块且没有被其他模块调用的模块称为主程序。子模块包括子程序、过程和自定义函数。

6.3.1 子程序

子程序是一段相对独立的程序，可以独立保存为一个.prg 文件，并且可用 DO 命令来调用执行。DO 命令的语法格式为：

```
DO <程序文件名>[WITH 参数列表]。
```

【例 6.27】 分别建立 3 个程序文件：A.prg、B.prg 和 C.prg。

A. prg　　　　B. prg　　　　C. prg

```
STORE 2 TO x,y,z        y=y+1        z=z+1
```

```
x=x+1                    DO C
DO B                     x=x+1
?x+y+ z
```

其中,A. prg 为主程序,B. prg 和 C. prg 为子程序。在程序 A 中,定义了 3 个变量,赋值以后,调用 B 程序,B 程序中调用了 C 程序,C 程序执行完后返回 B 程序执行 DO 命令后的代码,B 程序执行完后返回 A 程序,执行 DO 命令后的代码。

运行程序时应运行主程序 A. prg,程序运行后的结果为:10。

6.3.2 过程

在子程序调用过程中,子程序作为一个独立文件存放在磁盘上,每调用一次子过程,都要打开一个磁盘文件,因而会影响程序运行的速度,可以用过程或自定义函数来解决这一问题。

用户可以将具有某种功能经常使用的程序段从程序中独立出来,作为一个过程或用户自定义函数,附在主程序后面,在需要该功能时调用这个过程或函数。这样,既减少了程序的代码量,也使程序更易读、易维护。

1. 创建过程

创建过程使用 PROCEDURE 命令。该命令的语法格式为:

```
PROCEDURE <过程名>
    [PARAMETERS 参数列表]
    <过程体>
    [RETURN [返回值]]
ENDPROC
```

其中,过程名由用户自定义,要求满足 VFP 的命名规则,且最多包含 254 个字符;PARAMETERS 语句定义参数,目的是使过程可以根据不同的参数进行不同的处理,参数列表中可以有若干个参数,最多可以有 27 个,各参数之间用逗号分隔;RETURN 语句用于将控制返回给调用程序或其他程序,并定义过程的返回值,如果过程中不包含 RETURN 语句,则将在退出过程时隐式自动执行 RETURN 语句,如果 RETURN 语句不包含返回值(或隐式执行了 RETURN 语句),则过程返回. T. 。

【例 6.28】 将例 6.26 中的判断一个整数是否为素数的程序编写为过程程序。

```
PROCEDURE sushu
    PARAMETERS m
        FOR i=2 TO m-1
            IF MOD(m,i)=0
                EXIT
            ENDIF
        ENDFOR
```

```
    IF i>m-1
        ??m
    ENDIF
ENDPROC
```

2. 调用过程

由于过程有可能存放在同一个程序文件中，也可能存放在其他程序文件中，所以调用的方式不尽相同。

(1) 调用存放在同一个程序文件中的过程

调用存放在同一个程序文件中的过程与调用 Visual FoxPro 系统函数相同。例如，调用例 6.28 的过程求 3～100 之间的所有素数。

```
FOR m=3 TO 100
    sushu(m)
ENDFOR
```

(2) 调用存放在其他程序文件中的过程

调用存放在其他程序文件中的过程，首先应使用 SET PROCEDURE TO 命令来打开过程文件。例如，假设例 6.28 的过程程序被保存在 MyProg.prg 文件中，应该按照下面的方式进行调用。

```
SET PROCEDURE TO MyProg.prg              && 打开过程文件
FOR m=3 TO 100
    sushu(m)
ENDFOR
SET PROCEDURE TO                         && 关闭过程文件
```

此外，还可以使用 DO 命令进行过程调用，该命令的语法格式为：

```
DO <过程名>[IN 过程所在的程序文件名] [WITH 参数列表]
```

上例可改为：

```
FOR m=3 TO 100
    DO sushu IN MyProg.prg WITH m
ENDFOR
```

6.3.3 自定义函数

函数分为系统函数和用户自定义函数，系统函数由 Visual FoxPro 提供，用户可以直接使用，自定义函数需要用户根据功能自己设计。函数与过程的区别在于过程通常用于实现某一处理功能，而函数用于实现某一处理功能且有返回值。但在 Visual FoxPro 中，过程与用户自定义函数除了定义方式上的差别，在可以实现的功能和调用方法上没有区别。

1. 创建自定义函数

创建自定义函数使用 FUNCTION 命令。该命令的语法格式为：

```
FUNCTION <函数名>
    [PARAMETERS 参数列表]
    <函数体>
    [RETURN [返回值]]
ENDFUNC
```

【例 6.29】 改写例 6.1,编写求长方形面积的函数。

```
FUNCTION area
    PARAMETERS a,b                        &&a 和 b 分别代表长和宽
    s=a*b                                 &&s 为所求的长方形面积
    RETURN s                              && 函数的返回值就是长方形的面积
ENDFUNC
```

2. 调用自定义函数

调用自定义函数的方法和调用过程方法相似,区别在于自定义函数有返回值。例如,调用例 6.29 的函数计算长方形面积并显示在主窗口。

```
x=2
y=3
?"长方形的面积为:",area(x,y)
```

【例 6.30】 编写一个计算阶乘的自定义函数,并调用此函数来计算组合数。

$$C_m^n=\frac{m!}{n!\ (m-n)!}$$

```
m=5
n=4
***调用自定义函数 jiech 计算组合数
c=jiech(m)/(jiech(n)*jiech(m-n))
?"计算结果为:"+STR(c,8)
***计算阶乘的自定义函数 jiech
FUNCTION jiech
    PARAMETERS x
    p=1
    FOR i=1 TO x
        p=p*i
    ENDFOR
    RETURN p
ENDFUNC
```

【例 6.31】 编写并调用自定义函数打印直角形的杨辉三角形,行数由参数决定。

分析：杨辉三角形是这样的一个二维序列：①每行数字左右对称，由1开始逐渐变大，然后变小，回到1；②第 n 行的数字个数为 n 个；③每个数字等于上一行的左右两个数字之和。

```
CLEAR
INPUT "请输入行数:" TO x
yh(x)                                   && 调用自定义函数打印杨辉三角形
FUNCTION yh
    PARAMETERS a
    DIMENSION arr(a,a)                  && 定义数组 arr 用来保存杨辉三角形的各个数字
    arr=0                               && 为数组所有元素赋初值为 0
    arr(1,1)=1                          && 三角形最顶端数字为 1
    FOR i=2 TO a
        arr(i,1)=1
        arr(i,i)=1
        FOR j=2 TO i
            IF arr(i,j)=0
                arr(i,j)=arr(i-1,j-1)+arr(i-1,j)
            ENDIF
        ENDFOR
    ENDFOR
***在主窗口输出杨辉三角形
    FOR i=1 TO a
        FOR j=1 TO a
            IF arr(i,j)<>0
                ??arr(i,j)
            ENDIF
        ENDFOR
        ?
    ENDFOR
ENDFUNC
```

程序运行的结果为：

```
请输入行数：6
      1
      1         1
      1         2         1
      1         3         3         1
      1         4         6         4         1
      1         5        10        10         5         1
```

6.3.4 参数传递

自定义函数或过程可以接收参数，参数可以是变量或数组元素，并且可以根据接收到的参数控制程序流程或对接收到的参数进行处理。按参数传递的方式不同可以分为：按

值传递和按引用传递。按值传递只是将值传递给函数或过程，所有对参数值的操作都不会影响保存参数变量的原值；按引用传递则是将保存参数变量的地址传递给函数或过程，函数或过程中所有对参数值的操作实际都是对原变量的操作，变量值也将随之变化。

1. 按值传递

按值传递可以通过以下两种方式进行。

(1) 在调用自定义函数前，使用 SET UDFPARMS 命令指定参数是按值传递还是按引用传递，该命令的语法结构是：SET UDFPARMS TO REFERENCE|VALUE。其中，TO VALUE 是按值传递，在这种情况下，自定义函数或过程可以修改作为参数的变量值，但主程序中的变量原值不会改变；TO REFERENCE 是按引用传递，在这种情况下，将把保存参数变量的地址传递给自定义函数或过程，自定义函数或过程可以修改作为参数的变量值，所做修改也随之反映到主程序中的变量上。默认情况下，Visual FoxPro 按值进行参数传递。

【例 6.32】 按值传递参数。

```
SET UDFPARMS TO VALUE
x=1
?"函数的返回值:",plus(x)              && 函数的返回值为 2
?"变量 x 的值:",x                     && 按值传递,变量 x 的值不变,为 1
****定义 plus 函数,给变量 x 加 1
FUNCTION plus
    PARAMETERS x
    x=x+1
RETURN x
```

(2) 将变量加括号后放在函数名后的括号中，表示强制按值传递

```
SET UDFPARMS TO REFERENCE             && 设置传递方式为按引用传递
x=1
?"函数的返回值:",plus((x))            && 函数的返回值为 2
?"变量 x 的值:",x                     && 强制按值传递,变量 x 的值为 1
```

2. 按引用传递

按引用传递参数可以通过以下两种方式进行：

(1) 调用 SET UDFPARMS 命令的 TO REFERENCE

```
SET UDFPARMS TO REFERENCE
x=1
?"函数的返回值:",plus(x)              && 函数的返回值为 2
?"变量 x 的值:",x                     && 按引用传递,变量 x 的值被函数 plus 变为 2
```

(2) 使用@标记参数

在函数括号中参数变量的前面加上@标记，表示强制按引用传递。

```
SET UDFPARMS TO VALUE
x=1
?"函数的返回值:",plus(@x)            && 函数的返回值为 2
?"变量 x 的值:",x                    && 强制按引用传递,变量 x 的值为 2
```

6.4 程序调试

在程序设计过程中,不可避免地会发生这样那样的错误。程序调试就是对程序进行测试,查找程序中隐藏的错误并将这些错误改正。

6.4.1 程序中常见的错误

程序中常见的错误类型有语法错误和逻辑错误两种。

1. 语法错误

所谓语法错误,是指由于违反了语言有关语句形式或使用规则而产生的错误。例如,语句格式错误,语句定义符拼错,内置常量名拼错,变量名定义错,没有正确使用标点符号,分支结构或循环结构语句的结构不完整或不匹配等。这种错误是比较容易发现的,因为程序中若存在语法错误,程序执行时系统会出现提示框(提示错误类型),如图 6-12 所示。

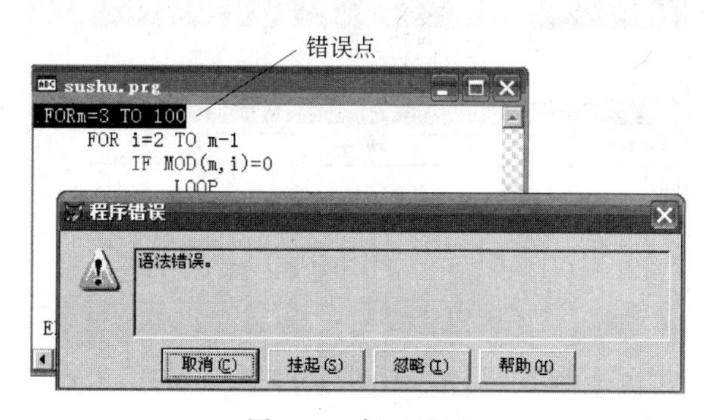

图 6-12　提示错误

2. 逻辑错误

逻辑错误是由于编写的程序代码不能实现预定的处理功能要求而产生的错误。尽管程序代码没有任何语法错误,程序可以运行,但得到的结果是错误的。下面是一个求 3～100 之间素数的错误程序。

```
FOR m=3 TO 100
    FOR i=2 TO m-1
        IF MOD(m,i)=0
            LOOP                        && 正确的程序此处应该是 EXIT
```

```
        ENDIF
    ENDFOR
    IF i>m-1
        ??STR(m,3)
    ENDIF
ENDFOR
```

该程序的每一个语句都符合格式要求。如果运行该程序，程序会正常执行，但却给出错误的结果。这就是所谓的“逻辑错误”。

对于逻辑错误，系统无法提示，只能由用户通过测试来验证结果的正确性。可借助调试器来检测逻辑错误。

6.4.2 调试器

在程序中发现问题后，可以使用 Visual FoxPro 调试环境逐步找到错误。VFP 提供了专门的调试工具——调试器和有关的调试命令来帮助用户调试程序。

1. 调试器的打开

单击菜单栏“工具”中的“调试器”按钮，或在命令窗口中输入 DEBUG 命令，打开调试器窗口，如图 6-13 所示。

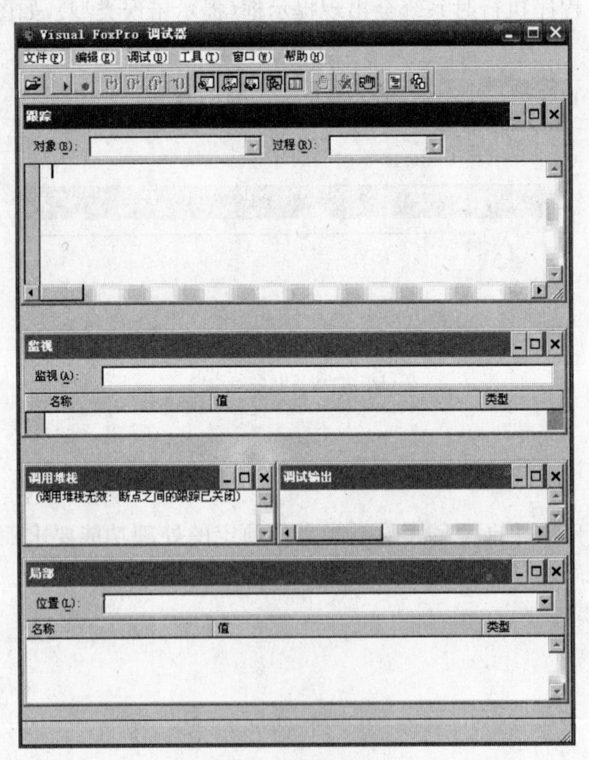

图 6-13 “调试器”窗口

2. “调试器”窗口的组成和使用

“调试器”窗口包括工具栏、“跟踪”窗口、“监视”窗口、“调用堆栈”窗口、“调试输出”窗口和“局部”窗口。

(1) 工具栏

工具栏提供了各种功能的按钮，如图 6-14 所示。按钮及其功能见表 6-1。

图 6-14 “调试器”工具栏

表 6-1 工具栏按钮

按　　钮	功　　能
	打开程序文件：打开“运行”对话框，当用户从对话框中指定一个程序后，调试器随即执行此程序，并中断于程序的第一条可执行代码上
	继续执行：当程序执行被中断时，该命令出现在菜单中。选择该命令可使程序在中断处继续往下执行
	取消：终止程序的调试执行，并关闭程序
	跟踪：单步执行下一行代码
	单步：单步执行下一行代码。如果下一行代码调用了过程或者方法程序，那么该过程或者方法程序在后台执行
	跳出：以连续方式而非单步方式继续执行被调用模块程序中的代码，然后在调用程序的调用语句的下一行处中断
	运行到光标处：从当前位置执行代码直至光标处中断。光标位置可以在开始时设置，也可以在程序中断时设置
	打开或关闭“跟踪”窗口
	打开或关闭“监视”窗口
	打开或关闭“局部”窗口
	打开或关闭“调用堆栈”窗口
	打开或关闭“调试输出”窗口
	切换断点
	清除所有断点
	打开“断点”对话框
	打开“编辑日志”对话框
	打开“事件跟踪”对话框

(2) “跟踪”窗口

在调试中，最有用的方法就是跟踪代码，依次观察每一行代码的运行。单击“文件”菜单中的“打开”命令或工具栏上的“打开”按钮，选择需要调试的程序文件，程序代码就会显示在“跟踪”窗口中，如图 6-15 所示。

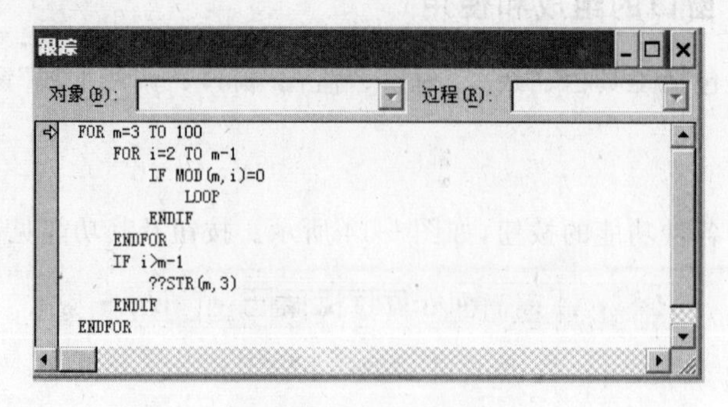

图 6-15 “跟踪”窗口

若要跟踪代码，单击“调试”菜单中的“单步”命令或工具栏上的“单步”按钮，代码左边灰色区域中出现的箭头指示执行位置。

(3)“监视”窗口

单击“窗口”菜单中的“监视”命令或单击工具栏上的“监视窗口”按钮可打开“监视”窗口。在“监视”窗口中可实时监视程序中变量或表达式值的变化，依次查看中间结果。“监视”窗口如图 6-16 所示。

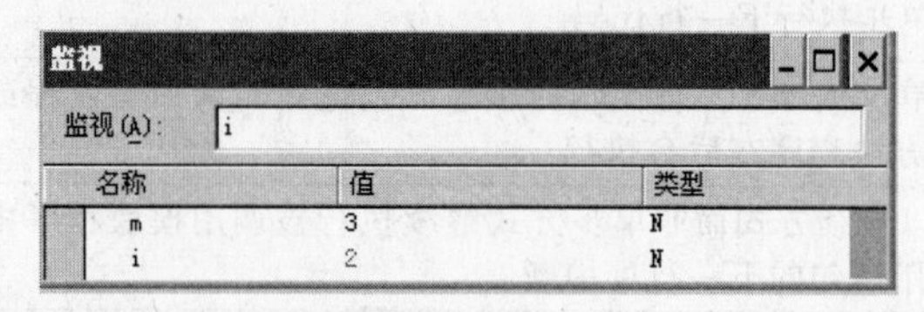

图 6-16 “监视”窗口

其中：

- “监视”文本框　输入监视的变量名或表达式，可将它们添加到下面的列表框中。
- 名称　显示变量名或表达式。
- 值　显示当前变量或表达式的值。
- 类型　显示当前变量或表达式的数据类型。

(4)“局部”窗口

单击“窗口”菜单中的“局部”命令或单击工具栏上的“局部窗口”按钮可打开“局部”窗口。使用“局部”窗口可显示给定的程序、过程或方法程序中的所有变量、数组、对象及对象成员。“局部”窗口如图 6-17 所示。

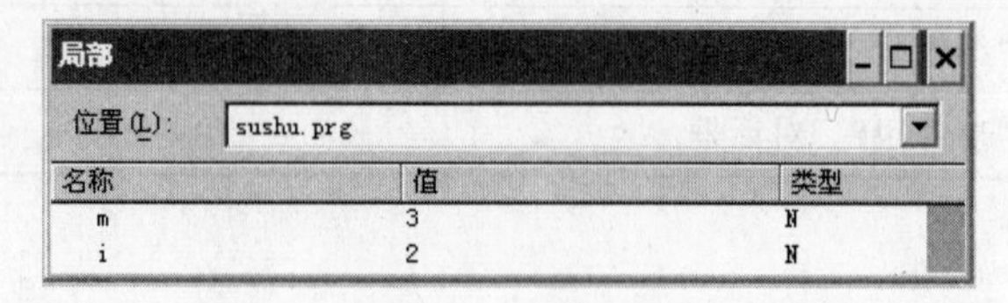

图 6-17 “局部”窗口

其中：

- “位置”文本框　指定显示的变量、数组和对象的过程或程序名。
- 名称　显示局部变量的名称。
- 值　显示局部变量的当前值。
- 类型　显示局部变量的数据类型。

(5) “调用堆栈”窗口

单击“窗口”菜单中的“调用堆栈”命令或单击工具栏上的“调用堆栈窗口”按钮可打开“调用堆栈”窗口。该窗口可显示正在执行的过程、程序和方法程序。

(6) “调试输出”窗口

单击“窗口”菜单中的“输出”命令或单击工具栏上的“调试输出窗口”按钮可打开“调试输出”窗口。该窗口可显示过程、程序或方法程序代码的输出。

6.4.3 断点设置与单步调试

1. 断点设置与取消

在调试程序时，用户希望程序执行到某语句处能暂停运行，以便查看变量的中间结果。该暂停运行处称为“断点”。断点通常安排在程序代码中能反映程序运行状况的地方。比如，当程序的错误可能和循环部分的设计不当有关时，就可在循环体中设置一个断点。循环体每执行一次，就在断点处引起中断，即可从调试窗口了解循环变量及其他变量的取值，从而确定出错的原因。

若要在某一行代码处设置断点，首先将光标放置在该代码行，单击工具栏上的“切换断点”按钮，或双击该代码行左边的灰色区域，这时，该代码行左边的灰色区域中会显示一个实心红点，表明在该行已经设置了一个断点。如图 6-18 所示。若要取消断点，再次单击“切换断点”按钮，或双击该代码行左边的灰色区域，单击工具栏上的“清除所有断点”按钮可将设置的所有断点清除。

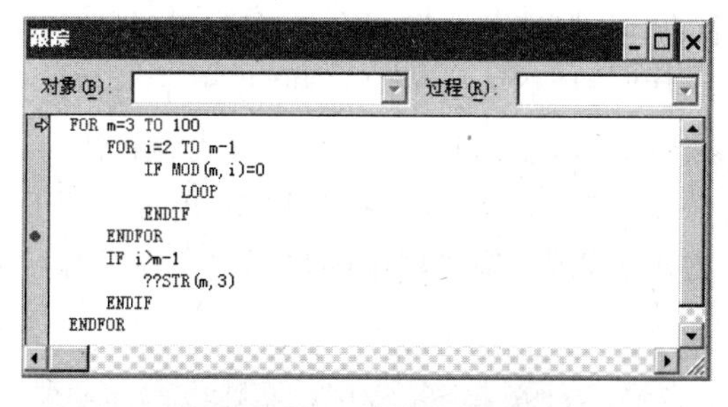

图 6-18　设置“断点”

断点有 4 种类型：“在定位处中断”、“如果表达式值为真，则在定位处中断”、“当表达式值为真时中断”和“当表达式值改变时中断”。可以在“断点”对话框中，指定所需断点的类型、位置和文件。单击调试器“工具”菜单中的“断点”，可以打开“断点”对话框，如图 6-19 所示。

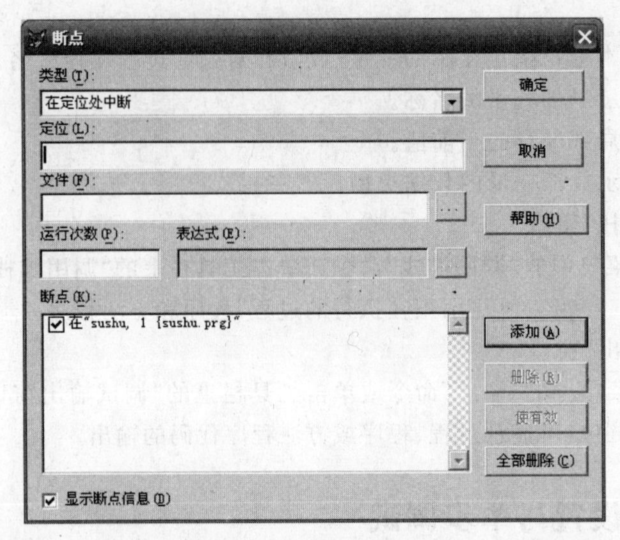

图 6-19 “断点”对话框

2. 单步调试

单步调试即逐个语句或逐个过程地执行程序，每执行完一条语句或一个过程，就发生中断，因此可逐条语句或逐个过程地检查每个语句的执行状况或每个过程的执行结果。

单击“调试”菜单中的“单步跟踪”按钮或单击工具栏上的“单步”按钮，即可进行单步调试。每执行一次“单步”，程序就执行一条语句，在“跟踪”窗口中，执行位置箭头向下移动一条语句。每执行一条代码，系统就进入中断状态，可通过“监视”窗口检查变量的当前值。

6.4.4 调试菜单

在“调试器”窗口中的“调试”菜单中除了包含有与工具栏中按钮相同功能的菜单项，还有其他功能的菜单项，如“定位修改”、“调速”和“设置下一条语句”。

在调试程序或对象代码的时候，如果发现某一行代码有错误，可以马上进行修改。执行“调试”菜单中的“定位修改”命令，将停止执行程序，出现如图 6-20 所示的信息框，单击“是”按钮，就可以打开代码编辑器，编辑器中的代码定位在“跟踪”窗口中光标所在的代码处，这时就可以修改程序。

图 6-20 “取消程序”信息框

如果要设置两个代码行执行之间的延迟秒数，可执行“调速”菜单项，打开“调整运行速度”对话框。

如果知道某行代码可能产生错误，可以将光标放在该行的下一行，并执行“调试”菜单的“设置下一条语句”，就可以跳过有错误的这行代码。

习　　题

一、选择题

1. 在 Visual FoxPro 中，程序文件的扩展名是(　　)。

   A. TXT　　B. PRG　　C. DBF　　D. FMT

2. 下列语句中，不属于循环结构的是(　　)。

   A. IF…ENDIF　　B. DO…ENDDO

   C. FOR…ENDFOR　　D. SCAN…ENDSCAN

3. 在 DO WHILE…ENDDO 循环结构中，LOOP 命令的作用是(　　)。

   A. 退出过程，返回程序开始处

   B. 转移到 DO WHILE 语句行，开始下一个判断和循环

   C. 终止循环，将控制转移到本循环结构 ENDDO 后面的第一条语句继续执行

   D. 终止程序执行

4. 下列程序共执行了循环(　　)次。

```
CLEAR
a=10
DO WHILE a<20
    ??STR(a+1,3)
    IF a>15
        EXIT
    ENDIF
    a=a+2
ENDDO
```

   A. 2　　B. 3　　C. 4　　D. 5

5. 在 DO WHILE…ENDDO 中，若条件设置为.T.，则下列说法中正确的是(　　)。

   A. 程序不会出现死循环

   B. 程序一定出现死循环

   C. 在循环体中设置 EXIT 防止出现死循环

   D. 在循环体中设置 LOOP 防止出现死循环

6. 下列程序得到的结果为(　　)。

```
a=0
FOR i=1 TO 100 STEP 2
```

```
    a=a+i
ENDFOR
?a
```

A. 1～100 中奇数的和　　　　B. 1～100 中偶数的和

C. 1～100 所有数的和　　　　D. 没有意义

7. 设数据表文件 CJ.DBF 中有两条记录,内容如下:

	XM	ZF
1	张三	500.00
2	李四	600.00

运行以下程序的结果是(　　)。

```
USE CJ
M->ZF=0
DO WHILE .NOT. EOF()
    M->ZF=M->ZF+ZF
    SKIP
ENDDO
?M->ZF
```

A. 500.00　　　　B. 600.00

C. 1100.00　　　　D. 1600.00

8. 设教师工资表(GZ)中有字段"工资",下面程序实现的功能是(　　)。

```
CLEAR
USE GZ
DO WHILE !EOF()
    IF 工资>=900
        SKIP
        LOOP
    ENDIF
    DISPLAY
    SKIP
ENDDO
USE
```

A. 显示所有工资大于等于 900 元的教师信息

B. 显示所有工资低于 900 元的教师信息

C. 显示第 1 条工资大于等于 900 元的教师信息

D. 显示第 1 条工资低于 900 元的教师信息

9. 设数据表 DZ.DBF 中的"名称"字段,该字段为字符型,宽度为 6,表中有记录为:

```
电视机
计算机
```

电话线
电冰箱
电线

那么下面程序段的输出结果是(　　)。

```
GO 2
SCAN NEXT 4 FOR LEFT(名称,2)="电"
    IF RIGHT(名称,2)="线"
        LOOP
    ENDIF
    ??名称
ENDSCAN
```

A. 电话线　　B. 电冰箱
C. 电冰箱电线　　D. 电视机电冰箱

10. 下列程序执行以后,变量 x 和 y 的值是(　　)。

```
CLEAR
STORE 3 TO x
STORE 5 TO y
plus((x),y)
?x,y
PROCEDURE plus
    PARAMETERS a1,a2
    a1=a1+a2
    a2=a1+a2
ENDPROC
```

A. 8　13　　B. 3　13　　C. 3　5　　D. 8　5

二、填空题

1. 在 Visual FoxPro 集成环境下调试程序的过程中,如果程序运行时出现"死循环"现象,通常可以通过按键盘上的________键强制中断程序的运行。

2. 下列程序的运行结果是________。

```
CLEAR
STORE 0 TO S1,S2
X=5
DO WHILE X>1
    IF SQRT(X)=3 .OR. INT(X/2)=X/2
        S1=S1+X
    ELSE
        S2=S2+X
    ENDIF
```

```
    X=X-1
ENDDO
?S1,S2
?y
```

3. 下列程序的运行结果是________。

```
CLEAR
DIMENSION A(2,3)
i=1
DO WHILE i<=2
    j=1
    DO WHILE j<=3
        A(i,j)=i*j
        ??A(i,j)
        j=j+1
    ENDDO
    ?
    i=i+1
ENDDO
```

4. 执行如下程序：

```
STORE 0 TO X,Y
USE 成绩
SCAN
    IF 成绩>60 .AND. 成绩<90
        LOOP
    ENDIF
    IF 成绩<=60
        X=X+1
    ELSE
        Y=Y+1
    ENDIF
ENDSCAN
?X,Y
```

该程序执行的功能是统计成绩________和成绩________的学生记录，并将其显示在屏幕上。

5. 斐波那契数列指的是这样一个数列：1、1、2、3、5、8、13、21、……这个数列从第三项开始，每一项都等于前两项之和。完善下列程序，实现输出数列的前 20 项。

```
DIMENSION x(20)
x(1)=1
x(2)=2
```

```
??x(1),x(2)
FOR i=3 TO 20
    x(i)=________
    ??x(i)
ENDFOR
```

6. 完善下列程序，计算 9+90+900+9000+……前 10 项之和。

```
n=9
________
FOR i=1 TO 9
    ________
    s=s+n
ENDFOR
?s
```

7. 利用公式 1−1/2+1/4−1/6+…+1/n 实现累加求和，直到最后一项的绝对值小于 10^{-4} 为止。完善下列程序。

```
sum=0.0
t=1.0
a=0.0
b=1.0
DO WHILE ________
    sum=sum+t
    a=a+2.0
    ________
    t=b/a
ENDDO
?"sum=",sum
```

8. 下列函数的功能是将一字符串反序，完善程序。

```
FUNCTION REVERSE
    ________
    s=SPACE(0)
    FOR i=LEN(ch) TO 1 STEP -1
        s=s+SUBSTR(ch,________,1)
    ENDFOR
    RETURN s
ENDFUNC
```

9. 函数 pai 的功能是根据以下近似公式求 π 值：

$$(\pi * \pi)/6=1+1/(2*2)+1/(3*3)+\cdots+1/(n*n)$$

完善下列程序，实现求 π 的功能。

```
FUNCTION pai
    PARAMETERS n
    s=0
    FOR i=1 TO n
        s=s+________
    ENDFOR
    RETURN ________
ENDFUNC
```

第7章 表单与对象

本章主要介绍面向对象程序设计的一些基础知识,以及 Visual FoxPro 中的基类和相关知识,然后介绍表单的创建与管理、表单设计器的操作。

7.1 面向对象程序设计基础

面向对象程序设计(Object-Oriented Programming,OOP)是当前程序设计的主流方式,是通过对象的交互操作来实现程序设计的,是区别于面向过程程序设计方式的全新的程序设计方式。

面向对象的程序设计方法是按照人们认识世界和改造世界的习惯方式,对现实世界的客观事物(对象)进行最自然和最有效的抽象与表达,同时又以各种严格高效的行为规范和实现机制来对客观事物进行有效的模拟和处理,并把对客观事物的表达(对象的属性)和对它的操作处理(对象的方法)相结合的一个有机整体。

面向对象的程序设计通过对现实世界中存在的对象构造出相应的数据模型,展示对象间的相互关系,并编写相应的程序。在 Visual FoxPro 中,表单及其控件是应用程序中的对象,用户通过对象的相关属性、事件和方法来处理对象。

本节将介绍面向对象程序设计中对象和类的概念,对象的相关属性、事件和方法以及在 Visual FoxPro 中引用对象的方法等。

7.1.1 对象与类概述

1. 对象

现实世界中的任何客观事物都可以看做是对象(object)。对象可以是具体的事物,也可以是抽象的事件。例如,现实世界中的一部汽车、一台电脑、一场篮球赛、一个会议等。

在 Visual FoxPro 中,表单、文本框、命令按钮、复选框、菜单、工具栏等都是常见的对象。

对象是面向对象程序设计的基本元素,用户可以通过对象的属性、事件和方法来描述和操作对象进行面向对象程序设计。

2. 类

类(class)是一组相似对象的归纳和抽象,是对一组相似对象的共有属性和方法的描述。或者说,类是具有共同属性、共同操作性质对象的集合。所有的对象都可以由类生成,在定义类时,用户可以规定这类对象具有哪些特征,并为其指派方法和事件。

类和对象关系密切,但并不相同。类是对象的抽象,什么也不能干。而对象是类的实例,只有通过对象才能实现具体操作或任务。例如,人是一个类,而一个具体的人,比如姓名叫"张三"的学生则是一个对象。

类就像一批对象的模具,用户可以在它的基础上生成相同种类的若干个对象。这些对象虽然具有相同的属性和方法,但它们在属性上的取值可以不一样,并且彼此之间是相互独立的。

7.1.2 常用对象的基类、容器类与控件类

1. Visual FoxPro 的基类

在 Visual FoxPro 中,内部定义的基本类称为基类(Base Class)。用户可以在这些基类的基础上创建各种所需的对象,还可以在其基础上创建自定义的新类,按照实际情况来添加自己需要的功能。当在某个基类的基础上创建用户自定义的新类时,该基类就成为自定义类的父类,而自定义类(子类)同时继承了该基类的所有属性、方法和事件。基类包括容器类和控件类。容器类是其他对象的集合,可以单独对其中的组件进行修改或操作,如表格、选项按钮组;控件类是单一的对象,不包含其他对象,必须作为一个整体来访问或处理,如命令按钮、文本框。表 7-1 给出了 Visual FoxPro 的常用基类。其中,中文名称中带#的这些类是父容器类的集成部分,在类设计器中不能作为父类来创建子类。所有的 Visual FoxPro 的常用基类都有如表 7-2 所示的最小事件集和如表 7-3 所示的最小属性集。

表 7-1 Visual FoxPro 的常用基类

类　名	中文名称	类　名	中文名称
CheckBox	复选框	Label	标签
Column	列#	Line	线条
ComboBox	组合框	ListBox	列表框
CommandButton	命令按钮	OLEControl	OLE 容器控件
CommandGroup	命令按钮组	OLEBoundControl	OLE 绑定型控件
Container	容器	OptionButton	选项按钮 #
Control	控件	OptionGroup	选项按钮组
Custom	自定义	Page	页面 #

续表

类　　名	中文名称	类　　名	中文名称
EditBox	编辑框	PageFrame	页框
Form	表单	Separator	分隔符 #
FormSet	表单集	Shape	形状
Grid	表格	Spinner	微调框
HyperLink	超级链接	TextBox	文本框
Header	标头 #	Timer	计时器
Image	图像	ToolBar	工具栏

表 7-2　基类的最小事件集

事　　件	说　　明
Init	当对象创建时激活
Destroy	当对象从内存中释放时激活
Error	当类中的事件或方法过程中发生错误时激活

表 7-3　基类的最小属性集

属　　性	说　　明
Class	该类属于何种类型
BaseClass	该类由何种基类派生而来，例如 Form、Commandbutton 或 Custom 等
ClassLibrary	该类从属于哪种类库
ParentClass	对象所基于的类。若该类直接由 Visual FoxPro 基类派生而来，则 ParentClass 属性值与 BaseClass 属性值相同

2. 容器类

容器类可以包含其他对象，并且允许访问这些对象。当创建一个对象容器后，无论是在设计时还是在运行时，都可以对其中任何一个对象进行操作。每种容器类所能包含的对象如表 7-4 所示。

表 7-4　容器类所能包含的对象

容　　器	能包含的对象
命令按钮组	命令按钮
容器	任意控件
控件	任意控件
表单集	表单、工具栏

续表

容　器	能包含的对象
表单	页框、任意控件、容器或自定义对象
表格列	标头对象以及除表单、表单集、工具栏、计时器和其他列对象以外的任意对象
表格	表格列
选项按钮组	选项按钮
页框	页面
页面	任意控件、容器和自定义对象
工具栏	任意控件、页框和容器

3. 控件类

控件类是不能用于容纳其他对象的类。对于控件类创建的对象，设计和运行时都是当做一个整体类来处理，控件对象的组件不能单独被修改和操作。控件类可以被包含在容器中，但不能作为其他对象的父对象。表 7-1 Visual FoxPro 的常用基类中加粗显示的为容器类，其他均为控件类。

7.1.3　属性、事件与方法

1. 属性

属性(property)是对象特征的描述，是对象的某种特征和状态。例如一个学生的姓名为"张三"、身高为 180cm、性别为男性、出生日期为 1990 年 10 月 11 日等，这些就是该学生的属性。在 Visual FoxPro 中，属性是指控件、字段或数据库对象的特性。例如一个表单，名称为 Form1、背景色为蓝色、高度为 180 像素、宽度为 200 像素等，这些就是该表单的属性。

在 Visual FoxPro 中，用户可以在设计时通过"属性"窗口对属性进行静态设置，也可以利用编程方式在运行阶段进行动态设置。但也有些只读属性不能被设置或修改，这些属性在属性窗口中以斜体显示。

除了使用 Visual FoxPro 提供的属性外，用户还可以给对象添加新的属性。

2. 事件

事件(event)就是由对象识别和响应的一个动作。事件是一种预先定义好的特定动作，由用户或系统激活。事件可以通过用户的交互操作产生，例如用户单击，将触发一个 Click 事件；用户按下键盘按键，将触发一个 KeyPress 事件。事件也可以由系统产生，例如计时器控件的 Timer 事件。

为了使得对象在某一事件发生时能够做出必要的反应，就需要对该事件编写相应的程序代码来完成这一目标。例如对 Command1 按钮的 Click 事件编写了相应的程序代码，而对 Command2 按钮的 Click 事件没有编写程序代码，那么在运行时如果单击 Command1 按钮，则会执行相应程序代码，如果不单击该按钮，Click 事件不会执行；如果运行时单击 Command2 按钮，则不会有任何反应。

在 Visual FoxPro 中，事件是由系统定义的、固定不变的，用户不能创建新的事件。

表 7-5 是 Visual FoxPro 中常用的事件。表 7-6 是一些核心事件和触发时间。

表 7-5　VFP 中常用的事件

事件类型	事件名称
鼠标事件	Click、DblClick、RightClick、DropDown、DownClick、UpClick
键盘事件	KeyPress
改变控件内容的事件	InteractiveChange
控件焦点的事件	GotFocus、LostFocus、When、Valid
表单事件	Load、Unload、Destroy、Activate、Resize、Paint、QueryUnload
数据环境事件	AfterCloseTable、BeforeOpenTable
项目事件	QueryModifyFile 等
OLE 事件	OLECompleteDrag 等
其他事件	Timer、Init、Destroy、Error

表 7-6　一些核心事件和触发时间

事　　件	触发时间
Load	当表单或表单集被加载到内存时产生
Unload	当表单或表单集从内存中释放时产生
Init	创建对象时产生
Destroy	从内存中释放对象时产生
Click	用户在对象上单击时产生
DblClick	用户在对象上双击时产生
RightClick	用户在对象上右击时产生
GotFocus	对象得到焦点时产生
LostFocus	对象失去焦点时产生
KeyPress	用户按键时产生
MouseDown	在对象上按下鼠标按钮时产生
MouseUp	在对象上松开鼠标按钮时产生
MouseMove	在对象上移动鼠标指针时产生
InteractiveChange	以交互的方式改变对象值时产生
ProgrammaticChange	以编程的方式改变对象值时产生

3. 方法

方法(method)是指对象固定完成某种任务的功能,可以由用户在需要时调用。Visual FoxPro 中每个对象都有其相应的方法,而每个方法都有一段固定的默认代码相对应,这些代码是在创建类时定义并编写好的,是不需要用户编写的。例如表单对象的 Release 方法,实现从内存中释放表单,结束表单程序的运行。用户不可以为对象创建新的事件,但可以创建新的方法程序。表 7-7 是 Visual FoxPro 的一些常用方法。

表 7-7 Visual FoxPro 的一些常用方法

名　称	功　能
AddObject	在运行时向容器对象中添加对象
Clear	清除组合框或列表框控件中的内容
AddItem	为组合框或列表框控件中添加一个新的数据项目
RemoveItem	为组合框或列表框控件中移去一项
SetFocus	为一个控件指定焦点
Hide	通过把 Visible 属性设置为 .F.,来隐藏表单、表单集或工具栏
Show	把 Visible 属性设置为 .T.,显示并激活一个表单或表单集,并确定表单的显示模式
Refresh	重画表单或控件,并刷新所有值
Release	从内存中释放表单或表单集
Quit	结束一个 Visual FoxPro 实例,返回到创建它的应用程序

7.1.4 对象的引用

在面向对象程序设计中,对某个对象的操作是通过对该对象的引用来实现。主要通过以下格式来访问该对象的属性或者调用该对象的方法。引用对象时,对象与对象之间、对象与属性、方法之间需用分隔符.进行分隔。

格式 1:

对象名.属性名

格式 2:

对象名.方法名

对某个对象的引用方式主要有绝对引用和相对引用两种方法。

1. 绝对引用

由包含该对象的最外层容器对象名开始,按照提供对象的完整容器层次来引用某个对象，这种引用方式称为绝对引用。

例 1：设置表单 Form1 中标签 Label1 的 Caption 标题属性为“你好！”。

```
Form1.Label1.Caption="你好！"
```

例 2：设置表单集 FormSet1 中表单 Form2 中标签 Label2 的 FontSize 字体大小属性为 20。

```
FormSet1.Form2.Label2. FontSize=20
```

例 3：从内存中释放表单 Form1，调用 Release 方法。

```
Form1.Release
```

2. 相对引用

在容器层次中相对于某个容器层次的引用，对一个对象的引用是从参照关键字开始再到该对象，这种引用方式称为相对引用。Visual FoxPro 中的相对引用的关键字如表 7-8 所示。

表 7-8　相对引用的关键字

关　键　字	引 用 说 明
ActiveControl	当前活动表单中具有焦点的控件
ActiveForm	当前活动表单
ActivePage	当前活动表单中的活动页
Parent	该对象的直接容器
This	该对象
ThisForm	包含该对象的表单
ThisFormSet	包含该对象的表单集
_Screen	表示屏幕对象

例 1：设置表单 Form1 中标签 Label1 的 Caption 标题属性为“你好！”。

```
ThisForm.Label1.Caption="你好！"
```

例 2：将文本框对象的 Value 的属性设置为 100。

```
This.Value=100
```

例 3：从内存中释放表单 Form1，调用 Release 方法。

```
ThisForm.Release
```

例 4：对表单中的 Label1 标签多个属性进行设置，可以采用 WITH…ENDWITH 语句。

```
WITH ThisForm.Label1
```

```
    .Caption="这是一个范例!"              && 设置标签显示的文字内容
    .ForeColor=rgb(255,0,0)              && 设置标签中文字的前景色为红色
    .FontSize=18                         && 设置标签中文字的字号
    .FontName="隶书"                      && 设置标签中文字的字体
    .FontBold=.T.                        && 设置标签中文字加粗
ENDWITH
```

系统变量_Screen 表示屏幕对象,与 ActiveForm 等组合可以在不知道表单名的情况下处理活动表单。

7.2 创建与管理表单

表单(form)类似于 Windows 中的窗口和对话框,它是一个容器,可以包含多种控件对象,可以让用户在熟悉的界面下查看数据或将数据输入数据库。表单提供的远不止一个界面。它还提供丰富的对象集,这些对象能响应用户(或系统)事件,这样就能使用户尽可能方便和直观地完成信息管理工作。因此,设计表单的过程实际上就是设计应用程序界面的过程。

在 Visual FoxPro 中创建表单的方法有以下几种:

(1) 使用表单向导创建表单。

(2) 使用表单设计器创建表单。

(3) 使用表单生成器或者快速表单创建表单。

(4) 利用 Create Form 命令方式创建表单。

7.2.1 使用表单向导创建表单

利用表单向导,可以很方便地创建数据表表单,也就是对数据表进行操作的表单。在 Visual FoxPro 中可以创建基于单表的表单和基于一对多关系的两张表的表单。利用向导生成的表单,还可以在表单设计器中进行进一步的修改。

1. 利用表单向导创建单表表单

单表表单向导可以创建单一数据源的表单。下面使用表单向导基于 TSJYSJ 数据库下的"读者"表创建表单。创建单表表单的步骤如下:

① 选择"文件"菜单中的"新建"菜单项,弹出"新建"对话框,如图 7-1 所示。

② 选择"表单"选项,单击"向导"按钮,弹出"向导选取"对话框,选择"表单向导"选项,单击"确定"按钮,如图 7-2 所示。

③ 如图 7-3 所示的"字段选取"页中,选择 TSJYSJ 数据库下的"读者"表。如果当前数据库文件已经打开,系统将自动显示该数据库中的表,否则单击"…"按钮,启动"打开"对话框,选择相应的表,在可用字段列表框中选择所需的字段。如果希望表中的字段全

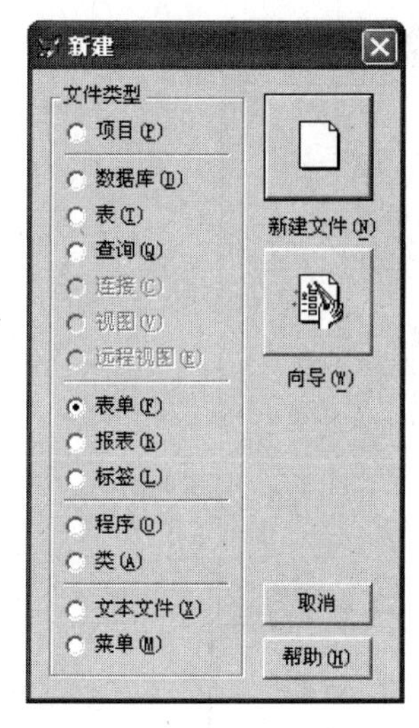

图 7-1 “新建”对话框

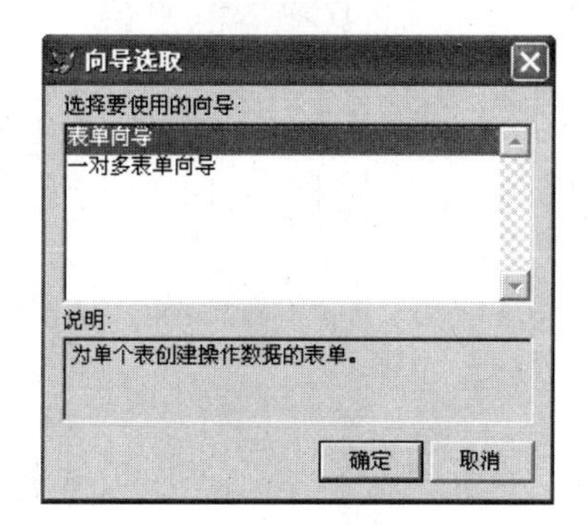

图 7-2 “向导选取”对话框

部显示在表单中,在选择表后单击双箭头按钮,在本例中添加“读者”表的所有字段,然后单击“下一步”按钮。

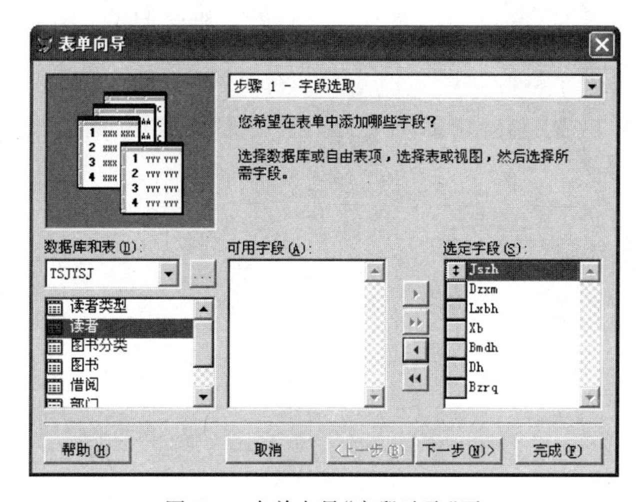

图 7-3 表单向导“字段选取”页

④ 如图 7-4 所示的“选择表单样式”页中,通过“样式”列表框设置表单样式,通过“按钮类型”来设置表单中的按钮样式,选择的表单样式实例图片将显示在表单向导对话框中的放大镜中。在本例中选择“标准式”样式,按钮类型为“文本按钮”,然后单击“下一步”按钮。

⑤ 如图 7-5 所示的“排序次序”页中,用来设置表单中记录的排序方式,在本例中选择排序字段为 Jszh,排序次序为“升序”,单击“下一步”按钮。

⑥ 如图 7-6 所示的“完成”页中,用来设置使用表单向导创建表单的处理方式以及设置表单的标题,在本例中设置表单的标题为“读者”,选择“保存并运行表单”选项,其余按

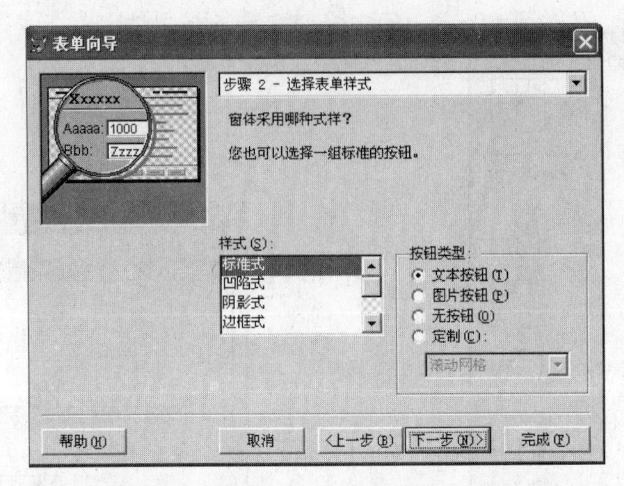

图 7-4　表单向导"选择表单样式"页

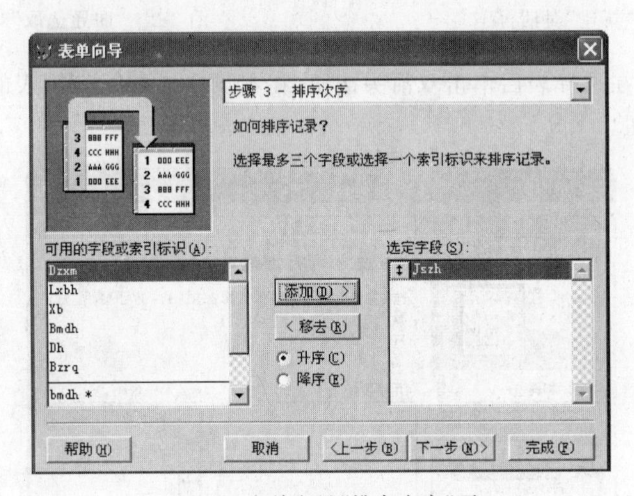

图 7-5　表单向导"排序次序"页

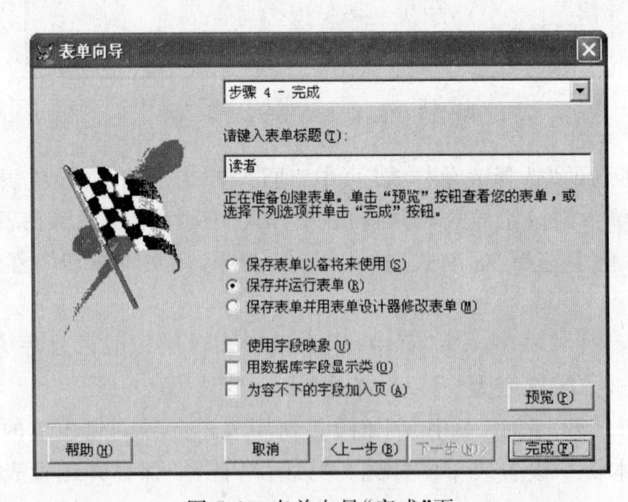

图 7-6　表单向导"完成"页

默认设置，单击“完成”按钮，出现“保存”对话框，输入表单的文件名，单击“保存”按钮，则会出现所设计的表单，如图 7-7 所示。分别单击“第一个”、“前一个”、“下一个”、“最后一个”等按钮，来移动表的记录指针，在表单中可以看到记录的变化情况。还可以利用“添加”、“编辑”、“删除”、“查找”等对表单中的记录进行操作。

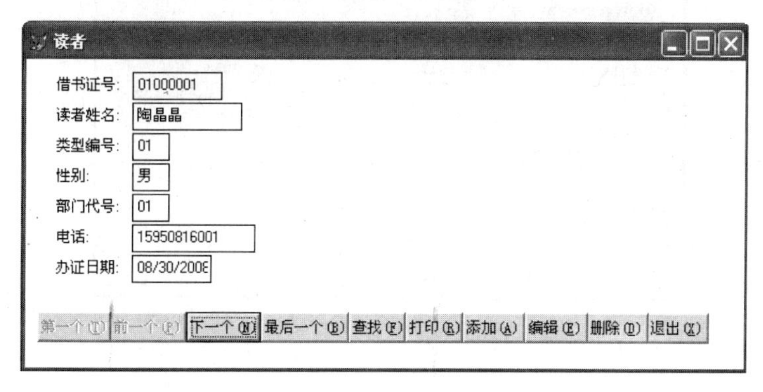

图 7-7　利用表单向导建立的单表表单

2. 利用表单向导创建一对多表单

在实际应用系统的开发过程中，一对多表单向导的应用非常广泛。若两个数据表存在一对多的联系，则可以通过一对多表单向导快速创建一个能同时对两个数据表进行操作的表单，父表的一条数据记录位于表单的上方，和父表相关联的子表所对应的多条记录显示在表单下方的表格中。

下面使用表单向导基于 TSJYSJ 数据库中的父表“读者”表和子表“借阅”表创建表单。创建一对多表单的步骤如下：

① 选择“文件”菜单中的“新建”菜单项，弹出“新建”对话框。

② 选择“表单”选项，单击“向导”按钮，弹出“向导选取”对话框，选择“一对多表单向导”选项，单击“确定”按钮，如图 7-8 所示。

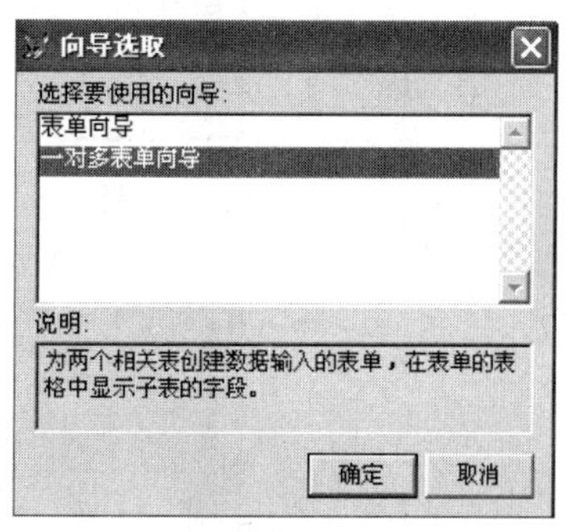

图 7-8　新建表单向导对话框

③ 如图 7-9 所示的“从父表中选定字段”页中，“读者”表为“一对多”中的“一”方，为父表。选择 TSJYSJ 数据库下的“读者”表，添加“读者”表的所有字段，然后单击“下一步”按钮。

④ 如图 7-10 所示的“从子表中选定字段”页中，“借阅”表为“一对多”中的“多”方，为子表。选择 TSJYSJ 数据库下的“借阅”表，添加“借阅”表的所有字段，然后单击“下一步”按钮。

⑤ 如图 7-11 所示的“建立表之间的关系”页中，在两个列表框中，分别设置父表和子表的关联字段 jszh 字段，单击“下一步”按钮。

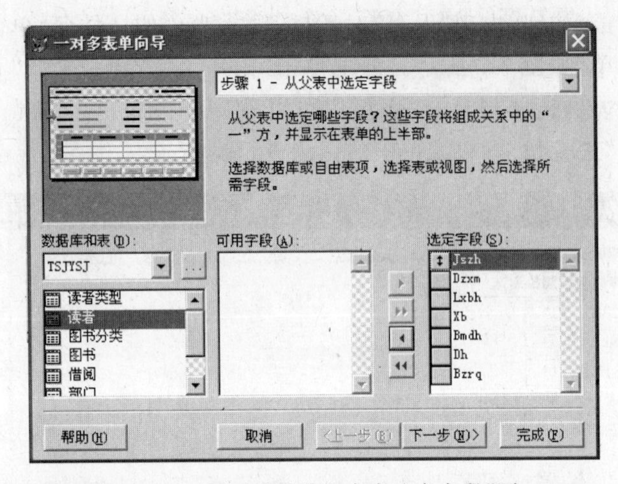

图 7-9　表单向导“从父表中选定字段”页

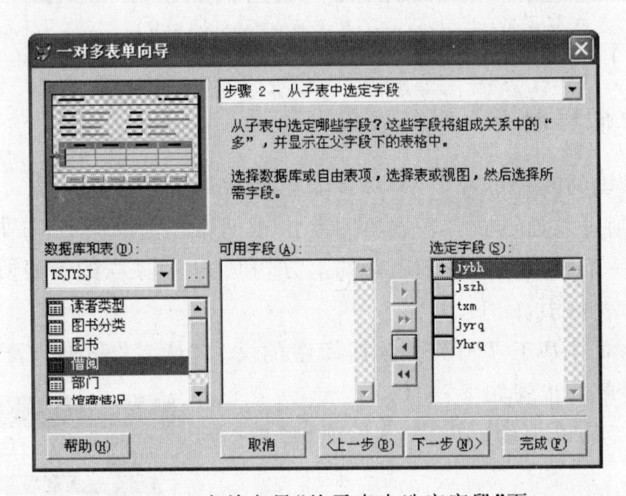

图 7-10　表单向导“从子表中选定字段”页

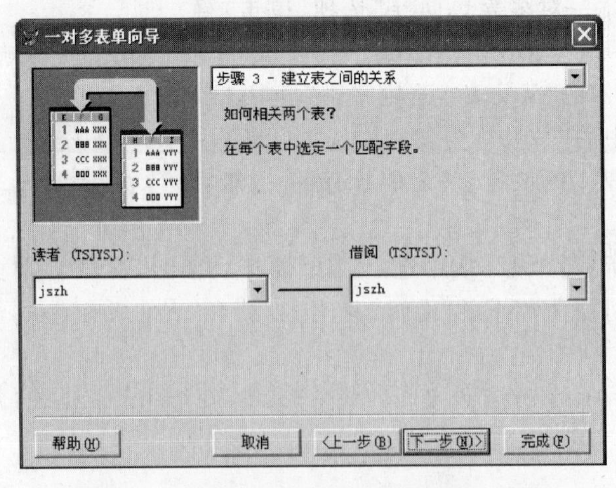

图 7-11　表单向导“建立表之间的关系”页

⑥ 如图 7-12 所示的"选择表单样式"页中，选择"标准式"样式，按钮类型为"文本按钮"，然后单击"下一步"按钮。

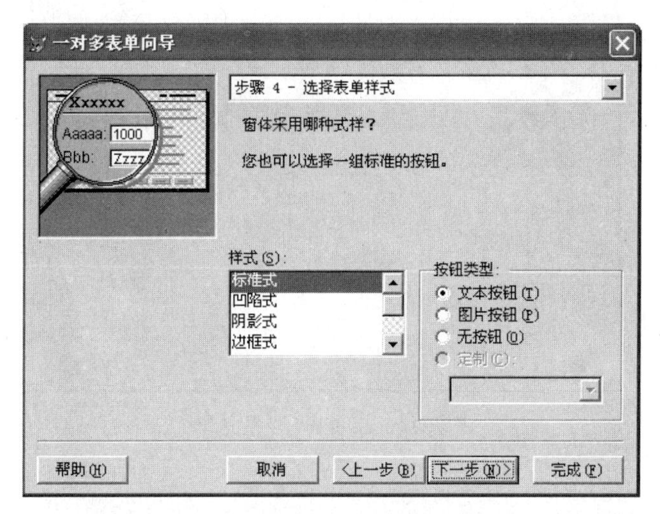

图 7-12　表单向导"选择表单样式"页

⑦ 如图 7-13 所示的"排序次序"页中，用来设置表单中记录的排序方式，在本例中选择排序字段为 Jszh，排序次序为"升序"，单击"下一步"按钮。

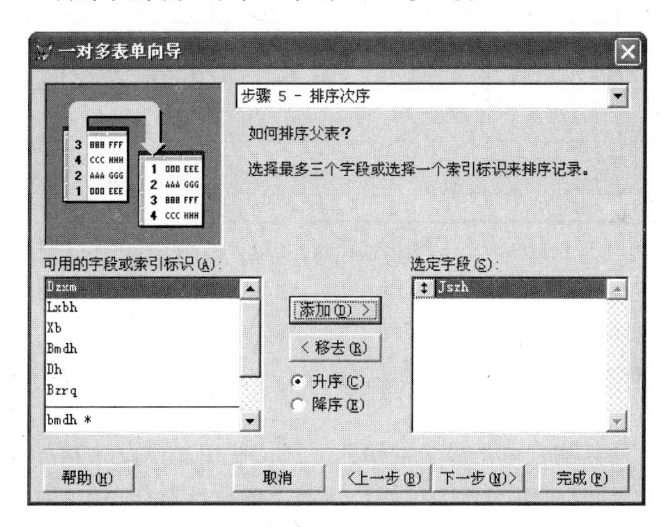

图 7-13　表单向导"排序次序"页

⑧ 如图 7-14 所示的"完成"页中，设置表单的标题为"读者借阅"，选择"保存并运行表单"选项，其余按默认设置，单击"完成"按钮，出现"保存"对话框，输入表单的文件名，单击"保存"按钮，则会出现所设计的表单，如图 7-15 所示。分别单击"第一个"、"前一个"、"下一个"、"最后一个"等按钮来移动表的记录指针，在表单中可以看到记录的变化情况。还可以利用"添加"、"编辑"、"删除"、"查找"等按钮对表单中的记录进行操作。

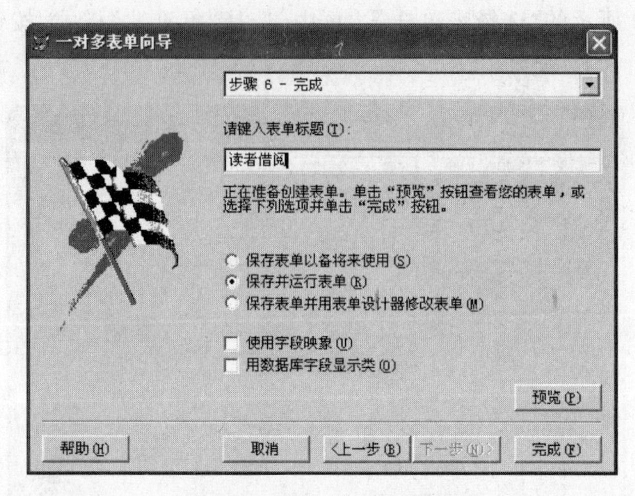

图 7-14　表单向导"完成"页

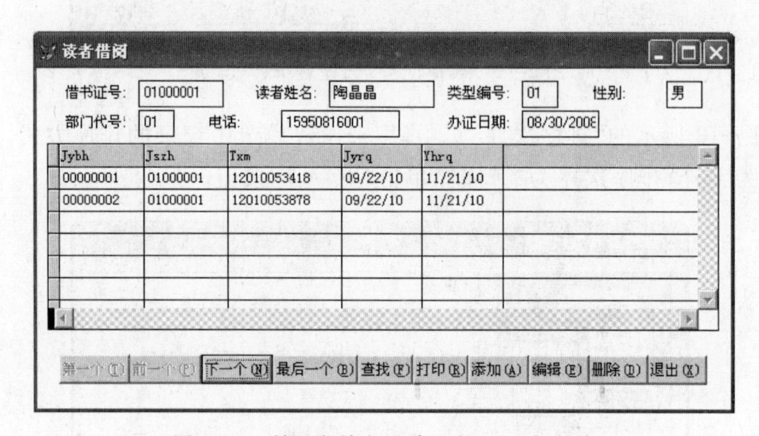

图 7-15　利用表单向导建立的一对多表单

7.2.2　使用表单设计器创建表单

使用表单设计器创建表单是最为常用的方式。使用表单设计器不仅能够在表单内任意添加所需的控件，而且可以为各个控件设置相关的属性及合理安排它们的布局，并可根据需要方便地为表单及表单中的控件编写特定的事件程序代码，从而创建出各种功能强大、符合用户需求的表单。此外，对已有表单的修改也离不开表单设计器。

1. 启动表单设计器

启动表单设计器的方法有 4 种：

方式 1：单击"常用"工具栏上的"新建"按钮，在弹出的"新建"对话框中选定"表单"，再单击"新建文件"按钮。

方式 2：单击"文件"菜单中的"新建"按钮，在弹出的"新建"对话框中选定"表单"，再单击"新建文件"按钮。

方式 3：在项目管理器中选择"文档"选项卡中的"表单"，再单击"新建"按钮，在弹出的"新建表单"对话框中单击"新建表单"按钮。

方式 4：在命令窗口中执行 Create Form 命令。

表单设计器打开后，Visual FoxPro 显示表单设计器窗口以及多个表单设计工具。这些工具包括"表单设计器"工具栏、"表单控件"工具栏、"布局"工具栏、"调色板"工具栏和"属性"窗口等，如图 7-16 所示。具体的各项内容将在后续章节中详细介绍。

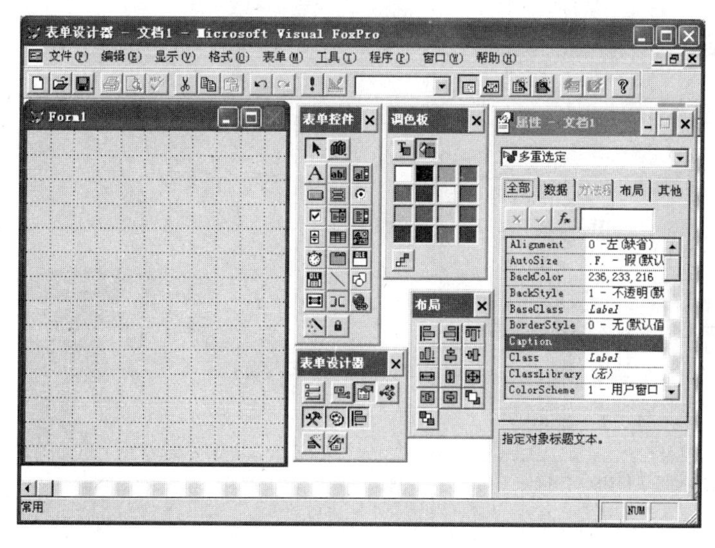

图 7-16 "表单设计器"窗口

2. 在表单设计器中设计表单示例

本例是在表单设计器中对利用表单向导创建的单表表单"读者.SCX"进行修改，具体步骤如下：

① 选择"文件"菜单中的"打开"菜单，弹出"打开"对话框，如图 7-17 所示，更改"文件

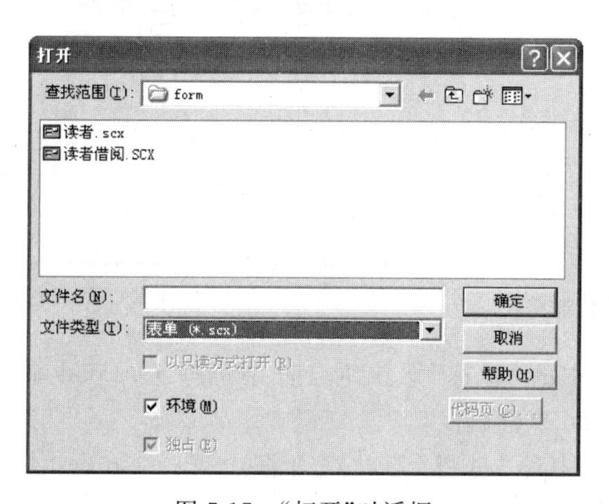

图 7-17 "打开"对话框

类型”为“表单(*.scx)”,选择“读者.scx”表单文件,单击“确认”按钮。

② 利用属性窗口设置表单的相关属性。单击表单空白处,在属性窗口中设置表单的Name属性为frm1,MaxButton属性为“.F.-假”,MinButton属性为“.F. -假”,Closeable属性为“.F. -假”,AutoCenter属性为“.T.-真”,BackColor属性为“128,128,255”,如图7-18所示。

③ 在如图7-19所示的表单控件工具栏中选择“命令按钮”按钮,在表单上添加一个命令按钮。

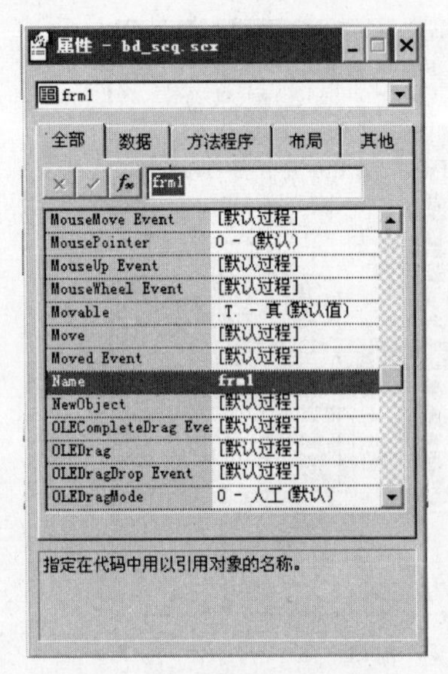

图7-18　表单“属性”对话框

图7-19　“表单控件”工具栏

④ 编写表单的相关事件代码。在表单上右击弹出快捷菜单,如图7-20所示,选择“代码”菜单项,打开“代码”窗口,如图7-21所示,在“过程”下拉组合框中选择Load事件,编写代码为“Wait windows "Frm load事件触发!"”。

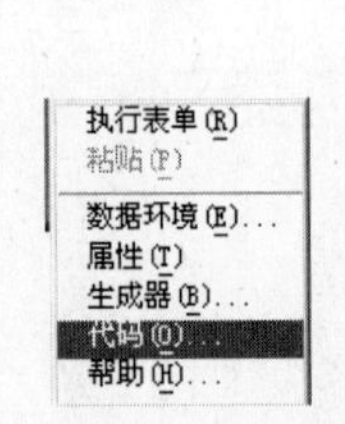

图7-20　表单右击后的快捷菜单

图7-21　“代码”编辑窗口

⑤ 在“代码”窗口中的“过程”下拉组合框中选择UnLoad事件,编写代码为“Wait windows "Form Unload事件触发!"”。

⑥ 在“代码”窗口中的“过程”下拉组合框中选择“Init事件”,编写代码为“Wait windows "Frm Init事件触发!"”。

⑦ 在“代码”窗口中的“过程”下拉组合框中选择“Destroy 事件”，编写代码为“Wait windows "Frm Destroy 事件触发！"”。

⑧ 编写命令按钮的相关事件代码。在表单的命令按钮上双击，打开“代码”窗口，在“过程”下拉组合框中选择“Init 事件”，编写代码为“Wait windows "Command Init 事件触发！"”。

⑨ 在“代码”窗口中的“过程”下拉组合框中选择“Destroy 事件”，编写代码为“Wait windows "Command Destroy 事件触发！"”。

⑩ 在“代码”窗口中的“对象”下拉组合框中选择 frm1 对象，“过程”下拉组合框中选择“DbClick 事件”，编写代码为 Thisform. release。

⑪ 选择“文件”菜单中的“保存”菜单，保存表单。

⑫ 此时可单击工具栏上的运行按钮 ! 运行表单，或者选择“表单”主菜单中的“执行表单”菜单来运行表单。

7.2.3 表单生成器

通过系统提供的表单生成器可以将表或视图中的字段按照一定的样式直接添加到表单中，快速产生一个对数据表或视图进行操作的表单。利用表单生成器快速创建一个表单的步骤如下。

① 启动“表单设计器”窗口，建立一个新表单。

② 在“表单”菜单中选择“快速表单”菜单项，或者在“表单设计器”窗口中右击鼠标，在弹出的快捷菜单（如图 7-22）中选择“生成器”菜单，打开“表单生成器”对话框。

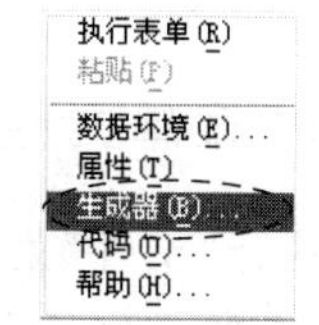

图 7-22　表单右击后的快捷菜单

③ 在“字段选取”页中，选择某个表或者视图，然后选取相关字段，所选取的字段将以控件的形式出现在表单中，如图 7-23 所示。

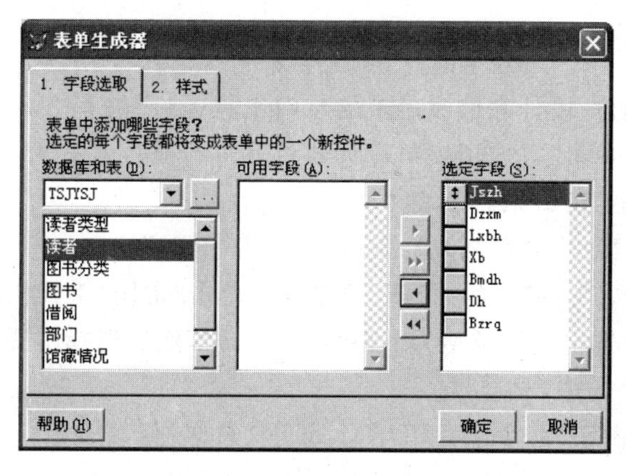

图 7-23　表单生成器“字段选取”页

④ “样式”页用来设置表单样式，选择一种表单样式，单击“确定”按钮，如图 7-24 所示。

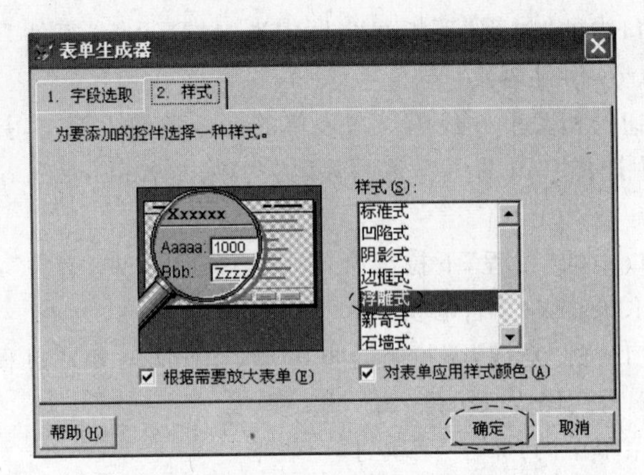

图 7-24　表单生成器“样式”页

设置完成后，则可以按指定的表单样式快速生成一个包含选定字段的表单。利用表单生成器快速创建的表单一般不能满足实际的需求，往往还需要在“表单设计器”窗口中进一步修改和完善。

7.2.4　表单文件的保存、修改与运行

1. 表单文件的保存

执行“文件”菜单中的“保存”或者“另存为”菜单，也可以单击常用工具栏的“保存”命令按钮，输入文件名后，表单以文件扩展名为.scx的格式保存，同时生成扩展名为.sct的表单备注文件。

若表单为新建或被修改过，单击表单设计器窗口的关闭命令，系统会询问是否要保存表单，单击“是”保存表单。

2. 表单文件的修改

表单设计器是创建、设计和修改表单的专门工具，除用编程方式创建的表单外，用其他各种途径创建的表单，均可使用表单设计器对其进行修改和完善。可以采用以下几种方式打开“表单设计器”窗口来修改表单：

① 在项目管理器中选择要修改的表单后，单击“修改”按钮。

② 选择系统菜单“文件”中的“打开”菜单或者单击“常用”工具栏的“打开”按钮，在弹出的“打开”对话框中选定文件类型为“表单(*.scx)”，然后选择所要修改的表单文件，然后单击“确定”按钮。

③ 在命令窗口中用“MODIFY FORM 表单文件名”修改表单。

3. 表单文件的运行

表单设计完成后即可以运行表单，观察表单的设计效果，如果设计有错误或对设计有不满意的地方，还可以通过表单设计器修改表单。运行表单文件的方法有以下几种：

① 在项目管理器中选择要运行的表单后，单击“运行”按钮。

② 在表单设计器状态下，单击“常用”工具栏上的 ! 按钮，或者选择系统菜单“表单”中的“执行表单”命令。

③ 在命令窗口中用“DO FORM 表单文件名”运行表单。

7.2.5 表单属性和方法

1. 表单的常用属性

在表单设计器中设计表单时，对表单外观和行为的修改将立刻在表单上反映出来。例如，将 WindowState 属性设置为“1—最小化”或“2—最大化”时，表单会立即体现这一设置。如果将 Movable 属性设置为“假”(.F.)，那么在运行时刻不能移动表单，即使在设计时刻也不能移动它。因此应该在设置那些决定表单行为的属性之前，应先完成表单的功能设计，并添加所需的控件。表 7-9 列出了在设计时刻常用的表单属性，它们定义了表单的外观和行为，经常在设计阶段进行设计。

表 7-9 表单常用属性

属 性	说 明	默 认 值
AlwaysOnTop	控制表单是否总是处在其他打开窗口之上	假(.F.)
AutoCenter	控制表单初始化时是否让表单自动地在 Visual FoxPro 主窗口中居中	假(.F.)
BackColor	决定表单窗口的颜色	255,255,255
BorderStyle	决定表单是否为没有边框，还是具有单线边框、双线边框或系统边框。如果 BorderStyle 为 3 —可调边框，用户就能重新改变表单大小	3
Caption	决定表单标题栏显示的文本	Form1
Closable	控制用户是否能通过双击“关闭”框来关闭表单	真(.T.)
MaxButton	控制表单是否具有最大化按钮	真(.T.)
MinButton	控制表单是否具有最小化按钮	真(.T.)
Movable	控制表单是否能移动	真(.T.)
Scrollbars	控制表单所具有的滚动条类型	0-无
TitleBar	控制标题栏是否显示在表单的顶部	1-打开
ShowWindow	控制表单是否在屏幕中、悬浮在顶层表单中或作为顶层表单出现	0-在屏幕中
WindowState	控制表单是否最小化、最大化还是正常状态	0-普通
WindowType	控制表单是否为非模式表单(默认)还是模式表单。如果表单是模式表单，用户在访问应用程序用户界面中任何其他单元前必须关闭这个表单	0-无模式

2. 在表单中新建属性和方法程序

可以向表单中添加任意多个新的属性和方法程序。属性拥有一个值，而方法程序拥有一个过程代码，当调用方法程序时，即运行这一过程代码。新建的属性和方法程序属于表单，可以像引用其他属性或方法程序那样引用它们。

(1) 新建属性。

在表单设计器环境下，在系统菜单“表单”中选择“新建属性”命令，打开“新建属性”对话框，如图 7-25 所示。在“新建属性”对话框中，可以输入属性的名称，还可以加入关于这个属性的说明，它将显示在“属性”窗口的底部。单击“添加”按钮，新属性就创建了，系统自动将该新属性添加到“属性”窗口中。新建属性的默认值为逻辑值“假”(.F.)，但属性可以设置为任意类型的值。

用类似的方法可以向表单添加数组属性，区别是：在“名称”框中不仅要指明数组名，还要指定数组维数。例如，要新建一个 10 行 2 列的二维数组，则应在“名称”框中输入 arrayprop[10,2]。数组属性在设计时是只读的，在“属性”窗口中以斜体显示。在运行时，可以利用数组命令和函数管理数组，还可以重新设置数组的维数。

(2) 新建方法程序。

在表单设计器环境下，在系统菜单“表单”中选择“新建方法程序”命令，打开“新建方法程序”对话框，如图 7-26 所示。在“新建方法程序”对话框中，可以输入方法程序的名称，还可以包含有关这个方法程序的说明，这是可选的。单击“添加”按钮，新方法就创建了，系统自动将该新方法添加到“属性”窗口中。系统提示该新方法为“默认过程”。

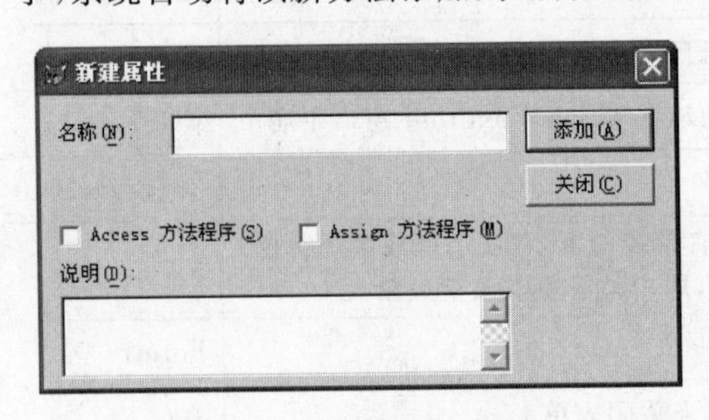

图 7-25 “新建属性”对话框

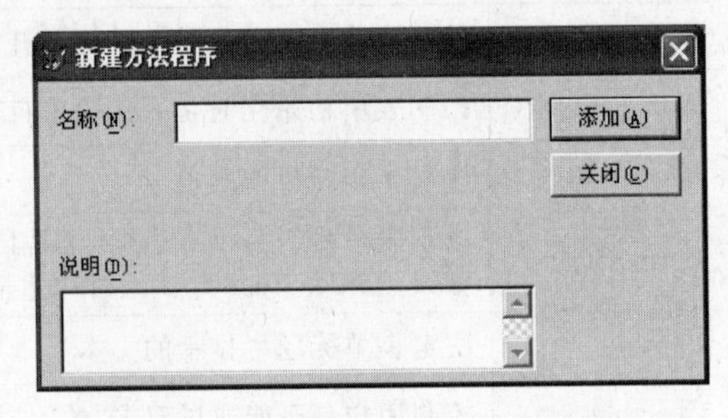

图 7-26 “新建方法程序”对话框

3. 在表单中编辑方法或事件代码

表单及其所包含的所有对象都有与之相关的事件和方法程序。事件是用户的行为，如单击鼠标或鼠标的移动，也可以是系统行为，如系统时钟的进程。方法程序是和对象相联系的过程，只能通过程序以特定的方式激活。当触发事件或激活方法程序时，可以执行指定的代码。

编辑事件或方法程序代码的方法是从系统菜单“显示”中选择“代码”命令。打开如图 7-27 所示的窗口，在“过程”下拉列表框中选择事件或方法程序。在编辑窗口中输入代码，在触发事件或激活方法程序时将执行这些代码。

7.2.6 常用事件和方法

下面介绍 VFP 中表单及其控件的常用事件和方法。

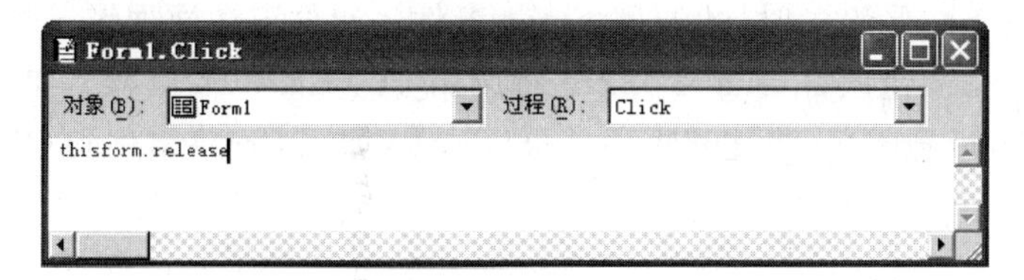

图 7-27　代码编辑窗口

1. Click 事件

当在程序中包含触发此事件的代码，或者将鼠标指针放在一个控件上按下并释放鼠标左键，或者更改特定控件的值，或在表单空白区单击时，此事件发生。

Click 事件发生在用户进行下列操作时：

- 用鼠标左键单击复选框、命令按钮、列表框或选项按钮控件。
- 使用箭头键或按鼠标键在组合框或列表框中选择一项。
- 在命令按钮、选项按钮或复选框有焦点时按 SPACEBAR(空格)键。
- 表单中有 Default 属性设置为"真"(.T.)的命令按钮且按 ENTER(回车)键。
- 按一个控件的访问键。例如，若一个命令按钮的标题为"\＜Go"，则按 ALT＋G 键可触发 Click 事件。
- 单击表单空白区。当指针位于标题栏、控制菜单框或窗口边界上时，不发生表单的 Click 事件。
- 单击微调控件的文本输入区。
- 单击废止的控件时，废止控件所在的表单可发生 Click 事件。

2. DblClick 事件

当连续两次快速按下鼠标左键并释放时，此事件发生。

如果在系统指定的双击时间间隔内不发生 DblClick 事件，那么对象认为这种操作是一个 Click 事件。因此，当向这些相关事件中添加过程时，必须确认这些事件不冲突。另外，不响应 DblClick 事件的控件可能会将一个双击事件确认为两个 Click 事件。

3. Destroy 事件

当释放一个对象时发生。

一个容器对象的 Destroy 事件在它所包含的任何一个对象的 Destroy 事件之前触发；容器的 Destroy 事件在它所包含的各对象释放之前可以引用它们。

4. Error 事件

当某方法在运行出错时，此事件发生。

Error 事件使得对象可以对错误进行处理。此事件忽略当前的 ON ERROR 例程，并允许各个对象在内部俘获并处理错误。

只有错误发生在代码中时，才调用 Error 事件。如果正在处理错误时，Error 事件过程中又发生了第二个错误，Visual FoxPro 将调用 ON ERROR 例程。如果 ON ERROR 例程不存在，Visual FoxPro 将挂起程序并报告错误，如同 Error 事件和 ON ERROR 例程不存在一样。

5. GotFocus 事件

当通过用户操作或执行程序代码使对象接收到焦点时，此事件发生。

对象接收到焦点时，GotFocus 事件用来指定要发生的动作。例如，通过为表单中的每个控件附加 GotFocus 事件，可以显示简单说明或状态栏信息以指导用户；也可以通过激活、废止或显示依赖于拥有焦点控制的其他控制，提供可视化的提示。

可根据用户的操作（例如单击鼠标）或在程序代码中调用 SetFocus 方法使控件获得焦点。

当表单没有控件，或者它的所有控件已废止或不可见时，此表单才能接收焦点。

只有当对象的 Enabled 属性和 Visible 属性均设置为“真”(.T.)时，此对象才能获得焦点。要为焦点的移动定制键盘操作方式，可以为表单上的控件设置 TAB 键次序或指定访问键。

6. Init 事件

在创建对象时发生。对于表单集和其他容器对象来说，容器中对象的 Init 事件在容器的 Init 事件之前触发，因此容器的 Init 事件可以访问容器中的对象。例如，可以在表单的 Init 事件中访问放置在该表单上的控件对象。容器中对象的 Init 事件的发生顺序与它们添加到容器中的顺序相同。

7. KeyPress 事件

当用户按下并释放某个键时发生此事件。只有具有焦点的对象方可接收该事件。

在两种情况下，表单可接收 KeyPress 事件：

- 表单中不包含控件，或表单的控件都不可见或未激活。
- 表单的 KeyPreview 属性设置为“真”(.T.)。表单首先接收 KeyPress 事件，然后具有焦点的控件才接收此事件。

KeyPress 事件常用于截取输入到控件中的键击。可以立即检验键击的有效性或对键入的字符进行格式编排。使用 KeyPreview 属性可以创建全局键盘处理程序。

对任何与 ALT 键的组合键，不发生 KeyPress 事件。

8. Load 事件

在创建对象前发生。

Load 事件先为表单集发生，然后再为其包含的表单发生。Load 事件发生在 Activate 和 GotFocus 事件之前。

9. LostFocus 事件

当某个对象失去焦点时发生。

这一事件发生的时间取决于对象的类型：

- 控件由于用户的操作而失去焦点，这类操作包括选中另一个控件或在另一个控件上单击，或在代码中用 SetFocus 方法更改焦点。
- 只有当表单不包含任何控件，或者所有控件的 Enabled 和 Visible 属性的设置均为“假”(.F.)时，表单失去焦点。

对于表单，LostFocus 事件在 Deactivate 事件之前发生。

10. Unload 事件

在对象被释放时发生。

Unload 事件是在释放表单集或表单之前发生的最后一个事件。

Unload 事件发生在 Destroy 事件和所有包含的对象被释放之后。

如果一个容器对象，例如表单集，包含多个对象，则该容器对象的 Unload 事件发生在其所包含的对象的 Unload 事件之后。例如，一个表单集中包含一个表单，该表单中包含一个控件(一个命令按钮)，释放的顺序如下：

- 表单集的 Destroy 事件；
- 表单的 Destroy 事件；
- 命令按钮的 Destroy 事件；
- 表单的 Unload 事件；
- 表单集的 Unload 事件。

11. Refresh 方法

重画表单或控件，并刷新所有值，或者刷新一个项目的显示。

一般画表单或控件是在没有事件发生时自动处理的。需要立刻更新表单或控件时可使用 Refresh 方法。

可使用 Refresh 方法强制地完全重画表单或控件，并更新控件的值。若要在加载另一个表单的同时显示某个表单，或更新控件的内容时，Refresh 方法很有用。要更新组合框或列表框的内容，使用 Requery 方法。刷新表单的同时，也刷新表单上所有的控件；刷新页框时，只刷新活动的页。

12. Release 方法

从内存中释放表单集或表单。

可以使用_Screen 对象的 Forms 集合找到表单集或表单，并调用其 Release 方法。例如，_Screen. ActiveForm. Release 用来释放当前屏幕上的活动表单。

13. Show 方法

显示一个表单,并且确定是模式表单还是无模式表单。

Show 方法把表单或表单集的 Visible 属性设置为"真"(.T.),并使表单成为活动对象。如果表单的 Visible 属性已经设置为"真"(.T.),则 Show 方法使它成为活动对象。

如果激活的是表单集,则表单集中最近一个活动表单成为活动表单;如果没有活动表单,则第一个添加到表单集中的表单成为活动表单。

7.3 表单设计器

7.3.1 表单设计工具

启动表单设计器后,在 Visual FoxPro 主窗口中除了出现"表单设计器"窗口外,还会出现多个表单设计工具。这些工具包括"表单设计器"工具栏、"表单控件"工具栏、"布局"工具栏、"调色板"工具栏和"属性"窗口等。

1. "表单设计器"工具栏

启动表单设计器后,就会出现"表单设计器"工具栏,如图 7-28 所示。"表单设计器"工具栏上自左向右分别为"设置 Tab 键次序"、"数据环境"、"属性窗口"、"代码窗口"、"表单控件工具栏"、"调色板工具栏"、"布局工具栏"、"表单生成器"、"自动格式"按钮。该工具栏包含的按钮及其功能说明见表 7-10。

图 7-28 表单设计器工具栏

表 7-10 表单设计器工具栏

按钮	名 称	说 明
	设置 Tab 键次序	在设计模式和 Tab 键次序方式之间切换,Tab 键次序方式设置对象的 Tab 键次序方式。当表单含有一个或多个对象时可用
	数据环境	显示数据环境设计器
	属性窗口	显示当前对象设置值的窗口
	代码窗口	显示当前对象的"代码"窗口,以便查看和编辑代码
	表单控件工具栏	显示或隐藏表单控件工具栏
	调色板工具栏	显示或隐藏调色板工具栏
	布局工具栏	显示或隐藏布局工具栏
	表单生成器	运行表单生成器,提供一种简单、交互的方法把字段作为控件添加到表单上,并可以定义表单的样式和布局
	自动格式	运行自动格式生成器,提供一种简单、交互的方法为选定控件应用格式化样式。要使用此按钮应先选定一个或多个控件

2. “表单控件”工具栏

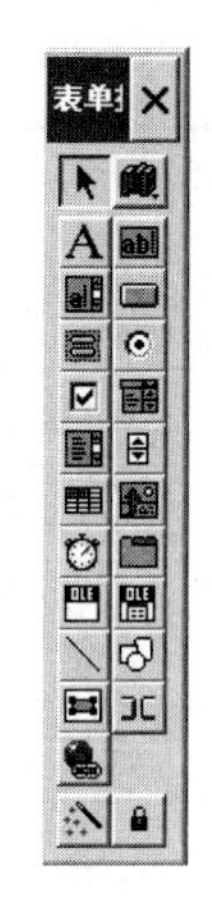

图 7-29 表单控件工具栏

利用“表单控件”工具栏所提供的各种控件，可以方便的往表单中添加所需的控件对象，如图 7-29 所示。如果要在表单中添加某个控件，先在“表单控件”工具栏中单击所要添加控件的按钮，然后在表单窗口的适当位置单击鼠标即可，控件就以默认大小出现在该位置上；或者用鼠标拖动的方法，在表单的适当位置将控件拖至所需的大小。

当打开表单设计器时，此工具栏会自动显示。此外，任何时候都可以从“显示”菜单中的“工具栏”对话框中选择来显示它。但是，除非在表单上工作，否则工具栏上的按钮不可用。该工具栏包含的按钮及其功能说明见表 7-11。

表 7-11 表单控件工具栏

按钮	名　称	说　明
	选定对象	移动和改变控件的大小。在创建了一个控件之后，“选择对象”按钮被自动选定，除非按下了“按钮锁定”按钮
	查看类	可以选择显示一个已注册的类库。选择一个类后，工具栏只显示选定类库中类的按钮
A	标签	创建一个标签控件，用于保存不希望用户改动的文本，如复选框上面或图形下面的标题
abl	文本框	创建一个文本框控件，用于保存单行文本，用户可以在其中输入或更改文本。可以利用文本框生成器进行设计
	编辑框	创建一个编辑框控件，用于保存多行文本，用户可以在其中输入或更改文本。可以利用编辑框生成器进行设计
	命令按钮	创建一个命令按钮控件，用于执行命令
	命令按钮组	创建一个命令按钮组控件，用于把相关的命令编成组。可以利用命令按钮组生成器进行设计
	选项按钮组	创建一个选项按钮组控件，用于显示多个选项，用户只能从中选择一项。可以利用选项按钮组生成器进行设计
	复选框	创建一个复选框控件，允许用户选择开关状态，或显示多个选项，用户可从中选择多于一项
	组合框	创建一个组合框控件，用于创建一个下拉式组合框或下拉式列表框，用户可以从列表项中选择一项或人工输入一个值。可以利用组合框生成器进行设计
	列表框	创建一个列表框控件，用于显示供用户选择的列表项。当列表项很多，不能同时显示时，列表可以滚动。可以利用列表框生成器进行设计
	微调控件	创建一个微调控件，用于接受给定范围之内的数值输入
	表格	创建一个表格控件，用于在电子表格样式的表格中显示数据。可以利用表格生成器进行设计
	图像	在表单上显示图像

续表

按钮	名　称	说　明
	计时器	创建计时器控件,可以在指定时间或按照设定间隔运行进程。此控件在运行时不可见
	页框	显示控件的多个页面
	ActiveX 控件	向应用程序中添加 OLE 对象
	ActiveX 绑定控件	与 OLE 容器控件一样,可用于向应用程序中添加 OLE 对象。与 OLE 容器控件不同的是,ActiveX 绑定控件绑定在一个通用字段上
	线条	设计时用于在表单上画各种类型的线条
	形状	设计时用于在表单上画各种类型的形状。可以画矩形、圆角矩形、正方形、圆角正方形,椭圆或圆
	分隔符	在工具栏的控件间加上空格
	超链接	创建一个超级链接对象
	生成器锁定	为任何添加到表单上的控件打开一个生成器
	按钮锁定	可以添加同种类型的多个控件,而无须多次按此控件的按钮
	容器	将容器控件置于当前的表单上

3. “布局”工具栏

当表单上放置了多个控件时,可以使用如图 7-30 所示的“布局”工具栏在表单上对齐和调整控件的位置。例如,当选定表单中的多个控件后,单击“布局”工具栏中的“左边对齐”按钮,就可以使选中的各个控件左边对齐,单击“布局”工具栏中的“相同宽度”按钮,就可以使选中的各个控件宽度相同。该工具栏包含的按钮及其功能说明见表 7-12。

图 7-30　表单布局工具栏

表 7-12　表单布局工具栏

按钮	名　称	说　明
	左边对齐	按最左边界对齐选定控件。当选定多个控件时可用
	右边对齐	按最右边界对齐选定控件。当选定多个控件时可用
	顶边对齐	按最上边界对齐选定控件。当选定多个控件时可用
	底边对齐	按最下边界对齐选定控件。当选定多个控件时可用
	垂直居中对齐	按照一垂直轴线对齐选定控件的中心。当选定多个控件时可用
	水平居中对齐	按照一水平轴线对齐选定控件的中心。当选定多个控件时可用
	相同宽度	把选定控件的宽度调整到与最宽控件的宽度相同
	相同高度	把选定控件的高度调整到与最高控件的高度相同

续表

按钮	名　　称	说　　明
	相同大小	把选定控件的尺寸调整到最大控件的尺寸
	水平居中	按照通过表单中心的垂直轴线对齐选定控件的中心
	垂直居中	按照通过表单中心的水平轴线对齐选定控件的中心
	置前	把选定控件放置到所有其他控件的前面
	置后	把选定控件放置到所有其他控件的后面

4. 属性窗口

表单设计的一个主要工作是设置每个控件的有关属性。对于添加到表单上的对象(包括表单本身),系统会自动设置默认的属性值。如果需要在表单设计器窗口中调整或修改属性值,则可以在"属性"窗口中进行。"属性"窗口如图 7-31 所示,窗口上方是包含当前表单所有对象的下拉列表框,其下部是多个选项卡,每个选项卡都含有一个对应的属性列表框。

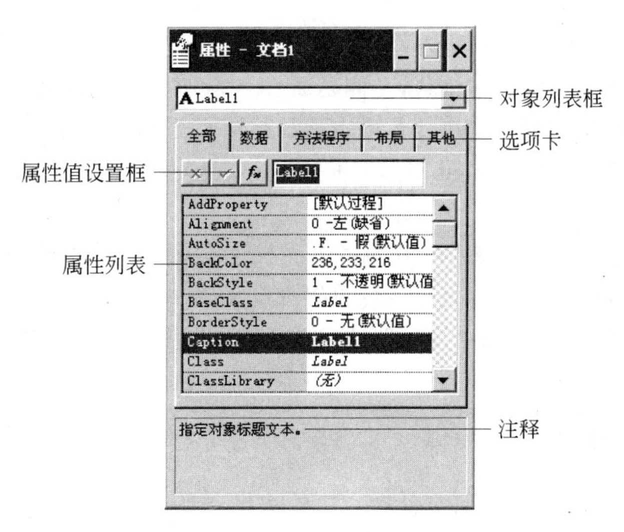

图 7-31　属性窗口

"属性"窗口包含选定的表单、数据环境、临时表、关系或控件的属性、事件和方法程序列表。可在设计或编程时对这些属性值进行设置或更改。也可以选择多个对象,然后显示"属性"窗口。在这种情况下,"属性"窗口会显示选定对象共有的属性。

可以从"显示"菜单中选择"属性"命令,或在表单设计器或数据环境设计器中右击,从"表单设计器"快捷菜单中选择"属性"命令来打开"属性"窗口。

① 对象列表框。系统默认情况下,该对象列表中标识当前选定的对象。单击右端的向下箭头,可看到包含当前表单、表单集和全部控件的列表。如果打开数据环境设计器,可以看到"对象"中还包括数据环境、数据环境的全部临时表和关系。可以从列表中选择

要更改其属性的表单或控件。

② 选项卡。选项卡按分类的形式来显示属性、事件和方法程序。

- 全部：显示全部属性、事件和方法程序。
- 数据：显示有关对象如何显示或怎样操纵数据的属性。
- 方法程序：显示方法程序和事件。
- 布局：显示所有的布局属性。
- 其他：显示其他和用户自定义的属性。

③ 属性值设置框。属性值设置框中显示的是当前所选定属性的属性值，用该设置框可以更改属性列表中选定的属性值。如果选定的属性需要预定义的设置值，则在右边出现一个向下箭头。如果属性设置需要指定一个文件名或一种颜色，则在右边出现三点按钮...，则允许从一个对话框中设置属性。

单击“接受”按钮✓来确认对此属性的更改。单击“取消”按钮×取消更改，恢复以前的值。单击“函数”按钮fx，可打开“表达式生成器”对话框。属性可以设置为原义值或由函数或表达式返回的值。对于设置为表达式的属性，它的前面要有等号=。

只读的属性、事件和方法程序以斜体显示，用户不能修改，而用户修改过的属性值以黑体显示。

④ 属性列表。这个包含两列的列表显示所有可在设计时更改的属性和它们的当前值，并且各个属性名按字母顺序排列，左侧是属性名列，右侧是属性值列。对于具有预定值的属性，在“属性”列表中双击属性名可以遍历所有可选项。对于具有两个预定值的属性，在“属性”列表中双击属性名可在二者间切换。选择任何属性并按 F1 可得到此属性的帮助信息。

在“属性”窗口的“属性列表”区域的某个属性上右击弹出的“属性”快捷菜单中选择“重置为默认值”选项时，就可以将该属性设置为默认属性。

⑤ 注释。注释给出了当前所选定属性的说明，可以帮助用户了解当前所选属性的作用和意义。

5. 代码编辑窗口

代码编辑窗口是为对象编写事件和方法的编辑工具。可使用“代码”窗口编写、显示和编辑表单的事件和方法程序的代码。可以打开任意多个“代码”窗口，从而方便地查看、复制和粘贴来自不同表单的代码。打开代码编辑窗口的方法有如下几种：

① 单击“表单设计器”工具栏中的“代码”按钮。

② 在表单设计器中，双击需要编写代码的对象。

③ 在表单中右击需要编写代码的对象，在弹出的快捷菜单中选择“代码”。打开代码编辑窗口如图 7-32 所示。

7.3.2 表单的数据环境

在创建与数据库或数据表有关的表单时，需要为所设计的表单指定相关的数据源，并

图 7-32 代码编辑窗口

根据需要将表单中的控件与数据源中的对应数据进行“绑定”。

表单的数据环境是指在打开或修改一个表单时需要打开的全部表、视图和关系。随表单一起保存的数据环境可以用数据环境设计器进行修改。使用数据环境设计器能够可视化地创建和修改表单、表单集的数据环境。定义表单的数据环境之后，当打开或运行该文件时，Visual FoxPro 自动打开表或视图，并在关闭或释放该文件时关闭表或视图。通过设置“属性”窗口中 ControlSource 属性，绑定在这个属性框中列出数据环境中数据表或视图的所有字段。

1. 数据环境设计器

在打开“表单设计器”窗口后，可用数据环境设计器来为当前设计中的表单设置数据环境。可以使用下列 3 种方法打开数据环境设计器窗口，并同时在主窗口的系统菜单栏中出现一个“数据环境”菜单。

① 启动表单设计器后，执行系统菜单中“显示”菜单中的“数据环境”命令。

② 单击“表单设计器”工具栏上的“数据环境”按钮。

③ 右击“表单设计器”窗口，在弹出的快捷菜单中选择“数据环境”命令。

2. 向数据环境中添加表或视图

打开数据环境设计器后，执行“数据环境”菜单中的“添加”命令，或者右击“数据环境设计器”窗口，在弹出的快捷菜单中选择“添加”命令。在出现的“添加表或视图”对话框中选择一张表或视图，然后单击“添加”命令按钮。如果没有打开的数据库或项目，请选择“其他”来选择表。也可以将表或视图从打开的项目或数据库设计器拖放到数据环境设计器中。如图 7-33 所示，在数据环境中添加了“读者”和“借阅”两个数据表后的数据环境设计器窗口。

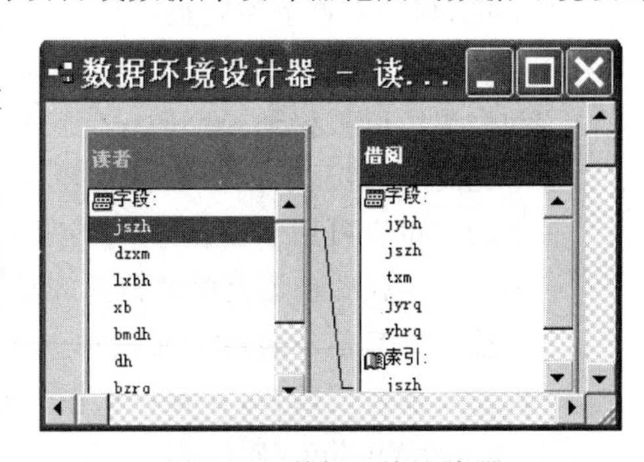

图 7-33 数据环境设计器

用户可以通过执行“数据环境”菜单中的“移去”命令从数据环境中移除表或视图。或者，也可以右击要移除的表或视图，在弹出的快捷菜单中选择“移去”命令。在移除的同时，与该表或视图有关的所有关系也将一同移去。

3. 在数据环境中设置关系

如果添加到数据环境中的数据表之间具有在数据库中所设置的永久关系，这些关系将自动添加到数据环境中来。如果数据表之间不存在永久关系，则可以通过将字段从主表拖动到相关子表中的相匹配的索引标识或字段上来设置关系。如果和主表中的字段对应的相关表中没有索引标识，将主表字段拖动到子表中某个字段上，系统将提示用户是否创建索引标识。在数据环境设计器中设置了一个关系后，在表之间将有一条连线指出这个关系。

如果要解除数据环境中数据表之间的关系，可单击表之间的一条关系连线，然后按DEL键。

7.3.3 创建单文档和多文档界面

Visual Foxpro 允许创建两种类型的应用程序：单文档界面应用程序和多文档界面应用程序。

多文档界面(MDI)的各个应用程序由单一的主窗口组成，且应用程序的窗口包含在主窗口中或浮动在主窗口顶端。Visual FoxPro 本身就是一个 MDI 应用程序，带有包含于 Visual FoxPro 主窗口中的命令窗口、编辑窗口和设计器窗口。

单文档界面 (SDI)的应用程序由一个或多个独立窗口组成，这些窗口均在 Windows 桌面上单独显示。记事本即是一个 SDI 应用程序的例子，在该软件中打开的文本内容均显示在自己独立的窗口中。

由单个窗口组成的应用程序通常是一个 SDI 应用程序，但也有一些应用程序综合了 SDI 和 MDI 的特性。例如，Visual FoxPro 将调试器显示为一个 SDI 应用程序，而它本身又包含了自己的 MDI 窗口。

为了支持这两种类型的界面，Visual FoxPro 允许创建以下三种类型的表单：

- 子表单：包含在另一个窗口中，用于创建 MDI 应用程序的表单。子表单不可移至父表单(主表单)边界之外，当其最小化时将显示在父表单的底部。若父表单最小化，则子表单也一同最小化。
- 浮动表单：属于父表单(主表单)的一部分，但并不是包含在父表单中。而且，浮动表单可以被移至屏幕的任何位置，但不能在父窗口后台移动。若将浮动表单最小化时，它将显示在桌面的底部。若父表单最小化，则浮动表单也一同最小化。浮动表单也可用于创建 MDI 应用程序。
- 顶层表单：没有父表单的独立表单，用于创建一个 SDI 应用程序，或用作 MDI 应用程序中其他子表单的父表单。顶层表单与其他 Windows 应用程序同级，可出现在其前台或后台，并且显示在 Windows 任务栏中。

利用 ShowWindows 属性和 Desktop 属性可以将表单设置为顶层表单、浮动表单或子表单。ShowWindows 属性的含义为：

0—在屏幕中，为默认值，表单为子表单且其父表单为 Visual FoxPro 的主窗口。

1—在顶层表单中，表单为子表单且其父表单为活动的顶层表单。

2—作为顶层表单，表单是可包含子表单的顶层表单。

使用 Desktop 属性可以指定表单是否放在 Visual FoxPro 主窗口中。属性为“真”(.T.)，则表单可放在 Windows 桌面的任何位置；属性为“假”(.F.)(默认值)，则表单包含在 Visual FoxPro 主窗口中。

由 ShowWindows 属性和 Desktop 属性的含义可以看出：如果表单为顶层表单，则 ShowWindows 属性值为 2；如果表单为子表单，则 ShowWindows 属性值为 0 或 1，且 Desktop 属性值为.F.；如果表单为浮动表单，则 ShowWindows 属性值为 0 或 1，且 Desktop 属性值为.T.。

7.3.4 表单集的使用

表单集(FormSet)是一个包含有一个或多个表单的父层次的容器。这些表单存储在同一个表单文件中，而不是每个表单单独存储为一个文件。通过表单集可以将表单集中的多个表单作为一组进行操作，用户可以同时显示或隐藏表单集中的所有表单，控制表单间的相对位置，通过设置表单集的数据环境可以控制各个表单间数据的同步处理等。如果不需要将多个表单作为一组使用，则无须创建表单集。

可以将多个表单包含在一个表单集中，作为一组处理。表单集有以下优点：

- 可同时显示或隐藏表单集中的全部表单。
- 可以以可视的模式调整多个表单以控制它们的相对位置。
- 因为表单集中所有表单都是在单个 .scx 文件中用单独的数据环境定义的，可自动地同步改变多个表单中的记录指针。如果在一个表单的父表中改变记录指针，另一个表单中子表的记录指针则被更新和显示。

1. 创建表单集

可在表单设计器中创建表单集。执行“表单”菜单中的“创建表单集”命令，可以创建一个表单集。创建了表单集后，该表单集中包含原有的一个表单，还可向其中添加新表单或删除表单。

2. 向表单集中添加和删除表单

若要向表单集中添加新表单，从“表单”菜单中选择“添加新表单”命令。

若要从表单集中删除表单 在表单设计器的“属性”窗口的对象列表框中，选择要删除的表单，然后从“表单”菜单中选择“移除表单”命令。如果表单集中只有一个表单，可删除表单集而只剩下表单。

若要删除表单集，从“表单”菜单中选择“移除表单集”命令。

注意：当运行表单集时，若不想在最初让表单集里的所有表单可视的。可以在表单集运行时，将不希望显示的表单的 Visible 属性设置为“假”(.F.)，将希望显示的表单的 Visible 属性设置为“真”(.T.)。

习　题

一、选择题

1. 在下列有关 VFP 的类、对象和事件的叙述中，错误的是(　　)。

A. 对象是基于某种类所创建的实例，它继承了类的属性、事件和方法

B. 基类的最小事件集包含 Click 事件、Load 事件和 Destroy 事件

C. 事件的触发可以由用户的行为产生，也可以由系统产生

D. 用户可以为对象添加新的属性和方法，但不能添加新的事件

2. 下列关于表单数据环境的叙述中，错误的是(　　)。

A. 表单运行时自动打开其数据环境中的表

B. 数据环境是表单的容器

C. 可以在数据环境中建立表之间的关系

D. 可以在数据环境中加入视图

3. 下列几组控件中，均为容器类的是(　　)。

A. 表单集、列、组合框　　B. 页框、页面、表格

C. 列表框、列、下拉列表框　　D. 表单、命令按钮组、OLE 控件

4. 如果表单中有一命令按钮组，且已分别为命令按钮组和命令按钮组中的各个命令按钮设置了 Click 事件代码，则在表单的运行过程中单击某命令按钮时，系统执行的代码是(　)。

A. 该命令按钮的 Click 事件代码

B. 该命令按钮组的 Click 事件代码

C. 先是命令按钮组的 Click 事件代码，后是该命令按钮的 Click 事件代码

D. 先是该命令按钮的 Click 事件代码，后是命令按钮组的 Click 事件代码

5. 对于任何一个表单来说，下列说法中正确的是(　　)。

A. 均可以创建新的属性、事件和方法　　B. 仅可以创建新的属性和事件

C. 仅可以创建新的属性和方法　　D. 仅可以创建新的事件和方法

6. 对于表单来说，用户可以设置其 ShowWindow 属性。该属性的取值可以为(　　)。

A. 在屏幕中或在顶层表单中或作为顶层表单

B. 普通或最大化或最小化

C. 无模式或模式

D. 平面或三维

7. 假定表单 frm2 上有一个文本框对象 text1 和一个命令按钮组对象 cg1，命令按钮组 cg1 包含 cd1 和 cd2 两个命令按钮。如果要在 cd1 命令按钮的某个方法中访问文本框对象 text1 的 Value 属性，下列表达始终正确的是(　　)。

A. THIS. THISFORM. text1. Value

B. THIS. PARENT. PARENT. text1. Value

C. PARENT. PARENT. text1. Value

D. THIS. PARENT. text1. Value

8. 在编程方式下，由语句 Frm1＝CreateObject("form")创建一个表单，若要在该表单的 Click 事件中改变标题 Caption 属性，下列不正确的是(　　)。

A. Frm1. Caption＝"学生成绩管理"

B. ThisForm. Caption＝"学生成绩管理"

C. ThisFormset. Caption＝"学生成绩管理"

D. WITH Frm1

.Caption＝"学生成绩管理"

ENDWITH

9. 关于表单的 Load 事件的说法中不正确的是(　　)。

A. 表单的 Load 事件在表单集的 Load 事件之后发生

B. 表单的 Load 事件发生在 Activate 和 GotFocus 事件之前

C. 在 Load 事件的处理程序中不能对表单上的控件进行处理

D. Load 事件发生在 Init 事件之后

二、填空题

1. 在事件代码中相对引用当前表单集的关键字是________。

2. 在 VFP 中，每个对象都具有属性，以及与之相关的事件和方法。其中，________是定义对象的特征或某一方面的行为。

3. Visual Foxpro 主窗口同表单对象一样，可以设置各种属性。要将 Visual FoxPro 主窗口的标题更改为"图书管理系统"，可以使用命令________＝"图书管理系统"。

4. 独立的、无模式的、________表单称为顶层表单。

5. 事件是对象能够识别的一个动作，方法是对象能够执行的一组操作。对于 SetFocus 和 GotFocus，________是方法，________是事件。

6. Visual FoxPro 系统提供的基类都有最小事件集(Destroy 、Error、Init)。从事件的激发顺序看，最小事件集中________事件是最后激发的。

7. 数据环境对象不是表单(表单集)的子对象。引用数据环境对象，要使用表单(集)的________属性。

8. 设计表单中，如果想选中表单上的多个不连续的控件，可按住________键，再一一单击想选中的对象。

第8章 表单控件

表单的设计离不开控件的设计,要很好地使用和设计控件,则必须深入了解和掌握控件的属性、方法和事件。在第7章中,我们已经详细介绍了表单的常用方法和事件,本章主要介绍各种控件的主要属性和一些特殊的事件和方法,并结合实例来介绍常用表单控件的设计和使用。

8.1 输入控件

8.1.1 文本框

文本框(TextBox)是 Visual FoxPro 中一种常用的控件,主要用来显示、输入或编辑数据。它允许用户添加或编辑保存在表中非备注字段的字段值。文本框支持剪切、复制和粘贴等编辑操作。

常用的主要属性有:

- Value 属性:设置文本框的当前值或存储文本框中当前选定的值。可以是当前选定的字符型值、数值型值、日期型值、日期时间型值、货币型值或逻辑型值,默认设置为字符型值。
- ControlSource 属性:设置与对象绑定的数据源。若 ControlSource 属性设置为字段或变量,则 Value 属性将与 ControlSource 属性所设置的变量或字段具有相同的数值和数据类型。如果设置了文本框的 ControlSource 属性,则显示在文本框中的值将保存在文本框的 Value 属性中,同时也保存在 ControlSource 属性指定的变量或字段中。
- PasswordChar 属性:决定用户输入的字符或占位符是否显示在文本框中,并指定用作占位符的字符。占位符一般设置为 * 或其他一般字符。如果该属性设置为除空字符串外的任何字符,对于用户所输入的每一个键都用占位符来显示,但文本框的 Value 属性将保存用户的实际输入值。
- ReadOnly 属性:决定用户能否修改文本框中的文本。当值为“真(.T.)”时用户不能编辑文本;当值为“假(.F.)”(默认值)时用户能够编辑修改文本。ReadOnly 属性不同于 Enabled 属性,当 ReadOnly 设置为.T.时,用户仍然可以移动焦点到文本框中;而 Enabled属性设置为.F.时,则不能移动焦点到文本框中。但是两者都具有将文本框设置为只读的功能。

- InputMask 属性：指定文本框中如何输入和显示数据，决定输入到文本框中字符的特性。通常由模式符组成，见表 8-1。每个模式符规定了相应位置上数据的输入和显示行为。
- Format 属性：指定文本框控件的 Value 属性的输入和输出格式，见表 8-2。

表 8-1 模式符

设 置	说 明
X	可输入任何字符
9	可输入数字和正负符号
#	可输入数字、空格和正负符号
$	在某一固定位置显示（由 SET CURRENCY 命令指定的）当前货币符号
$ $	在微调控制或文本框中，货币符号显示时不与数字分开
*	在值的左侧显示星号
.	句点分隔符指定小数点的位置
,	逗号可以用来分隔小数点左边的整数部分

表 8-2 格式符

设 置	说 明
!	把字母字符转换为大写字母。只用于字符型数据，且只用于文本框
$	显示货币符号，只用于数值型数据或货币型数据
^	使用科学记数法显示数值型数据，只用于数值型数据
A	只允许字母字符（不允许空格或标点符号）
D	使用当前的 SET DATE 格式
E	以英国日期格式编辑日期型数据
K	当控件具有焦点时选择所有文本
L	在文本框中显示前导零，而不是空格。只对数值型数据使用
M	包含向后兼容的功能
R	显示文本框的格式掩码，该掩码在文本框的 InputMask 属性中指定。掩码格式用于更方便和更清晰地显示，但是掩码并没有作为数据的一部分来储存。仅适用于字符型或数值型数据
T	删除输入字段前导空格和结尾空格

【例 8.1】 设计一个系统登录界面，如图 8-1 所示。当用户输入用户名为 admin，密码为 123456，在密码文本框中按回车键时进行验证，如果输入都正确，则屏幕右上角出现“用户登录”信息，5 秒后关闭表单；如果用户名和口令输入三次不正确，出现“三次输入错

误!”信息,然后关闭表单。用户名如果输入长度少于6个字符时,出现“宽度小于6,请重新输入!”提示框,并且焦点仍然在文本框Text1上。密码框只能输入6位数字,输入时显示*。

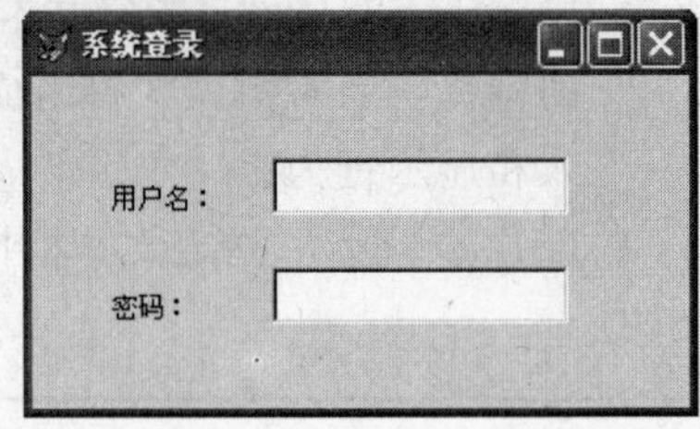

图8-1 系统登录控件示例

具体操作步骤如下:

(1) 新建表单,在表单上添加两个标签、两个文本框控件。

(2) 设置标签控件的Caption属性分别为“用户名:”和“密码:”;设置文本框控件的Name属性分别为Text1和Text2。

(3) 设置Text1文本框MaxLength属性为5;设置Text2文本框InputMask属性为9999999(由于需输入回车后才可以进行用户名和密码验证,此处需多加入一位),设置PasswordChar属性为*。

(4) 编写Text1文本框控件的Valid事件代码为:

```
if len(allt(this.value))<6
  messagebox("宽度小于6,请重新输入!",48+0+0)
  return .F.
else
  return .T.
endif
```

(5) 在主菜单中选择“表单”中的“新建属性”菜单项,弹出“新建属性”对话框,在“名称”文本框中输入Nnum,单击“添加”按钮;在表单属性窗口中更改Nnum属性为0。

(6) 编写Text2文本框控件的KeyPress事件代码为:

```
if nKeyCode=10 or nKeyCode=13
    if allt(thisform.text1.value)=="admin" and ;
      allt(thisform.text2.value)=="123456"
        wait windows "用户登录" timeout 5
        thisform.release
    else
        thisform.Nnum=thisform.Nnum+1
        if thisform.Nnum>=3
            wait windows "三次输入错误!"
            thisform.release
        endif
    endif
endif
```

(7) 保存表单。

8.1.2 编辑框

编辑框(EditBox)与文本框一样,编辑框主要用来显示、输入或编辑数据。但是它可以输入或编辑长字段或备注字段，可以实现自动换行并能利用光标移动键和垂直滚动条来移动光标浏览文本。编辑框只能处理字符型数据，如果用户想在编辑框中编辑备注字段，只需将编辑框的ControlSource属性设置为该备注字段。

文本框的有关属性对于编辑框也同样适用。除了PasswordChar、InputMask属性，编辑框常用的主要属性有：

- ScrollBars属性：指定编辑框是否有垂直滚动条。当值为2(默认值)时，编辑框包含垂直滚动条；当值为0时，编辑框无垂直滚动条。
- SelStart属性：指出选定文本的起始点，或在没有选定文本时指定插入点的位置。设置值的有效范围是0到编辑框的编辑区中字符的总数。
- SelLength属性：指定选定字符的数目，并突出显示选定的文本。设置值的有效范围是0到编辑框的编辑区中字符的总数。
- SelText属性：指定包含选定文本的字符串。当没有选定文本时，其值为空字符串。选定的文本带底纹显示。
- HideSelection属性：指定编辑框没有获得焦点时编辑框中选定的文本是否仍然显示为选定状态。当值为.T.(默认值)时，编辑框中选定的文本不显示为选定状态，当值为.F.时，编辑框中选定的文本仍显示为选定状态。

文本框也同样具有上述后4个属性。把SelStart、SelLength和SelText属性结合起来使用，可实现在字符串中设置插入点、建立一个插入范围、限制插入点的位置、实现文本框或者编辑框控件中选择一组指定的字符(子字符串)以及清除文本的功能。

当使用上述属性时，要注意下列操作：

- 如果把SelLength设置为小于0的值时会引起运行错误。
- 如果将SelStart设置为大于文本长度的值，则实际上是将该属性设置为现有文本的长度。改变SelStart则将选择区改变为一个插入点，并把SelLength设置为0。
- 如果将SelText设置为新值时，SelLength会设置为0，并用新字符串代替选择的文本。

【例8.2】 设计一个表单，如图8-2所示。单击“查找”按钮，实现在编辑框中进行查找文本框中所输入的内容，如果找到，则在编辑框中反色显示，否则在屏幕右上角打印“未找到！”信息。单击“替换”按钮，实现在编辑框中进行查找文本框中的输入内容，如果找到，则将编辑框中的内容替换为changed，否则在屏幕右上角打印“未找到！”信息。

图8-2 编辑框控件示例

具体操作步骤如下：

(1) 新建表单，在表单上添加一个文本框、一个编辑框和两个命令按钮控件。

(2) 设置命令按钮的Caption属性分别为“查找”和“替换”，设置编辑框的HideSelection属性为.F.，其他控件属性为默认值。

(3) 编写“查找”命令按钮控件Click事件代码为：

```
n=at(allt(thisform.text1.value),allt(thisform.edit1.value))
if n<>0
    thisform.edit1.selstart=n-1
    thisform.edit1.sellength=len(allt(thisform.text1.value))
else
    wait windows "未找到!"
endif
```

(4) 编写“替换”命令按钮控件 Click 事件代码为：

```
n=at(allt(thisform. text1.value),allt(thisform.edit1.value))
if n<>0
    thisform.edit1.selstart=n-1
    thisform.edit1.sellength=len(allt(thisform.text1.value))
    thisform.edit1.seltext="changed"
else
    wait windows "未找到!"
endif
```

(5) 保存表单。

8.1.3 复选框

复选框(CheckBox)用来标记两种状态,如“真”(.T.) 与“假”(.F.),或“是”与“否”。指明一个选项是选定还是不选定,若是“真”,则在复选框中显示一个复选标记√。

常用的主要属性有：

- Caption 属性：指定显示在复选框旁的文本。使用 Picture 属性可以为复选框指定一幅图片。选定时在框中出现复选标记。
- Value 属性：指定控件的当前状态。复选框 Value 属性值的设置有三种情况：0(默认值)或.F.表示未选定,1 或.T.为选定,2 或.null.为不确定(复选框为灰色),该设置只在代码中可用。
- ControlSource 属性：指定所绑定的数据源。数据源可以是字段变量或内存变量,其类型可以是逻辑型或数值型。对于数值型变量,其值可以为 0、1 和 2;对于逻辑型变量,其值可以为.F.、.T.和.null.,它们分别对应于复选框未被选中、被选中和不确定。

8.1.4 列表框

列表框(ListBox)用来显示一系列数据项,用户可以从中选择一项或多项。

常用的主要属性有：

- RowSourceType 和 RowSource 属性：RowSourceType 属性指定了列表框中条目数据源的类型;RowSource 属性指定相应的数据源。RowSourceType 属性的取值范围及其含义如表8-3所示。这两个属性设计和运行时可用，同样还适合于组合框。

表8-3　RowSourceType属性

设置	说　明
0	（默认值）无。如果使用了默认值，则在运行时使用AddItem或AddListItem方法填充列
1	值。使用由逗号分隔的列填充。如RowSource属性值为"1,2,3,4"
2	别名。可使用ColumnCount属性在表中选择字段数
3	SQL语句。SQL SELECT命令创建一个临时表或一个表
4	查询(.QPR)。指定有.QPR扩展名的文件名
5	数组。设置列属性可以显示多维数组的多个列
6	字段。用逗号分隔的字段列表。字段前可以加上由表别名和句点组成的前缀。例如，TS.TSMC,ZZ用来显示图书表中的TSMC和ZZ两个字段
7	文件。用当前目录填充列。这时RowSource属性中指定的是文件梗概（诸如 *.DBF或 *.TXT）或掩码
8	结构。由RowSource指定的表的字段填充列。当RowSourceType设置为8时，如果RowSource属性为空，则将当前选中的表用作组合框或列表框控件的源。否则，RowSource属性指定了用作组合框或列表框控件的源表的别名
9	弹出式菜单。包含此设置是为了提供向后兼容性

RowSource属性中值的来源可以是用逗号分隔的值列表、表、创建表或临时表的SQL语句、查询、数组、用逗号分隔的字段列表（可以在字段前加上一个句点和表的别名）、文件梗概（诸如 *.DBF或 *.TXT）、表的字段名称或菜单。

- ColumnCount属性：指定列表框中列对象的数目，默认值为0(1列)。该属性设计和运行时可用，同样还适合于组合框和表格。
- ListCount属性：指定列表框中数据条目的数目，该属性设计时不可用，运行时只读，同样还适合于组合框。
- BoundColumn属性：指定列表框中的哪个列绑定到控件的Value属性。当列表框中显示多列数据时，系统默认选取第一列的数据保存到Value属性中。该属性设计和运行时可用，同样还适合于组合框。在一个多列的列表框中，当用户需要将某一列的数据（不是第一列）保存在控件的Value属性中时，应使用BoundColumn属性。
- Value属性：返回列表框中被选中的条目。该属性是数值型时，返回的是被选条目在列表框中的次序号。如果为字符型时，返回的是被选条目的内容本身。该属性为只读，同样还适合于组合框。
- Selected属性：指定列表框中的条目是否被选定。设计时不可用，运行时可读写，同样还适合于组合框。
- MultiSelected属性：用户能否从列表中一次选择一个以上的项。

- ControlSource 属性：指定列表框所绑定的数据源，可以是一个字段变量或内存变量，用来保存用户从列表框中选择的结果。

常用的方法如下。

- AddItem 方法：给 RowSourceType 属性为 0 的列表框添加一个新的数据项。
- RemoveItem 方法：从 RowSourceType 属性为 0 的列表框中移去一项。
- Clear 方法：清除列表中所有的数据项。当 RowSourceType 属性设置为 0 时可用。

【例 8.3】 设计一个表单，如图 8-3 所示。显示的左边列表框中是部门表中部门名称列表，单击"右移"按钮，实现将左边列表框中所选择的内容复制到右边列表框中；单击"删除"按钮，实现将右边列表框中所选择的内容删除。

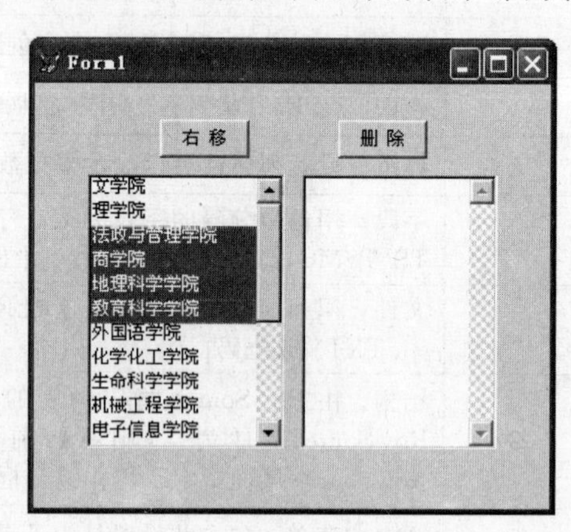

图 8-3　列表框控件示例

具体操作步骤如下：

① 新建表单，在表单上添加两个列表框和两个命令按钮控件。

② 设置命令按钮的 Caption 属性分别为"右移"和"删除"，设置两个列表框的 MultiSelect 都为"真"，其他控件属性为默认值。

③ 设置左边列表框 RowSourceType 属性为"3-SQL 语句"，RowSource 属性为"select bmmc from bm into cursor tmp"。

④ 编写"右移"命令按钮控件 Click 事件代码为：

```
for i=1 to thisform.list1.listcount
    if thisform.list1.selected(i)
        thisform.list2.additem(thisform.list1.list(i))
    endif
endfor
```

⑤ 编写"删除"命令按钮控件 Click 事件代码为：

```
i=1
do while i<=thisform.list2.listcount
    if thisform.list2.selected(i)
        thisform.list2.removeitem(i)
    else
      i=i+1
    endif
enddo
```

⑥ 保存表单。

8.1.5 组合框

组合框(ComboBox)与列表框类似,功能完全相同,区别在于组合框在表单上所占用的空间较少,通常只有一个数据项是可见的;组合框不提供多重选择的功能,没有MultiSelect属性。组合框具有Style属性,当值为0时是下拉组合框;当值为2时是下拉列表框。前者既可以在编辑区中输入数据,也可以从列表中选择数据项,后者只能从列表中选择数据项。

8.2 输出控件

8.2.1 标签

标签(Label)是用以显示文本的图形控件,表单运行过程中其显示文本不能直接更改,但可以通过程序代码重新设置Caption属性来动态地修改。

常用的主要属性如下。

- Caption属性:指定标签的标题文本。标签允许包含的最大字符数目为256个。若要给标签指定一个访问键,可在标题中将作为访问键的字符前面包含反斜杠和小于号(\<)。显示这一标签时,该字符带有下划线。按下标签的访问键时,将激活Tab键次序中的下一个控件。使用TabIndex属性可给标签指定一个Tab键次序。
- Alignment属性:指定标题文本在控件中的对齐方式。该属性在设计和运行时可用,同样还适合于文本框、复选框、选项按钮、列等控件。
- BackStyle属性:指定标签控件的背景是否透明。当值为0时透明,标签控件后面的任何事物都是可见的,忽略BackColor属性;当值为1(默认值)时不透明,用标签控件的BackColor属性填充控件。设计和运行时可用。
- AutoSize属性:指定控件是否依据其内容自动调节大小。设计和运行时该属性可用。当值为“真”(.T.)时,标签根据内容自动调节大小;当值为“假”(.F.)(默认值)时,标签内容超过标签大小时,只显示一部分内容,标签大小保持不变。
- WordWrap属性:在调整AutoSize属性为“真”(.T.)的标签控件大小时,指定是否在垂直方向或水平方向放大该控件,以容纳Caption属性指定的文本。设计和运行时可用。当值为“真”(.T.),文本自动换行,标签在垂直方向缩放到恰好容纳文本和字体大小,而水平方向的尺寸不更改。当值为“假”(.F.)(默认值)文本不自动换行,标签在水平方向上缩放到恰好容纳文本长度,且在竖直方向缩放到恰好容纳字体大小和行数。竖直方向的尺寸不更改。可以用这个属性来确定标签如何显示其内容。标签同时包含内容可变的文本,为了保持标签在水平方向上大小不变,并同时允许增减文本,则须设置WordWrap属性为“真”(.T.)。如果要让标签只在水平方向扩大,可设置WordWrap为“假”(.F.)。如果不想更改标签大小，可将 AutoSize 设置为“假”(.F.)。

8.2.2 图像

图像控件(Image)是一种图形控件，可以显示图片，但不能直接修改图片。然而，同其他控件一样，图像控件具有一整套属性、事件和方法，因而可以响应事件，并且可以在运行时改变自己。

常用的主要属性如下。

- Picture 属性：要显示的图片文件或通用型字段。
- BorderStyle 属性：决定图像控件是否具有可见的边框。
- Stretch 属性：如果 Stretch 设置为“0-剪裁”，那么超出图像控件范围的那一部分图像将不显示；如果 Stretch 设置为“1-等比填充”，图像控件将保留图片的原有比例，并在图像控件中显示最大可能的图片；如果 Stretch 设置为“2-变比填充”，将图片调整到正好与图像控件的高度和宽度匹配。

【例 8.4】 设计一个表单，表单运行后如图 8-4 所示，在表单上单击鼠标关闭表单。

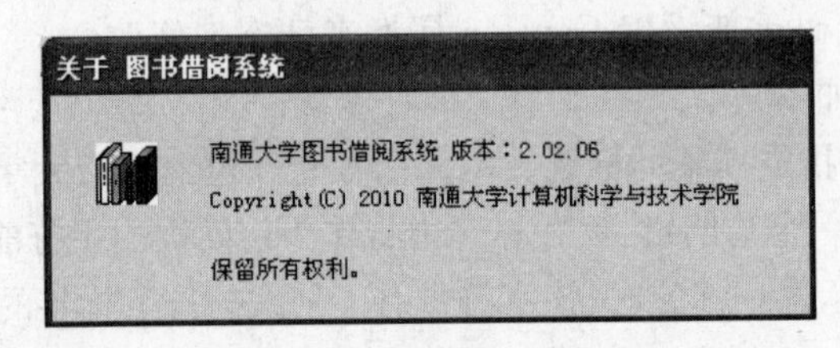

图 8-4 标签图像控件示例

具体操作步骤如下：

(1) 新建表单，在表单上添加一个图像和三个标签控件。

(2) 设置图像控件的 Picture 属性为 book.jpg，标签控件的 Caption 属性如图 8-4 中文字所示。

(3) 设置所有标签控件的 Autosize 属性为“真”，BackStyle 属性为“真”。

(4) 设置表单的 Caption 属性为“关于 图书借阅系统”，ControlBox 属性为“假”。

(5) 编写表单 Click 事件代码为：

```
Thisform.release
```

(6) 保存表单。

8.3 容器控件

8.3.1 表格

表格(Grid)是一个按行和列显示数据的容器对象，其外观与浏览窗口相似。表格是包含列(Column)对象的容器对象。列可以包含标头(Header)对象及显示数据的控件。表格及其列、标头和显示数据的控件都有各自的属性集,可以完全控制表格中的每一个元素。

常用的主要属性如下。

- RecordSource 属性和 RecordSourceType 属性:RecordSource 属性指定与表格控件相绑定的数据源;RecordSourceType 属性指定如何打开填充表格控件的数据源。这两个属性在设计时可用,运行时可读写。RecordSourceType 属性的取值范围及其含义见表 8-4。

表 8-4 RecordSourceType 属性

设置	说　明
0	表。自动打开 RecordSource 属性设置中指定的表
1	(默认值)别名。按指定方式处理记录源
2	提示。在运行时刻向用户提示记录源。如果某个数据库已打开,用户可以选择其中的一个表作为记录源
3	查询(.QPR)。RecordSource 属性设置指定一个.QPR 文件
4	SQL 语句。在 RecordSource 属性中指定 SQL 语句

- ColumnCount 属性:列的数目。如果 ColumnCount 设置为 −1(默认值),表格将具有和表格数据源中字段数一样多的列。当 ColumnCount 属性设置为−1 时,则自动创建足够的列,以容纳数据源中的所有字段。该属性设计时可用,运行时可读写。
- DeleteMark 属性:指定在表格控件中是否出现删除标记列。当值为"真"(.T.)(默认值)时,删除标记列作为最左列出现在表格上。当值为"假"(.F.)时,删除标记列不出现。删除标记列使用户能标记要删除的记录。用户可在记录的删除列中单击来删除记录。设计和运行时可用。
- LinkMaster 属性:指定表格控件中的子表所链接的父表。使用 LinkMaster 属性可以在表单的父表(或主表)与表格 RecordSource 属性所引用的表之间设置一对多关系。设计时可用,运行时可读写。
- ChildOrder 属性:为表格控件或关系对象的记录源指定索引标识。和父表的主关键字相联接的子表中的外部关键字。使用这个属性可连接两个有一对多关系的表。例如,把一个包含每位借阅记录的读者表与一个包含每位读者多个借阅记录的借阅表相联接。对于这个一对多关系,应把 ChildOrder 属性设置为借书证号索引标识字段。ChildOrder 属性和 SET ORDER 语句的功能相似。设计和运行时可用。
- RelationalExpr 属性:指定一个基于父表字段的表达式,该表达式与子表中联接父、子表的索引相关。可以指定任何的 Visual FoxPro 表达式,一般是与 ChildOrder 属性指定的子表当前索引相匹配的表达式。设计时可用,运行时可读写。

常用的方法如下。

- SetAll 方法：为表格对象中的所有控件或某类控件指定一个属性设置。该方法还可以适用于其他容器，有关该方法的进一步介绍，可参见系统帮助。

例如，为了把表格中列对象的 BackColor 属性设置为红色，可以使用下列命令：

```
ThisForm.Grid1.SetAll ("BackColor", RGB (255, 0, 0), "Column")
```

也可以设置表格中其他对象的属性。例如，要把表格中每个列对象包含的标头的 ForeColor 属性设置为绿色，可以使用下列命令：

```
ThisForm.Grid1.SetAll ("ForeColor", RGB (0, 255, 0), "Header")
```

【例 8.5】 设计一个表单实现读者信息的录入，如图 8-5 所示。

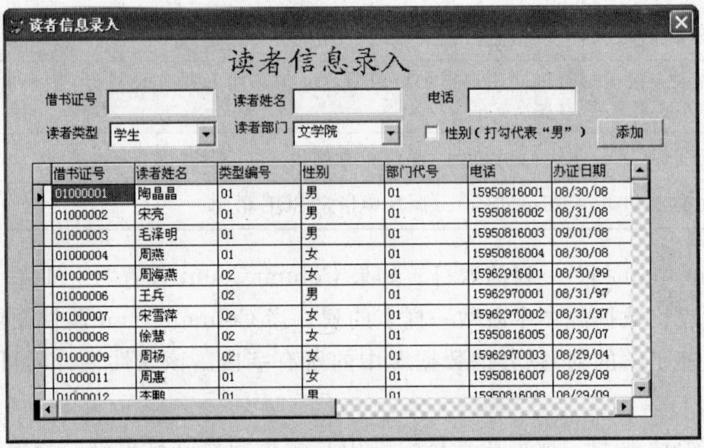

图 8-5　表格控件示例

具体操作步骤如下：

① 新建表单，在表单上添加三个文本框、两个组合框、一个复选框、一命令按钮以及一个表格控件及其对应的标签。

② 将 tsjysj 数据库中的读者表、部门表、读者类型三个表添加至数据环境设计器中。

③ 按照如图所示设置所有标签的 Caption 属性；设置命令按钮的 Caption 属性为“添加”；设置复选框的 Caption 属性为“性别（打勾代表“男”）”；设置 Combo1 组合框的 RowSourceType 属性为“6-字段”、RowSource 属性为“读者类型. lxmc”；设置 Combo2 组合框的 RowSourceType 属性为“6-字段”、RowSource 属性为“部门. bmmc”；设置表格 Grid1 的 RecordSourceType 属性为“1-别名”、RecordSource 属性为“读者”（也可以从数据环境设计器中直接将读者表拖放到表单上）。

④ 设置 Text1 文本框的 InputMask 属性为 99999999，用于限制借书证号输入数字内容和宽度；Text2 文本框的 MaxLength 属性为 8；Text3 文本框的 InputMask 属性为 99999999999，用于限制电话号码输入数字内容和宽度。

⑤ 编写表单 Form1 的 Init 事件代码，用于初始化组合框的初始显示内容：

```
thisform.combo1.value="学生"
thisform.combo2.value="文学院"
```

⑥ 编写命令按钮 Command1 的 Click 事件代码，完成读者信息的添加并且表单上的表格数据能够及时更新显示：

```
jszhtmp=allt(thisform.text1.value)                     &&保存借书证号到变量中
dzxmtmp=allt(thisform.text2.value)                     &&保存读者姓名到变量中
xbtmp=iif(thisform.check1.value=0,"女","男")          &&保存性别到变量中
dhtmp=allt(thisform.text3.value)                       &&保存电话到变量中
bzrqtmp=date()                                         &&保存当前日期到变量中
*根据组合框中选择的读者类型从读者类型表中获得读者类型代号保存到变量中
sele lxbh from dzlx where lxmc=thisform.combo1.value into cursor tmp1
lxbhtmp=tmp1.lxbh
*根据组合框中选择的部门名称从部门表中获得部门代号保存到变量中
sele bmdh from bm where bmmc=thisform.combo2.value into cursor tmp2
bmdhtmp=tmp2.bmdh
*向读者表中插入一条记录
insert into dz values(jszhtmp,dzxmtmp,lxbhtmp,xbtmp,bmdhtmp,dhtmp,bzrqtmp)
thisform.refresh                                       &&刷新表单
```

⑦ 保存表单。

8.3.2 页框

页框(PageFrame)控件是包含页面(Page)的容器对象，而页面本身也是容器，可以包含其他控件。

页框定义了页面的大小和位置、边框类型、哪个页面是活动的。页框决定了页面的位置及每页有多少是可见的。页面相对于页框的左上角定位。如果页框移动了，页面跟着移动。页框包含的每个页面默认命名为 Page1、Page2 和 Page3。对页面所在的表单使用 Refresh 方法时，只刷新活动的页面。

表单中可以包含一个或多个页框。将页框添加到表单的步骤如下：

① 在“表单控件”工具栏中，选择“页框”按钮并在“表单”窗口拖曳到想要的尺寸。

② 设置 PageCount 属性，指定页框中包含的页面数。

③ 从页框的快捷菜单中选择“编辑”命令，将页框激活为容器。页框的边框变宽，表示它处于活动状态。

④ 采用向表单中添加控件的方法，向页框中添加控件。

和其他容器控件一样，必须选择页框，并从右键快捷菜单中选择“编辑”命令，或在“属性”窗口的“对象”下拉列表中选择页面对象。这样，才能先选择这个页面对象(具有宽边)，再向正在设计的页面中添加控件。在添加控件前，如果没有将页面对象作为容器激活，控件将添加到表单中而不是页面中，即使看上去好像是在页面中。

将控件添加到页面上，它们只有在页面活动时才可见和活动。将控件添加到页面上

的方法如下：

- 在“属性”窗口的“对象”框中选择页面，页框的周围出现边框，表明可以操作其中包含的对象。
- 在“表单控件”工具栏中，选择想要的控件按钮并在页面中调整到想要的大小。

在页框中选择一个不同的页面的方法如下：

- 在页框中右击，然后选择“编辑”菜单项，将页框作为容器激活，选择要使用的“页面”选项卡。
- 在“属性”窗口的“对象”框中选择该页面。

常用的主要属性如下。

- PageCount 属性：指定一个页框控件中的页面数。设计和运行时可用。如果减少 PageCount 属性设置值(例如，由 3 修改为 2)，将丢失所有超出新设置值的页面及它们包含的对象。
- Tabs 属性：指定页面的选项卡是否可见。当值为“真 ”(.T.)(默认值)时，页框有选项卡；当值为“假”(.F.)时，页框没有选项卡。通过设置页面的 Caption 属性，指定选项卡文本内容和宽度。设计和运行时可用。
- TabStyle 属性：指定页框中的页面选项卡是否都是相同的大小，并且都与页框的宽度相同。当值为 0 (默认值)时，调整每个页面选项卡的宽度，以容纳标题。如果必要，增加每个页面选项卡的宽度，这样，页面选项卡会横跨页框的整个宽度。当值为 1 时，不调整每个页面选项卡的宽度，以容纳标题。设计和运行时可用。
- TabStretch 属性：指定当选项卡在页框控件中容纳不下时页框的动作。仅当 Tabs 设置为“真”(.T.)时，才可使用 TabStretch 属性。当值为“0-多重行”时，创建第二行选项卡，这样选项卡将层叠起来，以便所有选项卡中的整个标题都能显示出来。当值为“1-单行”(默认值)时，按需要裁剪选项卡，这样只显示能放入选项卡中的标题字符。设计和运行时可用。
- Pages 属性：一个用于访问页框中各个页面的数组。仅在运行时可用。例如，修改表单中页框的第 1 个页面的标题：ThisForm. PageFrame1. Pages(1). Caption ="被修改了"。
- ActivePage 属性：返回页框对象中活动页面的页码，或使页框中指定的页成为活动页。设计时可用，运行时可读写。不管页框是否具有选项卡，都可以从程序中使用 ActivePage 属性来激活一个页面。例如，下面给出表单中一个命令按钮的 Click 事件过程代码，它将表单中页框的活动页面改为第三页面：ThisForm. PageFrame1. ActivePage=3。

【例 8.6】 设计一个表单，如图 8-6 所示。实现读者借阅情况的查询，在页框的条件设置页输入借书证号并选择借阅状态，单击查询按钮将查询结果送到页框的输出结果页中显示。

具体操作步骤如下：

(1) 新建表单，在表单上添加一个页框，右击页框控件，在弹出的快捷菜单中选择“编辑”命令。在页框的 Page1 页中添加一个文本框、一个选项按钮组、一个命令按钮及其对

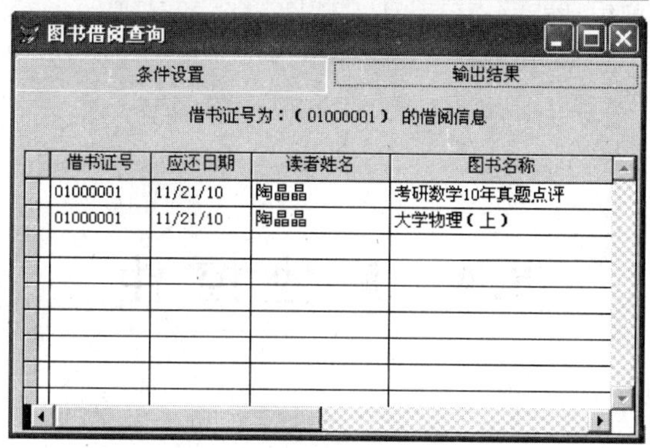

图 8-6　页框控件示例

应的标签；在页框的 Page2 页中添加一个表格和一个标签控件。

(2) 设置页框的 Page1 页中文本框 Text1 的 InputMask 属性为 99999999，右击选项按钮组，在弹出的快捷菜单中选择“生成器”命令，通过生成器设置选项按钮标题。

(3) 在页框的 Page2 页中设置标签的 AutoSize 属性为 .T.，Alignment 属性为“2-居中”；设置表格 Grid1 的 RecordSourceType 属性为“4-SQL 说明”。

(4) 编写查询命令按钮的 Click 事件代码：

```
if len(allt(thisform.pageframe1.page1.text1.value))!=8
                                        && 判断文本框中是否输入了 8 位借书证号
   messagebox("请输入正确的读者证号!",48,"提醒")
else
   do case
      case thisform.pageframe1.page1.optiongroup1.value=1;
         sqltmp='sele jy.jszh 借书证号,jy.yhrq 应还日期,dz.dzxm 读者姓名,;
         ts.tsmc 图书名称 from jy,dz,ts,gcqk where jy.jszh=dz.jszh and jy.txm
         =gcqk.txm;
         and gcqk.ssh=ts.ssh and jy.jszh=allt(thisform.pageframe1.page1.;
         text1.value) into;
         cursor tmp'
      case thisform.pageframe1.page1.optiongroup1.value=2;
```

```
        sqltmp='sele jy.jszh 借书证号,jy.yhrq 应还日期,dz.dzxm 读者姓名,;
        ts.tsmc 图书名称 from jy,dz,ts,gcqk where jy.jszh=dz.jszh and jy.txm;
        =gcqk.txm;
        and gcqk.ssh=ts.ssh and jy.jszh=allt(thisform.pageframe1.page1.;
        text1.value) and;
        (date()>jy.yhrq) into cursor tmp'
    endcase
endif
thisform.pageframe1.page2.label1.caption="借书证号为:(";
+thisform.pageframe1.page1.text1.value+")的借阅信息"
thisform.pageframe1.page2.grid1.recordsource=sqltmp
thisform.pageframe1.activepage=2
thisform.refresh
```

(5) 保存表单。

8.4 其他控件

8.4.1 命令按钮

命令按钮(CommandButton)通常用来启动一个事件,如关闭一个表单、定位记录、打印报表等动作。

常用的主要属性如下。

- Caption 属性:在按钮上显示的文本。
- Cancel 属性:指定命令按钮是否为"取消"按钮。当其值为.T.时,指定当用户按下 Esc 时,执行与命令按钮的 Click 事件相关的代码;当其值为.F.(默认值)时,命令按钮不是"取消"按钮。设计和运行时可用。
- Default 属性:指定命令按钮是否为"确定"按钮。当其值为.T.时,指定当用户按下 Enter 时,执行与命令按钮的 Click 事件相关的代码;当其值为.F.(默认值)时,命令按钮不是"确定"按钮。设计和运行时可用。
- Enabled 属性:指定对象能否响应用户引发的事件。当其值为.T.(默认值)时,按钮处于启用状态,能响应用户引发的事件;当其值为.F.时,按钮处于废止状态,不响应事件。设计和运行时可用。
- Picture 属性:指定在按钮上显示的图片文件(.bmp、.Ico 或通用字段)。如果在设计时设置 Picture 属性但指定的文件不存在,Visual FoxPro 将显示错误信息,但仍把属性设置为指定的文件。如果运行时设置的文件不存在,Visual FoxPro 将忽略 Picture 属性。不管按钮处于可用、选中或不可用状态,都会使用指定的位图。可以使用 DownPicture 或 DisabledPicture 属性为每种按钮状态指定一个不同的图形文件。

- DisabledPicture 属性：当按钮失效时，显示的图形文件。
- DownPicture 属性：当按钮按下时，显示的图形文件。
- Visible 属性：能否显示此按钮，当其值为.T.（默认值）时，运行时显示按钮；当其值为.F.时，运行时不显示按钮。

8.4.2 命令按钮组

命令按钮组（CommandGroup）是包含一组命令按钮的容器控件。使用命令按钮组控件可创建一组命令按钮，并且可以单个或作为一组操作其中的按钮。

常用的主要属性如下。

- ButtonCount 属性：设置命令按钮组中命令按钮的数目。如果在运行时更改按钮数，则自动给新按钮命名，命令按钮组中按钮被命名为 CommandN，其中 N 为所添加的按钮数。例如，如果命令组中有 4 个按钮而 ButtonCount 属性设置更改为 5，则新按钮命名为 Command5。
- BorderStyle 属性：指定对象的边框样式，值为 0 时表示无边框，值为 1（默认值）时表示边框为固定单线。
- Buttons 属性：用来存取命令按钮组中按钮的数组。用户可以利用该数组来访问命令按钮组中的按钮，用来设置属性或调用其方法。例如，将命令按钮组的第 2 个按钮设置为不可用，可用下列代码：

  ```
  ThisForm.CommandGroup1.Buttons(2).Enabled=.F.
  ```

  Buttons 数组下标的取值范围为 1 至 ButtonCount 属性值之间。
- Value 属性：指定命令按钮组当前的状态。该属性可以是数值型（默认），也可以是字符型。若为数值型，则其值为命令按钮组中被选中命令按钮的序号；若为字符型，则值为命令按钮组中被选定命令按钮的 Caption 属性值。

8.4.3 选项按钮组

选项按钮组（OptionGroup）是包含选项按钮的容器。选项按钮组允许用户选择其中一个按钮，选定某个选项按钮将释放先前的选择同时使当前的选择成为当前值。选项按钮旁边的圆点指示当前的选择。

常用的主要属性如下。

- ButtonCount 属性：选项按钮组中选项按钮的数目。如果在运行时更改按钮数，则自动给新按钮命名，命令组中按钮被命名为 OptionN，其中 N 为所添加的按钮数。例如，如果选项按钮组中有 4 个按钮而 ButtonCount 属性设置更改为 5，则新按钮命名为 Option5。
- BorderStyle 属性：指定对象的边框样式，同命令按钮组的 Borderstyle 属性。
- Buttons 属性：用来存取选项按钮组中按钮的数组。用户可以利用该数组来访问选项按钮组中的按钮，用来设置属性或调用其方法，同命令按钮组的 Buttons 属性。

例如，对选项按钮组的第 3 个按钮设置 Caption 属性：

```
ThisForm.OptionGroup1.Buttons(3).Caption="Test "
```

数组下标的取值范围为 1 至 ButtonCount 属性值之间。

• Value 属性：指定选项按钮组当前的状态。该属性可以是数值型(默认)，也可以是字符型。若为数值型，则其值为选项按钮组中被选中第几个选项按钮的序号；若为字符型，则值为选项按钮组中所选定的选项按钮 Caption 的属性值。

例如，一个选项按钮组包含两个选项，借助 Value 属性值，可以在选项按钮组的 Click 事件中编写代码实现对各个按钮的控制。

```
Do Case
   Case This.Value=1
      Wait Windows "这是第 1 个选项按钮！"
      *其他语句
   Case This.Value=2
      Wait Windows "这是第 2 个选项按钮！"
      *其他语句
EndCase
```

• ControlSource 属性：指定与选项按钮组建立联系的数据源。作为选项按钮组数据源的字段变量或内存变量，其类型可以是数值型或字符型。例如，变量值为数值型 2，则选项组中的第 2 个按钮被选中；若变量值为字符型 Option2，则 Caption 属性值为 Option2 的按钮被选中。用户对选项组的选择结果会保存到数据源变量及 Value 属性中。

【例 8.7】 设计一个表单，如图 8-7 所示。基于如表 8-5 所示的 Exam.dbf 表设计选择题考试系统，表中具有 7 个字段，question 字段为备注型用于存放题干；a，b，c，d 四个字段用于存放各个选择项；key 用于存放标准答案；userkey 用于存放用户选择答案。

表 8-5 Exam.dbf 表结构

字 段 名	类 型	宽 度	说 明
question	备注型	4	存放题干
a	字符型	30	存放选择项
b	字符型	30	存放选择项
c	字符型	30	存放选择项
d	字符型	30	存放选择项
key	字符型	1	存放标准答案
userkey	字符型	1	存放用户选择答案

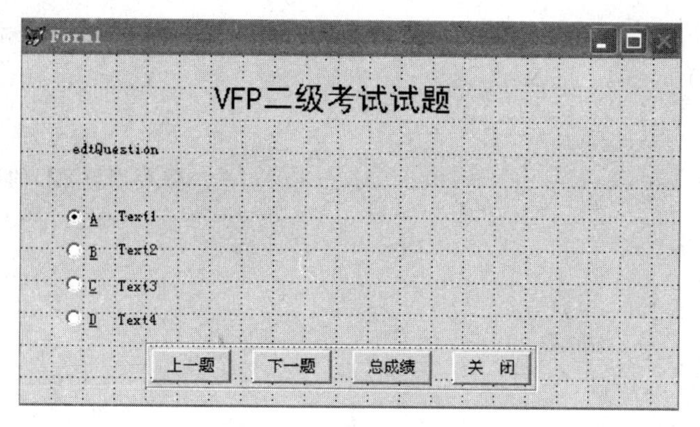

图 8-7 选项按钮组控件示例

具体操作步骤如下：

① 新建表单，在表单上添加一个标签，设置其 Caption 属性为“VFP 二级考试试题”。

② 将表 Exam. dbf，添加到数据环境设计器中，将数据环境中的 Exam 表的 question 字段拖到表单上，自动生成 edtQuestion 编辑框控件和 lblQuestion 标签控件，删除 lblQuestion 标签控件。

③ 选择 edtQuestion 编辑框控件，在属性窗口中设置 ScrollBars 属性为“0-无”，设置 BackStyle 属性为“0-透明”，设置 BackColor 属性为“236，233，216”。

④ 在表单上添加一个选项按钮组控件，在属性窗口中设置 ButtonCount 属性为 4，Value 属性设置为“(无)”(将默认值 1 删除)或者设置为 0，ControlSource 属性为 exam. userkey 字段。

⑤ 分别设置 4 个选项按钮的 Caption 属性为“\<A”、“\<B”、“\<C”和“\<D”，设置选项按钮组 AutoSize 属性为. T. ，BackStyle 属性为“0-透明”，BorderStyle 属性为“0-无”。

⑥ 在表单上添加 4 个文本框控件，分别与 4 个选项按钮水平对齐。在属性窗口中分别设置 4 个文本框的 BackStyle 属性为“0-透明”，BorderStyle 属性为“0-无”，Alignment 属性为“0-左”，ControlSource 属性分别设置为 Exam. a 字段、Exam. b 字段、Exam. c 字段和 Exam. d 字段。

⑦ 在表单上添加一个命令按钮组控件，利用命令按钮组生成器设置按钮的数目为 4，标题分别为“上一题”、“下一题”、“总成绩”和“关闭”，按钮布局为“水平”，并适当调整按钮间隔。

⑧ 编写命令组按钮的 Click 事件，编写代码为：

```
do case
    case this.value=1
        if not bof()
            skip -1
        endif
    case this.value=2
```

```
        if not eof()
            skip
        endif
    case this.value=3
        nrec=recno()                                   && 保存当前题目的记录号
        nright=0
        scan
            if allt(userkey)==key
                nright=nright+1
            endif
        endscan
        ntotal=reccount()
        cscore=allt(str(nright/ntotal*100,6,2))+"%"
        messagebox("正确率为"+cscore,64+0+0,"成绩")
        goto nrec                                      && 跳转至原有题目
    case this.value=4
        thisform.release
endcase
    thisform.refresh
```

⑨ 保存表单。

8.4.4 计时器

计时器(Timer)是在应用程序中用来处理重复发生事件的控件。计时器运行时对用户是不可见的,它对于后台处理很有用。计时器的典型应用是检查系统时钟,决定是否到了某个程序或应用程序运行的时间。计时器对时间作出反应,可以让计时器以一定的间隔重复地执行某种操作。

计时器控件有两个主要属性。

- Enabled 属性：可以启动或废止计时器工作。若想让计时器在表单加载时就开始工作,应将这个属性设置为"真"(.T.),否则将这个属性设置为"假"(.F.)。也可以选择一个外部事件(如命令按钮的 Click 事件)来启动计时器。

  计时器的 Enabled 属性和其他对象的 Enabled 属性不同。对大多数控件对象来说,Enabled 属性决定控件对象是否能对用户引起的事件作出反应。对计时器控件来说,将 Enabled 属性设置为"假"(.F.),会停止计时器的运行。

- Interval 属性：指定 Timer 事件之间的时间间隔毫秒数。默认值为 0,不触发 Timer 事件。

  Timer 事件是周期性的。Interval 属性不能决定事件已进行了多长时间,只是决定事件发生的频率。间隔的长短要根据需要达到的精度来确定。由于存在一些潜在的内部误差,一般将间隔设置为所需精度的一半。

【例 8.8】 设计一个表单，如图 8-8 所示。实现在表单的文本框内实时显示当前系统时间。

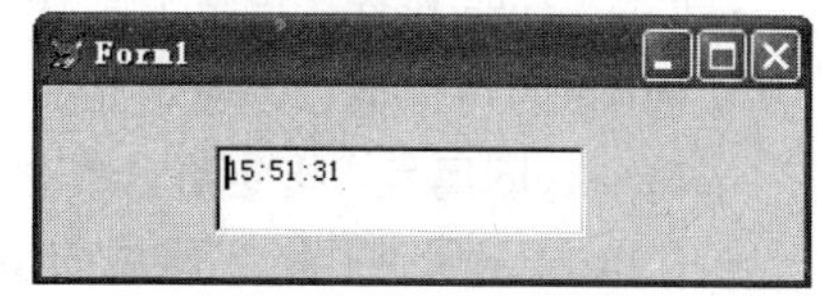

图 8-8 计时器控件示例

具体操作步骤如下：

(1) 新建表单，在表单上添加一个文本框和一个计时器控件。

(2) 设置计时器控件的 Interval 属性为 500。

(3) 编写计时器控件的 Timer 事件，编写代码为：

```
Thisform.Text1.Value=Time()
```

(4) 保存表单。

8.4.5 微调框

微调框(Spinner)可以让用户通过"微调"值来选择，或直接在微调框中键入值。通过单击微调框的上箭头或下箭头，或者在微调框内键入一个数值，可以实现在一个数值范围内进行选择。

常用的主要属性如下。

- Increment 属性：指定单击向上箭头时微调中增加的数值和单击下箭头时微调减少的数值。默认值为 1.00。
- KeyboardHighValue 属性：用户能键入到微调文本框中的最高值。
- KeyboardLowValue 属性：用户能键入到微调文本框中的最低值。
- SpinnerHighValue 属性：用户单击向上按钮时，微调控件能显示的最高值。
- SpinnerLowValue 属性：用户单击向下按钮时，微调控件能显示的最低值。

8.4.6 线条与形状

线条(Line)控件是一种用来显示水平、竖直或对角线条的图形控件，所显示的线条不能直接更改。但是，由于线条控件与其他控件一样具有一整套属性、事件和方法，所以运行时它可以对事件做出反应或者动态地被更改。

常用的主要属性如下。

- BorderWidth 属性：指定线宽为多少像素点。
- BorderStyle 属性：指定线条的线型。
- LineSlant 属性：指定当线条不为水平或垂直时，线条倾斜的方向。这个属性的有效值为斜杠(/)和反斜杠(\)。

形状(Shape)控件是可以显示矩形、圆或椭圆的图形控件，这些图形不能直接修改。但是，因为形状控件包括很多其他控件具有的属性、事件和方法，所以形状控件能响应事件，并且在运行时可动态地修改。

常用的主要属性如下。

- Curvature 属性：指定显示什么样的图形，它的变化范围是从 0(直角)到 99(圆或椭圆)的一个值。0 表示无曲率，用来创建矩形；99 表示最大曲率，创建圆和椭圆。
- FillStyle 属性：指定形状是透明的还是具有一个指定的背景填充方案。
- FillColor 属性：指定使用的填充色。
- SpecialEffect 属性：指定形状是平面的还是三维的。仅当 Curvature 属性设置为 0 时才有效。

8.4.7 ActiveX 控件

ActiveX 控件是 MicroSoft 公司的一组技术标准，也称为 OLE 控件、OCX 或 OLE 自定义控件。ActiveX 控件与固有控件相同，可以把它放在表单上，使用户能够或加强与一个应用程序的交互能力。ActiveX 控件具有事件，并且可以集成到其他控件中。ActiveX 控件分为 ActiveX 控件(OLEControl)和 ActiveX 绑定控件(OLEBoundControl)。

1. ActiveX 控件

在安装 Visual FoxPro 时，将按照默认设置安装 ActiveX 控件(.OCX 文件)。可以将 ActiveX 控件与所开发的应用程序一起发布。利用 Visual FoxPro 的 OLEControl 控件可以将 ActiveX 控件添加到应用程序的表单中。这些 ActiveX 控件具有.OCX 的扩展名。

OLEControl 控件允许向应用程序中加入 OLE 对象。OLE 对象包括 ActiveX 控件(.OCX 文件)，或者其他应用程序(例如 Microsoft Word 和 Microsoft Excel)创建的可插入 OLE 对象。与 ActiveX 控件(.OCX 文件)不同的是，可插入 OLE 对象没有自己的事件集合。OLEControl 控件与 OLEBoundControl 控件也不同，它不与 Visual FoxPro 表的一个通用字段相连接。

单击 ActiveX 控件按钮，并在表单窗口中将其拖动至适当大小，可以将 OLE 对象添加到表单。通过这个工具可以处理诸如 Microsoft Excel 或 Microsoft Word 服务程序对象。另外，如果 Windows 的 SYSTEM 目录中包含的 ActiveX 控件(带有.OCX 扩展名的文件)，也可以表示一个 ActiveX 控件。

2. "ActiveX 绑定"控件

Visual FoxPro 数据表中的通用型字段可以包含各种 OLE 对象，即可包含其他应用程序中的文本、声音、图像和视频等多媒体数据。将该通用型字段与表单中的 ActiveX 绑定控件进行绑定，就能够在表单中显示通用型字段中的 OLE 对象，并可随时调用创建这些对象的应用程序，对这些对象进行编辑修改。

在表单中，可以创建绑定到表的通用型字段上的对象，这类对象称为绑定型 OLE 对象(OLEBoundControl)，可以用它们来显示通用型字段中 OLE 对象的内容。例如，如果将 Word 文件保存在通用字段中，就可以在表单中使用一个绑定型 OLE 对象

(OLEBoundControl)来显示这些文件的内容。使用“表单控件”工具栏上的“ActiveX 绑定”控件可以创建绑定型 OLE 对象。将某个通用型字段与表单中的 ActiveX 绑定控件进行绑定的方法是，在该控件的 ControlSource 属性中指定所要绑定的通用型字段名。

有关 ActiveX 控件的进一步介绍，可参见系统帮助。

习　　题

一、选择题

1. 在下列有关表单及其控件的叙述中，错误的是(　　)。

A. 从容器层次来看，表单是最高层的容器类，它不可能成为其他对象的集成部分

B. 表格控件包含列控件，而列控件本身又是一个容器类控件

C. 页框控件的 PageCount 属性值可以为 0

D. 表格控件可以添加到表单中，但不可以添加到工具栏中

2. 数据绑定型控件是指其显示的内容与表、视图或查询中的字段(或内存变量)相关联的控件。若某个控件被绑定到一个表的字段，移动该表的记录指针后，如果该字段的值发生变化，则该控件的(　　)属性值也随之发生变化。

A. Name　　　　B. ControlSource

C. Value　　　　D. Caption

3. 在下列几组 VFP 基类中，均具有 ControlSource 属性的是(　　)。

A. ListBox,Lable,OptionButton

B. ComboBox,EditBox,Grid

C. ComboBox,Grid,Timer

D. EditBox,CheckBox,OptionButton

4. 表格控件的数据源类型只能是(　　)。

A. 表　　　　B. 表、视图

C. 表、查询　　　　D. 表、视图、查询

5. 若从表单的数据环境中，将一个逻辑型字段拖曳到表单中，则在表单中添加的控件类型和控件个数分别是(　　)。

A. 文本框,1　　　　B. 标签与文本框,2

C. 复选框,1　　　　D. 标签与复选框,2

6. 页框对象的集合属性和计数属性可以对页框上所有的页面进行属性修改等操作。页框对象的集合属性和计数属性的属性名分别为(　　)。

A. Pages,Pagecount　　　　B. Forms,FormCount

C. Buttons,ButtonCount　　　　D. Controls,ControlCount

7. 以下几组控件中，均可直接添加到表单中的是(　　)。

A. 命令按钮组、选项按钮、文本框

B. 页面、页框、表格

C. 命令按钮、选项按钮组、列表框

D. 页面、选项按钮组、组合框

8. 在下列 Visual FoxPro 的基类中，无 Caption 属性的基类是(　　)。

A. 标签　　　　B. 选项按钮　　　　C. 复选框　　　　D. 文本框

二、填空题

1. 一个表单用于浏览读者表(dz.dbf)信息。为了在表格控件中以不同的背景色显示男、女读者的信息，则在表格控件的 Init 事件代码中，可使用如下形式的语句：

```
This.______("DynamicBackcolor","IIF(xb= '女',RGB(125,125,125),;
RGB(125,125,125))","Column")。
```

2. 设某表单上有一个页框控件，该页框控件的 PageCount 属性值在表单的运行过程中可变(即页数会变化)。如果要求在表单刷新时总是指定页框的最后一个页面为活动页面，则可在页框控件的 Refresh 事件代码中使用语句：________。

3. 文本框控件的________属性设置为 * 时，用户键入的字符在文本框内显示为 *，但 Value 属性中仍保存键入的字符串。

4. 设某命令按钮的标题为“确定(Y)”(该按钮访问键为 ALT＋Y)，则其 Caption 属性值应设置为________。

5. 所有容器对象都具有与之相关的计数属性和集合属性，其中________属性是一个数组，可以用以引用其包含在其中的对象。

6. 在表单设计器中设计表单时，如果从“数据环境设计器”中将表拖曳到表单中，则表单中将会增加一个________对象。

7. 形状控件的 Curvature 属性决定形状控件显示什么样的图形，它的取值范围是 0～99。当该属性的值为________时，用来创建矩形；当该属性的值为________时，用来创建椭圆。

8. 某表单 Form1 上有一个命令按钮组 Cmg1，其中有两个命令按钮(分别为 Command1 和 Command2)，要在 Command1 的 Click 事件代码中设置 Command2 不可用，其代码为________。

9. 在 VFP 中，要使编辑框、文本框等控件只显示文本而不允许用户修改，可把它们的________属性设置为.F.。

10. 设 Label1 是某表单上的一个标签控件，则利用 Label1 控件显示系统日期和时间，可以在该表单的 Init 事件代码中使用语句 ThisForm.________来实现。

11. 在 VFP 中，组合框控件具有列表框控件和文本框控件的组合功能。根据是否可以输入数据值，组合框可设置为下拉组合框或________。

12. 将计时器控件的 Interval 属性值设置为 1000，则 Timer 事件发生的时间间隔为________秒。

13. 列表框对象的数据源由 RowSource 属性和 RowSourceType 属性决定。而要将列表框中的值与表中的某个字段绑定，则应该利用________属性。

14. 将文本框对象的________属性设置为“真”时，则表单运行时，该文本框可以获得焦点，但文本框中显示的内容为只读。

15. 标签控件是用以显示文本的图形控件。标签控件的主要属性有：Caption 属性、BackStyle 属性、AutoSize 属性以及 WordWrap 属性等。其中________属性的功能是决定是否自动换行。

16. 如图 8-9 所示的表单中有一个选项按钮组。如果选项按钮组的 Value 属性的默认值为 1，则当选择选项按钮 B 时，选项按钮组的 Value 属性为________；如果将选项按钮组的 Value 属性的默认值设置为 B，则当选择按钮 C 时，选项按钮组的 Value 属性值为________。

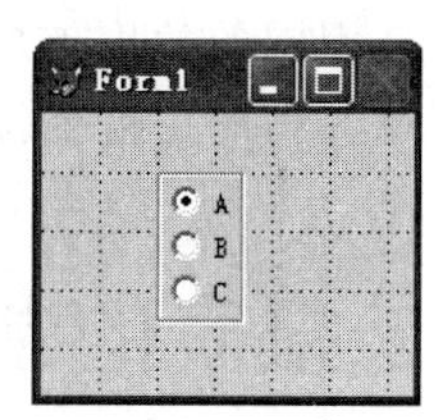

图 8-9　包含一个选项按钮组的表单

第9章 报表与标签

报表、标签均有利于用户将数据库中内容进行打印输出，其提供的多种布局类型丰富了输出数据的形式；不同形式的报表从不同的角度方便用户对数据进行分析和利用。本章基于报表、标签的不同布局类型介绍各种形式报表、标签的创建和使用。

9.1 报表的创建

报表是应用程序以不同形式向用户展示数据的重要手段。报表的设计要素有两个：数据源和布局。报表的数据源决定了用户所看到的数据的来源，可以是表、视图、查询或者临时表，同时，报表可以是基于单表的，也可以是基于多表的；报表的布局决定了用户所看到的最终数据的排布格式，常规的报表布局类型如图9-1所示。

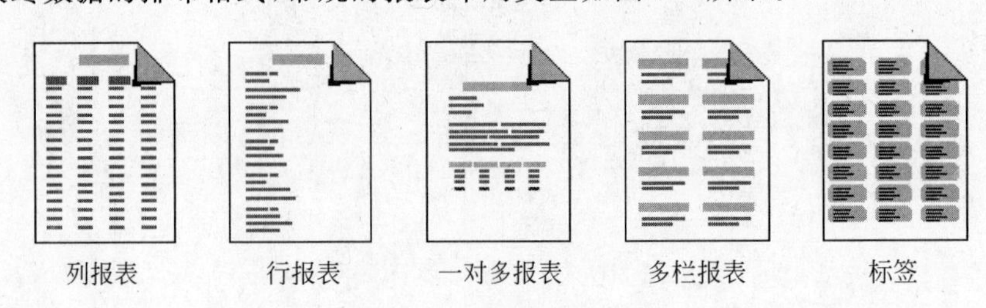

图9-1 常规报表布局

- 列报表：字段名按行的方式排布，字段内容在字段名下方，每行一条记录，如常见的分组/总计报表、财政报表、存货清单、销售总结等。
- 行报表：字段名靠左竖直排布，字段内容在对应字段名右侧，多行数据组成一个完整记录。
- 一对多报表：多用于体现一对多关系，父表记录下有多个相关联的子表记录，如发票、会计报表等。
- 多列(栏)报表：一页分成多栏，每栏中以行报表或列报表的形式打印记录。常见的有电话号码簿、名片等。
- 标签：多栏报表形式，但打印在特殊纸上，如邮件标签、名字标签等。

选定报表布局后程序开发者可以选择以不同的方法创建不同形式的报表文件。报表文件的后缀名为.frx，该文件存储了报表的详细布局说明，指定了想要的域控件、要打印的文本以及信息在页面上的位置等。用户可通过创建的报表文件有选择地在页面上打印数据库中的一些信息。但需要注意的是，报表文件不存储数据字段的值，而只存储了该特定报表的数据源位置和格式信息，每次运行报表，根据所用数据源字段内容是否被更改，所获得的报表中控件内容的值均可能不同。每个报表文件还对应一个后缀名为 .frt 的报表备注文件。

报表的创建有三种方式："报表向导"方式、"快速报表"方式、"报表设计器"方式。"报表向导"方式使得程序开发者在系统向导指引下通过回答问题快速地基于单表或多表创建简单的定制报表；"快速报表"方式可以基于单表创建一个简单布局的报表，以备后期修改；"报表设计器"方式下，程序开发者既可以通过设计器修改已有报表，又可以从零开始创建自己的个性化报表。在程序开发过程中，开发人员通常将三者组合起来使用，利用"报表向导"或"快速报表"创建一个基础的简单报表，在此基础之上再通过"报表设计器"进行修改完成个性化的设计以达到最终程序需求。

9.1.1 使用报表向导创建报表

报表向导的启动和使用与前面章节中讲述的查询向导、视图向导、表单向导的启动和使用类似。通过以下几种方式可以启动报表向导：

- 在项目管理器的"文档"选项卡中选择文档类型为"报表"后，单击"新建"按钮，在"新建报表"对话框中选择"报表向导"。
- 单击系统"文件"菜单中的"新建"菜单项或"常用"工具栏上的"新建"工具按钮打开"新建对话框"，在该对话框中选择以向导方式新建报表。
- 在系统"工具"菜单中通过"向导"子菜单启动报表向导。
- 通过"常用工具栏"上的"报表向导"按钮直接启动报表向导。

无论以哪种方式启动报表向导均会打开"向导选取"对话框。系统为用户提供了两种不同形式的向导，一个是基于单表的报表向导，另一个是基于多表的一对多报表向导。

1. 用"报表向导"创建报表

例：基于表 ts.dbf 创建单栏的列报表，纸张横向打印。

(1) 启动报表向导，在"向导选取"对话框中选择"报表向导"。

(2) 按向导提示步骤进行操作：

步骤 1-字段选取：如图 9-2 所示，本步骤用于确定报表所需的字段。

在"数据库和表"下拉列表框中可以选择报表的数据源；"可用字段"框中显示了选定表中所有可用字段；"选定字段"框中显示了报表中需要的字段。字段的选定和取消可通过单击"箭头"按钮或双击对应字段名完成。使用"箭头"按钮时，单箭头表示只移动所选字段，双箭头表示一次性移动所有字段。

本例依照图 9-2 所示添加选定字段。

步骤 2-分组记录：如图 9-3 所示，本步骤用于确定记录的分组方式，形成分组报表。

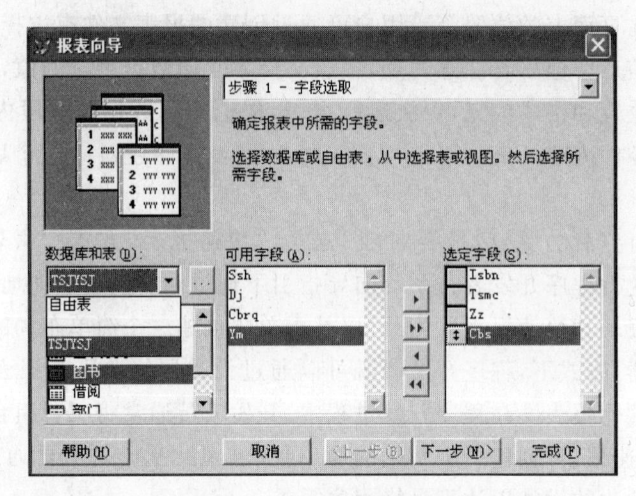

图 9-2　报表向导_步骤 1

所谓的分组就是依据某些特定字段将数据分类排布，并可基于同一组数据进行适当的数学操作，如计数、求和、求最大值等。只有按照分组字段建立索引后才能正确分组。通过向导最多可以建立三层分组。

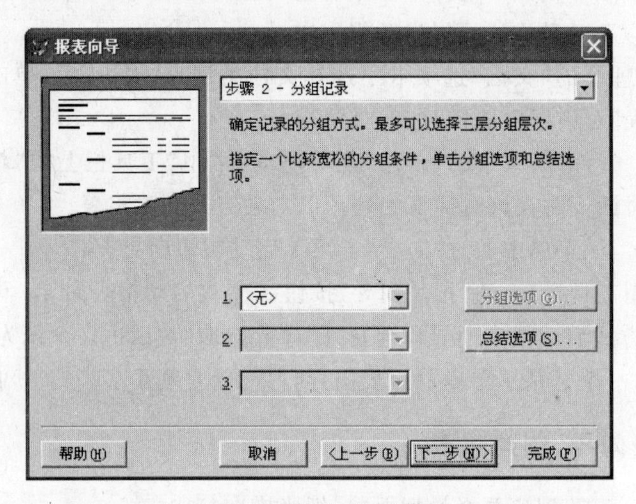

图 9-3　报表向导_步骤 2

本步骤中，选定分组依据字段后可通过对话框上的“分组选项”按钮进行分组选项设置，确定分组是基于所选字段的哪部分进行分组；通过“总结选项”按钮可实现对选定字段的数学操作(通过在对应项的复选框上勾选实现)。

本例中不对数据进行分组及做任何数学操作。

步骤 3-选择报表样式：如图 9-4 所示，用于确定用户最终看到的报表的打印样式，有经营式、账务式、简报式、带区式、随意式。当在样式列表框中选定某一样式时，向导页左侧预览区会显示对应的样式预览图片。

本例选定报表样式为简报式。

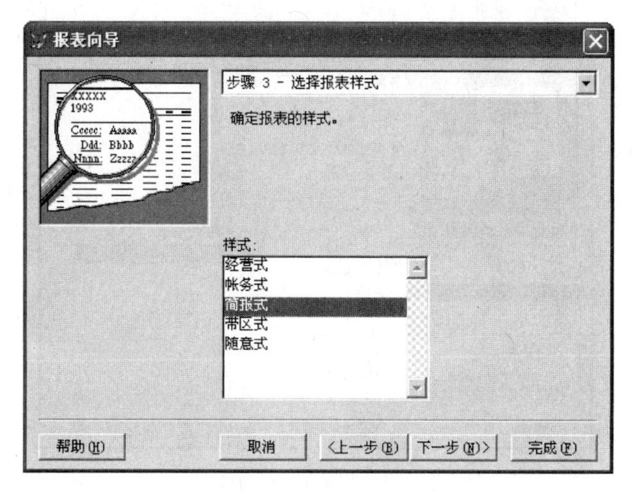

图 9-4　报表向导_步骤 3

步骤 4-定义报表布局：如图 9-5 所示，本步骤用于确定报表的布局。

“列数”值大于 1 时，报表为多栏报表；“字段布局”区域决定了报表是列报表还是行报表；“方向”区域决定了报表在打印纸上是横向打印还是纵向打印。

本例按图 9-5 所示进行选择，最终的报表是单栏的列报表，在纸张上横向打印。

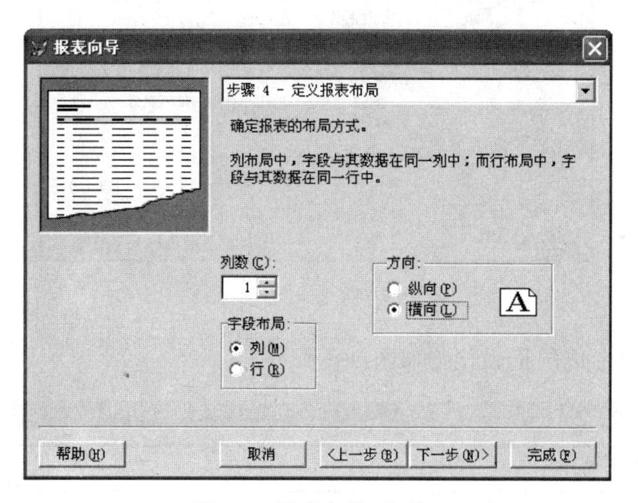

图 9-5　报表向导_步骤 4

步骤 5-排序记录：如图 9-6 所示，本步骤用于确定报表数据的显示顺序，最多可以选择三个索引字段，当选定为排序依据的字段上未创建索引时，系统会自动创建对应索引。

本例选择按照表中的 Cbs(出版社)字段进行升序排序。

步骤 6-完成：如图 9-7 所示，本步骤为利用向导设计报表的最后一步，本步骤中可设置报表的标题；确定结束报表向导后是否打开“报表设计器”进行修改；在结束报表向导前，对目前操作情况下所形成的报表进行打印预览。

在本步骤中，单击“完成”按钮时将打开“另存为”对话框，要求用户选择报表文件名和保存位置。

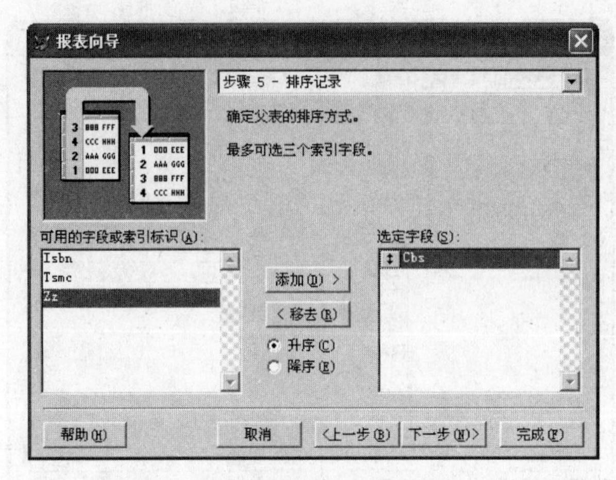

图 9-6　报表向导_步骤 5

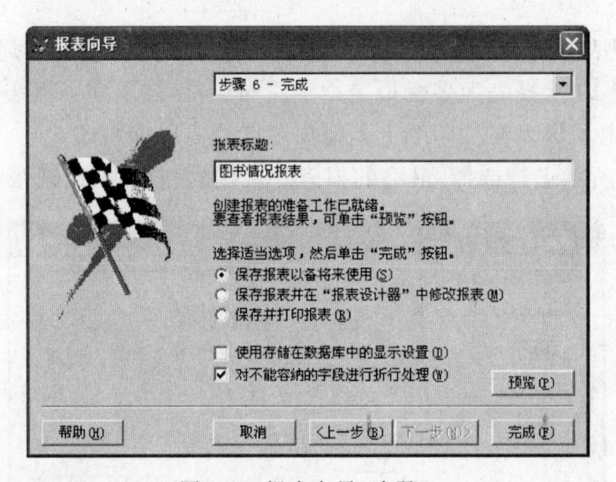

图 9-7　报表向导_步骤 6

本例通过向导形成的报表预览如图 9-8 所示。

报表设计器 - 报表4 - 页面 2

图书情况报表

12/08/10

ISBN号	图书名称	作者	出版社
7-301-22414-3	大学数学	高小松	清华大学出版社
7-452-24525-6	多媒体信息检索	华威	清华大学出版社
7-302-04079-6	数字图书馆	高文	清华大学出版社
7-5606-0492-7	软件系统开发技术	潘锦平	清华大学出版社
7-03-008104-8	VFP实验指导与试题解析	史胜辉，彭志娟	清华大学出版社
978-7-302-20896-9	计算群体智能基础	Andids等	清华大学出版社
7-302-05929-2	英汉对照计算机技术教程	一水	清华大学出版社
7-344-43444-4	十八春	张爱玲	人民出版社
7-80558-762-0	邓小平理论研究	徐海波	人民出版社
7-115-05614-5	C语言图形设计	刘安	人民邮电出版社
7-5607-2372-1	当代社会主义	赵明义	山东大学出版社
7-5020-7050-X	国际形势年鉴	陈启懋	上海教育出版社

图 9-8　报表预览

2. 用“一对多报表向导”创建报表

“一对多报表向导”用于创建简单的基于多表的报表，其步骤同样分为6步，但与“报表向导”不同。

例：基于表bm.dbf(一方，父表)和表dz.dbf(多方，子表)创建一对多报表。

步骤1-从父表选择字段：本步骤用于选择父表中的字段，其数据内容显示在最终报表每一组的上方。本例所选父表字段为bm.bmmc。

步骤2-从子表选择字段：本步骤用于选择子表中的字段，其数据内容作为每组数据的细节部分显示在父表字段的下方。本例所选子表字段为dz.jszh、dz.dzxm、dz.lxbh、dz.bzrq。

步骤1和步骤2的操作与“报表向导”的步骤1的操作方法相似。

步骤3-为表建立关系：如图9-9所示，在对应的下拉框中选择父表和子表间建立联系的字段，为二者基于某字段构建一对多关系。本例中基于两表的bmdh字段建立关系。

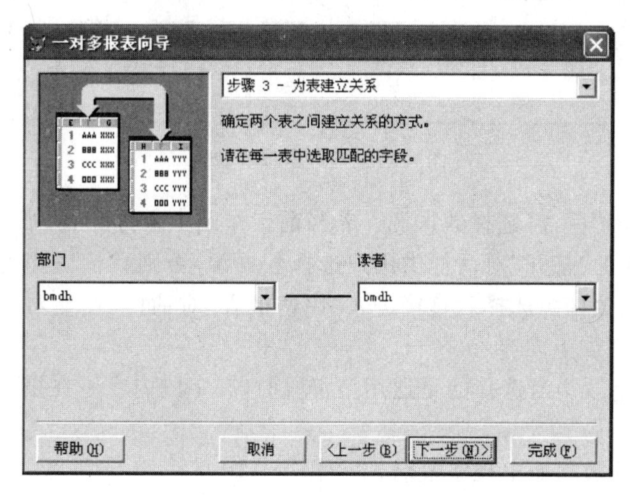

图9-9　一对多报表向导步骤3

步骤4-排序记录：此步骤用于确定父表的排序记录，最多可以选择三个索引字段，各字段间按添加先后顺序分主次。

步骤5-选择报表样式：本步骤除选择报表的样式外，还可以为最终报表的每组信息添加总结选项，可添加的内容与报表向导中的相同。

图9-10为前例中使用一对多报表向导创建的报表的部分预览。其中，标号①处为父表字段，标号②处为子表内容，标号③处为对每组数据所作的总结，此处为计数操作。

9.1.2　用快速报表创建报表

“快速报表”是创建简单布局报表的最佳途径。可以按如下两种方法创建快速报表。

方法一：打开报表设计器后，在保证报表“细节”带区为空(其他带区有内容时会被适当保留)的前提下通过“报表”菜单中的“快速报表”菜单项进行快速报表的创建。

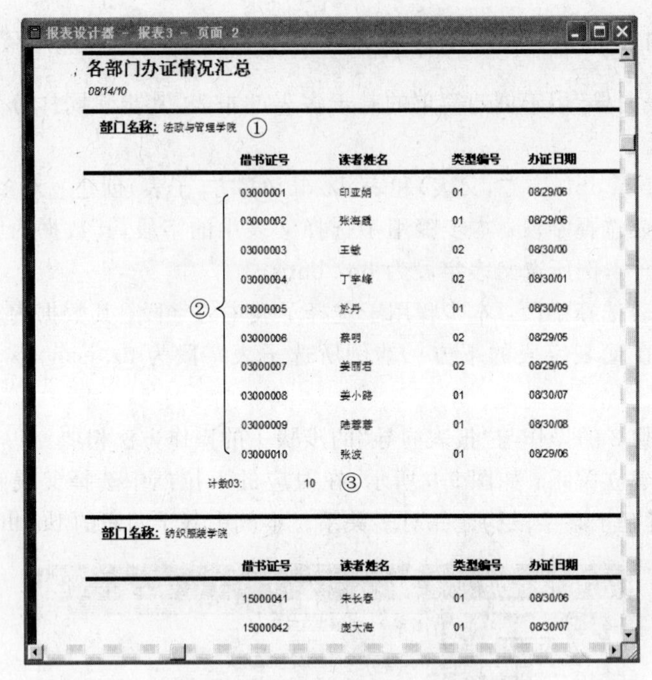

图 9-10　一对多报表预览

单击"快速报表"后,需选择数据源。若当前工作区中未打开表,则根据是否有当前数据库弹出不同形式的"打开"对话框供用户选择数据源,否则默认以当前工作区中打开的表为数据源。完成数据源选择后直接进入"快速报表"对话框,在此对话框中用户可对报表作简单设置,包括如下内容:

- 选择报表字段。当选择的是通用型字段时,其字段内容不在报表中显示。
- 确定字段布局。
- 确定是否在数据前出现字段名。
- 确定是否在报表的字段前添加表的别名。
- 确定是否将表添加到数据环境中。

例:基于表 dz.dbf 按方法一创建快速报表。

图 9-11 为在"快速报表"对话框中所进行的设置,按此设置最终形成的报表布局如图 9-12 所示。

方法二:使用命令在无须打开报表设计器的情况下创建快速报表。命令如下:

```
CREATE REPORT FileName1 | ?FROM FileName2[FORM | COLUMN] [FIELDS FieldList]
[ALIAS][NOOVERWRITE] [WIDTH nColumns]
```

命令行中的参数说明如下:

(1) *FileName1*:用于指定报表文件名,Visual FoxPro 默认文件扩展名为.frx。若不想直接在命令行中指定报表文件名,则可用?显示"创建"对话框,进行报表文件命名。

(2) FROM *FileName2*:用于指定报表的数据源。

(3) FORM|COLUMN:指定是行报表还是列报表,默认为 COLUMN 格式。

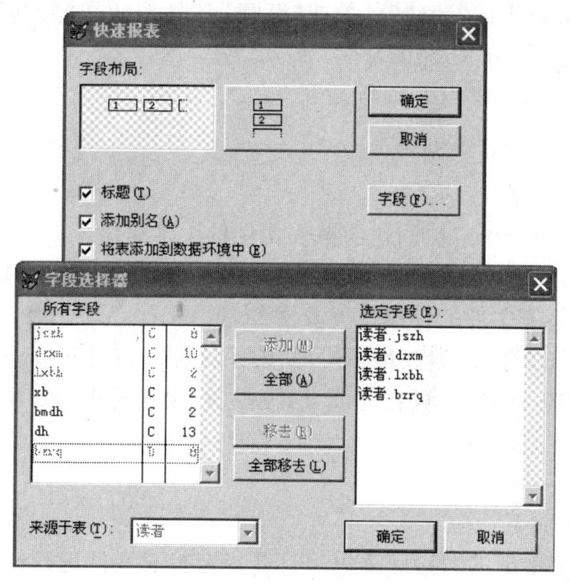

图 9-11 “快速报表”对话框

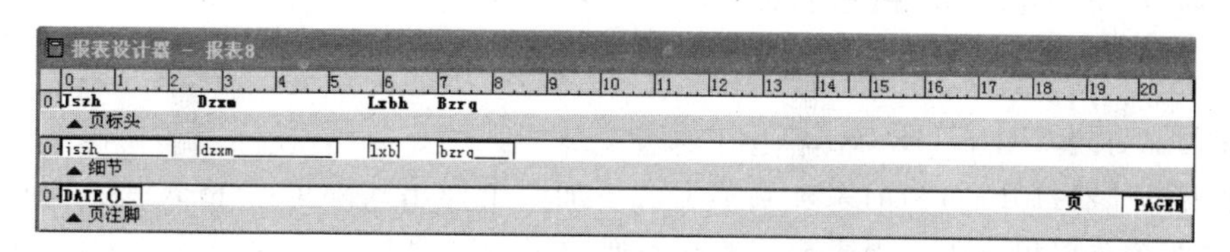

图 9-12 报表设计器中的快速报表

(4) *FieldList*：指定报表中需要显示的字段，有多个字段时，各字段间用逗号分隔。

(5) ALIAS：是否在报表字段名前加表别名。

(6) NOOVERWRITE：若通过命令创建的快速报表与已存在的报表同名，通过此选项可控制不改写已存在的报表。

(7) WIDTH *nColumns*：以列的形式指定报表页的宽度。

例：用命令创建快速报表 dzxx.frx。

```
CREATE REPORT dzxx FROM dz COLUMN FIELDS jszh,dzxm,lxbh,bzrq
```

9.2 报表的设计

在两种情况需要打开报表设计器，一是新建报表，二是修改报表。

1. 新建报表

新建报表的方法如下：

• 在项目管理器中的“文档”选项卡中选择“报表”后“新建”，选择“新建报表”。

• 通过“文件”菜单中的“新建”菜单或“新建”工具按钮在“新建”对话框中选择文件类型为“报表”,单击“新建文件”。

• 使用 CREATE REPORT 命令:

```
CREATE  REPORT  [FileName | ?]
```

参数说明:

(1) *FileName*:用于指定欲创建的报表文件的文件名。

(2) ?:当不想在命令行中指定报表文件的文件名时,用此选项可打开“创建”对话框,在其中手动设置报表文件的存储位置及文件名。

(3) 若步骤(1)和步骤(2)参数均不使用,则系统会直接打开报表设计器,并给定当前报表文件一个默认的名称,用户可在完成设计后进行保存时再给定文件名。

2. 修改报表

修改报表的方法如下:

• 通过“文件”菜单中的“打开”菜单项打开指定报表文件进行修改。

• 在项目管理器的“文档”选项卡中选择某报表文件后单击“修改”按钮。

• 使用 MODIFY REPORT 命令:

```
MODIFY  REPORT  [FileName | ?]
```

参数说明同 CREATE REPORT 命令。

报表设计器打开后,当前系统菜单上会增加两个弹出式菜单:“格式”菜单和“报表”菜单,这两个菜单包含了与报表相关的一系列操作。

9.2.1 报表设计器窗口

通过使用报表设计器,用户可以定制个性化报表。当报表设计器(如图 9-13 中①)为当前活动窗口时,Visual FoxPro 的应用程序窗口中会显示“报表”菜单(如图 9-13 中②)和“报表控件”工具栏(如图 9-13 中③)。与报表设计相关的工具栏还有“报表设计器”工具栏(如图 9-13 中④)。

1. 标尺

“报表设计器”窗口中有水平和垂直标尺,当鼠标在报表页面内移动时,在标尺的水平和垂直刻度上有相应的指示,可用于定位报表设计器中的对象。通过“显示”菜单下的“显示位置”菜单项可以决定是否在状态栏上显示鼠标或当前选定对象的位置信息。

标尺的刻度有两种,一是系统默认值,二是像素。可通过“格式”菜单下的“设置网格刻度”菜单项来设置。当为系统默认值时,根据用户 VFP 系统的语言设置,度量单位为 in.(英寸)或 cm(厘米)。

2. 报表带区

报表带区(Report Band)是报表中的一块带状区域,在这块区域中用户可以添加固定

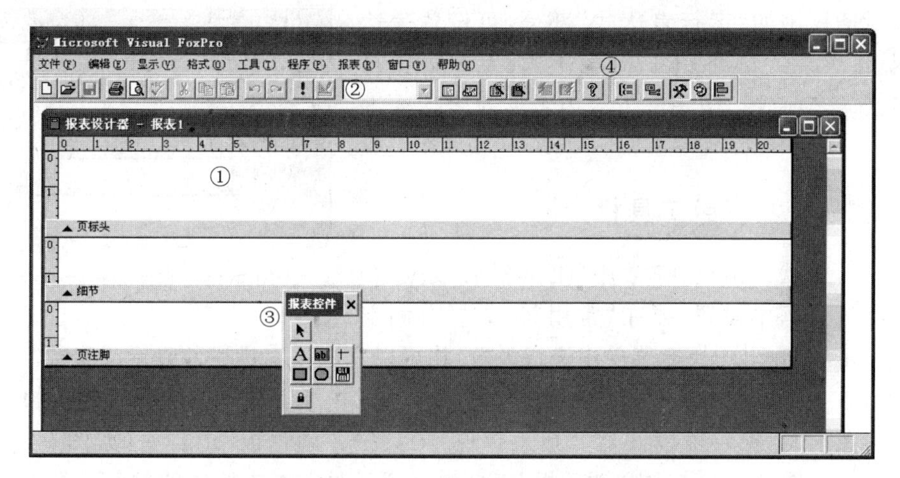

图 9-13　报表设计器

文本、可变数据内容、图形、线条等，每个带区的底部有一个分隔符栏，上面标识了带区的名称，并用蓝色箭头指示该带区位于分隔符栏之上。

报表因其布局的不同、数据出现要求的不同，而具有不同的带区。报表带区的类型如表 9-1 所示，它控制了其区域内数据的打印位置、打印次数。默认情况下，“报表设计器”窗口中只显示页标头带区、细节带区和页注脚带区。

表 9-1　报表带区说明

带　区	打印位置及次数	添 加 方 法	备　　注
标题	报表的总标题，每份报表开头打印一次	“报表”菜单中选择“标题/总结”菜单项	可独占一页，该页只有标题带区内容；非独占一页时打印在页标头上方
总结	每份报表结束打印一次	同标题	可独占一页，该页只有总结带区内容；非独占一页时打印在页注脚上方
页标头	每页开头打印一次	默认带区	与细节带区组合可形成列报表或行报表
页注脚	每页脚注部分打印一次	默认带区	
列标头	每列开头打印一次	在“页面设置”对话框中将列数调为大于 1 的值	多列报表中有效
列注脚	每列结束打印一次	同列标头	多列报表中有效
组标头	每组开头打印一次	“报表”菜单中选择“数据分组…”菜单项	分组报表中有效
组注脚	每组结束打印一次	同组标头	分组报表中有效
细节	每条记录打印一次	默认带区	

带区的高度为该带区分隔符栏与相邻上一带区分隔符栏之间的距离，可由垂直标尺上直观地看到带区的高度，其值的调整可直观地通过鼠标拖动相应的带区分隔符栏实现，或用鼠标双击欲调整高度的分隔符栏在对应的对话框中精确定制。图 9-14 为页标头带区的高度调整对话框。

在对话框中的“运行表达式”部分，可设置表达式，根据设置在入口处、出口处的不同，系统将在打印该带区内容前或打印完该带区内容后对表达式进行计算。

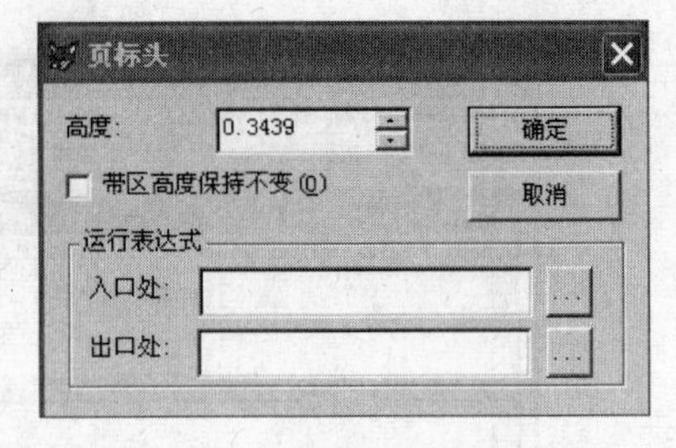

图 9-14 高度调整对话框

3. “报表设计器”工具栏

该工具栏默认出现在“常用”工具栏后，通过在“工具栏”对话框中设置，或在“常用”工具栏右侧空白区域右击，在弹出的快捷菜单中进行设置，均可以完成该工具栏的显示或隐藏。

单击该工具栏上的按钮可以完成数据分组操作，并可以显示或隐藏其他与报表设计相关的对象，如数据环境设计器、“报表控件”工具栏、“调色板”工具栏（如图 9-15）、“布局”工具栏（如图 9-16）。其中“调色板”工具栏可用于对文本或控件的颜色进行选择，“布局”工具栏可用于多个控件间大小、对齐方式等的控制。

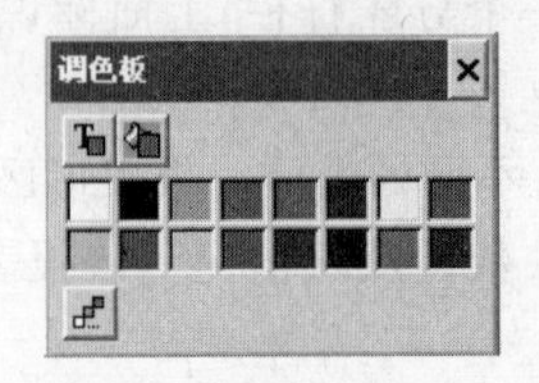

图 9-15 “调色板”工具栏

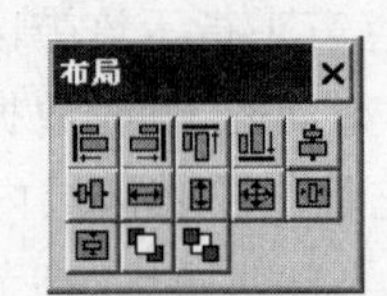

图 9-16 “布局”工具栏

4. “报表控件”工具栏

“报表控件”工具栏的显示或隐藏可通过单击“报表设计器”工具栏上的按钮来实现，亦可像“报表设计器”工具栏的显示或隐藏那样通过菜单来实现，该工具栏上各控件名称及作用如表 9-2 所示。

表 9-2 报表控件说明

控件图标及名称	作用说明
选定对象	移动或更改控件的大小。创建完一个控件后，若未按下了“按钮锁定”按钮，则该按钮被自动选定
标签	用于创建固定文本，如报表标题、字段名等
域控件	字段控件，用于创建动态文本，如字段内容、计算值、内存变量值等
线条	绘制线条图形
矩形	绘制矩形
圆角矩形	绘制圆角矩形
图片/ActiveX 绑定控件	用于显示图片或通用型字段的数据内容
按键锁定	简化同类型控件添加的操作，允许反复添加而不须反复单击欲添加的控件按钮

9.2.2 报表的数据源

报表所显示的数据来源于它的数据源，其数据源的设定可通过两种途径：代码设定、数据环境设计器设定。

当用代码设定时，通常的做法是将 USE *tablefilename*，USE *viewfilename*，DO *queryfilename* 命令（*tablefilename*、*viewfilename*、*queryfilename* 是作为数据源的表、视图或查询的文件名）或者 SELECT-SQL 语句添加到适当的位置。若报表打印总是基于同一数据源，则这些语句可以添加到数据环境的 Init 事件代码中；若报表打印前须手动确定数据源，如通过表单上的不同按钮的单击完成数据源的选定，则可将这些语句添加到对应按钮的 Click 事件代码中。

报表的数据环境通过以下的方式管理报表数据源：打开或运行报表时打开数据源；基于数据源收集报表所需数据集合；关闭或释放报表时关闭数据源。

报表数据环境的操作与表单数据环境的操作基本相同。当用报表数据环境设计器为报表设定数据源时，报表的打印是基于同一数据源的。

当报表的数据源为表时，记录的处理和打印是按照它们在表中出现的顺序进行的，若想对表记录排序后显示或对记录进行分组操作，则需在报表的数据环境的属性中设置对应表对象的 Order 属性。

9.2.3 报表控件的使用

1. 报表控件的添加及其属性设置

报表控件的使用可分为两个步骤：添加控件、设定控件属性。

(1) 添加控件。

通常，用户直接从“报表控件”工具栏上选取控件后，在要添加控件的带区进行单击或拖放即可。当在带区内需连续添加相同类型的控件时，可将对应控件和“按键锁定”控件 同时选取后，在带区上进行连续添加。另外，通过对特定控件的复制、粘贴也可实现控件的添加。

控件的其他基本操作，如选定、移动、调整大小、布局对齐等，与表单控件的操作相同。通过“格式”菜单中的相关菜单项可为选取的控件进行格式设计。

(2) 设定控件属性。

在控件上双击鼠标左键，或在该控件的快捷菜单中选取“属性”菜单项，可弹出对应控件的属性设置对话框（属性设置对话框名称因控件不同而不同）供用户进行设置。图 9-17 为标签控件的属性对话框。控件的属性中有部分为共有属性，还有部分为个性化属性。常见的共有属性如下：

- 注释—用于给控件添加备注，该内容在报表内不打印。
- 对象位置—用于确定当前控件与其他参照物间的位置关系，是单选属性。其中“浮动”表示当前控件相对于周围控件的大小浮动；“相对于带区顶端固定”和“相对于带区底端固定"指定控件在"报表设计器"中位置固定,并以带区顶或带区底为参照物保持相对位置固定。

- 打印条件—通过单击控件属性窗口的"打印条件"按钮可进入"打印条件"对话框(图 9-17),供用户选择是否打印字段重复值、是否在特定条件下打印、空白的记录行是否打印、是否在指定表达式值为真时打印。不同控件对象在该对话框中可选择设置的打印条件不同。

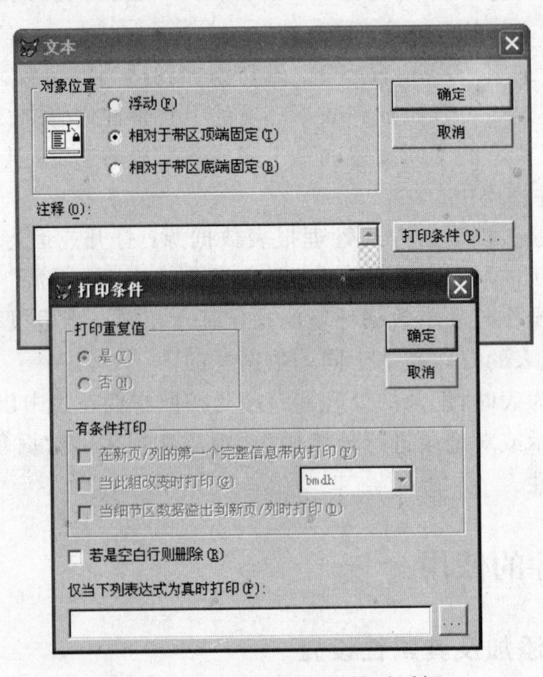

图 9-17 标签控件的属性对话框

2. 各类控件使用说明

以下针对不同的控件说明其使用。

(1) 标签控件。

该控件用于显示固定文本,在工具栏上选定控件后在对应带区上单击,直接输入要显示的文本即可。需要对标签文本进行修改时,在工具栏上选定标签控件,再在要修改的文本上单击即可修改。

标签控件上的文本字体可通过"格式"菜单中的"字体"进行设置;其属性设置对话框中可为该文本添加注释、设置打印条件、固定位置。

(2) 域控件。

域控件通常用于与数据源中的表字段关联,除像其他控件一样添加外,还可通过直接拖曳数据环境设计器中对应表的字段到特定带区的方式进行添加,此方式下添加的域控件直接与对应的字段关联。

当用常用方式从工具栏添加时,系统会直接显示域控件的属性设置对话框("报表表达式"对话框),如图 9-18 所示。部分选项含义及设置方法说明如下。

① 表达式：域控件中要显示的内容，可以直接输入或通过“表达式生成器”对话框（如图 9-19 所示，单击表达式后的…按钮进入）创建，表达式中可包含字段、变量或函数，报表打印时按表达式的值进行打印。常用_PAGENO 实现页码的打印，用函数 DATE()实现打印日期的打印。

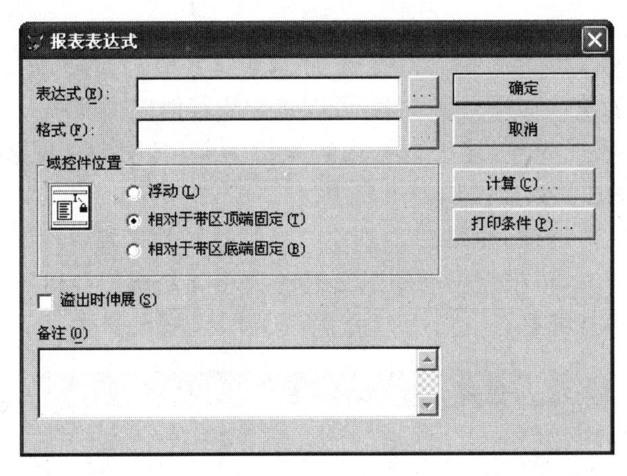

图 9-18 “报表表达式”对话框

图 9-19 “表达式生成器”对话框

② 格式：表达式在报表中的显示格式可以是字符型、数值型或日期型，不同的格式有不同的编辑选项。

③ 溢出时伸展：此项选取后，当表达式的值较长时将不受限制可全部显示。

④ 计算：可进入“计算字段”对话框，选择对表达式是否进行数学操作，如计数、求和、最大值、方差等。

(3) 线条、矩形、圆角矩形控件。

这类控件一般用于美化报表外观。这三种对象的外围框线的粗细及线型可通过“格式"菜单中的"绘图笔"子菜单项设定；矩形和圆角矩形的填充图案可在"格式"菜单中的"填充"子菜单中设定；通过"调色板"工具栏可完成这类控件的色彩设置。

矩形和圆角矩形一般用于将报表上的一组相关内容进行框定，其属性对话框中的"向下伸展"部分可设置当框定的内容超过设计时的矩形或圆角矩形区域时，是否调整对象以适应实际内容。

(4) 图片/ActiveX 绑定控件。

在应用程序的表单或通用型字段中，可以包含从其他应用程序中得来的特殊数据，例如文本、图片、声音或视频等，这类数据内容被称为 OLE 对象。报表中允许通过图片/ActiveX 绑定控件将这类数据添加到报表中。

在该控件的属性对话框(如图 9-20 所示)中，通过图片来源可设置 OLE 对象的来源；当添加的对象为图片时，可根据图片和图文框的大小关系对图片进行裁剪、缩放操作，且当图片来自字段时可选择是否以居中方式显示图片。

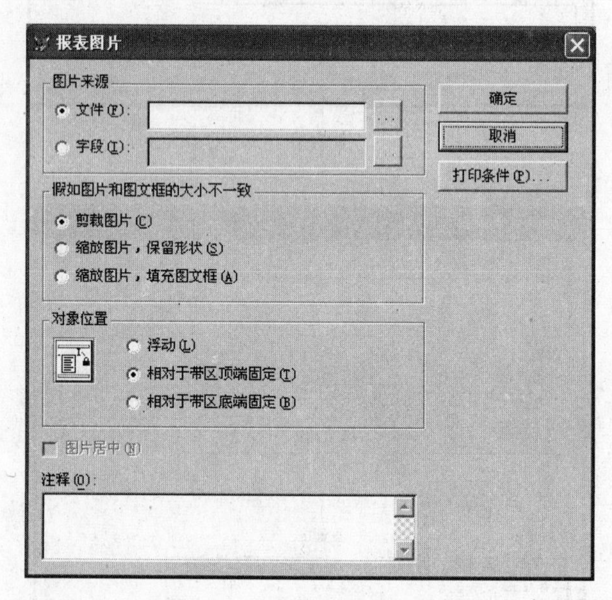

图 9-20 "报表图片"对话框

9.3 数据分组和多栏报表

9.3.1 建立一级数据分组

统计是日常生活中的一项重要工作，出现在各行各业。例如，销售行业中，针对某种商品统计其在某个地区的总销售额；教学活动中，统计某门课程成绩的最高分或最低分；人事管理中，统计人员的数目、分析技能级别分布等。当用数据库或表来表现这些日常模式时，其统计的本质就在于对表中的记录，基于某个表达式进行分类处理，计数、求和、求最大值、求最小值等，这种处理方式称为数据分组。数据分组的前提是对数据源进行索引和排序，当某数据源中的索引为多个时，需在数据环境中指定当前索引。数据分组操作需在“数据分组”对话框中设定数据分组表达式和相关组属性。数据分组所基于的表达式通常为表中的单个字段，也可以是多个字段的组合或某个字段的一部分。

进入“数据分组”对话框有三种方法：

- 在“报表”菜单中选择“数据分组”菜单项。
- 单击“报表设计器”上的“数据分组”按钮。
- 在“报表设计器”中右击，弹出的快捷菜单中选择“数据分组”菜单项。

在“数据分组”对话框中，组属性是针对每组数据进行设定，用于控制每组数据在页面上的打印情况，有如下选项：

- 每组从新的一列上开始：当组改变时，从新的一列上开始。
- 每组从新的一页上开始：当组改变时，从新的一页上开始。
- 每组的页号重新从 1 开始：当组改变时，组在新页上开始打印，并重置页号。
- 每页都打印组标头：当组分布在多页上时，指定在所有页的页标头之后打印组标头。
- 小于右值时组从新的一页上开始：设置要打印组标头时，组标头距页底的最小距离，以此控制避免某组数据中只有一两行内容出现在页尾的现象。

设定数据分组后，系统会自动为报表添加组标头带区和组注脚带区，其带区名称视数据分组的级别和分组字段的不同而有所不同。

一级数据分组是指基于单个分组表达式进行分组，在“数据分组”对话框中只需设计一个分组表达式，该表达式通常是某表的一个字段。

例：以表 dz.dbf 为数据源，以 bmbh(部门编号)字段为分组依据设计一级分组报表。

操作步骤如下：

(1) 在表 dz.dbf 中基于 bmdh 创建索引 BMDH 后，在报表设计器内右击，在快捷菜单中选择“数据环境”菜单项，将表添加到数据环境中，在数据环境将其 Order 属性设置为 BMDH。

(2) 创建报表基本界面。此处可利用快速报表创建列布局的简单界面后再进行修改：添加标题带区、添加线条、调整标签控件和域控件的字体，修改显示页码的域控件的表达式为“"页码 "＋ALLTRIM(STR(_PAGENO))”。界面如图 9-21 所示。

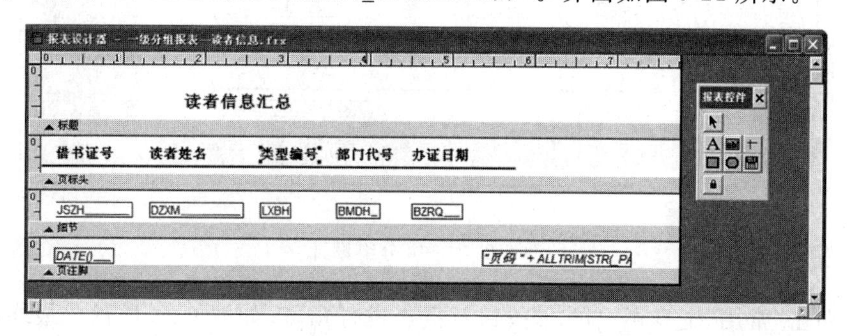

图 9-21　报表基本界面

(3) 选择“报表”菜单中的“数据分组”菜单项，打开“数据分组”对话框，在其中设置分组表达式：读者.bmdh。设置组属性为“每组从新的一页上开始”，如图 9-22(a)所示。(读者可以考虑一下，本例中在此处若勾选组属性“每页都打印组标头”对报表的数据显示是否有影响)。

设置数据分组表达式后，系统会自动添加组标头和组注脚带区，名称分别为“组标头 1：bmdh”、“组注脚 1：bmdh”。

(4) 依据图 9-22(b)调整相关控件：将原细节带区中显示 bmdh 的域控件移动到组标头中(每组数据只打印一个 bmdh 值)；在组注脚部分添加域控件对每组人数进行计数(计数操作必须针对能唯一标识记录的字段进行，此处选择针对读者.jszh(读者证号)进行计数)，域控件属性设置如图 9-22(c)所示。

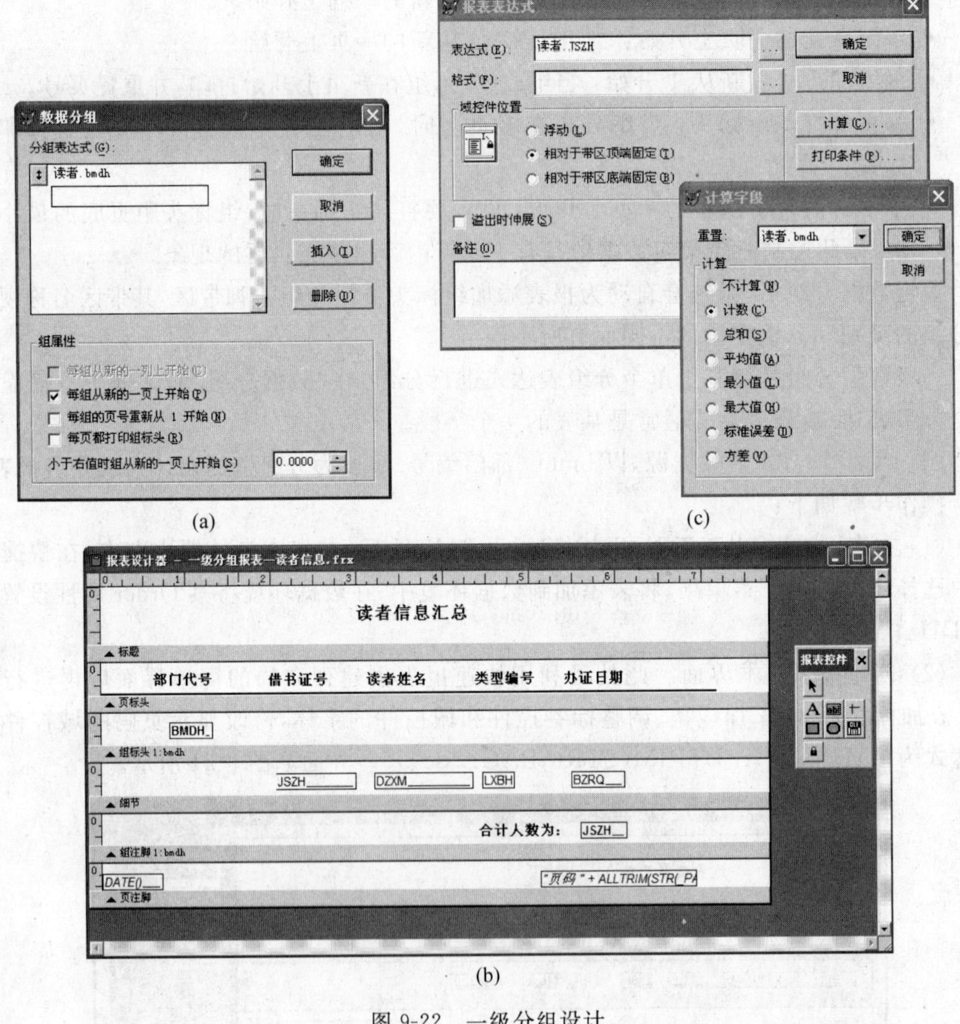

图 9-22 一级分组设计

(5) 单击“常用”工具栏上的按钮对报表进行预览，如图 9-23 所示。最终以“一级分组报表一读者信息.frx”为名保存报表文件。

报表设计器 - 一级分组报表—读者信息.frx - 页面 1

读者信息汇总

部门代号	借书证号	读者姓名	类型编号	办证日期
01				
	01000001	陶晶晶	01	08/30/08
	01000002	宋亮	01	08/31/08
	01000003	毛彬彬	01	09/01/08
			合计人数为：	3
02				
	02000008	陈菲	01	08/30/08
	02000010	徐再	01	08/30/07
	02000011	黄涛	01	08/30/08
	02000012	陈小燕	01	08/29/09
	02000013	刘颖	02	08/29/02
			合计人数为：	5
03				
	03000001	印亚娟	01	08/29/06
	03000002	张海霞	01	08/29/06

图 9-23　一级分组报表预览

9.3.2　建立多级数据分组

在一级分组的基础上再对数据进行分组，称为多级分组，通常在实际应用中只作两级或三级分组。

进行多级数据分组时必须先根据要分级的字段创建多重索引。

例：以表 dz.dbf 为数据源，以 bmdh(部门代号)字段和 lxbh(类型编号)字段为分组依据设计二级分组报表，先按 bmdh 分组，再按 lxbh 分组。

操作步骤如下：

(1) 在表 dz.dbf 中基于 bmdh 字段和 lxbh 字段创建表达式为(bmdh+lxbh)的结构复合索引 BMDHLXBH。

(2) 打开 9.3.1 节中的一级分组报表，在数据环境中将数据源表 dz.dbf 的 Order 属性设置为 BMDHLXBH。

(3) 打开“数据分组”对话框，在原有数据分组的基础之上添加第二个分组表达式：读者.lxbh。设置第二个分组表达式后，系统在一级分组报表的基础上又自动添加一对组标头和组注脚(名称分别为“组标头 2：lxbh”、“组注脚 2：lxbh”)。

将组属性中“每组从新的一页上开始”项取消。(请读者分析多级分组中该项选取与不选取的区别)

(4) 依据图 9-24 所示调整相关控件：将页标头中内容全部移到组标头 1 中；将原细

节带区中显示 lxbh 的域控件移动到组标头 2 中;在组注脚 2 中添加域控件,表达式为 ALLTRIM(LXBH)+"类型人数:",将原组注脚 1 中的进行计数的域控件复制一份到组注脚 2 中。依图示排布相关控件。

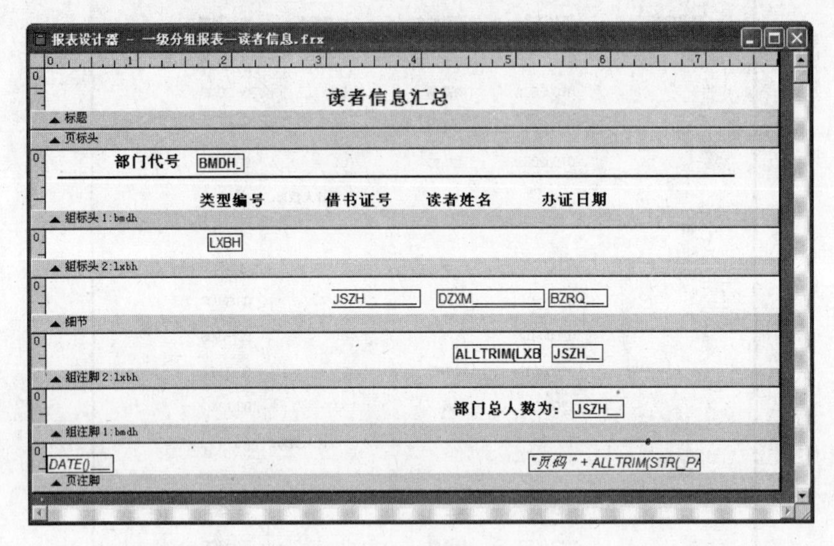

图 9-24 二级分组设计

(5) 对报表进行预览,并另存报表文件为:"二级分组报表-读者信息.frx"。

注意:在多级分组中,分组表达式的添加次序决定了分组的级别,最上面的一行表示最高级别的分组。

9.3.3 多栏报表设计

多栏报表的设计一般用于横向打印的数据内容较少,所占页面宽度较窄的情况。

例:将以表 dz.dbf 为数据源创建的列布局的快速报表(快速报表中只显示 jszh、dzxm、lxbh 和 bzrq 字段)修改为多栏报表,步骤如下:

(1) 在"文件"菜单中选择"页面设置"进入"页面设置"对话框,在"列"部分将列数设置为 2,则报表中自动添加列标头和列注脚。

(2) 将原快速报表中的页标头带区中的内容移动到列标头中,如图 9-25 所示。

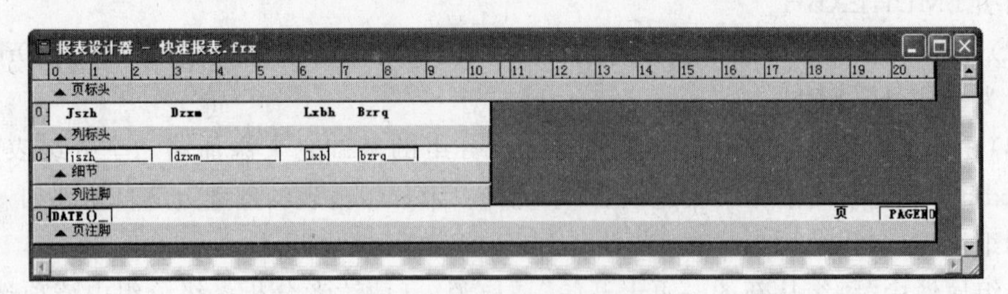

图 9-25 多栏报表设计

(3) 单击预览查看报表,并另存报表文件为"多栏报表-读者信息.frx"。

9.4 报表的预览与打印

9.4.1 报表的保存

报表文件的保存如同在 Visual Foxpro 中保存其他文件一样，可在设计或修改后通过“文件”菜单中的“保存”或“另存为”菜单项及工具栏按钮上的“保存”按钮完成。若“报表设计器”中的报表文件从未保存过，直接关闭“报表设计器”时，系统会提示保存报表。

当通过向导创建报表结束时，系统会弹出“另存为”对话框供用户选择报表文件的保存位置及文件名。

报表文件其实也是一张表，存储了数据源的位置和格式信息，其扩展名为.frx。另外，系统还会为每个报表文件添加一个扩展名为.frt 的报表备注文件。

9.4.2 报表的预览

在打印报表前通过预览核查其是否符合用户设计需求，这是一项必要操作，可通过如下几种界面操作方式进行报表预览：

- 使用报表向导时，可在最后一步“完成”操作前单击“预览”按钮。
- 在项目管理器的“文档”选项卡中直接选择所需查看的报表文件，单击“预览”按钮。
- 在报表设计器中，通过“文件”菜单里的“打印预览”或工具栏上的按钮。

在报表预览状态下可通过“打印预览”工具栏完成报表页的切换、预览页面的缩放、退出预览状态、打印。

9.4.3 报表的打印

对报表文件进行打印可按如下步骤进行。

1. 页面设置

通过“文件”菜单中的“页面设置”菜单项可打开“页面设置”对话框，除与多栏报表相关的设置外，其他选项内容与 Word 软件中的页面设置含义相同。

2. 打印设置

打印设置需通过操作“打印”对话框完成。“打印”对话框可通过“文件”菜单、报表设计器中的快捷菜单、工具栏上的!按钮、“页面设置”对话框上的“打印设置”按钮来打开，如图 9-26 所示。

在“打印”对话框中可完成打印机的选择、打印范围(是全部打印还是只打印指定的几

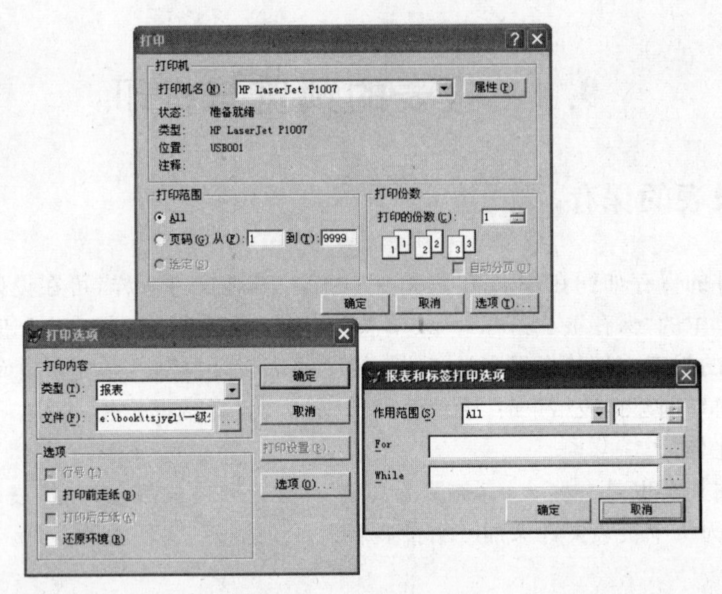

图 9-26 报表页面设置

页)、打印份数、打印选项的设定。

3. 打印

在"打印"对话框中单击"确定"按钮或单击工具栏上的按钮均可完成报表文件的输出。

对于报表文件的打印预览亦可通过命令来完成,命令如下:

```
REPORT FORM FileName1|?[Scope][FOR lExpression1][WHILE lExpression2]
[HEADING cHeadingText] [NOCONSOLE] [NOOPTIMIZE] [PLAIN] [RANGE nStartPage [,
nEndPage]][PREVIEW] [PREVIEW [[IN] WINDOW WindowName | IN SCREEN] [NOWAIT]][TO
PRINTER [PROMPT]|TO FILE FileName2 [ASCII]] [NAME ObjectName] [SUMMARY]
```

参数说明如下:

(1) *FileName1*|?: 直接指定报表文件的名称(报表文件若不在当前工作目录下需注明详细路径)或通过"打开"对话框选择报表文件。

(2) *Scope*: 用于指定可打印的范围,有 ALL、NEXT nRecords、RECORD nRecordNumber 和 REST 四种选择,默认为 ALL。

(3) FOR *lExpression1*: 打印表达式 *lExpression1* 的计算值为"真"(. T.)的记录。

(4) WHILE *lExpression2*: 打印使 *lExpression2* 条件计算为"真"(. T.)的记录,直至遇到使表达式不为"真"(. T.)的记录为止。

(5) HEADING *cHeadingText*: 指定报表每页上的附加标题文本。

(6) NOCONSOLE: 当打印报表或将报表传输到一个文件时,不在 Visual FoxPro 主窗口或用户自定义窗口中显示有关信息。

(7) NOOPTIMIZE: 关闭对 report 命令的 Rushmore 优化。

(8) PLAIN: 指定只在报表开始位置出现的页标题。若 HEADING 子句和 PLAIN

子句同时出现,必须将 PLAIN 子句放在前面。

(9) RANGE *nStartPage* [, *nEndPage*]:指定要打印的页码范围,起始页码和终止页码间用逗号分隔。nEndPage 的默认值为 9999。

(10) PREVIEW [[IN] WINDOW *WindowName* | IN SCREEN]:预览报表。出现此子句时将忽略系统变量。

(11) TO PRINTER [PROMPT]:打印报表。PROMPT 子句用于在打印前显示"打印"对话框。

(12) TO FILE *FileName2* [ASCII]:将报表送往指定的文本文件。TO FILE 子句创建的文件的默认扩展名为. TXT。ASCII 子句用于确定报表文件输出到 ASCII 文本文件,报表定义中任何图像、线条、矩形以及圆角矩形都不出现在 ASCII 文件中。当无 ASCII 子句时,则按 PostScript 或其他打印机代码格式将报表写到文本文件中。

(13) NAME ObjectName:给报表的数据环境指定一个对象变量名,不指定 NAME 子句,Visual FoxPro 则使用报表文件的名称作为默认对象变量名。

(14) SUMMARY:不打印细节行,只打印总计和分类总计信息。

例:用命令对"一级分组报表-读者信息. frx"进行打印预览。

```
REPORT  FORM 一级分组报表-读者信息  PREVIEW
```

例:用命令将"一级分组报表-读者信息. frx"直接打印。

```
REPORT  FORM 一级分组报表-读者信息 TO  PRINTER
```

例:用查询作为报表数据源时,打印报表。

```
DO  queryfile.qpr          && 该查询的结果去向为 queryresult.dbf        1#语句
USE  queryresult           && 2#语句
REPORT  FORM  reportfile  NAME  queryresult          &&3#语句
```

说明:当执行如上操作时,若 queryresult. dbf 中有字段 xxx,则 reportfile. frx 中的域控件的表达式只须设置为 xxx,而无须是 queryresult. xxx;执行 1#语句前执行 3#语句会报错,因为数据源不存在;正常执行 3#语句时,数据源由 NAME 字句完成绑定。

9.5 标签的设计

标签是多列报表布局,能通过设置匹配特定标签纸。在 Visual FoxPro 里,可以使用标签向导或标签设计器完成标签的创建和修改,其操作与报表相关操作类似。

9.5.1 标签类型

系统为用户提供了许多不同型号的标准标签,用户也可根据需要创建自己的自定义标签类型。

对于系统提供的标准标签类型，用户可以在创建标签时通过在指定列表框中选择来获取。

对于自定义标签类型，用户可通过标签向导来创建，亦可通过运行 Visual FoxPro 安装目录下 Tools\Addlabel\ADDLABEL.APP 程序来自定义标签类型，如图 9-27 所示。

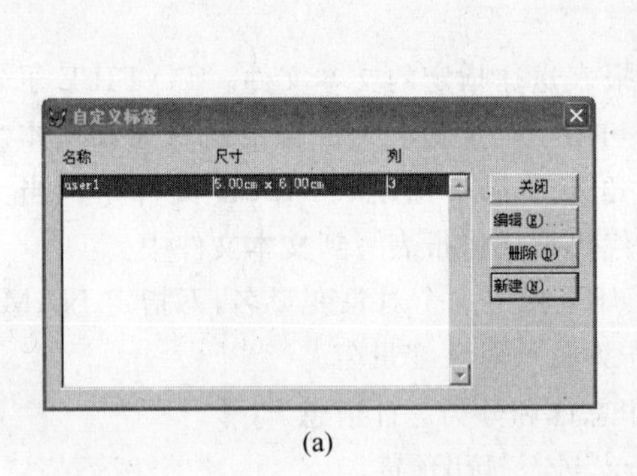

(a)

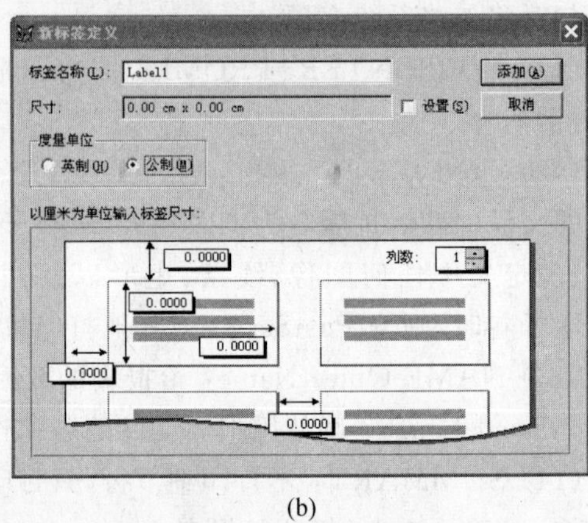

(b)

图 9-27　自定义标签类型

标签的度量单位分为英制和公制两种，用户可根据个人习惯选择查看，当自定义标签时，用户须手动指定标签的相关尺寸，如标签的长和宽、标签与标签间的间距、列数等。

9.5.2　标签向导

标签向导的打开与报表向导的打开类似，用户进入标签向导后须在系统提示下完成 5 步操作。

步骤 1-选择表：确定标签的数据源。

步骤 2-选择标签类型：用户可以从列表中选择标准标签类型，亦可通过“新建标签”按钮自定义标签类型，如图 9-28 所示。

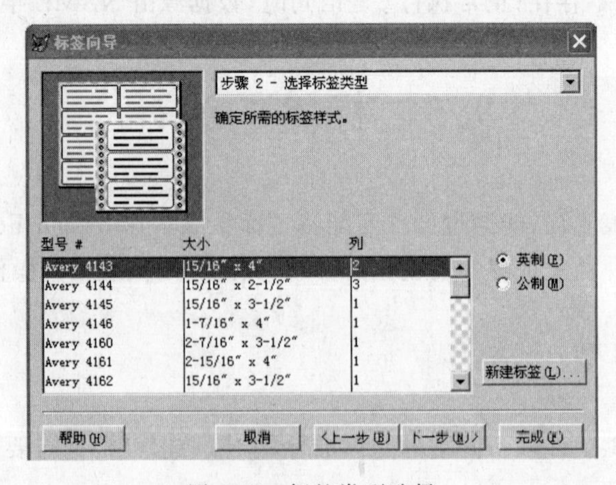

图 9-28　标签类型选择

步骤 3-定义布局：如图 9-29 所示，用户可按照文字内容最终在标签中出现的顺序向当前设计标签中添加固定文本(在“文本”框中输入)或字段，通过一组格式化按钮(空格、标点符号、新行、字体)实现标签的格式化。向导窗口中的图片近似地显示标签的外观。

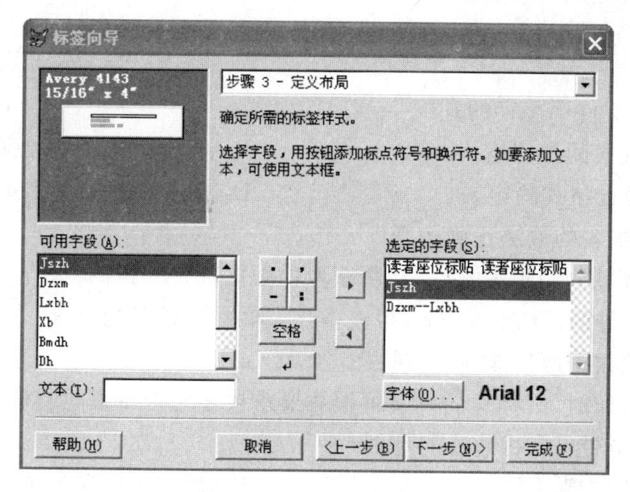

图 9-29　定义标签布局

步骤 4-排序记录：确定记录的排序方式。最多选三个字段或索引标识。

步骤 5-完成：选择标签向导结束的方式，并可在单击“完成”按钮前预览标签。

无论以哪种方式结束向导，系统会提示用户保存标签文件。标签文件的后缀名为.lbx，对应的备注文件后缀名为.lbt。

9.5.3 标签设计器

标签设计器是报表设计器的一部分，它们使用相同的“报表”菜单和“报表控件”工具栏，二者的区别在于使用不同的默认页面和纸张。报表设计器使用整页标准纸张。标签设计器的默认页面和纸张与指定标准标签的纸张一致。

设计标签时，用户可像创建快速报表一样，先创建一个简单的标签布局，然后再通过标签设计器进行个性化修改。

9.5.4 标签的打印

对标签的打印操作可依照对报表的打印操作进行。采用如下命令可完成标签的打印或预览，其参数说明可参照 REPORT 命令。

```
LABEL  [FORM  FileName1 | FORM ?] [Scope]?[FOR  lExpression1]?[WHILE
lExpression2][NOCONSOLE]?[NOOPTIMIZE] [PREVIEW [NOWAIT]] [NAME ObjectName] [TO
PRINTER [PROMPT] | TO FILE FileName2]
```

习　题

一、选择题

1. VFP 报表文件中保存的是(　　)。

A. 打印报表的预览格式　　B. 报表运行后的数据内容

C. 报表设计格式的定义　　D. 报表的格式和数据

2. 以下关于报表的说法正确的是(　　)。

A. 每次预览同一报表文件时,所获取的数据都是一样的

B. 报表文件的后缀名为.frt,报表备注文件的后缀名为.frx

C. 报表的数据源只能是表或视图

D. 报表打印时,组标头的内容可根据要求决定是否每页均打印

3. 报表的细节带区的内容在打印时(　　)。

A. 每记录出现一次　　B. 每记录出现多次

C. 每列出现一次　　D. 每列出现多次

4. 设计一对多报表时,一表(父表)字段应设计在(　　)。

A. 列标头带区　　B. 标题带区

C. 组标头带区　　D. 细节带区

5. 对报表文件 reportfile 进行打印的命令为(　　)。

A. REPORT FORM *reportfile* PREVIEW

B. REPORT FORM *reportfile* TO PRINTER

C. DO FORM *reportfile* PREVIEW

D. DO FORM *reportfile* TO PRINTER

6. 下列关于域控件的说法中,错误的是(　　)。

A. 从数据环境设置器中,每拖曳一个字段到报表设计器中就是一个域控件

B. 域控件用于打印表或视图中的字段、变量和表达式的计算结果

C. 域控件的表达式只能是数值型表达式

D. 域控件的表达式中可以包含系统变量、系统函数

二、填空题

1. 按布局类型分,有________、________、________和________四种类型的报表。

2. 创建快速报表时,基本带区包括:________、________、________。

3. 报表带区控制了数据在报表上的打印________。

4. 若在报表中加入一固定文字说明,应该插入一个________控件。

5. 在 Visual FoxPro 中,报表的设计要素为:________和________。

6. 基于某职工信息构成的数据表创建三级数据分组的报表,要求第一分组为"部门",第二分组为"性别",第三分组为"基本工资",则对应的索引表达式应为________。

7. 图片/ActiveX 绑定控件可用于显示________和________的内容。

8. 要为报表的每一页底部添加页码，可在报表的________带区添加含系统变量________的________控件。

9. 标签文件的后缀名为________，对应的备注文件的后缀名为________。

10. 新建新的标签时，在“新标签定义”窗口中可以指定新标签的如下信息：名称、高度、宽度、间隔和________。

第10章 菜单与工具栏

菜单和工具栏的设计是图形化应用程序设计中的一个重要组成部分，它们为应用程序的用户提供了使用应用程序中的命令和工具的快捷途径。为应用程序添加恰当的菜单和工具栏将有利于应用程序主要功能的体现，同时可以增强用户对应用程序功能使用的直观性，方便用户操作。

10.1 菜单设计概述

10.1.1 菜单概述

1. 基本概念

Windows 应用程序中，菜单是协助应用程序的用户使用程序功能的重要部件，典型的菜单系统一般由下拉式菜单和快捷菜单组成。下拉式菜单运行在应用程序的主界面上，由一个条形菜单和若干弹出式菜单组成，组织、包括了应用程序中的几乎所有的功能操作；快捷菜单一般针对程序中的某个对象，通过右击打开，是对选定对象操作的快捷途径，一般由一个或一组上下级的弹出式菜单组成。

Visual FoxPro 中支持两种形式的菜单：条形菜单和弹出式菜单。在设计时，它们是菜单栏、菜单标题、菜单和菜单项的组合。如图 10-1 所示，菜单栏是位于屏幕上部、包含各菜单名的一块横向条形区域。菜单标题，菜单的外部名称，通常也称为菜单名，是位于菜单栏上用以表示菜单的一个单词、短语或图标，选择菜单标题将打开对应的弹出式菜单。菜单由一系列菜单项组成，单击菜单项会执行事先定义过的操作，如执行一个命令、打开一个子菜单或运行一个过程。

Visual FoxPro 中有两种性质的菜单或菜单项，一种是用户自定义的，另一种是 VFP 系统提供的。无论性质如何，每个 Visual FoxPro 菜单都有两个名称，而每个菜单项都有一个名称与一个编号，Visual FoxPro 在用户界面上使用一个易于识别的名称，而在菜单程序（.mpr）中使用另一个名称或编号，用于在运行时引用和控制菜单或菜单项。

2. 配置 Visual FoxPro 系统菜单

Visual FoxPro系统菜单是一个典型的条形菜单，在程序运行期间，程序开发者可通

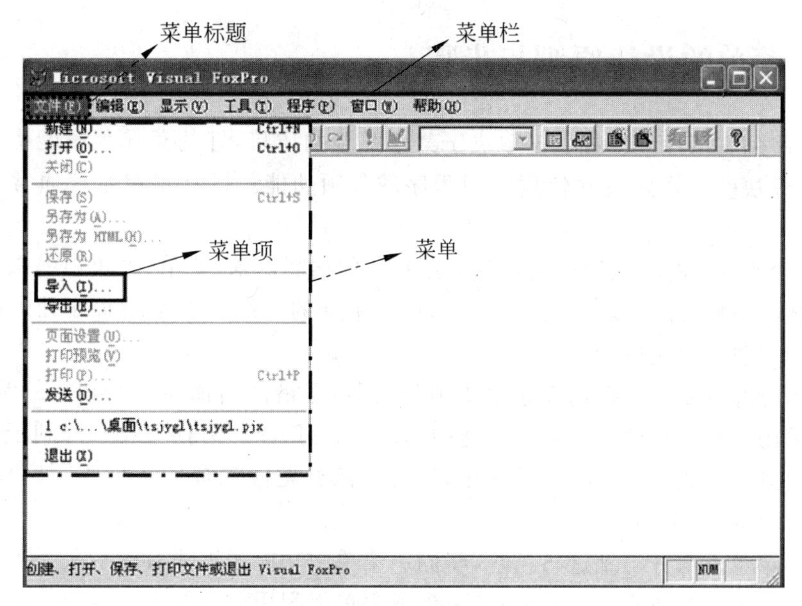

图 10-1 菜单组成

过 SET SYSMENU 命令启用或废止 Visual FoxPro 系统菜单栏，并允许有选择地移去 Visual FoxPro 主菜单系统中的菜单标题和菜单。其命令格式如下：

```
SET  SYSMENU  ON|OFF|AUTOMATIC TO [MenuList]|TO [MenuTitleList]|TO [DEFAULT]|
SAVE|NOSAVE
```

参数说明：

(1) ON：在程序执行期间，当 Visual FoxPro 等待诸如 BROWSE、READ 和 MODIFY COMMAND 等命令的键盘输入时，启用 Visual FoxPro 主菜单栏。

(2) OFF：在程序执行期间废止 Visual FoxPro 主菜单栏。

(3) AUTOMATIC：默认设置。使 Visual FoxPro 主菜单栏在程序执行期间可见。可以访问菜单栏，但菜单项是启用还是废止则取决于不同的命令。

(4) TO [*MenuList*]|TO [*MenuTitleList*]：指定 Visual FoxPro 主菜单栏中菜单或菜单标题的子集。这些菜单或菜单标题可以是主菜单中的菜单或菜单标题的任意组合，相互之间用逗号隔开。如“SET SYSMENU TO _MFILE，_MWINDOW”从 Visual FoxPro 主菜单栏中移去除“文件”和“窗口”菜单外的所有菜单。

(5) SAVE：将当前菜单系统指定为默认设置。

(6) NOSAVE：重置菜单系统的默认设置为 Visual FoxPro 系统菜单的标准配置，此时仍需发出“SET SYSMENU TO DEFAULT”命令进行恢复。

(7) TO DEFAULT：将主菜单栏恢复为默认设置。该默认设置为用 SET SYSMENU SAVE 指定的设置。

不带其他参数的“SET SYSMENU TO”命令用于废止 Visual FoxPro 主菜单栏。

10.1.2 菜单的设计原则与步骤

应用程序的实用性一定程度上取决于菜单系统的质量，好的菜单系统能协助应用程序的用户以最快的方式熟悉并使用应用程序的各项功能。设计菜单系统通常遵循以下原则。

- 菜单、菜单项的功能设计需符合应用程序的功能需求，菜单、菜单项的操作方法应符合应用程序用户的使用需求，菜单、菜单项的组织可以围绕程序处理的数据或程序实现的功能进行。
- 菜单标题应简单直接地表达菜单项的功能，尽量使用描述这些功能的常用术语，并采用与常用软件对应功能相通的标题，如“打开”、“另存为”等，有利于用户快速掌握菜单功能。英文菜单系统中，菜单项的标题应混合使用大小写字母，一般首字母大写，其余小写。
- 每一菜单内部分类别进行组织，将同一菜单中功能相近或有先后关系的若干菜单项划分为一个逻辑组，与其他菜单项或菜单组间用分隔线进行区分。
- 将菜单上菜单项的数目限制在一个屏幕之内，当菜单项较多，超过一屏时，可以考虑以子菜单的形式分级组织菜单，尽量不要采用滚动条的形式组织菜单。
- 完整的菜单系统中应该能给应用程序用户提供多样化的操作形式，对于菜单、菜单项的访问，不仅能通过单击完成，亦可通过对应的键盘访问键或快捷键完成。在设计菜单系统时，为菜单、菜单项设置的访问键和快捷键要便于用户记忆，并与其他软件中的常用设置保持一致。例如，通过按 Alt＋f 可以完成“文件”菜单的访问，通过 Ctrl＋X 可以完成“剪切”操作。

无论应用程序的规模怎样、打算实现的菜单系统的复杂程度如何，创建菜单系统一般按如下步骤操作：

(1) 规划与设计系统。

按照菜单系统设计的原则，对应用程序的功能进行分析，确定需要什么样的菜单来组织和管理程序的功能、菜单出现的位置在哪里、哪些菜单需要有子菜单、是否要为程序中的特殊对象添加快捷菜单等。

(2) 创建菜单和子菜单。

根据步骤(1)的规划结果使用菜单设计器创建菜单和子菜单，在本步骤中，程序开发者除可自定义创建菜单和子菜单外，也可以将 Visual FoxPro 标准菜单添加进用户的菜单界面中。

(3) 按实际要求为菜单系统指定任务。

在本步骤中，程序开发者可指定菜单、菜单项所要执行的任务(如单击某菜单项可显示表单或对话框等)；为菜单、菜单项设置访问键或快捷键；设置控制菜单、菜单项的可用不可用等。

(4) 生成菜单程序。

(5) 运行生成的菜单程序，以测试菜单系统。

在实际设计过程中，步骤(2)到步骤(5)之间是一个反复循环的过程，需针对应用程序的功能和用户的使用不断调整菜单系统的组织，直到其符合应用程序和用户的需要为止。

10.2 菜单的设计

菜单文件的创建方法如下：

- 通过项目管理器，在“其他”选项卡中选择“菜单”后单击“新建”。
- 通过“文件”菜单中的“新建”菜单项或“新建”工具按钮在“新建”对话框中选择文件类型为“菜单”，单击“新建文件”。
- 使用“CREATE MENU [*FileName* | ?]”命令，其参数与前面章节中介绍的其他对象的创建命令中的参数含义相同。

菜单的新建没有向导方式，通过上述方法新建菜单文件时会弹出如图 10-2 所示的“新建菜单”对话框，选择“菜单”按钮则打开菜单设计器，可用于创建下拉式菜单；选择“快捷菜单”按钮则打开快捷菜单设计器，可用于创建快捷菜单。无论是下拉菜单还是快捷菜单，均可以通过编程的方式来创建，但是，通过系统提供的这两种设计器进行创建和修改更为方便直观。

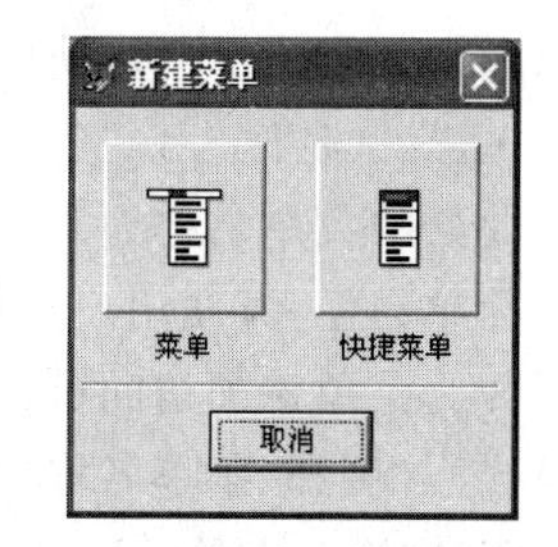

图 10-2 “新建菜单”对话框

菜单定义文件的后缀名为.mnx，相关的备注文件后缀名为.mnt。

菜单文件的修改方法如下：

- 通过“文件”菜单中的“打开”菜单项，选择欲修改的菜单定义文件即可。
- 在项目管理器的“其他”选项卡中选择某菜单文件后单击“修改”按钮。
- 使用“MODIFY MENU [*FileName* | ?]”命令。

菜单设计器打开后，当前系统菜单上会增加一弹出式菜单：“菜单”，该菜单中包含了与菜单设计相关的命令或操作。

10.2.1 菜单设计器的使用

1. “菜单设计器”窗口

(1) 菜单级别

Windows 应用程序的菜单系统往往由多级菜单组合而成，而“菜单设计器”窗口(如图 10-3 所示)只显示一级条形菜单或一级弹出式菜单，其显示的第一级菜单为菜单栏，不能指定内部名称。

默认的弹出式子菜单的内部名称为上级菜单对应菜单项的标题，在“菜单级”下拉框中显示，用户可以修改。用户可通过“菜单级”下拉框在上下级菜单间切换以选择当前菜单。

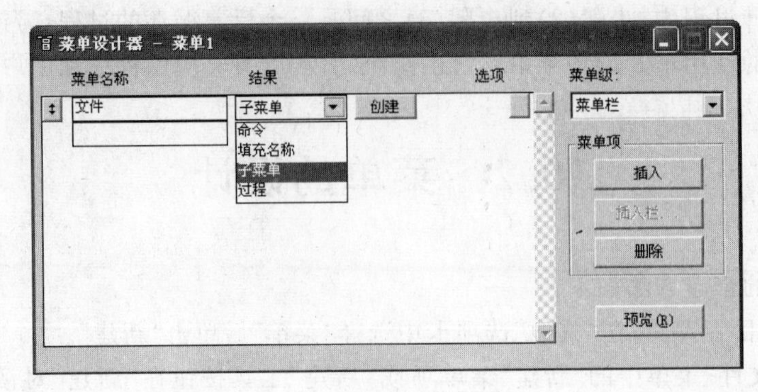

图 10-3 “菜单设计器”窗口

(2) 菜单项定义

菜单设计器中的每一行是当前菜单中的一个菜单项的定义,每个菜单项的定义由三部分组成:菜单名称、结果和选项。菜单名称前有↕(“移动”按钮)的为当前菜单项,用户可以拖动该图标上下移动修改当前菜单项在所在菜单中的位置。

• 菜单名称

此处的菜单名称为菜单项在当前菜单中的显示标题,而非内部名称。设计的菜单标题需简单易懂,方便用户操作。

要为菜单添加访问键,只需将菜单名称中要定为访问键的字母前加上反斜杠和小于号(\<)。例如,菜单名称中输入“文件(\<F)”,则该菜单项标题显示为“文件(F)”,访问键为 F,按键盘上的 Alt+f 可直接访问该菜单项。对于以字母为标题的菜单,若未指定访问键,则 Visual FoxPro 系统自动指定第一个字母作为访问键。菜单系统中的访问键不可重复,否则不起作用。

要将同一菜单中两个相邻的菜单逻辑组用分隔线分隔,只需在两个逻辑组之间的菜单项的菜单名称内输入“\-”。

• 结果

“结果”列表框中指定了选择菜单标题或菜单项时发生的动作。有 4 种形式的结果:命令、填充名称/菜单项#、子菜单和过程。

命令——列表框右边出现一文本框,用于输入一条具体的命令。运行菜单系统时,单击该菜单项则执行这条命令。

填充名称/菜单项#——当前菜单为条形菜单,则显示为填充名称;当前菜单为弹出式菜单,则显示为菜单项#。选择此项后列表框右边出现一文本框,供用户为当前菜单项提供内部名称或编号,该名称或编号将在生成的菜单程序中有效。若不指定菜单项的内部名称或序号,则系统会自动设定。若在文本框中填充一已建菜单项的内部名称,则当前菜单项与该菜单项具有相同功能。

子菜单——运行菜单系统时单击该菜单项时将弹出下一级子菜单;设计时,在该项“结果”列表框右侧出现“创建”或“编辑”按钮(初始定义时为“创建”,其后修改时为“编辑”),单击按钮,菜单设计器转换为子菜单的创建、编辑界面,通过“菜单级”下拉框可以返回上一级菜单。

过程——列表框右侧出现“创建”或“编辑”按钮(定义时为“创建”,其后修改时为“编辑”),单击按钮可进入文本编辑窗口,在其中可编辑选定此菜单项时需执行的程序段,程序段编写时无需写 PROCEDURE 语句。

• 选项

单击当前菜单项的...按钮可以打开“提示选项”对话框(如图 10-4 所示)为当前菜单项设置其他属性。完成设置后该按钮变为✓形式。主要属性设置说明如下。

图 10-4 “提示选项”窗口

快捷方式——“键标签”右侧的文本框用于为当前菜单项设置快捷键组合,只可键盘按取,不可手动书写;“键说明”右侧的文本框中为显示在菜单项右侧的快捷键提示语句,可手动修改。

为当前菜单设置快捷键时,需将光标置在“键标签”右侧的文本框中,然后在键盘上一次性按下要设置的按键,如 Ctrl+w,则“Ctrl+w”出现在“键标签”和“键说明”中,用户可根据要求修改“键说明”文本框中的内容。

要取消当前菜单的快捷键,只需将光标置在“键标签”右侧的文本框中,按空格键取消。

跳过——用于启用或废止菜单或菜单项,当表达式的结果值为.F.时启用,否则废止。当废止时菜单或菜单项以灰色、不可用状态显示。显示菜单系统后,可以使用 SET SKIP OF 命令启用或废止菜单及菜单项。

信息——菜单项的提示说明,说明信息为字符表达式。设置该项后,菜单系统运行时,鼠标移到对应菜单项上,状态栏上显示该说明信息。

主菜单名/菜单项#——当“结果”为命令、过程或子菜单时可用,用于指定菜单或菜单项的内部名称或编号,若创建时未指定,则系统自动生成。使用该名称或编号,可以在运行时引用菜单或菜单项。

在 Visual FoxPro 中,系统菜单栏的内部名称是 _MSYSMENU。系统菜单栏中各菜单标题内部名称见表 10-1,各弹出式菜单内部名称见表 10-2。

表 10-1 菜单栏各菜单标题内部名称

菜单标题	内部名称	菜单标题	内部名称
文件	_MSM_FILE	程序	_MSM_PROG
编辑	_MSM_EDIT	窗口	_MSM_WINDO
显示	_MSM_VIEW	帮助	_MSM_SYSTM
工具	_MSM_TOOLS		

表 10-2 各菜单内部名称

菜　单	内部名称	菜　单	内部名称
文件	_MFILE	程序	_MPROG
编辑	_MEDIT	窗口	_MWINDOW
显示	_MVIEW	帮助	_MSYSTEM
工具	_MTOOLS		

位置——确定是否希望在用户编辑 OLE 对象时仍然显示当前菜单。

当在表单或通用型字段中添加了 OLE 对象后，可在运行时刻或设计时刻编辑数据并显示对象的特性，当进行此操作时，菜单栏显示该 OLE 对象的菜单，而非 Visual Fox 系统菜单。若希望在用户编辑 OLE 对象时仍然显示某菜单标题，则需设置该菜单标题的位置。位置说明如下：

"无"——不把菜单标题放置在菜单栏上。选择"无"选项与不选择任何选项的效果相同。

"左"/"中"/"右"——把菜单标题放置在菜单栏上菜单标题组的左边/中间/右边。

(3) 其他按钮

"插入"——用于在已有的两个菜单项间插入一个默认标题为"新菜单项"的菜单项供修改。

"插入栏"——用于在用户自定义菜单的弹出式菜单中插入系统菜单命令，单击此按钮后弹出"插入系统菜单栏"对话框(如图 10-5 所示)供用户选择。

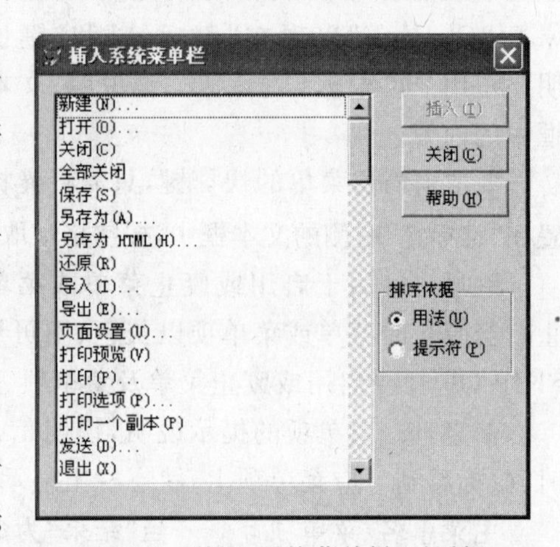

图 10-5 "插入系统菜单栏"对话框

"删除"——删除当前菜单项。

"预览"——预览菜单效果，出现"预览"对话框，显示菜单文件名及正在查看的菜单项标题和命令。

2. 菜单的运行

通过菜单设计器可以完成条形菜单的定义。菜单定义文件本身只是一个表文件，存放了菜单中各项的定义，无法运行。要运行用户自定义的菜单，需通过系统主界面上的"菜单"菜单中的"生成"菜单项生成后缀名为.mpr 的菜单程序文件。

菜单程序文件的运行有如下三种方法：

(1) 用命令"DO <*FileName*>"运行菜单程序文件，文件名 *FileName* 必须包含后缀名.mpr。

(2) 单击"程序"菜单中的"运行"菜单项，在"运行对话框"中选择对应的菜单程序文件来运行。

(3) 在项目管理器中选择要运行的菜单，直接单击"运行"按钮来运行。

用户若希望对菜单定义文件修改后的内容在运行时生效则必须在修改后重新生成菜单程序文件，否则运行时仍为修改前的菜单形式(运行的还是修改前生成的菜单程序文件)。

一般情况下，用户自定义菜单运行时出现在 Visual FoxPro 系统菜单的位置，此时用户菜单与原有系统菜单间的位置关系可通过“常规选项”对话框进行设置。

在“常规选项”对话框中可定义下拉式菜单系统的总体属性，单击“显示”菜单中的“常规选项”菜单项将打开该对话框。该对话框中关于用户自定义菜单位置的设置如图 10-6 所示，解释如下：

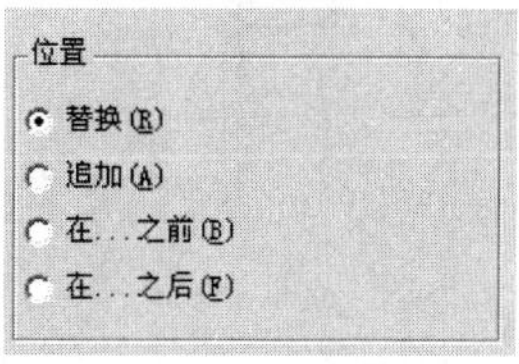

替换：用户自定义菜单替换原有系统菜单，与当前 VFP 系统中打开的对象相关的一个原系统菜单项会被追加在用户自定义菜单后，若当前 VFP 系统中无打开对象，则不保留任何原系统菜单项。

图 10-6　用户菜单位置

追加：用户自定义菜单会被添加在当前系统菜单的后面。

在…之前/在…之后：右侧出现供用户选择的当前系统菜单的弹出式菜单名，可以选定用户自定义菜单插入在某指定菜单前/后。

当用户菜单运行后，无论其与 Visual FoxPro 系统菜单的位置关系如何设置，用户想恢复原有的系统菜单需用“SET　SYSMENU　TO　DEFAULT”命令。

若用户希望生成的自定义菜单系统能运行在表单的上部，则需要设置菜单的顶层表单(SDI)属性，并在顶层表单中添加相关运行代码，方法如下：

(1) 勾选用户自定义菜单系统“常规选项”中的“顶层表单”项。

(2) 将表单的 ShowWindow 属性设置为“2—作为顶层表单”。

(3) 在表单的 init 代码中添加运行菜单的命令。设菜单程序文件名为 main. mpr，则添加的行命令为：DO main. mpr WITH THIS,"mainalias"，其中 this 为当前表单对象，“mainalias”为给菜单另外指定的别名，也可不指定别名，用如下语句执行：DO main. mpr WITH THIS,. t. 。

(4) 在表单的 destroy 代码中添加释放菜单回收内存的命令“RELEASE MENUS [*menuname* [EXTENDED]]”。在该命令中，*menuname* 为菜单名，若不指定菜单名，则删除内存中所有用户自定义菜单栏，EXTENDED 关键词用于释放菜单栏及其下属的所有菜单、菜单标题、菜单项和全部相关的 ON SELECTION BAR、ON SELECTION MENU、ON SELECTION PAD 及 ON SELECTION POPUP 命令。如添加的命令语句为：RELEASE MENUS mainalias EXTENDED 或 RELEASE MENUS　main EXTENDED。

图 10-7 为图书借阅系统中主菜单 main. mnx 的部分定义及在顶层表单 main. scx 中添加主菜单 main. mpr 后的运行图示。

10.2.2　创建快速菜单

用户在创建菜单系统时，可以完全个性化开发，也可以从已有的 Visual FoxPro 菜单系统开始，利用“快速菜单”创建一个基本菜单系统，再进行个性化修改，方法如下：

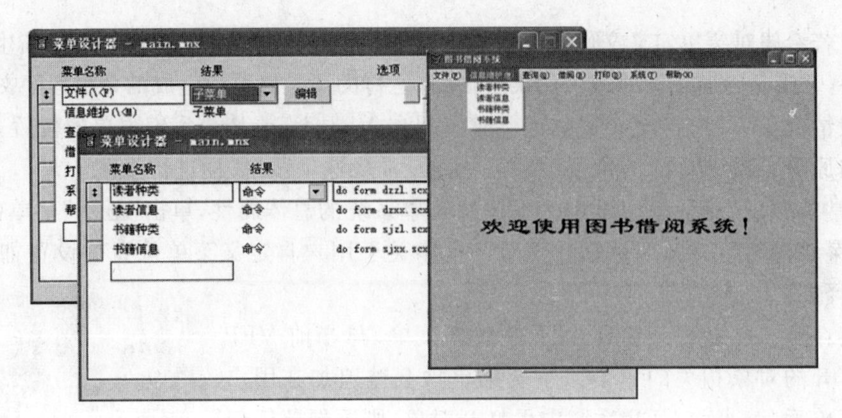

图 10-7 SDI 菜单运行图示

新建一个空白菜单文件,直接执行"菜单"菜单中的"快速菜单"命令,则如图 10-8 所示,原空白菜单设计器中包含了 Visual FoxPro 系统菜单的信息。用户可在此基础上定制自己的菜单系统:通过"删除"按钮去除不需要的菜单或菜单项,通过"插入"按钮添加个性化菜单或菜单项,通过拖动"移动"按钮修改菜单或菜单项的位置。

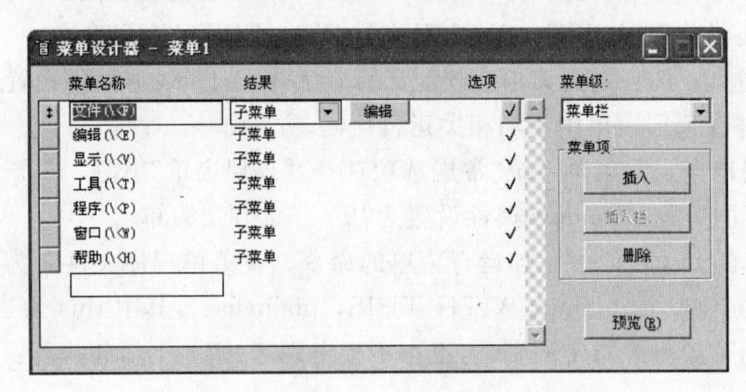

图 10-8 快速菜单"菜单设计器"窗口

注意:在"快速菜单"中,不要更改 Visual FoxPro 为系统菜单或菜单项提供的名称或编号(由此,用户可查看到所有系统菜单中各菜单标题、菜单、菜单项的内部名称),否则运行生成的菜单程序时可能会产生无法预料的结果。

10.2.3 创建快捷菜单

快捷菜单是针对某一控件或对象而设置的,右击后显示,可以快速展示与当前对象相关的核心操作。在应用程序中添加快捷菜单有利于用户快捷、方便地完成当前操作。

Visual FoxPro 中,快捷菜单的设计过程与下拉菜单的设计过程基本一致,可通过快捷菜单设计器进行,但在快捷菜单设计器中,"插入栏"按钮在第一级菜单"快捷菜单"中即为可用状态。

快捷菜单创建和使用的步骤如下:

(1) 新建菜单,在"新建菜单"对话框,选择"快捷菜单"按钮打开快捷菜单设计器。

(2) 在快捷菜单设计器中根据需求设计快捷菜单，保存菜单文件。

(3) 在快捷菜单的清理代码中添加“RELEASE POPUPS <*shortcutmenu*> [EXTENDED]”命令(*shortcutmenu* 为快捷菜单名)，使得菜单能及时被清除，释放其所占用的内存空间。

(4) 生成菜单程序文件。

(5) 将快捷菜单添加给指定对象，在对象的 RightClick 事件中添加如下代码：

```
Do  <shortcutmenu.mpr>
```

shortcutmenu.mpr 为快捷菜单程序文件名。

例：为表单添加记录跳转和背景设置功能的快捷菜单。

(1) 快捷菜单定义文件名为 form_kjmen.mnx，主要菜单项定义见表 10-3。

表 10-3　form_kjmen.mnx 中菜单项定义

菜单名称	结果	内　　容	跳过
第一个	过程	go top _Screen.ActiveForm.Refresh	BOF()
前一个	过程	skip −1 _Screen.ActiveForm.Refresh	BOF()
下一个	过程	skip _Screen.ActiveForm.Refresh	EOF()
最后一个	过程	go bottom _Screen.ActiveForm.Refresh	EOF()
\-			
背景选择	命令	_Screen.ActiveForm.BackColor=GetColor()	
\-			
关闭	命令	_Screen.ActiveForm.Release	

(2) 按照前文所述步骤将快捷菜单添加到 TS.scx 表单中。

(3) 运行表单，在表单上右击查看并执行快捷菜单，如图 10-9 所示。

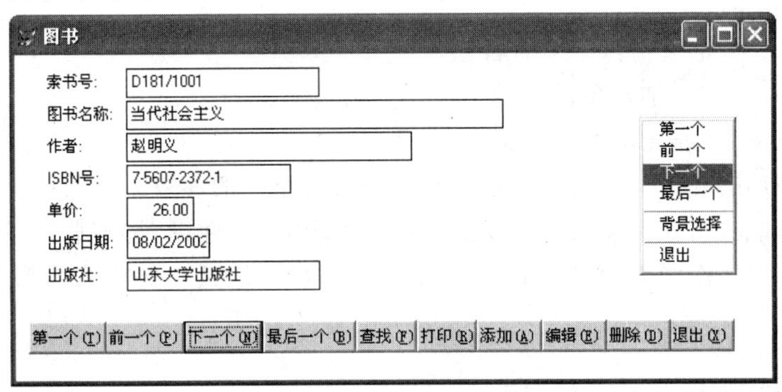

图 10-9　快捷菜单运行例

10.3 为菜单系统指定任务

10.3.1 使用命令完成任务

若希望对某菜单项单击后执行一行命令，需在菜单设计器或快捷菜单设计器中将对应该菜单项的“结果”类型设定为“命令”，并在其后的命令文本框中输入一行命令，该命令可以是任何有效的 Visual FoxPro 命令，如设定某菜单项执行的命令为 QUIT。

1. 调用过程或程序

用 DO 命令填充某菜单项的命令文本框，可以调用一个程序或执行一段过程。当调用一个程序时，需指定程序的相关路径。例如，DO E:\book\ sjygl\dzjb. qpr，该命令将执行对应的查询文件。当调用菜单清理代码中的一段过程时，可使用以下格式的 DO 命令：

```
DO procname IN menuname.mpr
```

其中，*procname* 为要执行的过程名，*menuname. mpr* 为包含这个过程的菜单文件名，当未指定菜单文件名，而对应过程又在该菜单的清理代码中时，需用“SET PROCEDRUR TO *menuname. mpr*”命令指定过程的位置。

2. 显示表单或对话框

在对某菜单项用命令填充时或过程编辑时，使用“DO FORM *filename*”可完成对编译过的表单或对话框的显示，其中 *filename* 为某表单或对话框名。通常，当某菜单项单击后需要显示表单或对话框时，设计时常在该菜单项的显示名称后添加“…”。

3. 显示工具栏

对于用户自定义工具栏，要手动显示工具栏，则需在适当位置先通过“Object. AddObject(*cName*, *cClass* [, *cOLEClass*] [, *aInit*1, *aInit2* ...])”语句完成工具栏对象的添加，相关参数如下：

cName——指定引用新对象的名称。

cClass——指定添加对象所在的类。

cOLEClass——指定添加对象的 OLE 类。

*aInit*1, *aInit2* ...——指定传给新对象的 Init 事件的参数。

用 AddObject 方法往容器中加入对象，其 Visible 属性设置为“假”(.F.)，要对其显示需将该属性手动设置为“真”(.T.)，如要显示用户自定义工具栏需为菜单项指定如下命令语句：

```
Object.tbName.Visible=.T.
```

其中 *tbName* 为用户自定义工具栏对象的名称。

10.3.2 使用过程完成任务

1. 为不含有子菜单的菜单项指定过程

为不含有子菜单的菜单项指定过程，只需在设计该菜单项时，在对应的“结果”框中选择“过程”，则可通过对应的“创建”或“编辑”按钮打开代码编辑窗口完成过程的创建和修改。

值得注意的是，在该代码编辑窗口中，用户无须写上 PROCEDURE，系统会自动生成。

2. 为含有子菜单的菜单项指定过程

在菜单设计器窗口中选定某菜单级后，从“显示”菜单中选择“菜单选项”菜单项，打开对应菜单级的“菜单选项”对话框，如图 10-10 所示，用户在名称文本框中可对当前菜单级进行重命名；在“过程”下的编辑框内可直接编写过程代码，亦可通过“编辑”按钮打开代码编辑窗口进行编辑。

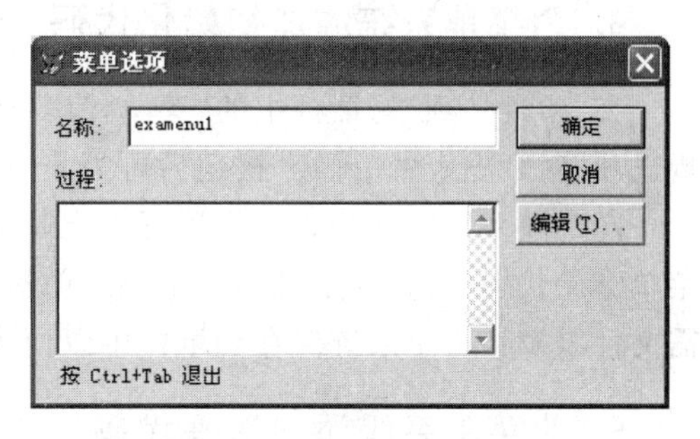

图 10-10 “菜单选项”对话框

在“菜单选项”对话框中针对某菜单级(非“菜单栏”级)编辑的过程代码为该菜单级的默认代码，只在该菜单级中有效，当该菜单级中的菜单项在未指定具体“结果”内容时将在运行时默认执行“菜单选项”中的代码；否则执行自身“结果”内容。

针对“菜单栏”级在“菜单选项”对话框中编写的默认过程代码将对条形菜单中的每一个弹出式菜单中的菜单项有效，且有效性可向下一级菜单级延续。

当菜单系统运行时，针对某菜单项，系统会先执行该菜单项“结果”中的具体内容；若无内容，则查找执行其所在菜单级的默认代码；若其所在菜单级无默认代码，则会查找执行“菜单栏”级的默认代码。

3. 为第一级菜单(菜单栏)指定过程

若第一级菜单(菜单栏)中某些菜单项未根据“结果”设置具体内容，则可通过“常规选项”对话框为该类菜单项编写默认的过程代码。默认过程代码只在菜单项无具体设置内容时才生效。

通过单击“显示”菜单中的“常规选项”菜单项可打开“常规选项”对话框，如图 10-11 所示。通过在“过程”编辑框中直接输入代码可为第一级菜单添加默认过程代码。亦可通过单击“编辑”按钮打开代码编辑窗口进行代码编辑。

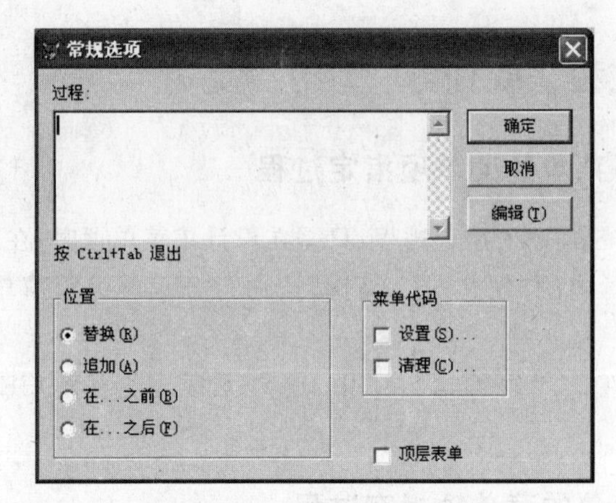

图 10-11 “常规选项”对话框

4. 为菜单系统添加初始化代码

在“常规选项”对话框中的“菜单代码”区域勾选“设置”可打开代码编辑窗口,单击“常规选项”对话框上的“确定”按钮后可为菜单系统编辑初始化代码。

向菜单系统添加初始化代码可以定制菜单系统。初始化代码放置在菜单程序文件中菜单定义代码之前,在定义菜单系统之前执行,其中可以完成创建环境、定义变量、打开所需文件以及将菜单系统保存到堆栈中以便将来恢复工作。

5. 为菜单系统添加清理代码

在“常规选项”对话框中的“菜单代码”区域勾选“清理”可打开代码编辑窗口,单击“常规选项”对话框上的“确定”按钮后可为菜单系统编辑清理代码。

清理代码是在菜单程序文件中菜单定义代码之后、用户为菜单或菜单项指定的代码之前执行的代码。通常通过在清理代码中包含初始时启用或废止某些菜单及菜单项的代码以实现减少菜单系统的大小。

注意,在设计应用程序的主菜单时,为了让菜单能停留在屏幕上供用户操作,须为菜单建立事件循环机制,在清理代码中包含“READ EVENTS”命令可启动事件循环,在退出菜单系统的菜单命令中添加“CLEAR EVENTS”命令可结束事件循环。

10.4 创建自定义工具栏

为菜单、菜单项设置的热键或快捷键为用户操作应用程序提供了便捷,但当某些菜单命令使用频繁时,热键或快捷键亦不能满足要求,此时,可创建一个自定义工具栏,它包含那些与频繁使用的菜单命令相对应的按钮,应用程序的用户只须单击工具栏按钮就可轻松完成复杂的任务。这种自定义工具栏为用户经常重复执行的操作提供了便捷,有利于简化操作、加速任务执行。

下文以创建 formtool 工具栏类为例说明工具栏类的创建。

1. 定义工具栏类

VFP 系统提供了一个 ToolBar 类，用户可基于这个类创建自定义工具栏类。方法说明如下：

(1) 在项目管理器中选择“类”选项卡，单击“新建”按钮打开“新建类”对话框，如图 10-12 所示。

(2) 在该对话框中，“类名”项用于为自定义工具栏类命名。

(3) “派生于”项用于选择基类，通常为 ToolBar，也可单击…按钮选择其他工具栏类作为当前定义的工具栏类的基类。

(4) “存储于”项用于指示当前自定义工具栏类的保存位置，可键入包括完整路径的类库名，也可单击…按钮选择一个已有类库保存当前类。

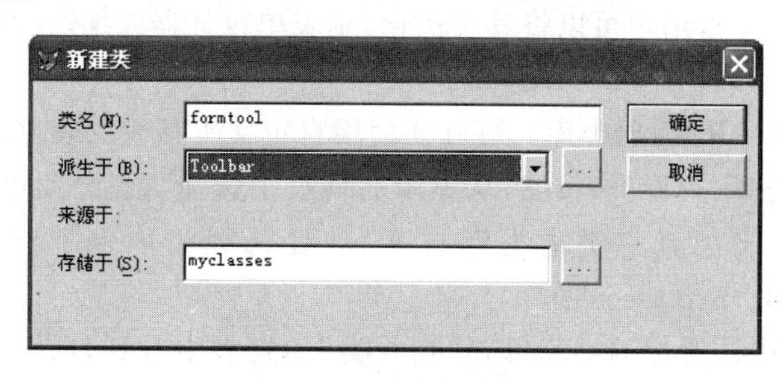

图 10-12 “新建类”对话框

依据图 10-12 进行设置，将创建一个名为 formtool 的自定义工具栏类，该类存放在当前工作目录下的 myclasses 类库中。

单击“确定”按钮后，用户自定义的工具栏类就创建好了，接下来就是向该工具栏类中添加对象、编辑相应处理代码，丰富自定义工具栏类的功能。

用户还可通过使用“文件”菜单或使用 CREATE CLASS 命令等创建用户自定义工具栏类。

2. 向自定义工具栏类中添加对象

打开自定义工具栏类，在类设计器中对其进行设计。在该设计器中，用户向自定义工具栏类添加对象用的也是“表单控件”工具栏，用户可以像处理表单一样向工具栏类中拖放控件对象并设置属性，除表格(Grid)控件外，其他能加到表单中的控件均可添加工具栏类中上。拖曳到工具栏类中的控件对象间可通过添加分割符控件以保持距离。当用户对添加到工具栏类中的控件对象进行大小、位置等的修改时，类设计器会自动调整工具栏类外观的大小以适应现有控件对象个数、尺寸的变化，无须手动调整。

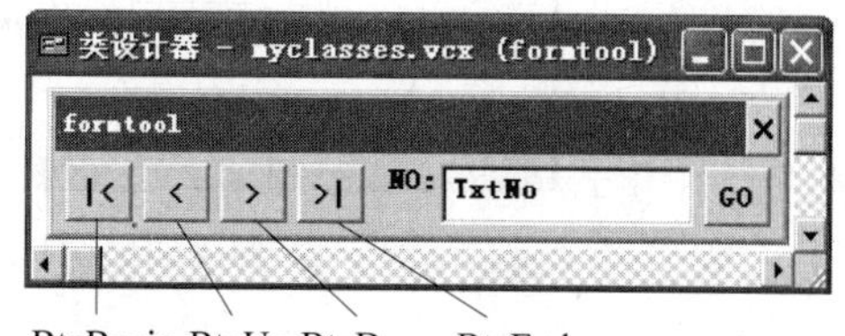

图 10-13 formtool 工具栏类

如图 10-13 所示的 formtool 工具栏类，

其功能是实现当前活动表单中记录的相对定位和绝对定位。依据图 10-13 向工具栏类中添加对应的控件(命令按钮、文本框、标签)后,关键性的工作在于为相应的控件添加代码以实现功能,如在本例中可为 |< 按钮添加 click 事件代码如下:

```
go top
thisform.BtnUp.enabled=.f.
this.enabled=.f.
thisform.BtnDown.enabled=.t.
thisform.BtnEnd.enabled=.t.
thisform.refresh
_screen.activeform.refresh
```

3. 在表单集中添加自定义工具栏

工具栏类定义好后,用户可以将其实例化,用表单设计器或编写代码的方法将工具栏与表单对应起来。添加工具栏的方法如下:

(1) 在"表单控件"中注册类库。打开要使用自定义工具栏的表单或表单集,在"表单控件"工具栏上单击(查看类)按钮,从显示的列表中选择"添加"菜单项,在"打开"对话框中选择包含自定义工具栏类的类库打开(此处选择添加包含 formtool 工具栏类的 myclasses 类库)。

在"表单控件"中注册过的类库可在"查看类"的列表中看到,选择一个类库,则它包含的所有类显示在表单控件中,如图 10-14 所示。

图 10-14　注册类库

(2) 从"表单控件"中拖曳自定义工具栏到表单合适位置,当打开的为单个表单时,系统会弹出提示创建表单集的信息框,点击"是"选项同意表单集的创建。自定义工具栏需添加到表单集中,而不是添加到单个表单。

(3) 单击"运行",可看到工具栏和表单一起显示,如图 10-15 所示。

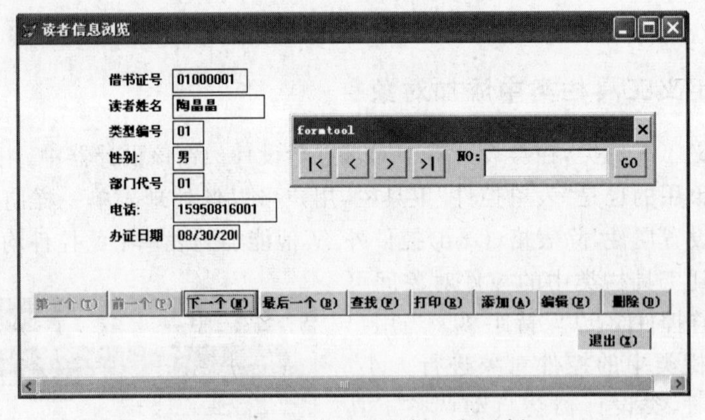

图 10-15　自定义工具栏运行示例

用户也可通过其他方法将用户自定义工具栏添加进表单集,如在表单集的 Init 事件中使用如下代码完成 formtool 工具栏类对象的添加：

```
SET CLASSLIB TO Myclasses.vcx ADDITIVE
ThisFormSet.ADDOBJECT("FT","formtool")
ThisFormSet.FT.Visible=.T.
```

另外，通过工具栏对象的 Movable 属性(.t.或.f.)可以控制运行时用户是否可以拖动工具栏；通过"ToolBar.Dock(nLocation [, X, Y])"语句可以定制运行时工具栏是否可以泊留，且可通过语句中的参数确定泊留位置及坐标。

习　　题

一、选择题

1. 有一菜单文件 main.mnx，运行该菜单的操作是(　　)。
   A. 执行命令　DO　main.mnx
   B. 执行命令　DO　MENU main.mnx
   C. 先生成菜单程序文件 main.mpr，再执行命令 DO　main.mpr
   D. 先生成菜单程序文件 main.mpr，再执行命令 DO　MENU main.mpr
2. 已将通过菜单设计器设计的菜单进行了存盘，但却不能执行菜单的原因是(　　)。
   A. 调用菜单的命令不正确　　B. 菜单文件不在当前项目中
   C. 没有生成菜单文件　　D. 菜单文件没有打开
3. 在利用 VFP 菜单设计器设计菜单时，下列说法错误的是(　　)。
   A. 菜单设计器不可用于设计快捷菜单
   B. "菜单设计器"窗口中首先显示和定义的是条形菜单
   C. 菜单项的结果类型有四种
   D. 菜单或菜单项的"跳过"项表达式值为.t.时对应项为启用
4. 下面关于工具栏的说法错误的是(　　)。
   A. 可以创建用户自定义工具栏
   B. 用户自定义工具栏类的基类可为系统提供的 ToolBar 类
   C. 类设计器可以自动调整工具栏类外观的大小以适应现有工具栏类中控件对象个数、尺寸的变化
   D. 所有可添加到表单中的控件均可添加到用户自定义工具栏类中
5. 下列说法错误的是(　　)。
   A. 菜单的清理代码是在菜单程序文件中菜单定义代码之后、用户为菜单或菜单项指定的代码之前执行的代码
   B. 菜单的初始化代码可通过在菜单的"常规选项"对话框中进行设置
   C. 在"常规选项"对话框中"过程"编辑框内设置的代码为第一级菜单的默认过程代码

D. “菜单选项”对话框中编辑的过程代码在当前菜单级下无条件有效

二、填空题

1. 典型的菜单系统一般是一个下拉式菜单，下拉式菜单通常由一个________和一组________组成。

2. 菜单定义文件的后缀名为________，菜单备注文件的后缀名为________，菜单程序文件的后缀名为________。

3. 菜单设计中，通过在“菜单名称”中输入________字符实现在同一菜单的不同逻辑分组间插入分隔线；通过在“菜单名称”内容中的热键字母前加________字符实现菜单项热键设置。

4. 要将 VFP 系统菜单恢复成标准配置，可通过________命令实现。

5. 快捷菜单实质上是一个弹出式菜单，在对象的________事件代码中用________可以调用快捷菜单。（设快捷菜单的名称为 kjcd）

6. 对于工具栏上控件的 Top、Left、Width 和 Height 属性，在设计和运行时都是只读的是________和________。

7. 在设计 Vfp 菜单时，若要将某一菜单项设置为当系统日期为每月的 25 日可用，则可在“提示选择项”对话框的________选项中输入表达式________。

8. 通过工具栏对象的________属性可以控制运行时用户是否可以拖动工具栏。

9. 与表单相比，不能添加到工具栏类中的控件为________。

10. 自定义工具栏类对象只能添加到________中。

第11章 应用程序的开发与发布

Visual FoxPro为程序开发者提供了强大的交互式数据管理,且其将面向过程的程序设计和面向对象的程序设计巧妙地结合在一起,有利于为终端用户开发功能强大、灵活多变的数据库应用系统。

11.1 应用程序的需求分析

应用程序的开发是一个复杂、长期的过程,需用工程化的理念来指导这一过程的实施。在应用程序开发前,需认真做好需求分析工作,以保证应用程序开发过程全面、有效地进行。需求分析在系统需求和软件设计间起到桥梁的作用,为软件设计者提供了可被翻译成数据设计、体系结构设计、接口设计和构件级设计的信息以及功能和行为的表示,同时,也为开发者和客户提供了软件被构建完成后评估质量的工具。

在需求分析阶段需尽最大可能与客户进行沟通交流,了解应用程序数据领域、功能领域、行为领域的需求。利用Visual FoxPro开发数据库应用系统,可围绕如下几个方面明确相关需求。

1. 用户需求

首先,需充分了解终端用户的文化素质水平、计算机应用水平、处理信息的流程和方式等,这些因素直接影响了应用程序与用户间的交互界面设计,如用户界面中元素的组织、菜单和工具栏的组织、用户以什么样的形式向应用程序发出命令等。好的应用程序中力求界面设计能适应于大部分用户,为其提供简单、易行、易理解的接口界面。

其次,需充分了解终端用户的数目及类型,是单用户还是多用户,是本地用户还是远程用户,这些内容直接决定了应用程序的认证设计、权限设计、访问冲突设计。

若为单用户,则所有处理和数据均对该用户直接开放;若为多用户且以独占的形式访问数据库,则须在允许用户操作前通过用户名、密码等认证手段完成用户认证、确认用户权限、根据权限开放处理;若为多用户且以共享的形式访问数据库,除要识别权限外,还须考虑多用户共享访问所引起的冲突和数据库的访问效率;若为远程用户,应用程序需对远程访问的安全性进行保障。

对于多用户访问数据库的冲突可以通过设置访问控制来处理。VFP中提供了数据工作期、锁定表和记录、记录缓冲和表缓冲、独占与共享等机制来实现数据的访问控制,实现数据共享，以保证用户都能访问到安全可靠、完整的数据。

2. 数据需求

在数据库应用系统中，数据需求表现为数据的结构和规模。

数据的结构表现为表结构、表字段的类型，应用程序需要对什么样的数据进行处理，将这些数据按什么样的表结构进行组织、用什么类型的表字段进行描述，直接影响应用程序对数据处理的效率。

数据的规模决定了应用程序处理数据的难易程度，在一个只有二三十个记录的表中移动记录指针与在具有二三万记录的表中频繁移动记录指针、处理数据，其所要采取的手段是完全不同的，需适当考虑不同形式的优化技术，以提高应用程序的性能。

除要考虑数据的结构和规模外，还需考虑数据存储的物理位置，是本地存储，还是远程存储。当应用程序所处理的数据为远程数据时，为了数据的安全，访问、处理的便捷，常规方法是为远程数据创建视图，并在此基础上进行访问、更新。

3. 功能需求

通常将应用程序的整体功能按自顶向下的设计模式分解成不同的子功能，在应用程序中用不同的子功能模块实现，再由子功能模块间的协调交互完成整体应用程序的功能。在划分子功能模块时需注意功能的特殊性和通用性。通常这些子功能模块包括了必要的输入、输出功能模块和符合用户需求的特殊处理功能模块，如查询模块、统计分析模块等。另外，对于多用户访问的应用程序中，还应尽量包含完成冲突处理功能的特定模块。

11.2 应用程序设计的基本过程

图 11-1 描述了 VFP 应用程序的开发过程。整个过程中，最终用户的需求及其对程序模块功能的期望均可能因时间和环境的改变而改变，因此，整个开发过程需要用户的密切参与；设计、开发人员须在已有原型的基础上，对应用程序的各组成部分根据要求不断修改和优化，以最大限度地满足用户需求。

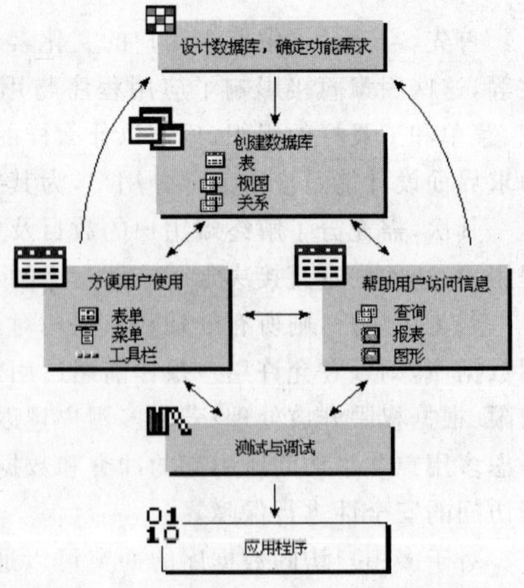

图 11-1　应用程序开发过程示意图

11.2.1 应用程序设计的基本步骤

利用 Visual FoxPro 开发的数据库应用系统，通常由如下几个基本部分组成：

- 一个或多个数据库：用于提供要处理的源数据和保存结果数据。
- 用户界面：包括欢迎界面、输入输出界

面和方便用户操作的工具栏、菜单。其中，输入界面一般通过表单实现；输出界面则较为多样化，可以是表单、查询、报表、标签。

- 处理模块：设置应用程序系统环境和起始点的主程序模块；实现用户检索、计算等操作的模块；完成用户数据输入和多样化输出的模块等。

通过前面章节的学习，读者对系统开发中的各个基本组成部件的设计均具备了足够的知识，并掌握了独立实现某组成部分的基本技能，但这些独立的部件还需经过合理的组织，才能完整地实现一个数据库应用系统的功能。这一组织过程通常按如下步骤进行。

1. 建立应用程序的目录结构

完整的应用程序中，无论其规模的大小，均会涉及多种类型的文档，例如表、数据库、查询、表单、报表、菜单、位图等，合理有效地组织这些文档的最佳方法是构建一个分层次、分类别的目录结构，将同类型、同作用类别的文档进行归类保存。以构建图书借阅管理系统（TSJYGL）为例，创建如图 11-2 所示目录结构，相关文件的归类说明如下：

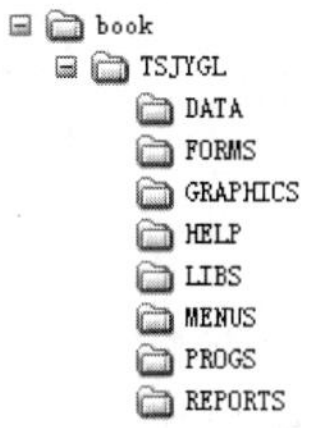

book
TSJYGL
DATA
FORMS
GRAPHICS
HELP
LIBS
MENUS
PROGS
REPORTS

图 11-2　图书借阅管理系统的目录结构示意图

DATA—存放数据库文件、表文件、索引文件等；
FORMS—存放表单文件；
REPORTS—存放报表、标签文件；
PROGS—存放程序文件；
MENUS—存放菜单文件；
LIBS—存放类库文件，包括用户自定义工具栏类；
GRAPHICS—存放程序中用到的图像、图标文件等；
HELP—存放提交给用户的帮助文档。

2. 用项目管理器组织应用程序

数据库应用系统由数据库、用户界面、功能模块组成，在 Visual FoxPro 中表现为一个完整的项目，包含了许许多多的表文件、表单文件、报表文件等，每次文件内容、结构的变更、增加、删除等均需要进行记录，并在编译时重新将各模块衔接生成新的应用程序，这一系列烦琐工作的完成可利用 Visual FoxPro 提供的项目管理器实现。

例如，在构建图书借阅管理系统（TSJYGL）时，先创建项目文件 tsjygl. pjx，其后依据需要，在该项目的项目管理器的数据、文档、类等选项卡中创建或添加对应的文件，后续对这些文件的修改、浏览、运行等均可通过该管理器进行。值得注意的是，创建或添加到项目中的文件，需按照其类型的不同保存在步骤 1 所示的事先构建好的目录结构中。

3. 加入项目信息

在系统菜单栏的“项目”菜单或项目管理器的快捷菜单中，选择“项目信息”菜单项，可打开如图 11-3 所示的“项目信息”对话框，在该对话框的“项目”选项卡中可完成对当前项目相关信息的设置：

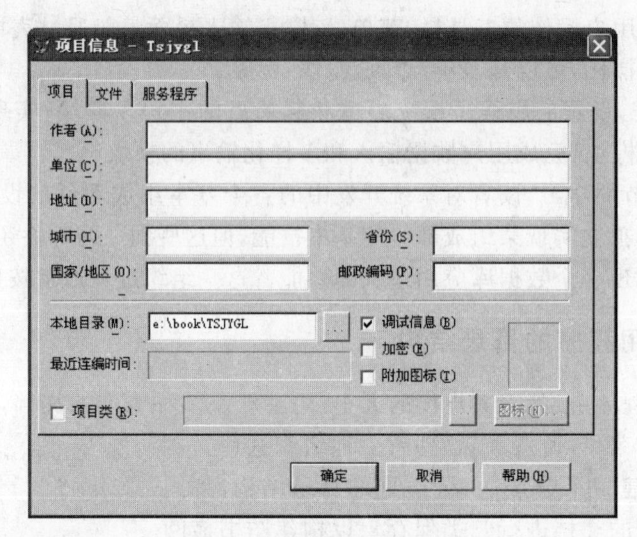

图 11-3 “项目信息”对话框

(1) 开发者的信息,如作者、单位、国家/地区等。

(2) 定位项目的主目录。

(3) 通过“调试信息”复选项确定是否在已编译的应用程序文件中包含调试信息。在应用程序中包含调试信息将导致应用程序变大,但有利于在“跟踪”窗口查看程序执行情况。通常在最终将应用程序交付给用户前的最后一次连编中不包含调试信息。

(4) 通过“加密”复选项选择是否对已编译的文件加密,对加密后的应用程序反求源代码是十分困难的。

(5) 通过“附加图标”复选项选择应用程序运行时是否显示一个选定的图标。

选定为应用程序附加图标后,通过“图标”按钮可显示“打开”对话框,为应用程序指定图标。若要在 Windows 资源管理器中正确显示图标,该图标文件应该包含 32×32 和 16×16 两种图标图像。在资源管理器的大图标视图中显示 32×32 图像,在资源管理器的小图标、列表和细节视图中显示 16 ×16图像。

4. 连编应用程序

以面向对象程序设计中的事件驱动机制为指导,在 Visual FoxPro 中创建应用程序时,创建工作通常从子部件或子模块开始。要将所有的子部件、子模块集合起来完成整个应用系统的功能,则须进行整个项目的编译。在项目连编之前需对项目中的所有子部件和子模块进行测试,测试中任何对子部件或子模块的修改要反映到最终应用程序中,均须重新连编项目,以保证 Visual FoxPro 重新分析文件的引用,重新编译过期的文件。

11.2.2 项目管理器组织

项目是文件、数据、文档和 Visual FoxPro 对象的集合。项目管理器是 Visual FoxPro 中处理数据和对象的主要组织工具。在开发阶段,可以用项目管理器组织和管理应用程序中组件(如表、数据库、查询、表单、报表等)的设计、修改和运行;在编译阶段,项目管理器可以编译已完成的应用程序。通过项目管理器组织应用程序的开发,会涉及数据库、登录界面、输入输出界面、处理模块等各个方面的设计和实现。

1. 数据库

完善的数据库是应用程序的基础,结构设计合理的数据库,会提高程序运行时的访问效率、节省日后整理维护的时间。数据库的设计常按如下步骤进行:

(1) 确定建立数据库的目的,分析要处理的数据,抽象出不同的实体,得出实体间的联系,形成 E-R 图。

(2) 根据实体信息确定数据库中的表,将不同的实体信息用不同的表来体现。例如,将图书借阅管理系统中涉及的读者、图书等信息均可用单独的表进行表示。

(3) 确定表中的字段,分析要对实体的什么特征进行什么样的处理,选择合适的字段来表现实体的特征,为字段选择合适的数据类型。

(4) 根据实体间的联系确定表与表之间的关系,必要时可在表中加入适当的字段或创建一个新表来明确关系。例如,图书借阅管理系统中涉及的借阅关系就可用单独的表进行描述。

(5) 对设计进一步分析、求精。可在创建好的表中添加适当的数据记录,看能否从表中得到想要的结果。需要时可调整设计。

数据库设计是一个逐步求精、逐步完善的过程,在项目管理器的组织下,开发人员可以很容易地在创建数据库时根据程序的处理需要进行修改、完善数据库设计,但当数据表中输入了大量信息或连编了表单和报表后,再修改则涉及面广、操作困难。因此,连编应用程序之前,应确保数据库设计方案与需求之间的一致性。

2. 用户界面

用户界面是人机交互的接口。在系统交付使用时,应用程序用户关注的只是怎样通过系统的界面操作系统,而忽略或根本不在意系统的后台选用了什么样的开发技术、包含哪些类、采用了什么样的算法来解决难题、代码效率如何。数据库应用系统中的用户界面主要包括表单、报表、工具栏、菜单等,在应用程序的设计过程中须始终从用户出发,遵从用户的操作习惯。

对表单的组织,值得注意的有:

(1) 从外观来说,同类型的表单尽量在外观上保持一致;表单上元素的选择要合理,标签、文本框、列表框等的使用要与要求相符;各组成元素间的布局要紧凑美观,可将表达同类信息的元素分组放置;协助用户理解的提示性文本要简单明了。

(2) 从用户操作来说,同类型的表单操作尽量保证一致性,尽量符合 Windows 习惯,方便用户快速适应;减少用户的手动输入,避免输入错误的产生,提高操作的便捷性,如性别等类型的值可预先在表中设定默认值、报表打印时间一类的值可通过函数获取、可枚举的内容尽量从数据库中获取后通过下拉列表框提供给用户选择、有规则内容(如编号)可通过自定义代码自动生成。

(3) 从运行来说，表单须具有良好的容错性和可靠性，提供适当的提示信息以保证用户操作的正确性；当用户操作错误，如输入的数据超过范围、输入值不符合数据库表的结构要求时，能进行提示、恢复，允许用户重新输入。

菜单是运行过程中用户操作应用程序的重要工具，需对其进行合理的组织，通常沿用Windows应用程序的习惯，按功能组织分类，如本书实例的图书借阅管理系统菜单划分如图11-4所示。

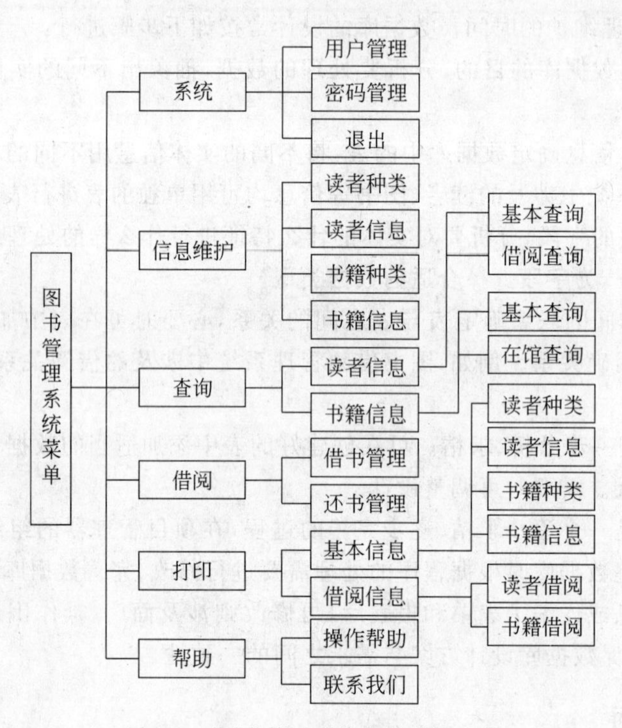

图 11-4　图书管理系统菜单结构示意

在一个完整的程序中，协助用户操作的除菜单外，还有对应的工具栏。工具栏按钮与菜单命令需注意同步、协调，主要有两个方面：

(1) 无论用户使用工具栏按钮，还是使用与按钮相关联的菜单项，都要执行同样的操作。这一协调性的实现可通过将与工具栏按钮对应的菜单项的"结果"设定为"命令"，并添加代码：

```
formset_name.tollbar_name.button_name.click
```

(2) 相关的工具栏按钮与菜单项具有相同的可用或不可用属性。这一协调性的实现可通过为与工具按钮对应的菜单项添加"跳过"代码，形如：

```
NOT formset_name.toolbar_name.button_name.enabled
```

说明：formset_name、toolbar_name、button_name 分别为表单集对象名、工具栏名、工具栏上指定的按钮名。

3. 系统容量限制

数据规模是应用系统各方面组织的重要基础，利用 Visual FoxPro 开发应用程序时，系统的各部分须符合 VFP 的系统容量限制。表 11-1 为 Visual FoxPro 各部分的系统容量限制，具体情况还须受到内存的限制。

表 11-1 Visual FoxPro 系统容量限制

分　类	功　能	数　目
表文件及索引文件	每个表文件中记录的最大数目	10 亿
	表文件大小的最大值	2G 字节
	每个记录中字符的最大数目	65 500
	每个记录中字段的最大数目①	255
	一次同时打开的表的最大数目②	255
	每个表字段中字符数的最大值	254
	非压缩索引中每个索引关键字的最大字节数③	100
	压缩索引中每个关键字的最大字节数③	240
	每个表打开的索引文件数②	没有限制
	所有工作区中可以打开的索引文件数的最大值②	没有限制
	关系数的最大值	没有限制
	关系表达式的最大长度	没有限制
字段的特征	字符字段大小的最大值	254
	数值型(以及浮点型)字段大小的最大值	20
	自由表中各字段名的字符数的最大值	10
	数据库包含的表中各字段名的字符数最大值	128
	整数的最小值	−2 147 483 647
	整数的最大值	2 147 483 647
	数值计算中精确值的位数	16
内在变量与数组	默认的内存变量数目	1 024
	内存变量的最大数目	65 000
	数组的最大数目	65 000
	每个数组中元素的最大数目	65 000
程序与过程文件	源程序文件中行的最大数目	没有限制
	编译后的程序模块(过程)大小的最大值	64K
	每个文件中过程的最大数目	没有限制

续表

分类	功能	数目
程序与过程文件	嵌套的 DO 调用的最大数目	128
	嵌套的 READ 层次的最大数目	5
	嵌套的结构化程序设计命令的最大数目	384
	传递参数的最大数目	27
	事务处理的最大数目	5
报表设计器的容量	报表定义中对象数的最大值②	没有限制
	报表定义的最大长度	20 英寸
	分组的最大层次数	128
	字符报表变量的最大长度	255
其他容量	打开的窗口(各种类型)的最大数目②	没有限制
	打开的"浏览"窗口的最大数目	255
	每个字符串中字符数的最大值或内存变量	16 777 184
	每个命令行中字符数的最大值	8 192
	报表的每个标签控件中字符数的最大值	252
	每个宏替换行中字符数的最大值	8 192
	打开文件的最大数目	系统限制
	键盘宏中键击数的最大值	1 024
	SQL SELECT 语句可以选择的字段数的最大值	255

表中编号说明：

① 如果一个或多个字段允许 NULL 值,限制值将降为 1 到 254 字段。

② 受内存及可用的文件句柄的限制。

③ 排序序列设置为 MACHINE,则每个字符占用一个字节,设置为非 MACHINE,则每个字符占用两个字节。如果索引字段支持 NULL 值,索引关键字将多使用一个字节。

11.2.3 设计主程序

在建立应用程序时,需要考虑如下的任务：

- 设置应用程序的执行起始点。
- 初始化环境。
- 显示初始的用户界面。
- 控制事件循环。
- 退出应用程序时,恢复初始的环境设置。

以上任务的完成可以通过建立一个应用程序对象来完成。该应用程序对象可以是一个程序(.prg 文件)、表单(.scx 文件)或 Active Document 类,它将作为一个已编译应用程序的执行开始点,其中可以调用应用程序的其他组件。

1. 设置主文件

主文件是已编译应用程序的执行起点,当用户运行应用程序时,Visual FoxPro 将为应用程序启动主文件,然后主文件再依次调用应用程序的其他组件。在连编应用程序之前必须在项目管理器中指定一个主文件,程序文件、菜单、表单或查询在 Visual FoxPro 中均可被指定为主文件。

项目创建后,Visual FoxPro 默认指定第一个创建的程序文件、菜单文件或表单文件为当前项目的主文件,用户可以依据实际情况重新设置主文件,方法如下:

方法一:在项目管理器中,选中欲设置为主文件的应用程序对象,从"项目"菜单或快捷菜单中选择"设置为主文件"菜单项。

方法二:在"项目信息"对话框的"文件"选项卡中选中要设置为主文件的应用程序对象名,在其快捷菜单中选择"设置为主文件"菜单项。

主文件在项目管理器中其名称以粗体显示。每个应用程序中只有一个起始点,因此该应用程序中的主文件也是唯一的,当重新设置主文件后,原来的设置则被取消。

2. 初始化环境

打开 Visual FoxPro 后,系统将建立默认的 SET 命令和系统变量的值来构建系统环境。若要查看当前环境设置,可通过如下方式进行。

(1) 显示所有的环境设置

方法一:从"工具"菜单中选择"选项"菜单项,打开"选项"对话框,查看当前设置。

方法二:在命令窗口中使用"DISPLAY STATUS"命令。

(2) 显示某个特定的环境设置

在命令窗口中使用 SET()函数显示任意 SET 命令的当前值。如在命令窗口中键入"? SET("TALK")",则可查看"SET TALK"命令的当前状态。

(3) 将"选项"对话框的设置反映到"命令"窗口

在"选项"对话框打开的状态下,按下 Shift 键单击对话框上的"确定"按钮,则所有设置将反映在"命令"窗口中。

系统所设置的默认环境对于当前应用程序并非最合适,理想的情况是将初始的环境设置保存起来,在主文件中为应用程序重新建立特定的环境设置,通常包括如下操作:

- 初始化变量
- 建立默认路径
- 打开所需的数据库、自由表、索引
- 用"SET LIBRARY"命令添加外部库和过程文件

例如,可通过如下代码测试并保存"SET TALK"命令的当前默认值,并将其值重新设置为 OFF:

```
IF SET("TALK")="ON"                  && 测试当前值
    SET TALK OFF                     && 重新设置值
    cTalkVal="ON"                    && 保存当前值到指定变量中
ELSE
    cTalkVal="OFF"
ENDIF
```

例如，可通过如下代码为应用程序建立一个默认的路径：

```
PUBLIC newPath
newPath=SYS(16)
FOR i=1 TO LEN(newPath)
    iChar=LEFT(RIGHT(newPath,i),1)
    IF iChar='\'
        newPath=LEFT(newPath,LEN(newPath)-i+1)
        EXIT
    ENDIF
ENDFOR
```

3. 显示初始的用户界面

初始的用户界面可以是菜单，也可以是一个表单或其他的用户组件，通常开发者会用一个欢迎表单或验证用户名和密码的登录对话框作为初始的用户界面。

例如，通过“DO FORM newPath＋"\FORMS\login. scx"”则可运行当前安装目录下FORMS文件夹中的登录表单login. scx。

4. 控制事件循环

应用程序的环境建立之后，将显示初始的用户界面，这时，需要建立一个事件循环来等待用户的交互动作，若不建立这样一个事件循环，在开发环境的“命令”窗口中，可以正确地运行应用程序，在脱离VFP集成开发环境后，程序将“一闪而过”，显示片刻就退出。

在主文件中可以使用“READ EVENTS”命令开始事件处理，该命令使Visual FoxPro开始处理诸如单击、键盘操作等用户事件。启动事件循环之后，应用程序将处在所有最后显示的用户界面元素控制之下。也就是说，从执行“READ EVENTS”命令开始，到相应的“CLEAR EVENTS”命令执行期间，主文件中所有的处理过程全部挂起。因此，“READ EVENTS”命令在主文件中的位置十分重要，最好将该命令放在完成初始化环境并显示了用户界面之后再执行。

启动事件循环，完成相应操作后，应用程序必须提供一种方法来结束事件循环，典型做法是在某个菜单项的过程代码(或命令)中或表单上某按钮的代码中执行“CLEAR EVENTS”命令。执行“CLEAR EVENTS”命令后，挂起VFP的事件处理过程，将控制权交给执行“READ EVENTS”命令并开始事件循环的程序，继续执行紧跟在“READ EVENTS”后的程序语句。

5. 恢复初始的环境设置

要在应用程序退出时恢复初始的环境设置值，可选的方法是事先将这些值保存在公有变量、用户自定义类或应用程序对象的属性中，再通过相应的语句进行恢复。

例如，设公有变量 cTalkVal 中保存了 SET TALK 的初始设置，执行命令“SET TALK &cTalkVal”可恢复原始设置。

通常将初始化环境操作和恢复环境操作用两个不同的过程进行实现，在这种情况下须确保在恢复时可以对初始存储的值进行访问。

11.2.4 连编应用程序

1. 设置文件引用方式

Visual FoxPro 中的项目由若干独立的组件组成，组件以单独的文件保存，文件在项目中必然为“包含”或“排除”两种引用方式之一。将一个项目编译成一个应用程序时，该项目中标记为“包含”的文件将组合成一个单一的应用程序文件，在运行过程中无法修改；标记为“排除”的文件不会在应用程序中编译，它将作为应用程序的一部分与应用程序一起发布，Visual FoxPro 可对其跟踪，在需要时由应用程序去磁盘上查找并调用、修改它们。

项目管理器中的文件名前显示 ⊘ 符号的为“排除”文件；数据库和表默认为“排除”；主文件不可被排除。设置文件引用方式的步骤如下：

(1) 在项目管理器中选择要处理的文件。

(2) 从“项目”菜单中或右击弹出的快捷菜单中，选择“排除”项，则文件被设置为“排除”；若文件原为“排除”，则菜单中的对应项显示为“包含”。

文件标记为“包含”可减少连编后提供给用户的文件数，但过多地“包含”文件会导致连编后的应用程序文件过大、运行时占用更多的内存。作为通用的准则，包含可执行程序(如表单、报表、查询、菜单和程序)的文件应标记为“包含”；经常被用户修改的数据文件(如数据库、表、特定的文本文件)应标记为“排除”。实际开发中，可根据需要标记文件。例如，某文件包含敏感的系统信息，或者包含只用来查询的信息，则须被标记为“包含”以避免错误更改；若某报表允许用户动态更改，则须标记为“排除”。值得注意的是，标记为“排除”的文件，必须保证应用程序运行时能够找到该文件。

2. 测试项目

应用程序编译前，需对其包含的各个模块逐个测试，测试通过后还需将所有模块联合在一起进行一次完整的测试。整体测试的步骤如下：

(1) 在项目管理器中单击“连编”按钮，或在“项目”菜单中选择“连编”菜单项，打开“连编选项”对话框(如图 11-5 所示)。

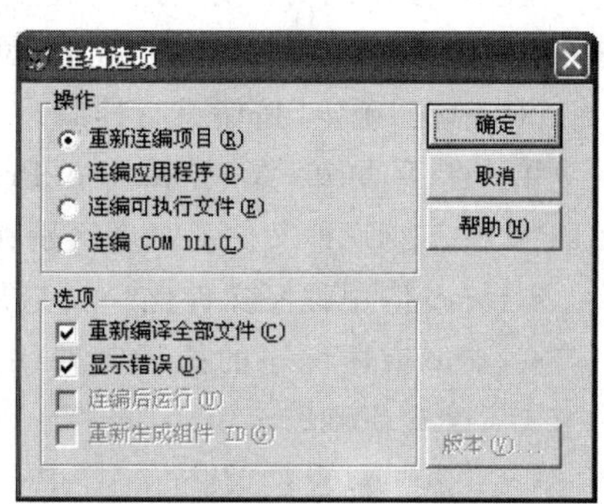

图 11-5 “连编选项”对话框

(2) 选择“重新连编项目”操作，并选择适当的选项：

“重新连编项目”操作—分析应用程序中的文件引用，重新编译最近一次连编后修改过的文件。

“重新编译全部文件”选项—勾选此项，重新编译项目中的所有文件，并对每个源文件创建其对象文件。

“显示错误”选项—连编过程中应用程序的错误会被集中收集在当前目录下、与当前项目同名、扩展名为.err 的文件中，编译错误的数量显示在状态栏中。勾选此项，可立刻查看错误文件，从“项目”菜单中选择“错误”显示错误信息。

(3) 单击“确定”按钮进行连编。

以上操作亦可能过“BUILD PROJECT”命令进行。

3. 连编应用程序

编译一个项目的最后一步是将其连编成应用程序，这一工作需在测试工作全面完成后进行。步骤如下：

(1) 打开“连编选项”对话框。

(2) 在对话框中选择合适的连编操作和选项。

可选操作说明如下：

“连编应用程序”—连编项目，编译过时的文件，并创建单个.app 文件。该选项对应于“BUILD APP”命令。

“连编可执行文件”—由一个项目创建可执行文件，该选项对应于“BUILD EXE” 命令。

“连编 COM DLL”—使用项目文件中的类信息，创建一个具有.dll 文件扩展名的动态链接库，供其他应用程序调用。

可选选项说明如下：

连编后运行—是否在完成连编后运行应用程序。

重新生成组件 ID—安装并注册包含在项目中的自动服务程序(Automation Server)。选定时，该选项指定在连编程序时生成新的 GUID(全局唯一标识)。只有“类”菜单“类信息”对话框中标识为“OLE Public”的类能被创建和注册。当选定“连编可执行文件”或“连编 COM DLL”，并已经连编包含 OLEPublic 关键字的程序时，该选项可用。

“版本”按钮说明：仅当选择“连编可执行文件”操作或“连编 COM DLL”操作时，该按钮可用。单击后显示“EXE 版本”对话框，允许程序员指定版本号以及版本信息。

(3) 单击“确定”按钮进行连编。

由步骤(2)可知，在 Visual FoxPro 中，可以连编生成两种不同形式的应用程序文件：.APP 文件或.EXE 文件。二者区别在于：

- .app 应用程序文件比.exe 应用程序文件小 10K 到 15K。
- .app 应用程序的执行需要用户安装了 Visual FoxPro，且需在运行程序前启动 Visual FoxPro。
- .exe 中包含了 Visual FoxPro 加载程序，用户无须拥有 Visual FoxPro，但必须提供两个动态链接库(Vfp6r.dll 和 Vfp6renu.dll，用于指定应用程序开发的地区版本)连接,它们与应用程序一起组成 Visual FoxPro 所需的完整运行环境。

选择连编成哪种文件须考虑最终应用程序的大小,及用户是否拥有 Visual FoxPro 系统。

4. 运行应用程序

无论是连编前的应用程序(.prg),还是.app 应用程序,或.exe 应用程序,均可以从"程序"菜单中选择"运行"菜单项,在弹出的"运行"对话框中选择对应的程序文件进行运行。这一操作等同于使用 DO 命令执行程序文件,但使用 DO 命令时须提供要执行文件的后缀名,否则系统将按特定的顺序查找并执行不同版本的程序文件。

除此外还可通过如下方式运行不同的文件。

(1) 运行连编前的应用程序

在项目管理器中选中主文件,通过单击管理器上的"运行"按钮,或者从"项目"菜单中选择"运行文件"菜单项,对文件进行运行。

(2) 运行.app 应用程序

启动 Visual FoxPro,在 Windows 窗口中找到对应的.app 程序文件并对其双击,运行。

(3) 运行.exe 应用程序

无须启动 Visual FoxPro,直接在 Windows 窗口中找到对应的.exe 程序文件,双击运行。

11.3 应用程序生成器

应用程序生成器是应用程序开发过程中的重要部分。它的设计目标是使开发者能轻而易举地将所有必需的元素以及许多可选的元素包含在应用程序中,从而使程序功能强大、易于使用。

应用程序向导和应用程序生成器的组合,使得开发人员利用 Visual FoxPro 开发应用程序的过程中,无须编写任何代码便可创建完整的应用程序。当然,对于复杂应用程序的开发,还需要用户手动修改,但这两者可以协助开发人员简化开发工作。

11.3.1 应用程序向导

1. 创建项目和应用程序框架

利用应用程序向导创建一个新项目有两种形式,一是仅创建一个项目文件用来分类管理其他文件,一是生成一个项目和一个 Visual FoxPro 应用程序框架。

使用应用程序向导创建项目和应用程序框架步骤如下:

(1) 在"新建"对话框中选择文件类型为"项目",以"向导"方式创建。

(2) 在弹出的"应用程序向导"对话框(如图 11-6 所示)中设置项目名称及文件存放位置,勾选"创建项目目录结构"复选项,为应用程序创建对应的目录结构。

(3) 单击“确定”按钮，系统自动创建一个指定名称的项目和对应的目录结构(如图 11-7 所示)，项目中已包含一些文件，构成应用程序框架，程序员可以通过应用程序生成器向项目和框架中添加已创建的数据库、表、表单等，或自己重新建立相关组件。

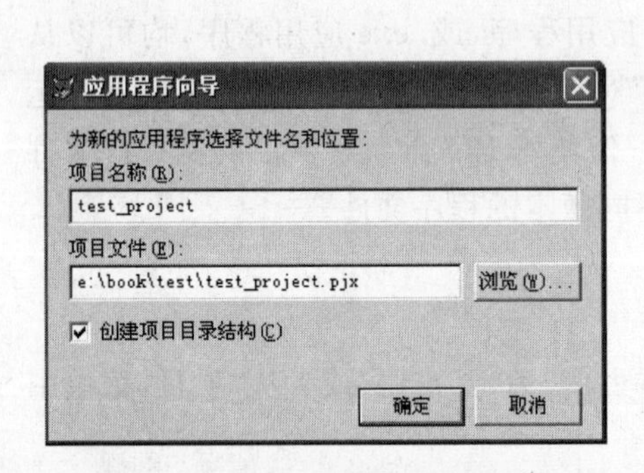

图 11-6 “应用程序向导”对话框

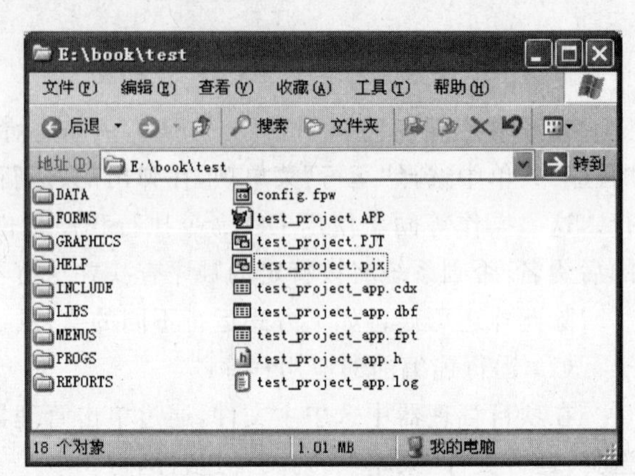

图 11-7 向导创建的项目结构

2. 应用程序生成器的功能

利用应用程序向导创建项目和应用程序框架后，系统会自动打开应用程序生成器供用户进行操作。

应用程序生成器是应用程序开发过程中的重要部分，它与应用程序向导生成的应用程序框架结合在一起，帮助程序开发人员完成以下工作：

- 添加、编辑或删除与应用程序相关的组件，如表、表单和报表。
- 设定表单和报表的外观样式。
- 加入常用的应用程序元素，包括启动画面、“关于”对话框、“收藏夹”菜单、“用户登录”对话框和标准工具栏。
- 提供应用程序的作者和版本等信息。

应用程序生成器在关闭后仍可被重新打开，以对其中的设置进行修改。打开方法如下：

方法一：在项目管理器的快捷菜单中选中“生成器”菜单项。

方法二：打开项目后，在“工具”菜单中打开“向导”子菜单，选择“全部”菜单项，打开“向导选取”对话框(如图 11-8 所示)，从向导列表中选中“应用程序生成器”。

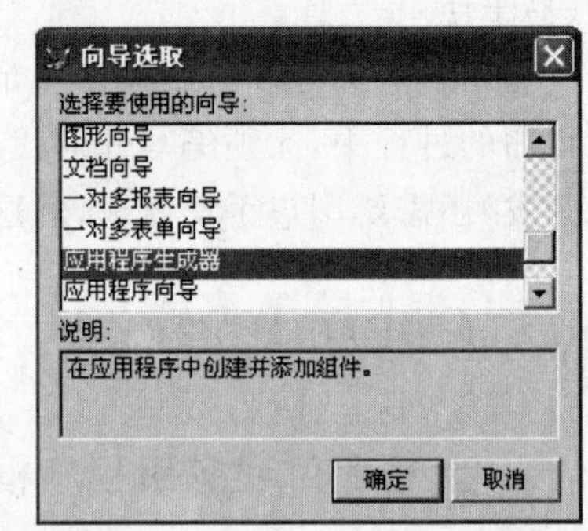

图 11-8 “向导选取”对话框

方法三：Alt＋F2。

11.3.2 应用程序生成器

如图 11-9 所示，应用程序生成器具有“常规”、“信息”、“数据”、“表单”、“报表”、“高级”6个选项卡，通过对各选项卡进行适当设置，程序开发人员可对应用程序确定明确要求。各选项卡功能说明如下：

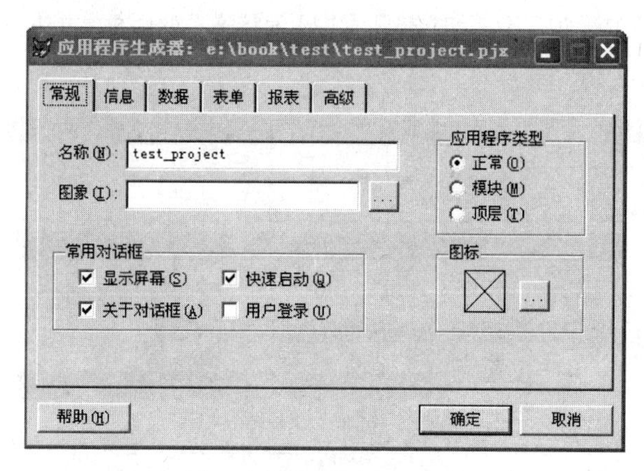

图 11-9　应用程序生成器

(1)“常规”选项卡：确定应用程序运行时显示的图标、应用程序的类型、所包含的对话框。其中应用程序类型指应用程序的运行方式。运行方式有三种：

- 正常：应用程序将在 Visual FoxPro 的主窗口中运行，并接管包括系统菜单在内的整个 VFP 运行环境，最终生成的是.app 程序文件。
- 模块：应用程序将被添加到已有的项目中，或将被其他程序调用。该应用程序将在当前的菜单系统中添加一个主菜单选项，并作为另一个应用程序的组件运行。
- 顶层：应用程序将在 Windows 桌面上运行，不必启动 VFP，最终生成.exe 程序文件。

(2)“信息”选项卡：指定应用程序的生产信息，包括作者、公司、版本、版权和商标。

(3)“数据”选项卡：指定应用程序的数据源以及表单和报表的样式。用户在此选项卡中可直接选择已有数据库或表进行操作，亦可通过向导创建所需的数据库或表。

(4)“表单”选项卡：指定菜单类型、启动表单的菜单、工具栏以及表单是否可有多个实例。

(5)“报表”选项卡：指定在应用程序中使用的报表。

(6)“高级”选项卡：指定帮助文件名和应用程序的默认目录；指定是否包含常用工具栏和“收藏夹”菜单。

值得注意的是，在重新连编之前，在生成器中所做的修改不会体现在应用程序中。

11.3.3　应用程序向导和生成器的使用

以下以利用应用程序向导和生成器创建图书管理系统为例(与前面章节中手动创建的图书借阅管理系统区别)，说明生成应用程序系统的步骤。

1. 创建项目

如图 11-10 所示，利用应用程序向导创建项目及其对应的应用程序框架，将对应内容存放在独立的文件夹(TS)中，项目名称为 tsglxt. pjx。在应用程序生成器的“常规”选项卡中修改应用程序的运行时名称(默认为项目名)为“图书管理系统”，并指定图像和图标，确定应用程序类型为“正常”，运行时先显示“显示屏幕”对话框，再进入“用户登录”对话框进行用户登录。

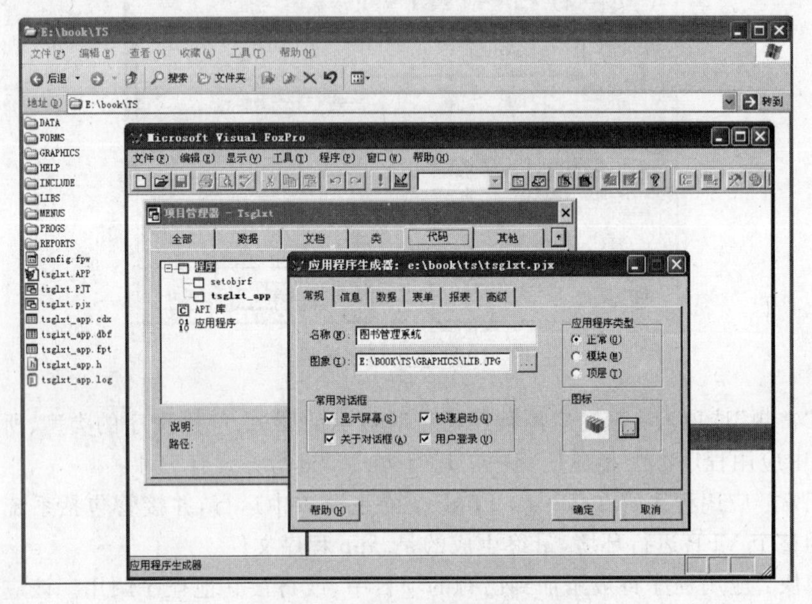

图 11-10　图书管理系统的创建

值得注意的是，在创建项目时应尽量用英文为项目文件命名。

2. 添加数据

在添加数据前，先通过应用程序生成器的“高级”选项卡设定应用程序的默认数据目录，如图 11-11 所示。

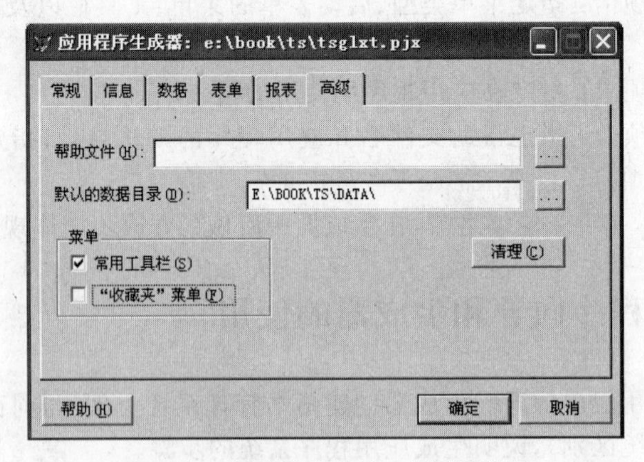

图 11-11　图书管理系统—“高级”设置

在本例中不采用通过生成器上的向导创建数据库和表的方式，而是将对应的数据库和表存放在应用程序目录结构下的DATA文件夹中，通过在“数据”选项卡中“选择”数据源、“生成”文档的方式为应用程序添加已有数据。

在生成器的“数据”选项卡中单击“选择”按钮，选择适当的数据库或表后，对应的表将显示在选项卡中表格的“数据源”列，供开发人员确认是否要建立与某个表对应的表单或报表。如图11-12所示，可以通过对应数据源后的“表单”和“报表”复选框选择是否针对某个数据源创建对应的表单或报表。

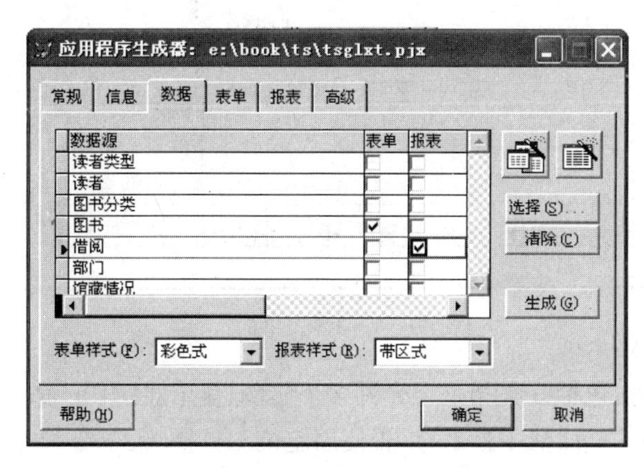

图11-12 图书管理系统—“数据”设置

出现在选项卡表格的数据源列中的数据并未被真正添加到框架中，指定要生成的表单或报表也并未生成，此时可通过单击“生成”按钮要求系统按照选定的表单或报表的样式生成对应的文档，并将数据源及文档添加到项目管理器中。在本例中，单击“生成”按钮后，在TS文件夹中的FORMS文件夹中自动生成了TS.SCX和TS.SCT文件，在REPORTS文件夹中自动生成了JY.FRT和JY.FRX文件，表单和报表分别具有生成时的指定样式。若程序开发者相对不同的表生成不同样式的表单或报表则需通过“数据”选项卡分别进行“生成”。

生成器生成的文档包含了选定数据源的所有字段，且样式为本次生成时选定的样式，开发人员可以从项目管理器中将相应的文档打开，在对应的文档设计器中进行修改。例如，以TS.SCX为例，可将该文档打开后在表单设计器中修改其DataSession属性为“1—默认数据工作期”以保证表单的试运行；修改表单页面上的标题信息为“图书信息总览”；将表单上不需要的表字段元素删除并重新排布页面；为当前表单添加记录切换的图片按钮。修改后的运行页面如图11-13所示。

另外，生成器添加的数据在项目中被标记为“排除”，若开发人员不希望这些数据被修改，可修改引用方式为“包含”。

3. 管理文档

应用程序生成器不仅能将文档添加到项目中，而且把文档与框架集成起来。框架所使用的是保存在元表中的扩展文档信息。元表存放在应用程序项目文件所在文件夹中，其命名为项目名称加上_app.dbf后缀(本例中元表名为tsglxt_app.dbf)，该表中保存了与框架集

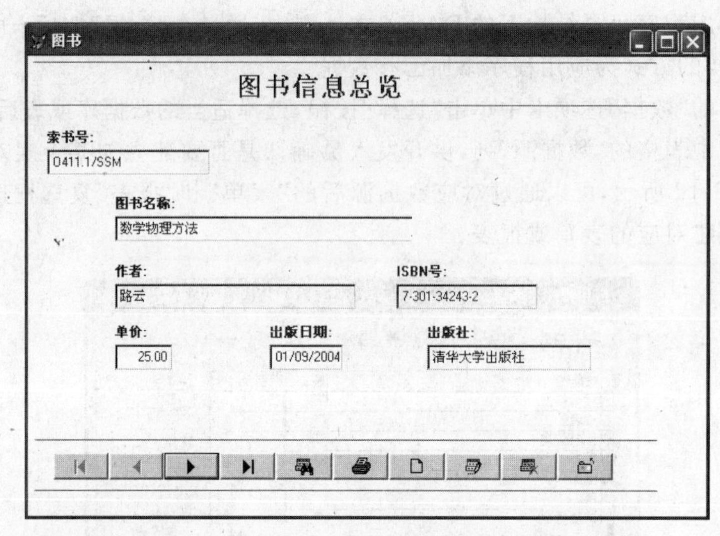

图 11-13　TS 表单的运行

成的文档的扩展信息,包括某文档是否允许多个实例、显示在“打开”或“新建”对话框中的友好名称、是否在“打开”对话框中显示、是否使用定位工具栏/菜单等,如图 11-14 所示。

Tsglxt_app

Doc_type	Doc_descr	Doc_exec	Doc_class	Doc_new	Doc_open	Doc_single	Doc_noshow	Doc_wrap	Doc_go	Doc_nav	Alt_exec	Properties	User_notes
F	Ts 表单	Memo	memo	F	T			F	T	T	memo	memo	memo
R	Jy 报表	Memo	memo	T	T			F	T	T	memo	memo	memo
R	Gcqk 报表	Memo	memo	T	T			F	T	T	memo	memo	memo
F	读者情况表单	Memo	memo	F	T			F	T	T	memo	memo	memo

图 11-14　元表信息查看

通常,文档被加入应用程序框架后,会自动出现在“表单”选项卡或“报表”选项卡中。但是出现在项目中的表单或报表有可能不出现在对应选项卡中。这是因为该表单没有在应用程序的元表中进行注册。注册表单或报表的方法是单击“表单”选项卡或“报表”选项卡上的“添加”按钮,再选择要注册的表单或报表。另外,使用“高级”选项卡上的“清理”按钮可使项目中的文档与元表中注册的文档保持一致。

例如,利用表单向导针对读者表(dz. dbf)创建表单,表单名为 DZ. SCX,存放在 TS 文件夹下的 FORMS 文件夹中,打开应用程序生成器,查看“表单”选项卡,单击“添加”按钮,手动将 DZ. SCX 文档加入到应用程序中,并设置其扩展信息,如图 11-15 所示,单击“确定”按钮完成对应操作。

开发人员亦可通过“表单”选项卡或“报表”选项卡中的“编辑”按钮打开表单/报表设计器对选定表单/报表进行编辑,或单击“删除”按钮解除指定表单/报表与应用程序间的关系。

4. 连编应用程序

生成器中所做的修改不会直接体现到应用程序中,通常在重新连编应用程序前,需单击生成器中“高级”选项卡中的“清理”按钮,以保证将生成器中的修改与当前活动项目保持一致。

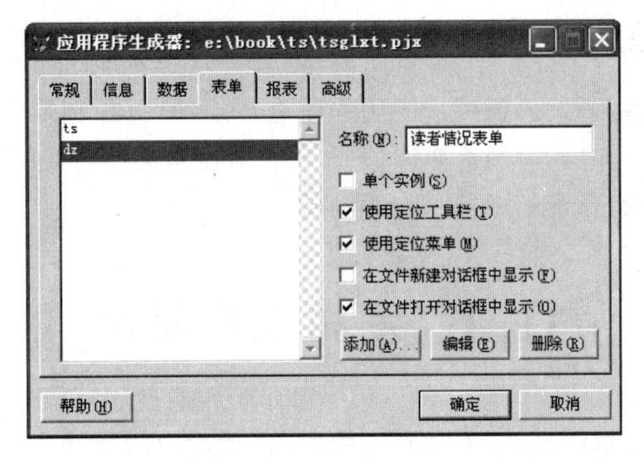

图 11-15　图书管理系统—“表单”设置

当使用应用程序向导创建项目及对应的目录结构时，有可能自动生成的项目主文件不出现在项目管理器的“代码”选项卡的“程序”项中，此时要正确连编须对主文件作适当处理。如图 11-16 所示，在本节案例的组织过程中，通过向导生成项目及其结构时，给项目命名用中文字符，生成的如图所示的项目，项目主文件“图书管理系统_app. prg”出现在项目管理器中“其他”选项卡的“其他文件”中。要正确连编项目，需从“其他”选项卡中移除该文件，重新将其添加到“代码”选项卡的程序中，并将该文件设置为主文件。同样，此项目中的“图书管理系统_main. mnx”文件也须从“其他”选项卡中经移除后重新添加到“其他”选项卡中的“菜单”中。完成以上操作后可重新连编项目。

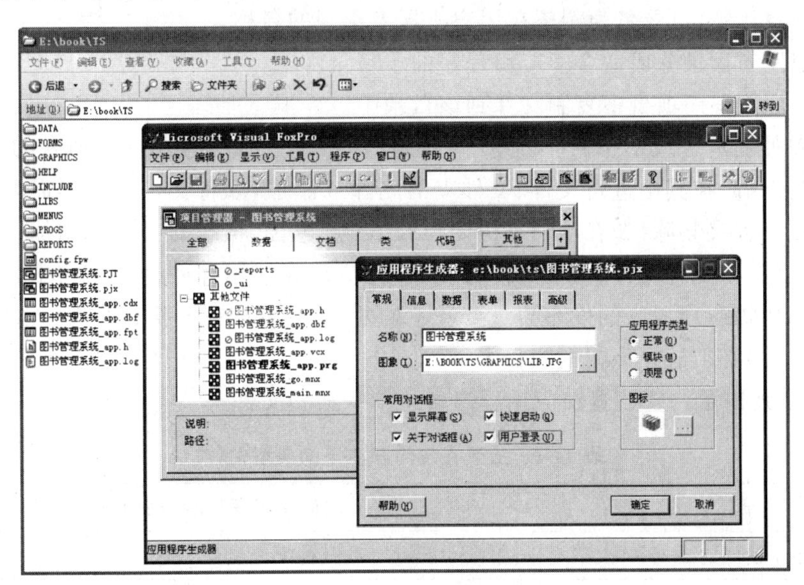

图 11-16　须进行主文件设置的图书管理系统

若连编过程中提醒某文件正在使用中无法被重编译类的错误，这是因为应用程序向导和生成器中对文件的设置多为独占打开方式，此时可查看对应的文件并将其关闭后再进行连编。

5. 运行应用程序

完成测试、修改后，开发人员可将应用程序进行连编，可根据需要连编成可执行文件(.exe)或应用程序(.app)。本例选择连编成.app的程序文件。连编成功后可从VFP系统中通过“程序”菜单运行连编后的.app程序。

11.4 发布应用程序

完成应用程序的设计、开发、测试和连编后，直接把应用程序文件复制到用户的计算机上交付给用户是不可行的，合适的方法是利用系统中的安装向导、根据发布树中的文件创建发布磁盘，交付给用户安装使用。

1. 创建发布树

在用安装向导创建磁盘之前，必须创建或指定一个目录结构，该目录结构应该与用户安装应用程序后所得到的目录结构相同(除了自动服务程序(Automation Server))，其中应包含要复制到用户硬盘上的所有发布文件，该目录结构被称为“发布树”。安装向导用发布树作为压缩到磁盘映像子目录中的文件源。

发布树的创建可按如下步骤实现：

(1) 创建目录，目录名为希望在用户机器上出现的名称。

(2) 把发布目录分成适合于应用程序的子目录。

(3) 从应用程序项目中复制文件到该目录中。

为简单便捷地完成发布树的创建，开发人员可以直接备份项目文件所在的文件夹，以该文件夹为基础，在其中进行文件、文件夹的删除或添加，如将文件夹中不需要提供给用户的文件或文件夹删除(如在项目连编时已设置为“包含”状态的文件)；添加需要额外配备的资源文件(如配置文件、帮助文件，这些文件应放在应用程序目录结构中)，最终形成的文件夹即为该应用程序的发布树。要注意的是，应用程序或可执行文件(连编后生成的应用程序文件)必须放在该树的根目录下。

表11-2列出了一些放置在应用程序目录下的典型文件。

表11-2 放置在应用程序下的典型文件

若 要	向应用程序目录添加这些文件
在应用程序中使用的自定义配置	Config.fpw 或其他配置文件
为应用程序提供自定义设置	Foxuser.dbf 和 Foxuser.fpt
发布 Visual FoxPro 字体	Foxfont、Fxoprint
发布一个支持库	*LibraryName*.ocx 或 *LibraryName*.fll
包含一个特定地区的资源文件	VFP6r???.dll，这里的“???”对应该特定地区语言代号

发布树创建好后，开发人员可利用此目录模拟运行环境，最好是模拟目标用户的最小配置环境，测试应用程序。

2. 创建发布磁盘

安装向导可为应用程序创建一个安装例程，其中包含一个 Setup.exe 文件、一些信息文件以及压缩的或非压缩的应用程序文件(存储在.cab 文件中)。最后得到是一组可放在磁盘、网络上或者 Web 站点上的文件。用户可像安装其他 Windows 应用程序一样安装应用程序。安装时，用户将看到使用安装向导时指定的选项。

创建好发布树后，在 Visual FoxPro 中打开“工具”菜单中的“向导”子菜单，选择“安装”菜单项，可打开安装向导。

以 11.3 节所构建的图书管理系统创建发布磁盘为例说明利用向导发布磁盘的步骤：

步骤 1-定位文件：即选择发布树目录。发布树目录不能使用 DISTRIB 目录(因为向导把它作为发布树目录使用)，且最好将发布树放置在 Visual FoxPro 目录外。同时，安装向导会自动记录下为每个发布树设置的选项，下一次由相同的发布树创建安装例程时，就使用这些值作为默认值。

本例中为图书管理系统构建的发布树目录为 E:\FBTS。

步骤 2-指定组件：选择应用程序使用的系统特性和用户安装应用程序时使用的操作系统(如图 11-17 所示)。如选择“Visual FoxPro 运行时刻组件”，则 Vfp6r.dll 文件自动包含在应用程序文件中，并可在用户计算机上正确地安装，使用户计算机不安装 VFP 系统亦可运行应用程序。

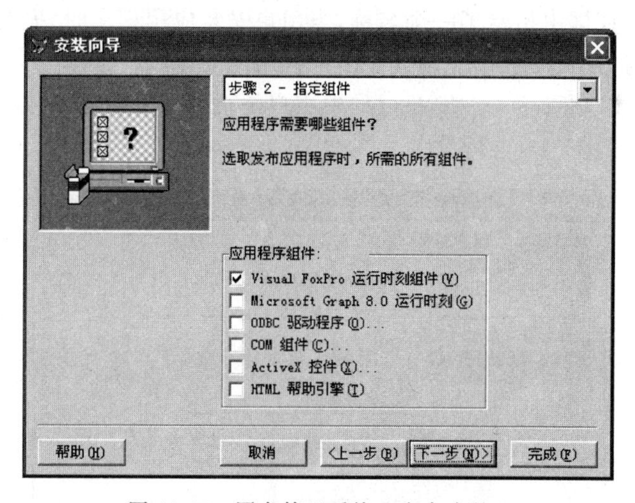

图 11-17 图书管理系统—发布步骤 2

步骤 3-磁盘映像：指定完成向导操作后，向导为每种指定类型创建的安装文件的存放位置，每种类型对应指定目录下的一个发布子目录。若安装向导非首次运行时，向导把前一次放置映像的位置作为默认值，用户可输入新的文件名要求向导创建。

本例中指定最终安装文件的放置位置为 E:\ANZHUANG。要求向导完成“1.44MB 3.5 英寸”和“网络安装(未压缩)”两种类型的发布。

步骤 4-安装选项：用于设定向导建立的安装对话框的标题；在版权信息对话框中放置的版权信息（该内容可通过安装应用程序的控制菜单中的“关于”命令访问“版权信息”对话框查看）；安装完成后立即为用户运行的应用程序，通常为 readme.txt 文件或 Web 注册程序，如图 11-18 所示。

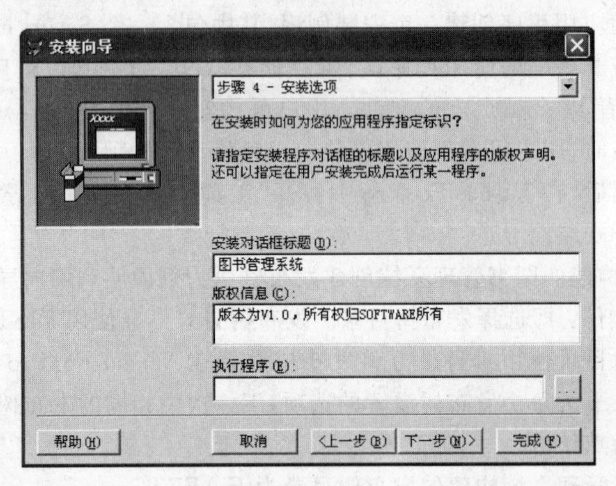

图 11-18　图书管理系统—发布步骤 4

步骤 5-默认目标目录：指定安装程序将把应用程序放置在哪个默认目标目录下。要注意的是，不要选择已被 Windows 程序使用的目录名称（例如 Visual FoxPro、Windows 本身等）。

如果在“程序组”框中指定了一个名称，当用户安装应用程序时，安装程序会为应用程序创建一个程序组，并且使这个应用程序出现在用户的“开始”菜单上。

“用户可以修改”项设定了在安装过程中用户是否可以更改目录或程序组。

本例步骤 5 如图 11-19 进行设置。

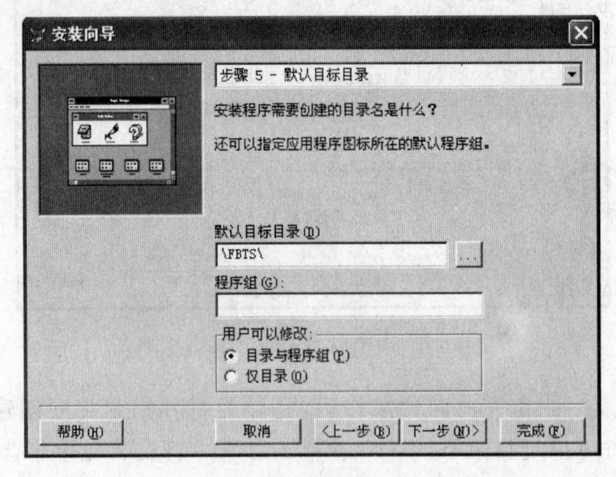

图 11-19　图书管理系统—发布步骤 5

步骤 6-改变文件设置：向导在表格中列出文件，可以通过单击要改变的项来改变对文件的设置。具体内容可查看 VFP 的系统帮助，在本例中无文件内容需要重新设置。

步骤 7-完成：单击“完成”按钮，向导记录下可以在下次从发布树中创建发布磁盘时使用的配置值，然后开始创建应用程序磁盘映象。

经过如上步骤的操作后，在 E:\FBTS 目录中出现如下文件：

- Wzsetup. ini：包含了安装向导对该发布树设置的各种选项。
- Dkcontrl. dbf 和 Dkcontrl. cdx 文件：包含有关文件压缩并指定给哪个磁盘子目录的统计信息。

在 E:\ANZHUANG 下出现两个文件夹：DISK144(其中包含 DISK1-DISK4 四个文件夹)和 NETSETUP，分别对应步骤 5 中选定的两个不同的磁盘映象。用户可以使用这两个文件夹中的对应的 setup. exe 文件进行应用程序的安装。

图 11-20 为运行 E:\ANZHUANG\DISK144\DISK1\setup. exe 执行安装图书管理系统的部分界面，成功安装的应用程序在 C:\FBTS 下。

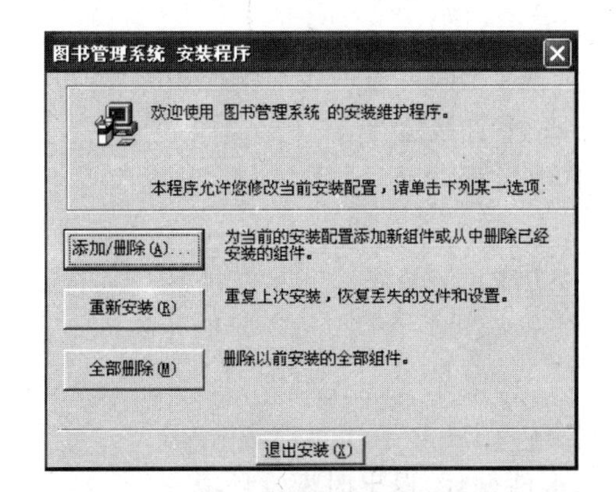

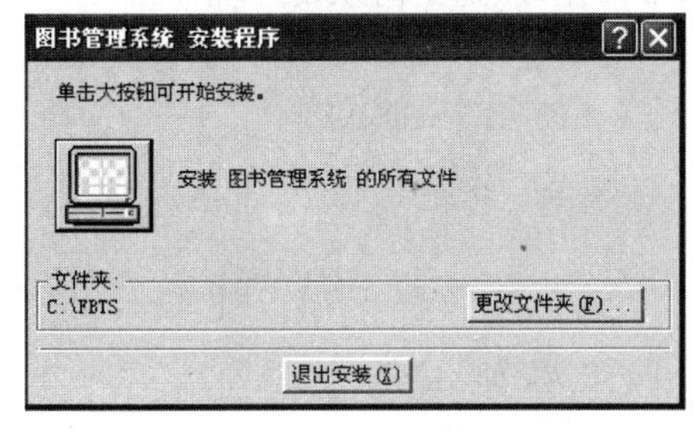

图 11-20 图书管理系统的部分安装界面

习　　题

一、选择题

1. 需求分析中，开发人员要从用户那里了解(　　)。

　A. 软件做什么　　　　B. 软件的规模

C. 输入的信息　　　　D. 用户使用界面

2. 连编应用程序不能生成的文件是(　　)。

A. .app 文件　　　　B. .dll 文件

C. .prg 文件夹　　　　D. .exe 文件

3. 下列关于应用程序运行的说法正确的是(　　)。

A. .app 应用程序可以在 VFP 和 Windows 环境下运行

B. .exe 文件只能在 Windows 环境下运行

C. .exe 应用程序可以在 VFP 和 Windows 环境下运行

D. .app 文件只能在 Windows 环境下运行

4. 将一个数据表设置为“排除”状态后，系统连编后，该数据表(　　)。

A. 成为自由表　　　　B. 不能被编辑修改

C. 包含在数据库中　　　　D. 可随时编辑修改

5. 下列关于连编应用程序的说法正确的是(　　)。

A. 正确有效的连编步骤是：先连编项目，无误再进一步连编应用程序

B. 连编成的程序文件都可在 Windows 中直接运行

C. 连编成的程序文件都必须在 VFP 中运行

D. 只能连编成.exe 或.app 文件

6. 应用程序中主文件至少需具有(　　)功能。

A. 初始化环境、显示初始界面

B. 初始化环境

C. 初始化环境、显示初始界面、控制事件循环

D. 初始化环境、显示初始界面、控制事件循环、退出时恢复环境

7. 下列命令中，不能用做连编命令的是(　　)。

A. BUILD EXE　　　　B. BUILD APP

C. BUILD PROJECT　　　　D. BUILD FORM

二、填空题

1. 在一个项目中，可以设置主文件的个数为________。________、________、________均可被设置为主文件。

2. 在 VFP 中，用 DO 命令可执行的文件类型有________。

3. 利用 VFP 系统提供的安装向导创建安装盘时，可生成三种类型的磁盘映象：________、________和________。

4. 在 VFP 中，启动事件循环的命令语句为________，结束事件循环的命令语句为________，它们必须成对出现。

5. 项目中的文件的引用方式有二：________和排除，被定为“排除”的文件前有________符号标识。

6. 要使得应用程序生成器中所作的修改与当前活动项目保持一致，需单击________按钮。

7. 非应用程序向导创建的项目，在其应用程序生成器中至少________选项卡可用。

8. 从项目 tsjygl 连编到一个名为“图书借阅管理”的可执行文件，可在命令窗口中使用命令：________。

9. 应用程序生成器生成项目文件的同时，还可为该项目生成________。

10. 应用程序生成器的“常规”选项卡中可设定应用程序类型为________、________或顶层。其中，当设置为“顶层”时将最终生成________程序文件。

附录 A 表结构及其说明

表 A-1 部门表(bm. dbf)

字 段 名	类型宽度	标 题
bmdh	C(2)	部门代号,主键
bmmc	C(20)	部门名称

表 A-2 读者表(dz. dbf)

字 段 名	类型宽度	标 题
jszh	C(8)	借书证号,主键
dzxm	C(10)	读者姓名
lxbh	C(2)	类型编号
xb	C(2)	性别
bmdh	C(2)	部门代号
dh	C(13)	电话
bzrq	D	办证日期

表 A-3 读者类型表(dzlx. dbf)

字 段 名	类型宽度	标 题
lxbh	C(2)	类型编号,主键
lxmc	C(4)	类型名称
kjcs	I	可借册数
kjts	I	可借天数
kxjcs	I	可续借次数

表 A-4 馆藏情况表(gcqk. dbf)

字 段 名	类型宽度	标 题
ssh	C(20)	索书号
txm	C(11)	条形码,主键
sfkj	L	是否可借

表 A-5　借阅表(jy.dbf)

字段名	类型宽度	标题
jybh	C(8)	借阅编号,主键
jszh	C(8)	借书证号
txm	C(11)	条形码,主键
jyrq	D	借阅日期
yhrq	D	应还日期
hsrq	D	还书日期

表 A-6　图书表(ts.dbf)

字段名	类型宽度	标题
ssh	C(20)	索书号,主键
tsmc	C(40)	图书名称
zz	C(30)	作者
isbn	C(17)	ISBN 号
dj	N(6,2)	单价
cbrq	D	出版日期
cbs	C(20)	出版社
ym	I	页数

表 A-7　图书分类表(tsfl.dbf)

字段名	类型宽度	标题
flh	C(10)	分类号,主键
flm	C(20)	分类名

参考文献

1. 严明，单启成．Visual FoxPro 教程(2008 年版)．苏州：苏州大学出版社，2008.
2. 史胜辉，彭志娟．Visual FoxPro 实验指导与试题解析．北京：清华大学出版社，2009.
3. 教育部考试中心．全国计算机等级考试二级教程—Visual FoxPro 程序设计．北京：高等教育出版社，2003.
4. 张冀英．Visual FoxPro 课程设计．北京：清华大学出版社，2007.
5. 卢雪松．Visual FoxPro 教程(第二版)．南京：东南大学出版社，2005.
6. 王能斌．数据库系统教程(上下册)．北京：电子工业出版社，2005.
7. 邵洋，谷宇，何旭洪．Visual FoxPro 数据库系统开发实例导航(第二版)．北京：人民邮电出版社，2003.
8. 齐新战，李桂岩．Visual FoxPro 数据库开发完整实例教程．北京：海洋出版社，2003.
9. 许向荣，潘清，杨一平．FoxPro 6.0 项目案例导航．北京：科学出版社，2002.